名品

최신 출제기준 반영

폐기물처리
기사·산업기사

조용덕 저

실기

2025 최신개정

BEST
명품강의
보러가기
www.kisa.co.kr

실시간 카톡문의
@kisa
1544-8509

Preface 머리말

　인간은 태곳적부터 여러 가지 꿈을 꾸어 왔다. 새처럼 하늘을 날고 싶다든가, 달나라에 가고 싶다든가 하는 것들이 바로 인류의 꿈이요, 야심이요, 염원이었다. 이러한 인류의 꿈과 야심은 역사를 통하여 하나둘씩 이루어져왔으나 그 이면에는 폐기물 문제라는 오늘날 지구촌 최대의 현안 중 하나로 떠오르고 있다.

　지구촌 폐기물 문제, 환경문제는 겉으로 드러나는 것과는 달리 집요한 인간의 문제이다.

　지구촌 폐기물 문제가 현실적인 위협으로 등장하면서 국가의 미래를 결정하는 새로운 패러다임으로 부각되고 있다. 인간은 이미 그 길을 가고 있고 또 가야만 하는 것이 환경적으로 건전하고 지속가능한 개발이다. 폐기물을 생산하는 기존의 경제 우선정책이 경제적으로 한계점에 도달한 것은 지구촌 국가와 사회의 잘못된 좌표설정으로 모든 시스템 오작동의 산물이자 결과물이라고 표현해도 결코 지나친 표현은 아닐 것이다.

　본 수험서는 산업현장에서 지금까지 쌓아온 실무경험과 강의노트, 수험노트 등의 자료를 바탕으로 시각화시키고, 이미지화시켜 뇌에 장기저장 할 수 있도록 구성되어 있다. 이론에서는 기본적인 내용을 체계적으로 이해할 수 있도록 단원별로 기출문제를 철저히 분석하여 수록하였다. 또한 실전에 대비하기 위하여 별도의 단원에 과년도 기출문제를 간략하고 명쾌하게 풀 수 있도록 구체적인 풀이과정을 제시하여 수험생이라면 어떤 식으로 진리를 터득하여야 '합격'이라는 최종목표의 고지를 점령할 수 있는지를 체계적으로 도와 줄 것이다.

　끝으로 이 수험서를 펴내기까지 많은 격려와 조언을 해 주신 모든 분들께 진심으로 감사드리며, 올배움 출판사 사장님을 비롯한 직원 여러분께도 심심한 감사의 뜻을 전한다. 앞으로 이 책의 내용이 보다 충실해질 수 있도록 독자 여러분의 많은 지도와 편달을 바라는 바이다.

저자　조 용 덕
eco8869@naver.com

Information
자격시험안내

1. 개요
문명사회로부터 배출되는 폐기물을 적절하게 처리 및 처분하지 않으면 환경을 오염시킴으로써 인간을 포함하는 생태계의 존속을 위태롭게 할 수 있다. 이에 따라 정부에서도 시대적 조류에 부응하여 폐기물처리에 대한 전문인의 양성을 위해 자격제도 제정.

2. 시행기관 및 원서접수
한국산업인력공단(www.q-net.or.kr)

3. 수행직무
국민의 일상생활에 수반하여 발생하는 일반폐기물과 산업활동에 부수하여 발생하는 산업 폐기물을 기계적 분리, 증발, 여과, 건조, 파쇄, 압축, 흡수, 흡착, 이온교환, 소각, 소성, 생물학적 산화, 소화, 퇴비화 등의 인위적, 물리적, 기계적 단위조작과 생물 학적, 화학적 반응조작을 주어 감량화, 무해화, 안전화 등 폐기물을 취급하기 쉽고 위험성이 작은 성상과 형태로 변화시키는 일련의 처리업무 담당.

4. 시험과목 및 검정방법

구분	폐기물처리기사	폐기물처리산업기사
필기	1. 폐기물개론 2. 폐기물처리기술 3. 폐기물소각 및 열회수 4. 폐기물 공정시험 기준(방법) 5. 폐기물 관계 법규	1. 폐기물개론 2. 폐기물처리기술 3. 폐기물 공정시험 기준(방법) 4. 폐기물 관계 법규
실기	폐기물처리 실무	폐기물처리 실무

5. 합격기준
① 필기 : 100점을 만점으로 하여 과목당 40점 이상, 전 과목 평균 60점 이상
② 실기 : 100점을 만점으로 하여 60점 이상

6. 응시절차

1	필기원서접수	• Q-net를 통한 인터넷 원서접수 • 필기접수 기간 내 수험원서 인터넷 제출 • 사진(6개월 이내에 촬영한 90×120픽셀 사진파일(JPG) 수수료 전자결제 • 수험표 본인 선택(선착순)
2	필기시험	수험표, 신분증, 필기구(흑색 싸인펜 등), 공학용계산기 지참
3	합격자 발표	• Q-net를 통한 합격확인(마이페이지 등) • 응시자격(기술사, 기능장, 산업기사, 서비스 분야 일부종목) • 제한종목은 합격예정자 발표일부터 8일 이내에(토, 공휴일 제외) • 반드시 응시자격서류를 제출하여야되며 단, 실기접수는 4일 임.
4	실기원서 접수	• 실기접수기간 내 수험원서 인터넷(www.Q-net.or.kr)제출 • 사진(6개월 이내에 촬영한 반명함판 사진파일(JPG), 수수료(정액) • 시험일시, 장소, 본인 선택(선착순) 단, 기술사 면접시험은 시행 10일 전 공고
5	실기시험	수험표, 신분증, 필기구, 공학용 계산기 지참
6	최종합격자 발표	Q-net를 통한 합격확인(마이페이지 등)
7	자격증 발급	• (인터넷) 공인인증 등을 통한 발급, 택배가능 • (방문수령) 여권규격사진 및 신분확인 서류

모두 바르게 빨리 **올배움** 한다.

이러닝교육기관 올배움이 특별한 이유!

01 SINCE 1997 국가기술자격증 이러닝교육기관 올배움

02 고객이 신뢰하는 브랜드대상 수상기관

03 합격생이 인정하는 최고의 명품강의

올배움 www.kisa.co.kr 1544-8509 카톡 ID : kisa

[전국 한국산업인력공단 안내]

기관명	기술자격시험팀 연락처	주소
울산지사	• 자격시험부 : 052-220-3223~4 / 052-220-3210~3218	울산시 중구 종가로 347(교동)
서울지역본부	• 응시자격서류 제출검사 : 02-2137-0503~6 • 자격증발급 : [우편]02-2137-0516 [방문]02-2137-0509 • 실기(필답, 작업)시험 : 02-2137-0521~4	서울 동대문구 장안벚꽃로 279(휘경동 49-35)
서울서부지사 (구, 서울동부지사)	• 필기 및 실기 응시자격 서류 제출심사 및 자격증 발급 (필기서류제출심사) 02-2024-1707, 1708, 1710, 1728 (자격증발급)02-2204-1728 • 실기(필답, 작업)시험 : 02-2024-1702,1704,1706,1711,1712	서울시 은평구 진관3로 36(진관동 산100-23)
서울남부지사	• 자격증발급 : 02-6907-7137 • 필기 및 실기 : 02-6907-7133~9, 7151~156	서울시 영등포구 버드나루로 110(당산동)
강원지사(춘천)	• 자격증발급 : 033-248-8516 • 국가기술자격시험 : 033-248-8512~3, 8515~9	강원도 춘천시 동내면 원창 고개길 135(학곡리)
강원동부지사(강릉)	• 자격증발급 : 033-650-5711 • 국가기술자격시험 : 033-650-5713(필), 033-650-5717(실)	강원도 강릉시 사천면 방동길 60(방동리)
부산지역본부	• 국가기술자격시험 : 051-330-1918, 1922, 1925~6, 1928	부산시 북구 금곡대로 441번길 26(금곡동)
부산남부지사	• 자격시험부 : 051-620-1910~9	부산시 남구 신선로 454-18(용당동)
경남지사	• 자격시험부 : 0522-212~7240~245, 248, 250	경남 창원시 성산구 두대로 239(중앙동)
대구지역본부	• 국가기술자격시험 : 053-580-2451~2361	대구시 달서구 성서공단로 213(갈산동)
경북지사	• 국가자격검정(자격시험부) : 054-840-3031~34	경북 안동시 서후면 학가산 온천길 42(명리)
경북동부지사(포항)	• 국가자격검정(자격시험부) : 054-230-3251~8	경북 포항시 북구 법원로 140번길 9(장성동)
경북서부지사	• 국가기술자격시험 : 054-713-3022~3025	경북 구미시 산호대로 253(구미첨단의료기술타워)
인천지역본부 (구, 중부지역본부)	• 자격시험부 : 032-820-8619,8622~8635 • 자격증발급 및 응시자격 : 032-820-8679	인천시 남동구 남동서로 209(고잔동)
경기지사	• 자격증 발급 : 031-249-1224 • 기술자격 필,실기시험 : 031-249-1212~7, 219, 221, 224	경기도 수원시 권선구 호매실로 46-68(탑동)
경기북부지사	• 자격시험(필기) : 031-850-9122,9123,9127,9128 • 자격시험(실기) : 031-850-9123, 9173	경기도 의정부시 추동로 140(신곡동)
경기동부지사 (성남)	• 시험시행 및 응시자격서류 : 031-750-6222~9, 6216 • 자격증 발급 : 031-750-6226, 6215	경기 성남시 수정구 성남대로 1217(수진동)
경기남부지사	• 자격시험부 : 031-615-9001~9006 • 응시자격서류 및 자격증 발급 : 031-615-9001	경기 안성시 공도읍 공도로 51-23
광주지역본부	• 기술자격시험 : 062-970-1761~67, 69, 99	광주광역시 북구 첨단벤처로 82(대촌동)
전북지사	• 국가기술자격시험 : 063-210-9221~7	전북 전주시 덕진구 유상로 69(팔복동)
전남지사	• 정기시험 : 061-720-8531,8532,8534~8536,8539,8561	전남 순천시 순광로 35-2(조례동)
전남서부지사(목포)	• 기사필(실기) : 061-288-3327, • 기능사필(실기) : 061-288-3326	전남 목포시 영산로 820(대양동)
제주지사	• 국가자격검정(자격시험부) : 064-729-0701~2 • 국가기술자격 : 064-729-0712,0715,0717~8	제주 제주시 복지로 19(도남동)
대전지역본부	042-580-9131~7, 9139	대전광역시 중구 서문로 25번길 1(문화동)
충북지사	• 국가기술(정기) : 043-279-9041~9046	충북 청주시 흥덕구 1순환로 394번길 81(신봉동)
충남지사	• 국가기술자격 정기시험 : 041-620-7632~9	충남 천안시 서북구 천일고 1길 27(신당동)
세종지사	• 자격시험부 : 044-410-8021-8023	세종특별자치시 한누리대로 296(나성동)

7. 응시자격

기 사

1. 산업기사 등급 이상의 자격을 취득한 후 응시하려는 종목이 속하는 동일 및 유사 직무분야에서 1년 이상 실무에 종사한 사람
2. 기능사 자격을 취득한 후 응시하려는 종목이 속하는 동일 및 유사 직무분야에서 3년 이상 실무에 종사한 사람
3. 응시하려는 종목이 속하는 동일 및 유사 직무분야의 다른 종목의 기사 등급 이상의 자격을 취득한 사람
4. 관련학과의 대학졸업자등 또는 그 졸업예정자
5. 3년제 전문대학 관련학과 졸업자등으로서 졸업 후 응시하려는 종목이 속하는 동일 및 유사 직무분야에서 1년 이상 실무에 종사한 사람
6. 2년제 전문대학 관련학과 졸업자등으로서 졸업 후 응시하려는 종목이 속하는 동일 유사 직무분야에서 2년 이상 실무에 종사한 사람
7. 동일 및 유사 직무분야의 기사 수준 기술훈련과정 이수자 또는 그 이수예정자
8. 동일 및 유사 직무분야의 산업기사 수준 기술훈련과정 이수자로서 이수 후 응시하려는 종목이 속하는 동일 및 유사 직무분야에서 2년 이상 실무에 종사한 사람
9. 응시하려는 종목이 속하는 동일 및 유사 직무분야에서 4년 이상 실무에 종사한 사람
10. 외국에서 동일한 종목에 해당하는 자격을 취득한 사람

산업기사

1. 기능사 등급 이상의 자격을 취득한 후 응시하려는 종목이 속하는 동일 및 유사 직무분야에 1년 이상 실무에 종사한 사람
2. 응시하려는 종목이 속하는 동일 및 유사 직무분야의 다른 종목의 산업기사 등급 이상의 자격을 취득한 사람
3. 관련학과의 2년제 또는 3년제 전문대학졸업자 등 또는 그 졸업예정자
4. 관련학과의 대학졸업자 등 또는 그 졸업예정자
5. 동일 및 유사 직무분야의 산업기사 수준 기술훈련과정 이수자 또는 그 이수예정자
6. 응시하려는 종목이 속하는 동일 및 유사 직무분야에서 2년 이상 실무에 종사한 사람
7. 고용노동부령으로 정하는 기능경기대회 입상자
8. 외국에서 동일한 종목에 해당하는 자격을 취득한 사람

8. 출제기준

기 사

직무 분야	환경 · 에너지	중직무 분야	환경	자격 종목	폐기물처리기사	적용 기간	2023.1.1. ~ 2025.12.31.

○ 직무내용 : 국민의 일상생활에 수반하여 발생하는 생활폐기물과 산업활동 결과 발생하는 사업장 폐기물을 기계적 선별, 여과, 건조, 파쇄, 압축, 흡수, 흡착, 이온교환, 소각, 소성, 생물학적 산화, 소화, 퇴비화 등의 인위적, 물리적, 기계적 단위조작과 생물학적, 화학적 반응공정을 주어 감량화, 무해화, 안전화 등 폐기물을 취급하기 쉽고 위험성이 적은 성상과 형태로 변화시키는 일련의 처리업무를 수행하는 직무이다.
○ 수행준거 : 폐기물에 대한 전문적 지식을 토대로 하여
  1. 폐기물의 조성을 측정 및 분석할 수 있다.
  2. 폐기물에 대한 유해성을 평가 및 예측할 수 있다.
  3. 폐기물 처리대책을 수립할 수 있다.

실기검정방법	필답형	시험시간	3시간

실기과목명	주요항목	세부항목	세세항목
폐기물처리 실무	1. 폐기물 일반	1. 폐기물 분리배출 및 저장하기	1. 수거폐기물의 종류, 수거빈도 및 공간 크기와 편의성을 토대로 보관 용기의 종류와 용량을 결정할 수 있다. 2. 폐기물의 재활용계획을 바탕으로 폐기물 분리수거 계획을 수립할 수 있다. 3. 발생원에서의 폐기물 분리는 재이용과 재활용을 위한 물질선별을 최적화하여 폐기물을 효과적으로 관리할 수 있다.
		2. 폐기물 수집 및 운반하기	1. 대규모 인구밀집지역과 아파트 지역을 대상으로 폐기물 관로수송계획을 수립할 수 있다. 2. 폐기물 정책이나 규정을 바탕으로 수거지점과 수거빈도를 포함한 차량 수거노선계획을 수립할 수 있다.
		3. 적환장 관리하기	1. 폐기물 발생량, 수거대상 인구, 지형, 수송수단 등의 자료를 활용하여 적환장의 위치와 규모를 파악할 수 있다. 2. 적환장으로 이송된 폐기물은 종류별로 별도 분리 저장하고 혼합된 폐기물은 선별장치로 선별 분리할 수 있다.
		4. 폐기물 수송하기	1. 작업성의 향상과 감용 · 압축 성능에 따라 적재효율이 향상되도록 폐기물을 수집 · 수송할 수 있다.

실기과목명	주요항목	세부항목	세세항목
폐기물처리실무	1. 폐기물 일반	5. 폐기물 특성 및 발생량 저감하기	1. 발생원별 폐기물 특성을 파악할 수 있다. 2. 폐기물 발생원을 파악하고 분류할 수 있다. 3. 폐기물 발생량을 조사할 수 있다. 4. 폐기물 발생량에 영향을 미치는 인자를 파악할 수 있다. 5. 폐기물 발생량을 예측할 수 있다. 6. 폐기물 발생량 저감대책을 수립할 수 있다. 7. 국내외 평가기준, 폐기물 공정 시험기준 등에 따라 성상 및 특성을 분석 할 수 있다.
	2. 폐기물처리	1. 기계적, 화학적 처리법 이해하기	1. 처리 방법의 종류 및 특징을 파악할 수 있다. 2. 처리공정 및 시공과정을 이해할 수 있다.
		2. 생물학적 처리법 이해하기	1. 처리방법의 종류 및 특징을 파악할 수 있다. 2. 처리공정 및 시공과정을 이해할 수 있다.
		3. 자원화 및 재활용 이해하기	1. 자원화 방법을 이해할 수 있다. 2. 재활용 방법을 이해할 수 있다.
	3. 소각, 열분해 등 열적처분	1. 연소이론 파악 및 연소계산 이해하기	1. 연소 이론을 이해할 수 있다. 2. 연소 계산을 수행할 수 있다.
		2. 소각공정 파악하기	1. 소각 이론을 이해할 수 있다. 2. 소각로 종류 및 특징을 이해할 수 있다.
		3. 소각로설계, 해석 및 유지 관리하기	1. 소각로의 설계 및 시공과정을 이해할 수 있다. 2. 소각로 유지관리업무를 이해할 수 있다.
		4. 열회수, 연소가스처분 및 오염방지하기	1. 열회수 이론을 이해할 수 있다. 2. 연소가스 처분과정을 이해할 수 있다. 3. 연소가스 후처분 기술의 종류 및 특징을 파악할 수 있다. 4. 연소생성물 저감 및 처분방법을 이해할 수 있다.
		5. 열분해 이해하기	1. 열분해 이론을 이해할 수 있다. 2. 열분해 종류 및 특징을 이해할 수 있다.
		6. 기타 열적 처분	1. 용융 등 기타 열적처분 이론을 이해할 수 있다. 2. 용융 등 기타 열적처분 종류 및 특징을 이해할 수 있다.
	4. 매립	1. 매립방법 파악하기	1. 매립방법을 분류할 수 있다. 2. 매립공법의 종류 및 특징을 이해할 수 있다.
		2. 매립지 설계 및 시공하기	1. 매립지 설계과정을 이해할 수 있다. 2. 매립지 시공업무를 이해할 수 있다.
		3. 매립지 관리하기	1. 매립가스 관리과정을 이해할 수 있다. 2. 침출수 관리과정을 이해할 수 있다.
		4. 매립가스 이용기술	1. 매립가스의 포집 및 정제 기술을 이해할 수 있다. 2. 매립가스 이용기술의 종류 및 특징을 이해할 수 있다.
		5. 매립지 환경영향 평가하기	1. 매립지 안정화 과정을 이해할 수 있다. 2. 사후관리를 수행할 수 있다.

산업기사

직무분야	환경 · 에너지	중직무분야	환경	자격종목	폐기물처리산업기사	적용기간	2023.1.1. ~ 2025.12.31.

○ 직무내용 : 국민의 일상생활에 수반하여 발생하는 생활폐기물과 산업활동 결과 발생하는 사업장 폐기물을 기계적선별, 과, 건조, 파쇄, 압축, 흡수, 흡착, 이온교환, 소각, 소성, 생물학적 산화, 소화, 퇴비화 등의 인위적, 물리적, 기계적 단위조작과 생물학적, 화학적 반응공정을 주어 감량화, 무해화, 안전화 등 폐기물을 취급하기 쉽고 위험성이 적은 성상과 형태로 변화시키는 일련의 처리업무를 수행하는 직무이다.
○ 수행준거 : 폐기물에 대한 전문적 지식을 토대로 하여
   1. 폐기물의 조성을 측정 및 분석할 수 있다.
   2. 폐기물에 대한 유해성을 평가 및 예측할 수 있다.
   3. 폐기물 처리대책을 수립할 수 있다.

실기검정방법	필답형	시험시간	2시간 30분

실기과목명	주요항목	세부항목	세세항목
폐기물처리 실무	1. 폐기물 일반	1. 폐기물 분리배출 및 저장하기	1. 수거폐기물의 종류, 수거빈도 및 공간 크기와 편의성을 토대로 보관 용기의 종류와 용량을 결정할 수 있다. 2. 폐기물의 재활용계획을 바탕으로 폐기물 분리수거 계획을 수립할 수 있다. 3. 발생원에서의 폐기물 분리는 재이용과 재활용을 위한 물질선별을 최적화하여 폐기물을 효과적으로 관리할 수 있다.
		2. 폐기물 수집 및 운반하기	1. 대규모 인구밀집지역과 아파트 지역을 대상으로 폐기물 관로수송계획을 수립할 수 있다. 2. 폐기물 정책이나 규정을 바탕으로 수거지점과 수거빈도를 포함한 차량 수거노선계획을 수립할 수 있다.
		3. 적환장 관리하기	1. 폐기물 발생량, 수거대상 인구, 지형, 수송수단 등의 자료를 활용하여 적환장의 위치와 규모를 파악할 수 있다. 2. 적환장으로 이송된 폐기물은 종류별로 별도 분리 저장하고 혼합된 폐기물은 선별장치로 선별 분리할 수 있다.
		4. 폐기물 수송하기	1. 작업성의 향상과 감용 · 압축 성능에 따라 적재효율이 향상되도록 폐기물을 수집 · 수송할 수 있다.

실기과목명	주요항목	세부항목	세세항목
폐기물처리 실무	1. 폐기물 일반	5. 폐기물 특성 및 발생량 저감하기	1. 발생원별 폐기물 특성을 파악할 수 있다. 2. 폐기물 발생원을 파악하고 분류할 수 있다. 3. 폐기물 발생량을 조사할 수 있다. 4. 폐기물 발생량에 영향을 미치는 인자를 파악할 수 있다. 5. 폐기물 발생량을 예측할 수 있다. 6. 폐기물 발생량 저감대책을 수립할 수 있다. 7. 국내외 평가기준, 폐기물 공정 시험기준 등에 따라 성상 및 특성을 분석 할 수 있다.
	2. 폐기물처리	1. 기계적, 화학적 처리법 이해하기	1. 처리 방법의 종류 및 특징을 파악할 수 있다. 2. 처리 공정 및 시공과정을 이해할 수 있다.
		2. 생물학적 처리법 이해하기	1. 처리 방법의 종류 및 특징을 파악할 수 있다. 2. 처리 공정 및 시공과정을 이해할 수 있다.
		3. 자원화 및 재활용 이해하기	1. 자원화 방법을 이해할 수 있다. 2. 재활용 방법을 이해할 수 있다.
	3. 소각	1. 연소이론 파악 및 연소계산 이해하기	1. 연소 이론을 이해할 수 있다. 2. 연소 계산을 수행할 수 있다.
		2. 열분해 이해하기	1. 열분해 이론을 이해할 수 있다. 2. 열분해 종류 및 특징을 이해할 수 있다.
		3. 소각공정 파악하기	1. 소각 이론을 이해할 수 있다. 2. 소각로 종류 및 특징을 이해할 수 있다.
		4. 소각로 해석, 운전, 유지관리 하기	1. 소각로에 대한 기본설계 및 시공 과정을 이해할 수 있다. 2. 소각로 유지관리업무를 이해할 수 있다. 3. 집진장치의 종류 및 특징을 파악할 수 있다. 4. 기타 열회수, 연소생성물 저감 및 처분 방법을 이해할 수 있다.
	4. 매립	1. 매립방법 파악하기	1. 매립방법을 분류할 수 있다. 2. 매립공법의 종류 및 특징을 이해할 수 있다.
		2. 매립지 설계 및 시공하기	1. 매립지의 기본설계과정을 이해할 수 있다. 2. 매립지 시공업무를 이해할 수 있다.
		3. 매립지 관리하기	1. 매립가스를 적절하게 관리할 수 있다. 2. 침출수를 적절하게 관리할 수 있다. 3. 사후관리를 수행할 수 있다.

Contents 차례

제1장 폐기물 관리

1. 폐기물의 분류 ——————————————————— 18
2. 지정폐기물의 분류 ——————————————————— 20
3. 의료폐기물의 분류 ——————————————————— 21
4. 폐기물 관리 ——————————————————— 22
5. 전과정 평가 ——————————————————— 24
6. 폐기물관련 국제협약 및 사건 ——————————————————— 25
7. 유해물질의 인체영향 ——————————————————— 26
8. 폐기물의 발생량 예측방법 ——————————————————— 28
9. 폐기물의 발생량 조사방법 ——————————————————— 29
10. 폐기물의 발생 특성 ——————————————————— 30
11. 폐기물의 특성분석 ——————————————————— 31
12. 발열량 분석 ——————————————————— 37
13. 폐기물의 수거 ——————————————————— 44
14. 청소상태 평가 ——————————————————— 47
15. 폐기물의 수송 ——————————————————— 48
16. 폐기물 적환장 ——————————————————— 51

제2장 물리적 처리

1. 폐기물 압축 ——————————————————— 56
2. 폐기물 파쇄 ——————————————————— 60
3. 폐기물 선별 ——————————————————— 66

제3장　생물학적 처리

1. 퇴비화(Composting) — 74
2. 분뇨처리 — 80
3. 호기성 분해 — 87
4. 혐기성 분해 — 90

제4장　슬러지 관리

1. 슬러치 처리의 목적 — 94
2. 슬러지 처리 공정 — 94
3. 슬러지의 수분형태 — 100
4. 슬러지의 부피 — 100

제5장　유해 폐기물 처리

1. 유해성 오염물질의 처리공법 — 106
2. 수산화물 응집침전법 — 106
3. 황화물 침전법 — 107
4. 오존산화법 — 107
5. 펜톤산화 — 107
6. 시안처리 — 108
7. 크롬처리 — 108
8. 용매추출법 — 108
9. 활성탄의 등온흡착 — 109

제6장　폐기물 고형화

1. 고형화(고화) — 114
2. 시멘트 기초법 — 116
3. 자가시멘트법 — 116
4. 석회기초법 — 116
5. 열가소성 플라스틱법 — 117

6. 피막 형성법 ─────────────────────────────── 117
7. 유리화법 ─────────────────────────────── 117

제7장 자원화

1. RDF ─────────────────────────────── 120
2. 열분해 ─────────────────────────────── 122

제8장 매 립

1. 매립지 선정시 고려사항 ─────────────────── 126
2. 도랑식 매립 ─────────────────────────── 126
3. 셀(cell)방식 매립 ──────────────────────── 127
4. 압축식 매립 ─────────────────────────── 127
5. 샌드위치식 매립 ───────────────────────── 127
6. 바이오리엑터형 매립 ──────────────────── 127
7. 호기성 매립 ─────────────────────────── 131
8. 혐기성 위생매립 ─────────────────────── 132
9. 해안매립 ───────────────────────────── 133
10. 복토 ─────────────────────────────── 134
11. 차수시설 ─────────────────────────── 135
12. 집배수시설 ───────────────────────── 139
13. 침출수 ───────────────────────────── 141
14. 반응속도 및 반감기 ──────────────────── 145
15. 매립가스 ─────────────────────────── 147
16. 매립지의 사후관리 ───────────────────── 149

제9장 토양 오염

1. 토양 환경 ─────────────────────────── 152
2. 토양 오염 ─────────────────────────── 155
3. 토양오염복원 ───────────────────────── 158

제10장 연소 및 소각

1. 연소 — 166
2. 산소량 및 공기량 — 171
3. 연소가스량 — 183
4. 연소온도 및 소각재 — 191
5. 소각 — 195

제11장 대기오염방지

1. 대기오염물질 — 210
2. 집진장치 — 220

제12장 과년도 복원문제

▶ 2012년 시행
  폐기물처리기사 [제1회] ······ 232
  폐기물처리산업기사 [제1회] ······ 237
  폐기물처리기사 [제2회] ······ 241
  폐기물처리산업기사 [제2회] ······ 246
  폐기물처리기사 [제4회] ······ 250
  폐기물처리산업기사 [제4회] ······ 255

▶ 2013년 시행
  폐기물처리기사 [제1회] ······ 259
  폐기물처리산업기사 [제1회] ······ 264
  폐기물처리기사 [제2회] ······ 268
  폐기물처리산업기사 [제2회] ······ 272
  폐기물처리기사 [제4회] ······ 277
  폐기물처리산업기사 [제4회] ······ 282

▶ 2014년 시행
  폐기물처리기사 [제1회] ······ 286
  폐기물처리산업기사 [제1회] ······ 292

폐기물처리기사 [제4회] ·· 297
폐기물처리산업기사 [제4회] ·· 302

▶ 2015년 시행
폐기물처리기사 [제1회] ·· 307
폐기물처리산업기사 [제1회] ·· 311
폐기물처리기사 [제2회] ·· 315
폐기물처리산업기사 [제2회] ·· 320
폐기물처리기사 [제4회] ·· 325
폐기물처리산업기사 [제4회] ·· 330

▶ 2016년 시행
폐기물처리기사 [제1회] ·· 335
폐기물처리산업기사 [제1회] ·· 340
폐기물처리산업기사 [제2회] ·· 344
폐기물처리기사 [제4회] ·· 349
폐기물처리산업기사 [제4회] ·· 354

▶ 2017년 시행
폐기물처리기사 [제1회] ·· 358
폐기물처리산업기사 [제1회] ·· 362
폐기물처리기사 [제2회] ·· 366
폐기물처리산업기사 [제2회] ·· 370
폐기물처리기사 [제4회] ·· 375
폐기물처리기사 [제4회] ·· 380

▶ 2018년 시행
폐기물처리기사 [제1회] ·· 384
폐기물처리산업기사 [제1회] ·· 389
폐기물처리기사 [제2회] ·· 394
폐기물처리산업기사 [제2회] ·· 398
폐기물처리기사 [제4회] ·· 402
폐기물처리산업기사 [제4회] ·· 406

▶ 2019년 복원문제
폐기물처리기사·산업기사 복원문제 ······································ 410

▶ **2020년 복원문제**
　　폐기물처리기사·산업기사 복원문제 ·· 427
▶ **2021년 복원문제**
　　폐기물처리기사·산업기사 복원문제 ·· 443
▶ **2022년 복원문제**
　　폐기물처리기사·산업기사 복원문제 ·· 460
▶ **2023년 복원문제**
　　폐기물처리기사·산업기사 복원문제 ·· 477
▶ **2024년 복원문제**
　　폐기물처리기사·산업기사 복원문제 ·· 491

폐기물처리기사·산업기사 실기

제1장

폐기물 관리

1. 폐기물의 분류
2. 지정폐기물의 분류
3. 의료폐기물의 분류
4. 폐기물 관리 / 5. 전과정 평가
6. 폐기물관련 국제협약 및 사건
7. 유해물질의 인체영향
8. 폐기물의 발생량 예측방법
9. 폐기물의 발생량 조사방법
10. 폐기물의 발생 특성
11. 폐기물의 특성분석 / 12. 발열량 분석
13. 폐기물의 수거 / 14. 청소상태 평가
15. 폐기물의 수송 / 16. 폐기물 적환장

Section 01 폐기물의 분류

[1] 폐기물관리법상의 분류체계

폐기물	생활 폐기물		
	사업장 폐기물	사업장 일반폐기물	
		지정 폐기물	폐유, 폐산 등
			의료 폐기물

① **"폐기물"**이란 쓰레기, 연소재(燃燒滓), 오니(汚泥), 폐유(廢油), 폐산(廢酸), 폐알칼리 및 동물의 사체(死體) 등으로서 사람의 생활이나 사업활동에 필요하지 아니하게 된 물질을 말한다.

② **"생활폐기물"**이란 사업장폐기물 외의 폐기물을 말한다.

③ **"사업장폐기물"**이란 「대기환경보전법」, 「물환경보전법」 또는 「소음·진동관리법」에 따라 배출시설을 설치·운영하는 사업장이나 그 밖에 대통령령으로 정하는 사업장에서 발생하는 폐기물을 말한다.

④ **"지정폐기물"**이란 사업장폐기물 중 폐유·폐산 등 주변 환경을 오염시킬 수 있거나 의료폐기물(醫療廢棄物) 등 인체에 위해(危害)를 줄 수 있는 해로운 물질로서 대통령령으로 정하는 폐기물을 말한다.

⑤ **"의료폐기물"**이란 보건·의료기관, 동물병원, 시험·검사기관 등에서 배출되는 폐기물 중 인체에 감염 등 위해를 줄 우려가 있는 폐기물과 인체 조직 등 적출물(摘出物), 실험 동물의 사체 등 보건·환경보호상 특별한 관리가 필요하다고 인정되는 폐기물로서 대통령령으로 정하는 폐기물을 말한다.

[2] 폐기물의 성상에 따른 분류

① "**액상폐기물**"이라 함은 고형물의 함량이 5% 미만인 것을 말한다.
② "**반고상폐기물**"이라 함은 고형물의 함량이 5% 이상 15% 미만인 것을 말한다.
③ "**고상폐기물**"이라 함은 고형물의 함량이 15% 이상인 것을 말한다.

문제 1 폐기물관리법에서 적용되는 '지정폐기물'이란 용어를 설명하시오?

해설 사업장폐기물 중 폐유·폐산 등 주변 환경을 오염시킬 수 있거나 의료폐기물(醫療廢棄物) 등 인체에 위해(危害)를 줄 수 있는 해로운 물질로서 대통령령으로 정하는 폐기물을 말한다.

문제 2 폐기물을 성상에 따라 분류하시오(3가지)?

해설 ① "액상폐기물"이라 함은 고형물의 함량이 5 % 미만인 것을 말한다.
② "반고상폐기물"이라 함은 고형물의 함량이 5 % 이상 15 % 미만인 것을 말한다.
③ "고상폐기물"이라 함은 고형물의 함량이 15 % 이상인 것을 말한다.

Section 02 지정폐기물의 분류

[표] 지정폐기물의 종류 및 판정기준

항 목	지정폐기물의 종류	판정기준
부식성	폐산	pH 2.0 이하
	폐알칼리	pH 12.5 이상
독성 반응성 발화성	폐유기용제(할로겐족15개, 비할로겐족)	다른 화학물질과 반응하여 독성, 반응성, 발화 가능성
	폐유(제외: 폐식용유, 폐흡착제, 폐흡수제, PCB 함유폐기물)	폐유 기름성분 5% 이상
독성	PCB 함유폐기물	액상 2mg/L 이상 액상 외 용출액 중 0.003mg/L 이상
	폐석면, 폐농약	인체에 직접적인 영향 가능성
유해가능성 용출 특성	오니(수분 95% 미만, 고형물 5% 이상) 광 재 분 진 폐주물사 및 샌드블라스트폐사 폐내화물 및 도자기 편류 소각 잔재물 안정화 또는 고형화 처리물 폐촉매 폐흡착제 폐흡수제	용출실험결과 유해물질 함유기준 이상(납 등 10항목) 〈유해물질 함유기준〉 | Pb, Cu	3 mg/L 이상
As, Cr^{+6}	1.5 mg/L 이상
CN, 유기인	1 mg/L 이상
Cd, TCE	0.3 mg/L 이상
PCE(=TECE)	0.1 mg/L 이상
Hg	0.005 mg/L 이상
석면	1% 이상	
난분해성	폐합성 고분자화합물, 폐합성 수지, 폐합성 고무, 폐페인트 및 폐락카	화학 생물학적 분해 불가능 물질
감염성	감염자의 격리의료폐기물 조직물류 등의 위해의료폐기물 혈액 등의 일반의료폐기물	병원성 의료폐기물

문제 1 폐기물관리법에서 지정폐기물의 종류에 따른 판정기준을 5가지 쓰시오?

해설 참고: [표] 지정폐기물의 종류 및 판정기준

문제 2 지정폐기물의 유해성 판단요소를 5가지 쓰시오?

해설 참고: [표] 지정폐기물의 종류 및 판정기준

Section 03 의료폐기물의 분류

[1] 격리의료폐기물

「감염병의 예방 및 관리에 관한 법률」 제2조제1호의 감염병으로부터 타인을 보호하기 위하여 격리된 사람에 대한 의료행위에서 발생한 일체의 폐기물

[2] 위해의료폐기물

① **조직물류폐기물** : 인체 또는 동물의 조직·장기·기관·신체의 일부, 동물의 사체, 혈액·고름 및 혈액생성물(혈청, 혈장, 혈액제제)
② **병리계폐기물** : 시험·검사 등에 사용된 배양액, 배양용기, 보관균주, 폐시험관, 슬라이드, 커버글라스, 폐배지, 폐장갑
③ **손상성폐기물** : 주사바늘, 봉합바늘, 수술용 칼날, 한방침, 치과용침, 파손된 유리재질의 시험기구
④ **생물·화학폐기물** : 폐백신, 폐항암제, 폐화학치료제
⑤ **혈액오염폐기물** : 폐혈액백, 혈액투석 시 사용된 폐기물, 그 밖에 혈액이 유출될 정도로 포함되어 있어 특별한 관리가 필요한 폐기물

[3] 일반의료폐기물

혈액·체액·분비물·배설물이 함유되어 있는 탈지면, 붕대, 거즈, 일회용 기저귀, 생리대, 일회용 주사기, 수액세트

> **비고** ★
> ① 의료폐기물이 아닌 폐기물로서 의료폐기물과 혼합되거나 접촉된 폐기물은 혼합되거나 접촉된 의료폐기물과 같은 폐기물로 본다.
> ② 채혈진단에 사용된 혈액이 담긴 검사튜브, 용기 등은 조직물류폐기물로 본다.

문제 1 지정폐기물 중 위해의료폐기물의 분류 3가지 쓰시오?

해설 참고 : [2] 위해의료폐기물

문제 2 위해의료폐기물 중 손상성폐기물 종류 5가지 쓰시오?

해설 참고 : [2] 위해의료폐기물

Section 04 폐기물 관리

[1] 정책방향
① 발생원의 억제(감량화)
② 자원화(재활용)
③ 안정화
④ 위생처분

[2] 폐기물의 재활용 및 감량화
① **예치금 제도**
  제품 생산자가 일정 비용을 예치하고 폐기물을 회수하면 반환해 주는 제도이다.
② **부담금 제도**
  재활용이 어려운 폐기물에 처리비용을 부담하는 제도이다.
  예) 껌, 1회용 기저귀, 유독물, 용기 등
③ **쓰레기 종량제**
  폐기물 배출자가 배출량에 따라 처리비용을 부담하는 제도이다.
④ **EPR(Extended Producer Responsibility)**
  생산자 책임 재활용제도로 생산자 또는 수입업자에게 재활용 의무목표량을 부과하여 미이행시 부과금을 부과하는 제도이다. EPR 대상품목에는 포장재, 1회용 봉투, 전지류, 타이어, 윤활유, 형광등 등이 있다.
⑤ **Eddy current separation 선별**
  연속적으로 변화하는 자장 속에 비자성이며 전기전도성이 좋은 금속인 구리, 알루미늄, 아연 등을 넣으면 금속 내에 소용돌이 전류가 발생하여 반발력이 생기는데 이 반발력 차를 이용하여 분리시킨다.
⑥ **RPF**
  플라스틱 원료가 60% 이상 함유된 고형연료이다.
⑦ **MBT(Mechanical Biological Treatment)**
  기계적 선별, 생물학적 처리를 통해 재활용 물질을 회수하는 시설이다.

[3] 3R
감량화(Reduction), 재사용(Reuse), 재활용(Recycling)

[4] 5R
감량화(Reduction), 재사용(Reuse), 재활용(Recycling), 질적변화(Refine), 회수(Recovery)

[5] 4E
환경보전을 위한 Environment(환경), Economy(경제), Energy(에너지), Equality(평등)

[6] 3P
오염을 야기한 자가 피해를 보상하는 Polluters Pay Principle(오염자부담원칙)

[7] POPs
Persistent Organic Pollutants(잔류성 유기 오염물질)로 독성, 잔류성, 생물 축적성, 장거리 이동성으로 생태계에 피해를 야기 하는 물질

[8] ESSD
Environmentally Sound and Sustainable Development(환경적으로 건전하고 지속가능한 개발)로 환경과 경제개발은 상생해야 하는 UN 리우선언

[9] POHCs
Principal Organic Hazardous Constituents 유기성 유해화합물질로 환경호르몬, 내분비계 장애물질 등이 있다.

문제 1 폐기물의 관리에 있어서 우선적으로 고려하여야 할 사항은?

해설 폐기물관리의 우선순위
감량화 〉 재활용 〉 안정화 〉 위생처분

문제 2 폐기물 처리 및 관리차원에서 사용되는 용어 중 3R이란?

해설 3R
감량화(Reduction), 재사용(Reuse), 재활용(Recycling)

문제 3 다음 용어를 설명하시오.

EPR, Eddy current separation, MBT, POPs, ESSD

해설 참고 : 4. 폐기물 관리

Section 05 전과정 평가

[1] 정의
① 전과정평가(LCA, life cycle assessment)는 원료의 구매에서 제품의 생산, 유통, 사용, 처분까지 전 과정에 걸쳐 환경에 미치는 영향을 평가하는 데 있다.
② 요람에서 무덤까지 폐기물을 관리한다.
③ 자원의 고갈과 지구환경문제를 근본적으로 해결하기 위한 방안의 모색에 있다.

[2] 전과정평가 절차
① 1단계 : 목적 및 범위설정(goal & scope definition)
② 2단계 : 단위공정별 목록분석(inventory analysis)
③ 3단계 : 환경부하에 대한 영향평가(impact assessment)
　　　　　분류화 → 특성화 → 정규화 → 가중치 부여
④ 4단계 : 개선평가 및 해석(life cycle interpretation)

[3] 전 과정평가의 목적 및 활용
① 제품 및 제조방법의 변경, 개량에 따른 환경부하 평가
② 환경부하의 저감 측면에서 제품의 제조방법 도출
③ 환경목표치에 대한 달성도 평가
④ 제품간의 환경부하 비교평가

문제 1　전과정평가(LCA)의 구성요소를 쓰시오?

　해설　전과정평가의 평가단계(절차)

문제 2　LCA의 정의, 평가단계, 목적을 쓰시오.

　해설　전과정평가의 평가단계(절차)

Section 06 폐기물관련 국제협약 및 사건

[1] 스톡홀름협약
잔류성 유기오염물질(POPs, Persistent Organic Pollutants))의 국제적 규제를 위한 협약이다.

[2] 바젤 협약
스위스 바젤(Basel)에서 채택된 협약으로, 유해 폐기물의 국가 간 이동 및 교역을 규제하는 협약이다.

[3] 몬트리올 의정서
오존층 파괴물질의 사용을 규제하는 협약이다.

[4] 리우선언
환경적으로 지속가능한개발(ESSD, Environmentally Sound and Sustainable Development)에 관한 유엔 선언이다.

[5] 교토 의정서
지구온난화, 사막화, 해수면 상승 등의 방지를 위한 기후변화 협약이다.

[6] 러브커넬 사건
미국 러브커넬에서 유해폐기물의 불법매립으로 정신박약, 심장질환, 유산 등이 발생한 사건이다.

문제 1 폐기물의 국가간 이동에 관련된 구체적인 규제 협약은?

해설 바젤협약

문제 2 잔류성 유기오염물질(POPs)의 국제적 규제를 위한 협약은?

해설 스톡홀름협약

문제 3 오존층 파괴물질의 사용을 규제하는 협약은?

해설 몬트리올 의정서

Section 07 유해물질의 인체영향

[1] 인체영향

[표] 유해물질의 배출원 및 인체영향

유해물질	배출원	인체영향
Hg	광석, 제련공장, 펄프공장, 수은전지공장, 온도계 제작공장 등	헌터-루셀증후군, 미나마다병
Cd	아연제련공장, 도금공장, 건전지공장, 도자기, 사진재료공장 등	골연화증, 이따이이따이병
As	비소광석, 안료공장, 농약공장, 유리공장, 피혁공장 등	발암, 전신마비, 색소침착
PCB	변압기공장, 콘덴서공장, 형광등, 전선, 접착제 제조업체 등	카네미유증, 빈혈, 고혈압
Pb	축전지공장, 인쇄공장, 페인트공장, 가솔린공장 등	뇌, 신경장애, 두통, 근육마비, 빈혈증, 변비 등
Mn	건전지공장, 합금공장, 광산 등	파킨슨씨병 유사 증세
Cr	도금, 염료, 피혁, 강철합금, 인쇄공장 등	연골천공, 피부궤양, 폐암
F	불소공장, 알루미늄공장, 살충제공장, 유리공장 등	반상치, 법랑반점
CN	금-은의 추출, 전기도금, 금속재련	신진대사 방해, 중추신경계 마비

[2] 위해성 평가과정

① **위해성 확인(Hazard identification)**
  어떤 위해물질에 노출되었을 때, 그 물질의 위해성 여부를 결정하는 단계이다.

② **노출평가(Exposure assessment)**
  어떤 유해물질에 노출(섭취)되었을 경우, 그 물질에 노출된 농도(양)을 결정하는 단계이다.

③ **용량-반응곡선(Dose-response assessment)**
  위해물질의 노출량에 대한 수용체의 반응관계를 결정한다.

④ **위해도 결정(Risk characterization)**
  위해수준을 정량적으로 판단하는 것을 말한다.

[3] 독성물질의 생물검정

① TLm(median tolerance limit)은 독성물질 투여시 일정시간(96, 48, 24hr)후 시험용 물고기가 50%(반수) 생존할 수 있는 농도를 나타낸다.
② LC_{50}(Lethal concentration for 50%); 시험용 물고기나 동물에 독성물질을 경구투여시 50% 치사농도를 나타낸다.
③ LD_{50}(Lethal dose for 50%); 시험용 물고기나 동물에 독성물질을 경구투여시 50% 치사량을 나타낸다.
④ EC_{50}(Median lethal concentration); 시험생물의 50%를 치사시키는 반수치사농도를 나타낸다.
⑤ 안전농도(Safety Concentration) : 한 세대에 걸쳐 생명의 수명에 영향을 주지 않는 독성물질의 최대농도로 급성농도와 만성농도로 나타낸다.

문제 1 유해물질 중 PCB의 인체영향 및 배출원을 쓰시오.

해설 참고 : [표] 유해물질의 배출원 및 인체영향

문제 2 이따이이따이병으로 잘 알려진 중금속과 배출원은?

해설 참고 : [표] 유해물질의 배출원 및 인체영향

문제 3 유해화학물질의 위해성 평가과정을 간략히 설명하시오.

해설 참고 : [2] 위해성 평가과정

문제 4 용량-반응 평가에서 급성독성의 생물검증 지표와 정의를 쓰시오(3가지).

해설 참고 : [3] 독성물질의 생물검증

Section 08 폐기물의 발생량 예측방법

[1] 경향예측모델(Trend Method)
　　최저 5년 이상의 과거 폐기물처리 실적을 수식화된 모델에 대입하여 폐기물의 발생량을 예측하는 방법으로 시간에 따른 폐기물의 발생량만 고려한다.

[2] 다중회귀모델(Multiple Regression)
　　하나의 수식으로 여러 인자 즉, 자원 회수량, 사회적, 경제적 특성 등을 총괄적으로 고려하여 복잡한 시스템을 분석하는 방법이다.

[3] 동적모사모델(Dynamic Simulation)
　　모든 인자를 시간에 대한 함수로 나타내어 각 영향 인자들 간의 상관관계를 수식화하는 방법이다.

문제 1　쓰레기발생량 예측방법 3가지를 쓰시오?

　　해설　[참고] : 8. 폐기물의 발생량 예측방법

문제 2　쓰레기 배출량에 영향을 주는 모든 인자를 시간에 대한 함수로 나타낸 후, 시간에 대한 함수로 표현된 각 영향인자들 간의 상관관계를 수식화하는 쓰레기 발생량 예측방법은?

　　해설　[참고] : 8. 폐기물의 발생량 예측방법

Section 09. 폐기물의 발생량 조사방법

[1] 적재차량계수분석법(Load Count)
① 특정 지역에서 일정기간동안 중간적환장이나 중계처리장에서 수거, 운반되는 차량의 대수를 조사하여 중량으로 산정한다.
② 수거차량마다 정확한 쓰레기의 밀도 또는 압축정도를 알 수 없어 오차가 발생한다.

[2] 직접계근법(Direct Weighing)
① 특정 지역에서 일정기간동안 중간적환장이나 중계처리장에서 폐기물 수거·운반차량을 직접 계근하는 방법으로 비교적 정확한 발생량을 파악할 수 있으나 작업량이 많고 번거롭다.
② 보정이 용이하며 표본오차가 적고 조사기간이 길며 행정시책의 이용도가 높다.

[3] 물질수지법(Material Balance)
① 조사대상 범위를 설정하고 원료물질의 유입과 생산물질의 유출관계를 근거로 발생량을 산정하는 방법이다.
② 비용이 많이 들고 작업량이 많아 잘 이용되지 않으나 상세한 데이터가 있는 경우 신속하고 정확한 방법으로 주로 산업폐기물의 발생량을 추산한다.

[4] 원자재 사용량으로 추정하는 방법
국가적 차원에서 대상지역의 원자재 수요에 대한 충분한 자료를 바탕으로 추정한다.

[5] 통계조사법
표본을 선정하여 일정기간 동안 폐기물의 발생량과 조성을 조사하는 방법이다.

문제 1 쓰레기 발생량 조사방법에 대하여 3가지 설명하시오?

해설 [참고] : 9. 폐기물의 발생량 조사방법

문제 2 생활폐기물 발생량의 조사방법 중 직접 계근법에 관하여 설명하시오?

해설 [참고] : 9. 폐기물의 발생량 조사방법

문제 3 폐기물 발생량 조사방법 중 주로 산업폐기물의 발생량을 추산할 때 사용하는 방법은?

해설 [참고] : 9. 폐기물의 발생량 조사방법

Section 10 폐기물의 발생 특성

① 기후에 따라 쓰레기 발생량과 종류가 다르게 된다.
② 수거빈도가 잦으면 쓰레기 발생량이 증가하는 경향이 있다.
③ 쓰레기통의 크기가 클수록 쓰레기 발생량이 증가하는 경향이 있다.
④ 재활용품의 회수 재이용률이 높을수록 쓰레기 발생량은 감소한다.
⑤ 대도시는 중소도시보다 많이 발생한다.
⑥ 생활수준이 높을수록 발생량이 증가한다.
⑦ 관련법규의 강화로 발생량은 감소한다.
⑧ 분쇄기의 사용으로 음식물 쓰레기는 제한적으로 감소한다.
⑨ 발생지역에 따라 성상이 달라진다.
⑩ 식생활 문화(찌개, 국물문화 등) 등에 따라 발생량에 영향을 미친다.
⑪ 발생량은 계절과 생활양식에 따른 영향이 크다.
⑫ 폐기물 관리비용의 대부분은 수거, 운반비용 이다.
⑬ 도시폐기물의 대부분은 매립에 의존하고 있다.
⑭ 종량제 실시 이후 재활용율이 증가하였다.

문제 1 쓰레기 발생량에 영향을 미치는 요인에 대하여 5가지 쓰시오?

해설 참고 : 10. 폐기물의 발생 특성

문제 2 쓰레기 발생량이 증가하는 원인을 5가지 쓰시오?

해설 참고 : 10. 폐기물의 발생 특성

Section 11 폐기물의 특성분석

[1] 폐기물의 분석절차

시료 → 밀도측정 → 물리적 조성 → 건조 → 분류(가연성 및 불연성) → 전처리(절단 및 분쇄) → 용출실험, 발열량 분석, 화학적 조성, 극한분석

① 밀도

$$겉보기\ 비중(밀도,\ 용적당\ 중량) = \frac{질량(kg)}{부피(m^3)}$$

② 중량비

시료 전량을 시트 위에 펴고 10종류의 조성으로 손 선별한 후 각 조성별로 무게를 측정하여 중량비를 구한다.

$$습량비 = \frac{각\ 성분의\ 중량비}{생\ 시료중량}$$

$$건량비 = \frac{각\ 성분의\ 중량비}{건조\ 시료중량}$$

③ 수분

종류별 조성분석의 시료 무게를 측정 후 건조기에서 105℃ ~ 110℃로 건조시켜 건조 전과 후의 시료무게로 부터 백분율로 수분 증발량을 계산한다.

$$수분(\%) = \frac{건조\ 전\ 시료무게 - 건조\ 후\ 시료무게}{건조\ 전\ 시료무게} \times 100$$

$$평균\ 함수율 = \frac{\sum 함수율 \times 구성비}{\sum 구성비}$$

④ 고형물 및 가연성 물질

폐기물 = 물 + 고형물

고형물 = 유기물 + 무기물

유기물 = 휘발성고형물 = 가연물 이라고도 한다.

$$유기물\ 함량 = \frac{유기물}{고형물} \times 100$$

문제 1 채취한 쓰레기시료에 대한 물리화학적 분석절차를 나열하시오.

> **해설** 분석절차
> 시료 → 밀도측정 → 물리적 조성 → 건조 → 분류(가연성 및 불연성) →
> 전처리(절단 및 분쇄) → 화학적 조성분석, 극한분석, 발열량 분석, 용출 실험

문제 2 쓰레기를 소각했을 때 남은 재의 중량은 쓰레기의 30%이다. 쓰레기 10ton을 태웠을 때 남은 재의 부피가 2m³라고 하면 재의 밀도(tom/m³)는?

> **해설** 재의 밀도(tom/m^3) = $\dfrac{10t \times 0.3}{2m^3}$ = $1.5\,t/m^3$

문제 3 쓰레기를 각 성분별로 분석하여 함수율을 측정한 결과로부터 전체 쓰레기의 함수율(%)은?

성분	중량(kg)	함수율(%)
음식찌꺼기	30	70
종 이 류	60	6
금 속 류	10	3

> **해설** 전체 쓰레기의 함수율(%) = $\dfrac{30 \times 70 + 60 \times 6 + 10 \times 3}{100}$ = 24.9%

문제 4 쓰레기와 하수처리장에서 얻어진 슬러지를 함께 매립하려고 한다. 쓰레기와 슬러지의 고형물 함량이 각각 50%, 20%라고 하면 쓰레기와 슬러지를 8:2로 섞을 때의 이 혼합폐기물의 함수율은?(단, 무게 기준이며 비중은 1.0으로 가정함)

> **해설** 혼합폐기물의 함수율(%) = $\dfrac{50 \times 8 + 80 \times 2}{8 + 2}$ = 56%

문제 5 밀도가 350kg/m³인 쓰레기 12m³ 중 비가연성 부분이 중량비로 약 65%를 차지하고 있을 때, 가연성 물질의 양(톤)은 얼마인가?

> **해설** 가연성 물질의 양(ton) = $12m^3 \times 0.35\,t/m^3 \times (1-0.65)$ = $1.47\,t$

문제 6 폐기물 시료중 수분 측정 결과를 나타낸 것이다. 변이계수(CV)는 얼마인가?

- 표준편차 5.1
- 쓰레기 중 수분 50, 53, 55, 63, 58, 59

해설

① 산술평균 = $\dfrac{\text{전체의 합}}{\text{시료수}}$

② 분산 = $\dfrac{\text{편차 제곱의 합}}{\text{시료의 수}} = \dfrac{\sum(\text{편차})^2}{\text{측정횟수}}$

③ 표준편차 = $\left(\dfrac{\text{편차 제곱의 합}}{\text{시료의 수}-1}\right)^{0.5} = \sqrt{\dfrac{\sum(\text{측정 값}-\text{평균 값})^2}{\text{시료의 수}(n)-1}}$

④ 변이계수 = $\dfrac{\text{표준편차}}{\text{산술평균}} \times 100 = \dfrac{5.1}{56.333} \times 100 = 9.5\%$

⑤ 중앙 값 = $\dfrac{\text{여러개 시료의 중앙값 2개}}{2}$

[2] 강열감량

① 이 시험기준은 폐기물의 강열감량 및 유기물 함량을 측정하는 방법으로, 시료를 질산암모늄 용액(25%)을 넣고 가열하여 탄화시킨 다음, (600 ± 25)℃의 전기로 안에서 3시간 강열하고 데시케이터에서 식힌 후 무게를 달아 증발접시의 무게 차이로부터 강열감량 및 유기물 함량(%)을 구한다.

② 이 시험기준은 폐기물의 강열감량 및 유기물 함량의 측정에 적용한다.

③ 시료와 도가니 또는 접시의 무게로부터 다음의 식에 따라 시료의 강열감량(%) 및 유기물 함량(%)을 계산한다.

- 강열감량(%) = $\left(\dfrac{w_2 - w_3}{w_2 - w_1}\right) \times 100 = \dfrac{\text{강열 전} - \text{강열 후}}{\text{전체시료}} \times 100$

- 유기물 함량(%) = $\dfrac{\text{휘발성 고형물}(g)}{\text{고형물}(g)} \times 100$

- 휘발성 고형물(%) = 강열감량(%) − 수분(%)

- 강열감량(%) = 휘발성 고형물(%) + 수분(%) = 유기물(%) + 수분(%)

- 전체시료 = 고형물(유기물+무기물) + 수분

  여기서, w_1 = 도가니 또는 접시의 무게
  w_2 = 강열 전의 도가니 또는 접시와 시료의 무게
  w_3 = 강열 후의 도가니 또는 접시와 시료의 무게

④ 강열감량이란 강한 열에 의하여 감소되는 폐기물량을 말한다.
- 감열감량이 높을수록 온도의 증가로 연소효율은 저하한다.
- 소각잔사의 매립처분에 있어서 중요한 의미가 있다.
- 3성분 중에서 가연분이 타지 않고 남는 양으로 표현된다.
- 소각로의 연소효율을 판정하는 지표 및 설계인자로 사용된다.

문제 1 고형물 함량이 60%, 강열감량이 80%인 폐기물의 유기물함량(%)은?

해설 휘발성 고형물(%) = 강열감량(%) − 수분(%)
∴ 휘발성 고형물 = 80% − (100 − 60%) = 40%

$$유기물\ 함량(\%) = \frac{휘발성\ 고형물(\%)}{고형물(\%)} \times 100$$

∴ 유기물 함량 = $\frac{40\%}{60\%} \times 100 = 66.67\%$

문제 2 휘발성 고형물이 15%, 고형물이 40%인 경우 강열감량(%) 및 유기물 함량(%)은 각각 얼마인가?

해설 휘발성 고형물(%) = 강열감량(%) − 수분(%)
∴ 강열감량 = 15% + (100 − 40%) = 75%

$$유기물\ 함량(\%) = \frac{휘발성\ 고형물(\%)}{고형물(\%)} \times 100$$

∴ 유기물 함량 = $\frac{15\%}{40\%} \times 100 = 37.5\%$

문제 3 수분 40%, 고형물 60%인 쓰레기의 유기물함량을 측정하기 위해 다음과 같이 강열감량을 측정하였다. 이 쓰레기의 고형물 중 유기물 함량(%)은?

> 용기의 방냉 후 무게(W1) = 22.4g
> 용기와 시료의 무게(W2) = 65.8g
> 강열한 후 용기와 시료의 방냉 후 무게(W3) = 38.8g

해설 시료의 무게 = $65.8g - 22.4g = 43.4g$
수분 = $43.4g \times 0.4 = 17.36g$
고형물량 = $43.4g \times 0.6 = 26.04g$
유기물량 = $(65.8g - 38.8g) - 17.36g = 9.64g$

∴ 고형물 중 유기물함량 = $\frac{유기물}{고형물} \times 100 = \frac{9.64g}{26.04g} \times 100 = 37.02\%$

[3] 개략분석 및 극한분석

① **개략분석(Proximate analysis)**

폐기물의 3성분 조성비 또는 4성분 조성비를 분석하는데 있다. 3성분에는 가연분, 수분, 회분으로 구성되며 4성분에는 휘발성 가연분, 고정탄소, 수분, 회분이 있다.

② **극한분석(Ultimate analysis)**

3성분 조성비 중 가연분을 원소 분석하는데 있다.

[4] 용출시험

고상 또는 반고상 폐기물에 대하여 폐기물관리법에서 규정하고 있는 지정폐기물의 판정 및 지정폐기물의 중간처리 방법 또는 매립 방법을 결정하기 위한 실험에 적용한다.

① **시료 용액의 조제**

시료의 조제 방법에 따라 조제한 시료 100g 이상을 정확히 달아 정제수에 염산을 넣어 pH를 5.8~6.3으로 맞춘 용매(mL)를 시료 : 용매 = 1 : 10(W : V)의 비로 2000mL 삼각 플라스크에 넣어 혼합한다.

② **용출 조작**

시료 용액의 조제가 끝난 혼합액을 상온, 상압에서 진탕 횟수가 매분 당 약 200회, 진폭이 4cm~5cm인 진탕기를 사용하여 6시간 동안 연속 진탕한 다음 1.0μm의 유리섬유여과지로 여과하고 여과액을 적당량 취하여 용출 실험용 시료용액으로 한다. 다만, 여과가 어려운 경우에는 원심분리기를 사용하여 매 분당 3000회전 이상으로 20분 이상 원심분리한 다음 상등액(supernatant liquid)을 적당량 취하여 용출 실험용 시료 용액으로 한다.

다만, 휘발성 저급염소화 탄화수소류를 실험하고자 하는 시료의 용출 조작은 휘발성 저급염소화 탄화수소류-기체크로마토그래피 전처리 반고상 또는 고상 폐기물 시료의 전처리에 따른다.

③ **실험결과의 보정**

항목별 시험기준 중 각 항의 규정에 따라 실험한 용출실험의 결과는 시료 중의 수분 함량 보정을 위해 함수율 85% 이상인 시료에 한하여 "15 / [100 – 시료의 함수율(%)]"을 곱하여 계산한 값으로 한다.

문제 1 폐기물의 조성비로 저위발열량을 추정할 때 폐기물 3성분 조성비와 4성분 조성비는?

> 해설: 3성분 조성비는 가연분, 수분, 회분으로 구성되며 4성분 조성비는 휘발성 가연분, 고정탄소, 수분, 회분으로 구성된다.

문제 2 함수율 85%인 시료인 경우, 용출시험결과에 시료중의 수분함량 보정을 위하여 곱하여야 하는 값은?

> 해설: 용출실험의 결과는 시료 중의 수분함량 보정을 위해 함수율 85% 이상인 시료에 한하여 "15/[100-시료의 함수율(%)]"을 곱하여 계산한 값으로 한다.
>
> 보정값 $= \dfrac{15}{100-85} = 1.0$

문제 3 수분함량이 90%인 폐기물의 용출시험결과 카드뮴의 농도가 0.25 mg/L 이었다. 함수율을 보정한 카드뮴의 농도(mg/L)는 얼마인가?

> 해설: 보정값 $= \dfrac{15}{100-90} = 1.5$ ∴ $Cd\ 0.25\,mg/L \times 1.5 = 0.375\,mg/L$

Section 12 발열량 분석

[1] 발열량

① 연료를 완전연소 시켰을 때 발생하는 열량으로서 단위는 kcal/kg으로 표시한다.
② 연료는 가연성분(C, H, S)과 조연성분(O), 불연성분(N, H_2O, Ash)으로 구성되며 불연성분인 질소, 회분은 열량계산과 관계가 없다.
③ 발열량의 산정방법에는 추정식에 의한 방법, 단열계량계에 의한 방법, 원소분석에 의한 방법(Dulong의 원소분석법)이 있다.
④ 열량(비열)은 물 1g을 14.5°C에서 15.5°C로 1°C 올리는데 필요한 열량을 단위는 1cal/g·°C 이다.
⑤ 잠열(증발열, 기화열)은 1g의 물을 일정한 온도에서 기화하는 데 필요한 열량으로 물의 증발잠열은 100°C에서 539cal 이다.

[2] 고위발열량

① 고위발열량(H_h, 총 발열량)은 수분에 의하여 생성된 수분의 응축열(증발잠열)을 포함한다.
② 고체나 액체연료의 경우 봄브 열량계, 기체연료의 경우 융커스 열량계로 측정하며, 측정된 열량은 건량기준 H_h 이다.

$$습량기준 H_h = 단열 열량계 값(건량기준 H_h) \times \frac{100-W}{100}$$

③ 고체, 액체연료

$$H_h(kcal/kg) = H_l + 6(9H+W)$$

④ 기체연료

$$H_h(kcal/Sm^3) = H_l + 480\sum H_2O$$

[기체연료의 반응식]

- 메탄 $CH_4 + 2O_2 \rightarrow CO_2 + 2H_2O$
- 에탄 $C_2H_6 + 3.5O_2 \rightarrow 2CO_2 + 3H_2O$
- 프로판 $C_3H_8 + 5O_2 \rightarrow 3CO_2 + 4H_2O$
- 부탄 $C_4H_{10} + 6.5O_2 \rightarrow 4CO_2 + 5H_2O$

[3] 저위발열량

① 저위발열량(H_l, 진발열량, 네트칼로리)은 수분에 의하여 생성된 수분의 응축열(증발 잠열)을 배제한 열량으로 소각로 건설의 기준이 된다.

② 폐기물의 저위발열량은 가연분, 수분, 회분의 3성분으로 추정할 수 있다.

$$습량기준회분율(A\%) = 건조쓰레기회분(\%) \times \frac{100 - 수분함량(\%)}{100}$$

③ 고체, 액체연료

$$H_l(kcal/kg) = H_h - 6(9H + W)$$
*여기서, 원소의 단위는 퍼센트농도(%)이다.

④ 기체연료

$$H_l(kcal/Sm^3) = H_h - 480\sum H_2O$$
*여기서, H_2O는 연료의 연소반응에서 생성된 물의 몰(M)수이다.

문제 1 10g의 RDF를 열용량이 8600cal/℃인 열량계에서 연소하였다. 감지된 온도상승은 4.72℃이다. 이 시료의 발열량(cal/℃·g)은 얼마인가?

해설 시료의 발열량 $= 8600 \text{cal}/℃ \times \dfrac{4.72℃}{10\text{g}} = 4059.2 \text{cal}/℃ \cdot \text{g}$

문제 2 메탄의 저위발열량이 8540kcal/Sm³으로 계산되었다면 고위발열량(kcal/Sm³)의 측정치는?(단, 수증기의 증발잠열은 480kcal/Sm³)

해설 $H_h(kcal/Sm^3) = H_l + 480\sum H_2O$

메탄 $CH_4 + 2O_2 \rightarrow CO_2 + 2H_2O$ ∴ $H_2O = 2M$

$H_h = 8540 + 480\sum 2$ ∴ $H_h = 9500 kcal/Sm^3$

문제 3 수소 10%, 수분 0.5% 인 중유의 고위 발열량이 10500kcal/kg 일 때 저위발열량 (kcal/kg)은?

해설 $H_l(kcal/kg) = H_h - 6(9H + W)$
*여기서, 원소의 단위는 퍼센트농도(%)이다.

∴ $H_l = 10500 - 6(9 \times 10 + 0.5) = 9957 kcal/kg$

문제 4 완전히 건조시킨 폐기물 20g을 취해 회분량을 조사하니 5g이었다. 폐기물의 함수율이 40%이었다면, 습량기준 회분 중량비(%)는?(단, 비중=1.0)

해설 습량기준 회분량(%) = 건량회분량(%)

$$\frac{x}{1-0.4} = \frac{5g}{20g} \times 100\% \quad \therefore x = 15\%$$

문제 5 메탄의 고위발열량이 11000kcal/Sm³이면, 저위발열량(kcal/Sm³)은 얼마인가?(단, 물의 기화열은 600kcal/kg이다.)

해설 $H_l(kcal/Sm^3) = H_h - 600\sum H_2O$

메탄 $CH_4 + 2O_2 \rightarrow CO_2 + 2H_2O \quad \therefore H_2O = 2M$

$\therefore H_l = 11000 - 600\sum 2 = 9800 kcal/Sm^3$

문제 6 메탄 80%, 에탄 11%, 프로판 6%, 나머지는 부탄으로 구성된 기체연료의 고위발열량이 10000kcal/Sm³이다. 기체연료의 저위발열량(kcal/Sm³)은 얼마인가? (단, 메탄 CH₄, 에탄 C₂H₆, 프로판 C₃H₈, 부탄 C₄H₁₀ 부피기준)

해설 $H_l(kcal/Sm^3) = H_h - 480\sum H_2O$

메탄　$CH_4 + 2O_2 \rightarrow CO_2 + 2H_2O \quad \therefore 2 \times 0.8 = 1.6M$
에탄　$C_2H_6 + 3.5O_2 \rightarrow 2CO_2 + 3H_2O \quad \therefore 3 \times 0.11 = 0.33M$
프로판　$C_3H_8 + 5O_2 \rightarrow 3CO_2 + 4H_2O \quad \therefore 4 \times 0.06 = 0.24M$
부탄　$C_4H_{10} + 6.5O_2 \rightarrow 4CO_2 + 5H_2O \quad \therefore 5 \times 0.03 = 0.15M$

$\therefore H_l = 10000 - 480\sum 1.6 + 0.33 + 0.24 + 0.15 = 8886.4 kcal/Sm^3$

[4] 단열열량계에 의한 측정

① 단열열량계는 단열용기 내에 물을 넣고 물의 온도변화로부터 열량을 계산하는 고위발열량이다.
② 단열열량계로 측정한 발열량은 연료의 경우 건량기준 H_h이다. 폐기물의 발열량을 측정시 폐기물의 성상은 습량기준이다.

$$습량기준 H_h = 단열열량계\ 값(건량기준) \times \frac{100 - W}{100}$$

③ Bomb 열량계로 구한 발열량은 Dulong식으로 보정한다.

[5] Dulong의 원소분석법

연료 중의 산소(O)와 수소(H)가 결합하여 전부 물(H_2O)로 된다는 가정 하에 발열량을 구하는 식으로 고위발열량(H_h)을 산정한다.

$$H_h(\text{kcal/kg}) = 81C + 340(H - \frac{O}{8}) + 25S$$

*여기서, 원소의 단위는 퍼센트농도(%)이다.

문제 1 다음과 같은 중량조성의 고체연료의 고위발열량(kcal/kg)은 얼마인가?
조건 : C=70%, H=5%, O=15%, S=5%, 기타, Dulong식 이용

해설 Dulong식 $H_h(\text{kcal/kg}) = 81C + 340(H - \frac{O}{8}) + 25S$
*여기서, 원소의 단위는 퍼센트농도(%)이다.

$$\therefore H_h = 81 \times 70 + 340\left(5 - \frac{15}{8}\right) + 25 \times 5 = 6857.5 kcal/kg$$

문제 2 아래와 같은 함유성분의 폐기물을 연소처리할 때 저위발열량(kcal/kg)을 계산하면?
(단, 함수율 : 29%, 불활성분 : 14%, 탄소 : 20%, 수소 : 8%, 산소 : 27%, 유황 : 2%, Dulong식 기준)

해설 $H_h(\text{kcal/kg}) = 81 \times 20 + 340(8 - \frac{27}{8}) + 25 \times 2 = 3242.5 \text{kcal/kg}$
*여기서, 원소의 단위는 퍼센트농도(%)이다.

$H_l(kcal/kg) = 3242.5 - 6(9 \times 8 + 29) = 2636.5 \text{kcal/kg}$
*여기서, 원소의 단위는 퍼센트농도(%)이다.

문제 3 단열열량계를 이용하여 측정한 폐기물의 건량기준 고위발열량이 8000kcal/kg이었을 때 폐기물의 습량기준 고위발열량(kcal/kg)과 저위발열량(kcal/kg)은?(단, 폐기물의 수분함량은 20%이고, 수분함량 외 기타 항목에 따른 수분발생은 고려하지 않음)

해설 습량기준 H_h = 단열열량계 값 $\times \dfrac{100-W}{100}$

$\therefore H_h = 8000 kcal/kg \times \dfrac{100-20\%}{100} = 6400 kcal/kg$

$H_l(kcal/kg) = H_h - 6(9H+W)$

$\therefore H_l = 6400 - 6(9 \times 0 + 20) = 6280 kcal/kg$

*여기서, 원소의 단위는 퍼센트농도(%)이다.

문제 4 폐기물조성이 $C_{760}H_{1980}O_{870}N_{12}S$일 때 고위발열량(kcal/kg)은?
(단, Dulong 식을 이용하여 계산한다.)

해설 화합물의 총 질량

$C_{760}H_{1980}O_{870}N_{12}S = [760 \times 12] + [1980 \times 1] + [870 \times 16] + [12 \times 14] + [1 \times 32] = 25220 g$

총질량 배분율

$C: \dfrac{760 \times 12g}{25220g} \times 100 = 36.16\%$ $\qquad H: \dfrac{1980 \times 1g}{25220g} \times 100 = 7.85\%$

$O: \dfrac{870 \times 16g}{25220g} \times 100 = 55.19\%$ $\qquad N: \dfrac{12 \times 14g}{25220g} \times 100 = 0.66\%$

$S: \dfrac{1 \times 32g}{25220g} \times 100 = 0.127\%$

Dulong식 $H_h(kcal/kg) = 81C + 340\left(H - \dfrac{O}{8}\right) + 25S$

*여기서, 원소의 단위는 퍼센트농도(%)이다.

$H_h(kcal/kg) = 81 \times 36.16 + 340\left(7.85 - \dfrac{55.19}{8}\right) + 25 \times 0.127 = 3255.6 kcal/kg$

[6] Steuer의 원소분석법

연료 중의 O의 절반은 탄소와 반응하여 CO_2로, 나머지 절반은 수소와 반응하여 H_2O로 전환된다는 가정 하에 발열량을 구하는 식이다.

$$H_h(kcal/kg) = 8100[C - \frac{3}{8}O] + [5700 \times \frac{3}{8}O] + 34500[H - \frac{O}{16}] + 2500S$$

[7] Scheure Kestner의 원소분석법

연료 중의 O의 전부가 탄소와 반응하여 CO_2로 전환된다는 가정 하에 발열량을 구하는 식이다.

$$H_h(kcal/kg) = 8100[C - \frac{3}{4}O] + [5700 \times \frac{3}{4}O] + 34500H + 2500S$$

[8] 3성분 조성비에 의한 산정

① 폐기물은 가연성분 1kg당 4500kcal, 물은 kg당 600kcal의 잠열을 가진다는 가정 하에 발열량을 계산한다.

② 고위발열량(H_h, 총 발열량)

$$H_h(kcal/kg) = 4500 kcal/kg \times 가연성분\ 함량비$$

③ 저위발열량(H_l, 진발열량, 네트칼로리)

$$H_l(kcal/kg) = [4500 kcal/kg \times 가연성분\ 함량비] - [600 kcal/kg \times W]$$

*여기서, 가연성분과 수분함량은 %/100 이다.

④ 폐기물의 개략분석은 3성분(수분, 회분, 가연분), 4성분(수분, 회분, 휘발성분, 고정탄소)로 한다.

⑤ 폐기물을 자체 소각처리하기 위해서는 약 $1500 kcal/kg$의 자체열량이 있어야 한다.

문제 1 어떤 쓰레기의 가연분의 조성비가 60%이며 수분의 함유율이 20%라면 이 쓰레기의 저위발열량(Kcal/Kg))은? (단, 쓰레기 3성분의 조성비 기준의 추정식)

해설 폐기물은 가연성분 1kg당 4500kcal, 물은 kg당 600kcal의 잠열을 가진다는 가정 하에 발열량을 계산한다.

$$H_l(kcal/kg) = [4500 kcal/kg \times 0.6] - [600 kcal/kg \times 0.2] = 2580 kcal/kg$$

문제 2 폐기물의 평균 저위발열량(kcal/kg)은?(단, 도표내의 백분율은 중량백분율이며, 수분의 응축잠열은 공히 500kcal/kg으로 가정한다.)

구 분	성분비	고위발열량
종이	30%	9000kcal/kg
목재	30%	10000kcal/kg
음식류	20%	8500kcal/kg
플라스틱	20%	15000kcal/kg

해설 $H_l = (0.3 \times 9000) + (0.3 \times 10000) + (0.2 \times 8500) + (0.2 \times 15000) - 500$
$= 9900 kcal/kg$

Section 13 폐기물의 수거

[1] 수거노선 설정 시 유의사항
① 출발점은 차고지와 가까운 지점에서 시작한다.
② 가능한 한 간선도로 부근에서 시작하고 끝나도록 한다.
③ 언덕길은 내려가면서 수거한다.
④ 발생량이 많은 곳은 가장 먼저 수거한다.
⑤ 가능한 한 시계방향으로 수거노선을 정한다.
⑥ 반복운행, U자형 운행은 피하여 수거한다.

[2] MHT
MHT(Man Hour/Ton)는 1ton의 쓰레기를 1명의 인부가 처리하는데 걸리는 시간으로 수거효율을 나타낸다.

$$MHT = \frac{1일\,평균\,수거\,인부수(man) \times 1일\,작업시간(hr)}{1일\,평균\,폐기물\,발생량(ton)}$$

[3] 폐기물 발생량/ 차량 대수산정
발생량은 처리량과 동일하다.
발생량 = 처리량

[4] 수거
① MHT(Man Hour/Ton)가 적을수록 수거효율은 좋다.
② 수거효율이 가장 좋은 것은 집 밖 이동식 타종수거이다.
③ 문전수거 2.3MHT, 타종수거 0.84MHT, 대형 쓰레기통 수거 1.1MHT

문제 1 도시 쓰레기의 수거 및 운반에 따른 수거노선 설정 시 유의사항을 5가지 설명하라?

해설 참고 : [1] 수거노선 설정 시 유의사항

문제 2 MHT 용어를 설명하시오.

> MHT(Man Hour/Ton)란 1ton의 쓰레기를 1명의 인부가 처리하는데 걸리는 시간으로 수거효율을 나타낸다.
>
> $$MHT = \frac{1일 \ 평균 \ 수거 \ 인부수(man) \times 1일 \ 작업시간(hr)}{1일 \ 평균 \ 폐기물 \ 발생량(ton)}$$

문제 3 다음 수거형태에서 수거효율이 높은 순서대로 나열하시오.(단 MHT기준)

> 문전수거, 타종수거, 대형 쓰레기통 수거

> 타종수거 0.84MHT 〉 대형 쓰레기통 수거 1.1MHT 〉 문전수거 2.3MHT

문제 4 3000000ton/year의 쓰레기 수거에 4500명의 인부가 종사한다면 MHT값은?(단, 수거인부의 1일 작업시간은 8시간이고 1년 작업일수는 300일 이다.)

> $$MHT = \frac{1일 \ 평균 \ 수거 \ 인부수(man) \times 1일 \ 작업시간(hr)}{1일 \ 평균 \ 폐기물 \ 발생량(ton)}$$
>
> $$\therefore MHT = \frac{1일 \ 평균 \ 수거 \ 인부수(4500 man) \times 1일 \ 작업시간(8hr)}{1일 \ 평균 \ 폐기물 \ 발생량(3000000t/300일)} = 3.6$$

문제 5 쓰레기 발생량이 5백만톤/년인 지역의 수거인부의 하루 작업시간이 10시간이고, 1년의 작업일수는 300일 이며, 수거효율(MHT)은 1.8로 운영되고 있다면 필요한 수거인부의 수(명)는?

> $$1.8 = \frac{수거 \ 인부수(man) \times 1일 \ 작업시간(10hr)}{1일 \ 평균 \ 폐기물 \ 발생량(5000000/300 ton)} \quad \therefore 3000 man$$

문제 6 수거대상 인구가 2000명인 어느 지역에서 4일 동안 발생한 쓰레기를 수거한 결과가 다음과 같다면 이 지역의 1일 1인당 쓰레기 발생량(kg/인·일)은?

> - 트럭 수 : 6대
> - 트럭의 용적 : 8.0m³/대
> - 적재 시 쓰레기 밀도 : 200kg/m³

> 발생량 = 처리량
>
> $2000명 \times 4일 \times x = 6대 \times 8m^3/대 \times 200kg/m^3$
>
> $\therefore x = 1.2 kg/인·일$

문제 7 인구 500000인 어느 도시의 쓰레기 발생량 중 가연성이 20%라고 한다. 쓰레기 발생량이 0.6kg/인.일이고, 밀도는 0.8ton/m³, 쓰레기차의 적재용량이 15m³일 때, 가연성 쓰레기를 운반 하는데 필요한 차량(대)은?(단, 차량은 1일 1회 운행 기준)

해설 발생량 = 처리량
500000인 $\times$ 0.2% $\times$ 0.6kg/인.일 = 800kg/m^3 $\times$ 15m^3 $\times$ x대/일
∴ x = 5대/일

문제 8 인구 15만명, 쓰레기발생량 1.4kg/인일, 쓰레기 밀도 400kg/m³, 일일 운전시간 6시간, 운반거리 6km, 적재용량 12m³, 1회 운반 소요시간 60분(적재시간, 수송시간 등 포함)일 때 운반에 필요한 일일 소요 차량대수는? (단, 대기차량 3개, 압축비 1.5)

해설 발생량 = 처리량
발생량 = 150000 $\times$ 1.4kg/인.일 = 210000kg
처리량 = 400kg/m^3 $\times$ ($\frac{6\,hr/day}{1hr}$)회/대 $\times$ 12m^3/대 $\times$ 1.5 $\times$ x 대 = 43200x
∴ x = 4.86대 + 대차량 3대 = 7.86대

Section 14. 청소상태 평가

[1] CEI(지역사회 효과지수)
① 가로의 청소상태를 기준으로 한다.
② 설정인자에는 가로의 총수, 청결상태, 청소상태의 문제점 여부를 평가한다.
③ Scale은 1~4이며 100, 75, 50, 25, 0점으로 한다.
④ 가로상태의 문제점이 있는 경우 각 10점씩 감점한다.

[2] USI(사용자 만족도 지수)
① 사람의 만족도를 설문조사 한다.
② 80점 이상 : 양호상태
③ 60점 이상 : 좋음
④ 40점 이상 : 보통
⑤ 20점 이상 : 불양한 상태
⑥ 20점 이하 : 용납할 수 없는 상태

문제 1 청소상태 평가방법 2가지를 쓰시오.

해설 CEI(지역사회 효과지수), USI(사용자 만족도 지수)

문제 2 청소상태와 관련된 지표로서 CEI(Community Effect Index) 산정 시 사용되는 인자 3가지를 쓰시오?

해설 CEI(Community Effect Index)의 설정인자에는 가로의 총수, 청결상태, 청소상태의 문제점 여부를 평가한다.

Section 15 폐기물의 수송

15.1 Pipe-line 수송

[1] 종류
① **공기수송** : 공기수송은 고층 주택 밀집지역에 적합하나 소음이 심하며 폐기물의 크기가 불균일하면 수송이 곤란하다.
- 진공수송 : 쓰레기의 배출구 측에서 흡입하는 방식으로 수송거리는 약 2km이다.
- 가압수송 : 쓰레기를 입구 측에서 송풍기로 불어서 수송하는 방식으로 수송거리는 약 5km이다.

② **슬러리 수송** : 쓰레기를 분쇄하여 물과 혼합하여 수송한다.
③ **캡슐수송** : 쓰레기를 충전한 캡슐을 수송관내에 삽입하여 공기나 물의 흐름을 이용하여 수송한다.

[2] 장점
① 완전 자동화가 가능하다.
② 분진, 소음, 진동, 악취 등의 문제를 방지할 수 있다.
③ 교통체증, 미관상의 불쾌감이 없다.
④ 폐기물 발생량이 많은 지역에서 연속 대량수송이 가능하다.
⑤ 차량수송과 비교할 때 에너지 절감효과가 있다.

[3] 단점
① 분쇄, 파쇄 등의 전처리 공정이 필요하다.
② 설비투자비가 비싸다.
③ 일단 가설된 설비는 변동이 어렵다.
④ 잘못 투입된 폐기물을 회수하기 어렵다.
⑤ 장거리 수송에 한계가 있다.
⑥ 쓰레기의 막힘, 화재, 폭발 등에 대비한 예비시스템 필요하다.
⑦ 폐기물 발생량이 적은 지역에서는 비경제적이다.

15.2 모노레일 수송

① 적환장에서 최종 처분장까지 모노레일(monorail) 철도를 이용하여 수송한다.
② 자동 무인화 가능하다.
③ 가설이 어렵고 설치투자비가 높으며 경로 변경이 어렵다.
④ 악취, 비산, 경관상의 문제로 컨테이너 수송이 요구된다.

15.3 컨베이어 수송

① 지하에 컨베이어(conveyor)를 설치해 쓰레기를 수송하는 방법이다.
② 하수도처럼 수송망을 설치하여 각 가정의 쓰레기를 처분장까지 운반한다.
③ 악취, 비산, 경관상의 문제가 없다.
④ 시설투자비가 고가이며 컨베이어 벨트가 마모되므로 내구성이 요구된다.
⑤ 전력비, 내구성 및 미생물 부착 등의 문제가 있다.
⑥ HCS(견인식 컨테이너 시스템)의 경우, 미관상 유리하며 손작업 운반이 어렵고 시간 및 경비 절약이 가능, 비위생의 문제를 제거할 수 있다.

15.4 컨테이너 수송

① 컨테이너(container)를 수거차량으로 철도역 기지까지 운반 후 철도차량으로 처분장까지 운반한다.
② 수거차의 집중과 청결한 철도역 기지의 선정이 어렵다.
③ 컨테이너의 세정이 요구되며 세정수 처리장이 있어야 한다.

문제 1 관거(pipe line)를 이용하여 쓰레기를 수거할 때 장단점 각각 5가지를 쓰시오.

해설 참고 : 15.1 Pipe-line 수송

문제 2 pipe line 수송의 종류 3가지를 쓰고 간략히 설명하시오?

해설 pipe line 수송의 종류
① 공기수송 : 공기수송은 고층 주택 밀집지역에 적합하나 소음이 심하며 폐기물의 크기가 불균일하면 수송이 곤란하다.
② 슬러리 수송 : 쓰레기를 분쇄하여 물과 혼합하여 수송한다.
③ 캡슐수송 : 쓰레기를 충전한 캡슐을 수송관내에 삽입하여 공기나 물의 흐름을 이용하여 수송한다.

문제 3 새로운 쓰레기 수거 시스템인 관거수거방법 중 공기수송에 대하여 간략히 설명하시오.

해설 공기수송
① 진공수송: 쓰레기의 배출구 측에서 흡입하는 방식으로 수송거리는 약 2km 이다.
② 가압수송: 쓰레기를 입구 측에서 송풍기로 불어서 수송하는 방식으로 수송거리는 약 5km 이다.

문제 4 수송설비를 하수도처럼 개설하여 각 가정의 쓰레기를 최종처분장까지 운반할 수 있으나, 전력비, 내구성 및 미생물의 부착 등이 문제가 되는 쓰레기 수송방법은?

해설 컨베이어(conveyor)수송은 하수도처럼 수송망을 설치하여 각 가정의 쓰레기를 처분장까지 운반한다.

문제 5 폐기물 수거체계 방식 가운데 하나인 HCS(견인식 컨테이너 시스템)의 장점 3가지를 쓰시오.

해설 HCS(견인식 컨테이너 시스템)의 장점
① 미관상 유리하다.
② 시간 및 경비 절약이 가능하다.
③ 비위생의 문제를 제거할 수 있다.

Section 16 폐기물 적환장

16.1 적환장의 필요성

① 적환장은 비교적 적은 수집차량에서 큰 차량으로 옮겨 싣고 장거리 수송을 할 경우 필요한 시설이다.
② 처분지가 수집 장소로부터 16km 이상 멀리 떨어져 있을 때
③ 수집차량이 소형($15m^3$ 이하)일 때
④ 저밀도 주거지역 있을 때
⑤ 슬러리 수송이나 공기수송 방식을 사용할 때
⑥ 불법투기와 다량의 폐기물이 발생할 때
⑦ 압축장비 등이 갖추어져 있지 않은 차량으로 수거할 때
⑧ 상업지역에서 폐기물 수집에 소형 수거용기를 많이 사용 할 때

16.2 적환장의 위치선정

① 주요 간선도로 접근이 용이한 곳
② 폐기물 발생지역의 무게중심에서 가까운 곳
③ 공중위생, 환경피해가 최소인 곳
④ 폐기물을 선별할 수 있는 공간이 충분한 곳
⑤ 작업이 용이하고 재생가능 물질의 선별이 용이한 곳
⑥ 쓰레기, 먼지 등이 날리지 않는 곳
⑦ 2차적 보조 수송수단에 연결이 쉬운 곳
⑧ 건설과 운영이 경제적인 곳

16.3 적환장의 형식

[1] 직접 투하방식
① 소형차에서 대형차로 직접 상차하는 방식이다.
② 소도시 지역의 수거에 적합하다.
③ 압축이 되지 않는 단점이 있다.

[2] 저장 투하방식
① 저장 피트에 저장한 후 불도저, 압축기 등으로 압축 후 수송차량에 상차한다.
② 대도시의 대용량 쓰레기 수거에 적합하다.
③ 수집차량의 대기시간을 단축할 수 있으나 침출수 발생 우려가 있다.

[3] 병용 투하방식
① 저장 투하방식과 직접 투하방식을 병용한 방식이다.
② 재활용품을 별도로 저장하여 회수율을 증대할 수 있다.

문제 1 적환장(transfer station)을 설치하는 일반적인 필요성에 대하여 5가지를 쓰시오?

해설 적환장의 필요성
① 처분지가 수집 장소로부터 16km 이상 멀리 떨어져 있을 때
② 수집차량이 소형($15m^3$ 이하)일 때
③ 저밀도 주거지역 있을 때
④ 슬러리 수송이나 공기수송 방식을 사용할 때
⑤ 불법투기와 다량의 폐기물이 발생할 때
⑥ 압축장비 등이 갖추어져 있지 않은 차량으로 수거할 때

문제 2 적환장의 위치선정 시 고려할 점 5가지를 쓰시오?

해설 적환장의 위치 선정
① 수거지역의 무게중심에 가까운 곳
② 주요 간선도로 접근이 용이한 곳
③ 폐기물 발생지역의 무게중심에서 가까운 곳
④ 공중위생, 환경피해가 최소인 곳
⑤ 폐기물을 선별할 수 있는 공간이 충분한 곳
⑥ 작업이 용이하고 재생가능 물질의 선별이 용이한 곳

문제 3 적환을 시행하는 주된 이유는 폐기물의 운반거리가 연장되었기 때문이다. 적환장을 형식에 따라 3가지로 구분하시오.

> **해설** 적환장의 형식
> ① 직접적환
> ② 저장적환
> ③ 병용적환

문제 4 저장 피트에 저장한 후 불도저, 압축기 등으로 압축 후 수송차량에 상차하며, 대도시의 대용량 쓰레기 수거에 적합한 적환방식은?

> **해설** 저장 투하방식(Storage discharge Transfer Station)

폐기물처리기사·산업기사 실기

제2장

물리적 처리

1. 폐기물 압축
2. 폐기물 파쇄
3. 폐기물 선별

Section 01 폐기물 압축

1.1 압축효과

① 폐기물을 기계적으로 압축하여 부피를 감소시키는 데 있다.
② 폐기물의 수송이 용이하고 운송비가 절감된다.
③ 매립지의 수명을 연장한다.
④ 매립지의 악취, 먼지의 비산을 감소시킨다.
⑤ 매립지의 작업이 용이하고 복토가 거의 필요 없다.

1.2 압축기의 종류

[1] 고압력 압축기
① 압력 강도는 700 ~ 35000 kN/m^2(7 ~ 350기압)범위이다.
② 밀도를 1600 kg/m^{3}까지 압축시킬 수 있다.
③ 경제적 압축 밀도는 1000kg/m^{3}정도이다.

[2] 저압력 압축기
① 압력 강도는 700 kN/m^2(7기압)이하이다.
② 소규모 상가, 공장, 적환장에 사용한다.

[3] 고정압축기
① 고정압축기는 주로 수압으로 압축시킨다.
② 압축방법에 따라 수평식과 수직식 압축기로 나눌 수 있다.
③ 작동은 적하(loading), 충전(fill charging), 램압축(ram compacts)으로 진행된다.

[4] 수직식 압축기(Vertical or Console Compactors)
기계적 작동이나 유압 또는 공기압에 의해 작동하는 압축피스톤을 갖고 있다.

[5] 소용돌이식 압축기
기계적 작동이나 유압 또는 공기압에 의해 작동하는 압축피스톤을 갖고 있다.

[6] 회전식 압축기

회전판 위에 열려진 상태로 놓여 있는 백과 압축피스톤의 조합으로 구성되어 있다.

[7] 백(bag) 압축기

① 백(bag) 압축기는 다종다양하다.
② 백(bag) 압축기 중 회분식이란 투입량을 일정량씩 수회 분리하여 간헐적인 조작을 행하는 것을 말한다.

1.3 압축비 및 부피 감소율

[1] 압축비

$$압축비\ C_R = \frac{압축\ 전\ 부피\ V_1}{압축\ 후\ 부피\ V_2} = \frac{압축\ 후\ 밀도\ \rho_2}{압축\ 전\ 밀도\ \rho_1} = \frac{100}{100 - 부피감소율\ V_R}$$

[2] 부피 감소율

$$부피감소율(V_R) = (\frac{V_1 - V_2}{V_1}) \times 100 = (1 - \frac{V_2}{V_1}) \times 100$$
$$= (1 - \frac{1}{압축비\ C_R}) \times 100$$

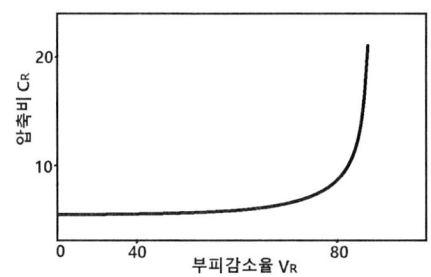

문제 1 압축은 폐기물을 기계적으로 압축하여 부피를 감소시키는 데 있다. 압축효과 3가지를 열거하시오.

해설 압축효과
① 매립지의 작업이 용이하고 복토가 거의 필요 없다.
② 폐기물의 수송이 용이하고 운송비가 절감된다.
③ 매립지의 수명을 연장한다.
④ 매립지의 악취, 먼지의 비산을 감소시킨다.

문제 2 쓰레기 압축기를 형태에 따라 구별할 때 종류 3가지를 쓰시오.

> **해설** 압축기의 형태에 따른 종류
> ① 소용돌이식 압축기
> ② 고정식 압축기
> ③ 백(bag) 압축기
> ④ 고압력 압축기
> ⑤ 저압력 압축기

문제 3 무게 10톤, 밀도 300kg/m³인 폐기물을 밀도 800kg/m³로 압축하였다면 압축비는?

> **해설** 압축비 $C_R = \dfrac{\text{압축 전 부피 } V_1}{\text{압축 후 부피 } V_2} = \dfrac{\text{압축 후 밀도 } \rho_2}{\text{압축 전 밀도 } \rho_1} = \dfrac{800}{300} = 2.67$
>
> $\therefore C_R = \dfrac{\text{압축 후 밀도 } \rho_2}{\text{압축 전 밀도 } \rho_1} = \dfrac{800 kg/m^3}{300 kg/m^3} = 2.67$

문제 4 밀도가 150kg/m³인 쓰레기 10ton을 압축시켰더니 압축비가 3이였다. 최종 부피(m³)는?

> **해설** 압축비(C_R) $C_R = \dfrac{\text{압축 전 부피 } V_1}{\text{압축 후 부피 } V_2}$
>
> $3 = \dfrac{\frac{10000 kg}{150 kg/m^3}}{x} \quad \therefore x = 22.22 m^3$

문제 5 밀도가 $400\,kg/m^3$인 쓰레기 10ton을 압축시켰더니 처음 부피보다 50%가 줄었다. 이 경우 Compaction ratio는?

> **해설** 부피감소율 $V_R\ 50\% = (1 - \dfrac{1}{\text{압축비 } C_R}) \times 100$
>
> $\dfrac{100}{C_R} = 100 - 50 \quad \therefore C_R = 2.0$

문제 6 압축비가 5인 쓰레기의 부피 감소율은?

> **해설** 부피감소율 $V_R = (1 - \dfrac{1}{\text{압축비 } 5}) \times 100 = 80\%$

문제 7 밀도가 a인 도시쓰레기를 밀도가 b(a < b)인 상태로 압축시킬 경우 부피(%)는 얼마인가?

해설 $V_R = (1 - \frac{V_2}{V_1}) \times 100 = (1 - \frac{1/b}{1/a}) \times 100 = (1 - \frac{a}{b}) \times 100$

문제 8 압축비(C_R)와 부피감소율(V_R)의 관계를 식으로 설명하고, 세로축을 압축비(C_R), 가로축을 부피감소율(V_R)로 하여 두 인자의 상관관계를 그래프로 도시 하시오.

해설 C_R과 V_R의 상관관계 및 그래프

$$부피감소율(V_R) = (\frac{V_1 - V_2}{V_1}) \times 100 = (1 - \frac{V_2}{V_1}) \times 100$$

$$= (1 - \frac{1}{압축비 C_R}) \times 100$$

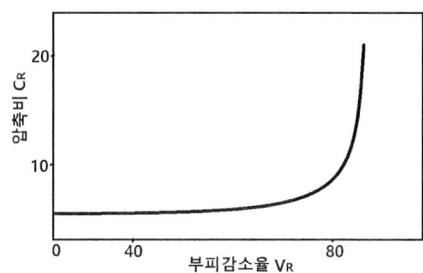

문제 9 폐기물의 부피 감소율(Volume reduction rate)이 50%에서 75%로 되었을 때 폐기물의 압축비는 몇 배 증가하는가?

해설 압축비 $C_R = \frac{100}{100 - 부피감소율 V_R}$

∴ $\frac{100/100 - 75}{100/100 - 50} = 2$ 배 증가

문제10 무게 100톤, 밀도 700kg/m^3인 폐기물을 밀도 1200kg/m^3로 압축 하였다면 부피 감소율(%)은?

해설 부피감소율$(V_R) = (1 - \frac{V_2}{V_1}) \times 100$

$$V_R = (1 - \frac{\frac{100000kg}{1200kg/m^3}}{\frac{100000kg}{700kg/m^3}}) \times 100 = 41.7\%$$

Section 02 폐기물 파쇄

2.1 파쇄효과

① 입자의 비표면적이 증가하여 미생물의 분해속도가 증가한다.
② 입경분포의 균일화로 저장, 압축, 소각이 용이하다.
③ 조대 폐기물에 의한 소각로 손상을 방지한다.
④ 겉보기 비중의 증가로 수송이 용이하고 매립지 수명이 연장된다.
⑤ 매립지의 악취, 먼지의 비산을 감소시킨다.
⑥ 매립지의 작업이 용이하고 복토가 거의 필요 없다.
⑦ 매립장을 안전하고 위생적으로 관리할 수 있다.
⑧ 에너지 회수용으로 사용 시 연소효율이 높다.
⑨ 단점으로 매립 시 고농도의 침출수가 발생할 수 있다.

2.2 파쇄 원리

① 전단작용에 의한 파쇄
② 충격작용에 의한 파쇄
③ 압축작용에 의한 파쇄
④ 분쇄물의 크기(대→소)
   jaw crusher → cone crusher → ball mill

2.3 파쇄기 종류

[1] 전단파쇄기(Shear Shredder)
① 고정칼, 왕복 또는 회전칼의 교합에 의하여 폐기물을 전단한다.
② 주로 목재류, 플라스틱류, 고무 및 종이를 파쇄하는데 이용된다.
③ 충격파쇄기에 비하여 파쇄속도가 느리다.
④ 충격파쇄기에 비하여 이물질의 혼입에 약하다.

⑤ 충격파쇄기에 비하여 파쇄물의 크기를 고르게 할 수 있다.
⑥ 폭발 위험성이 없다.

[2] 충격파쇄기(Hammer Shredder)
① 충격파쇄기는 대개 회전타격식이다.
② 유리나 목질류 등을 파쇄하는데 이용된다.
③ 해머밀(hammer mill) 파쇄기는 회전충격파쇄기다.
④ 파쇄속도가 빠르다.
⑤ 소음과 분진발생량이 많고 폭발 위험성이 있다.
⑥ 터브 그라인더(tub grinder)는 발생원에서 현장처리를 할 수 있는 일종의 이동식 해머밀 파쇄기이다.
⑦ 전형적인 터브 그라인더(tub grinder)는 투입구 직경이 크다는 특징을 가진다.

[3] 압축파쇄기
① 파쇄기의 마모가 적고 비용이 적게 소요되는 장점이 있다.
② 금속, 고무의 파쇄는 어렵다.
③ 나무, 플라스틱류, 콘크리트덩이, 건축폐기물의 파쇄에 이용된다.
④ rotary mill식, impact crusher 등이 있다.

[4] 냉각파쇄기
① 파쇄기의 발열 및 열화를 방지한다.
② 유기물을 고순도, 고회수율로 회수가 가능하다.
③ 복합재질의 성분별 선택 파쇄가 가능하다.
④ 투자비가 크므로 특수용도로 주로 활용된다.

[5] 습식파쇄기
① 폐기물에 물을 가한 후 서서히 회전시킴으로써 폐기물이 서로 부딪치게 하여 파쇄한다.
② 바닥의 커팅날의 회전에 의해 폐기물을 잘게 파쇄 한다.
③ 폐기물을 물과 섞어 잘게 부순 뒤 물과 분리하여 용적을 감소시킨다.
④ 종이류가 많은 폐기물의 파쇄에 용이하다.

2.4 파쇄 에너지

[1] 킥의 법칙(Kick's Law)

① 파쇄 에너지의 3대 법칙에는 **킥의 법칙**(Kick's Law), **리팅거의 법칙**(Rittinger's Law), **본드의 법칙**(Bond's Law)이 있다.

② Kick's Law의 파쇄 에너지(E, 동력)

$$E = C \ln\left(\frac{L_1}{L_2}\right)$$

여기서, C : 상수
L_1 : 파쇄 전 입자크기
L_2 : 파쇄 후 입자크기

[2] Rosin-Rammler 모델에 의한 특성입자 크기

$$Y = 1 - \exp\left[-\left(\frac{X}{X_0}\right)^n\right]$$

여기서, Y : 크기가 X보다 작은 폐기물의 총 누적분율(%)
X : 폐기물 입자의 크기(cm)
X_0 : 특성입자의 크기(cm)
n : 상수

[3] 입경분포

① **평균입경**(d_{50})
    입도 누적곡선에서 입자 50%를 통과시킨 체눈의 크기

② **유효입경**(d_{10})
    입도 누적곡선에서 입자 10%를 통과시킨 체눈의 크기

③ **특성입경**($d_{63.2}$)
    입도 누적곡선에서 입자 63.2%를 통과시킨 체눈의 크기

④ **균등계수**(U) : $U = \dfrac{d_{60}}{d_{10}}$

⑤ **곡률계수**(C) : $C = \dfrac{d_{30}^2}{d_{10} \times d_{60}}$

문제 1 전처리로서 파쇄에 의하여 얻어질 수 있는 효과 3가지를 쓰시오.

> **파쇄효과**
> ① 입자의 비표면적이 증가하여 미생물의 분해속도가 증가한다.
> ② 입경분포의 균일화로 저장, 압축, 소각이 용이하다.
> ③ 조대 폐기물에 의한 소각로 손상을 방지한다.
> ④ 겉보기 비중의 증가로 수송이 용이하고 매립지 수명이 연장된다.
> ⑤ 매립지의 악취, 먼지의 비산을 감소시킨다.

문제 2 쓰레기를 파쇄하여 매립할 때의 이점 3가지를 쓰시오?

> **매립 시 이점**
> ① 곱게 파쇄하면 매립시 복토가 필요없거나 복토요구량이 절감된다.
> ② 매립시 안정적인 호기성 조건을 유지하여 냄새가 방지된다.
> ③ 매립작업이 용이하고 압축장비가 없어도 고밀도의 매립이 가능하다.
> ④ 폐기물 입자의 표면적이 증가되어 미생물작용이 촉진된다.

문제 3 충격파쇄기에 비하여 건식 전단파쇄기의 장점과 단점을 각각 2가지씩 설명하시오.

> **충격파쇄기와 비교 건식 전단파쇄기의 장점과 단점**
> ① 장점
>   • 충격파쇄기에 비하여 파쇄물의 크기를 고르게 할 수 있다.
>   • 폭발 위험성이 없다.
> ② 단점
>   • 충격파쇄기에 비하여 파쇄속도가 느리다.
>   • 충격파쇄기에 비하여 이물질의 혼입에 약하다.

문제 4 취성도가 낮은 쓰레기는 전단파쇄가 유효하다. 취성도란?

> 취성도는 파쇄 시 소성변형 없이 파쇄 되는 정도로써, 압축강도와 인장강도의 비로 나타낸다.

문제 5 파쇄기의 마모가 적고 비용이 적게 소요되는 장점이 있으나, 금속, 고무의 파쇄는 어렵고, 나무나 플라스틱류, 콘크리트덩이, 건축폐기물의 파쇄에 이용되며, Rotary Mill식, Impact crusher 등이 해당되는 파쇄기는?

> 압축파쇄기는 Rotary Mill식, Impact crusher 등이 있다.

문제 6 최소 크기가 10cm인 폐기물을 2cm로 파쇄하고자 할 때 kick's 법칙에 의한 소요동력은 동일폐기물을 4cm로 파쇄할 때 소요되는 동력의 몇 배인가?(단, n=1로 가정한다.)

해설 $E = C \ln\left(\dfrac{\text{파쇄 전 입자 크기}(L_1) 10cm}{\text{파쇄 후 입자크기}(L_2) 2cm}\right) = 1.61 kw$

$E = C \ln\left(\dfrac{\text{파쇄 전 입자 크기}(L_1) 10cm}{\text{파쇄 후 입자크기}(L_2) 4cm}\right) = 0.91 kw$

$\therefore \dfrac{1.61 kw}{0.91 kw} = 1.77$ 배

문제 7 50ton/hr 규모의 시설에서 평균크기가 30.5cm인 혼합된 도시 폐기물을 최종크기 5.1cm로 파쇄하기 위해 필요한 동력(kW)은 얼마인가? (단, 평균크기를 15.2cm에서 5.1cm로 파쇄하기 위한 에너지 소모율은 15 kW·hr/ton 이며, 킥의 법칙을 적용 하시오.)

해설 $E = \text{상수 } C \ln\left(\dfrac{\text{파쇄 전 입자크기}(L_1)}{\text{파쇄 후 입자크기}(L_2)}\right)$

$15\,kW\cdot hr/ton = C \ln\left(\dfrac{15.2cm}{5.1cm}\right)$

$\therefore C = \dfrac{15\,kW\cdot hr/ton}{\ln\left(\dfrac{15.2cm}{5.1cm}\right)} = 13.7356\,kW\cdot hr/ton$

$E = 13.7356\,kW\cdot hr/ton \times \ln\left(\dfrac{30.5cm}{5.1cm}\right) = 24.5659\,kw\cdot hr/ton$

동력 $kw = 24.5659\,kW\cdot hr/ton \times 50 ton/hr = 1228.30 kw$

문제 8 어느 폐기물의 성분을 조사한 결과 플라스틱의 함량이 10%(중량비)로 나타났다. 이 폐기물의 밀도가 300kg/m³이라면 폐기물 10m³ 중에 함유된 플라스틱의 양(kg)은 얼마인가?

해설 플라스틱의 양(kg) $= 10 m^3 \times 300\,kg/m^3 \times 0.10 = 300 kg$

문제 9 쓰레기를 파쇄할 때 90% 이상을 3.8cm보다 작게 파쇄하려고 하는 경우, Rosin-Rammler Model에 의한 특성입자의 크기(cm)는? (단, n=1)

해설 $Y = 1 - \exp\left[-\left(\dfrac{X}{X_o}\right)^n\right]$ $0.90 = 1 - \exp\left[-\left(\dfrac{3.8cm}{X_o}\right)^1\right]$

$\exp\left(-\dfrac{3.8cm}{X_o}\right) = 1 - 0.9$

$\therefore$ 특성입자 크기 $X_o = \dfrac{-3.8cm}{\ln(1-0.90)} = 1.65 cm$

문제10 $X_{90} = 4.6\,cm$로 도시폐기물을 파쇄 하고자 할 때 Rosin-Rammler 모델에 의한 특성 입자 크기 X_o(cm)는 얼마인가? (단, $n=1$로 가정)

해설
$$Y = 1 - \exp\left[-\left(\frac{X}{X_o}\right)^n\right]$$
$$0.90 = 1 - \exp\left[-\left(\frac{4.6\,cm}{X_o}\right)^1\right]$$
$$\exp(-\frac{4.6\,cm}{X_o}) = 1 - 0.9$$
$$\therefore \text{특성입자 크기 } X_o = \frac{-4.6\,cm}{\ln(1-0.90)} = 2.0\,cm$$

문제11 지정폐기물인 폐석면의 입도를 분석한 결과에 의하면 $d_{10} = 3\,mm$, $d_{30} = 6\,mm$, $d_{60} = 12\,mm$ 그리고 $d_{90} = 15\,mm$ 이었다. 이 때 균등계수와 곡률계수는 각각 얼마인가?

해설 균등계수 및 곡률계수

균등계수 $U = \dfrac{d_{60}}{d_{10}} = \dfrac{12\,mm}{3\,mm} = 4.0$

곡률계수 $C = \dfrac{d_{30}^2}{d_{10} \times d_{60}} = \dfrac{(6\,mm)^2}{(3\,mm \times 12\,mm)} = 1.0$

문제12 폐기물을 파쇄하여 입도를 분석하였더니 폐기물 입도 분포 곡선상 통과백분율이 10%, 30%, 60%, 90%에 해당되는 입경이 각각 2mm, 4mm, 6mm, 8mm이었다. 곡률계수는 얼마인가?

해설 곡률계수 $= \dfrac{(D_{30\%})^2}{(D_{10\%} \times D_{60\%})} = \dfrac{(4\,mm)^2}{(2\,mm \times 6\,mm)} = 1.33$

Section 03 폐기물 선별

[1] 선별효율

두 가지 성분을 투입하고 분리하는 경우 Worrell식 및 Rietema식에 의한 선별효율(%)은 다음과 같다.

Worrell식 선별효율(E_W)

$$E_W = (\frac{X_1}{X_t} \times \frac{Y_2}{Y_t}) \times 100$$

Rietema식 선별효율(E_R)

$$E_R = (\frac{X_1}{X_t} - \frac{Y_1}{Y_t}) \times 100$$

여기서, X_1: 회수량 중 회수대상물질 Y_1: 회수량 중 제거대상물질
X_2: 제거량 중 회수대상물질 Y_2: 제거량 중 제거대상물질
X_t: 총 회수대상물질 Y_t: 총 제거대상물질

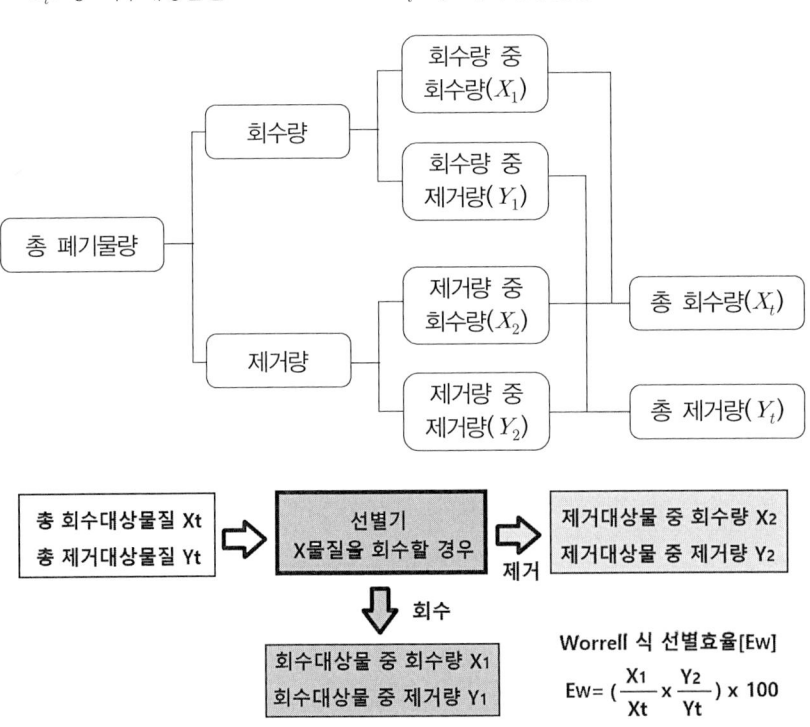

예를 들면, 다음 물질회수율 중 어느 물질이 더 선별효율(%)이 높은가?
단, Worrell식을 적용한다.

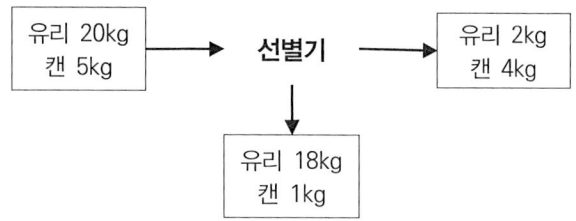

㉮ 유리 선별효율$(E) = (유리회수 \frac{18}{20} \times 캔제거 \frac{4}{5}) \times 100 = 72\%$

㉯ 캔 선별효율$(E) = (캔회수 \frac{1}{5} \times 유리제거 \frac{2}{20}) \times 100 = 2\%$

따라서, 캔보다 유리의 선별효율이 70% 높다.

[2] 트롬멜(회전체, Trommel) 스크린

① 원통형 체의 길이방향 구멍을 다르게 하여 수평보다 5° 전후의 경사를 주고 회전시켜 선별한다.
② 원통의 경사가 작을수록 선별효율은 증가한다.
③ 회전식과 왕복진동식이 있다.
④ 최적속도(rpm) = 임계속도(Nc) × 0.45
⑤ 임계속도(rpm) $Nc = \sqrt{\frac{g}{4\pi^2 r}} \times 60 = \frac{1}{2\pi}\sqrt{\frac{g}{r}} \times 60$

　여기서, g : 중력가속도$(9.8m/\sec^2)$　r : 반지름
⑥ Trommel은 경사각이 클수록, 회전속도가 증가할수록 선별효율이 낮아진다.
⑦ 길이가 길수록 직경이 클수록 선별효율이 증가한다.
⑧ 수분의 함량이 높을수록 분리효율이 저하하나 슬러리 형태가 되면 분리가 용이하다.

[3] 스토너(Stoners)

① 약간 경사진 판에 진동을 줄 때 무거운 것이 빨리 판의 경사면 위로 올라가는 원리를 이용한다.
② 원래 밀 등의 곡물에서 돌이나 기타 무거운 물질을 제거하기 위하여 고안되었다.
③ 퇴비 중 유리조각 추출시와 같이 무거운 물질을 선별할 때 주로 사용한다.
④ 공기가 유입되는 다공진동판으로 구성되어 있다.
⑤ 상당히 좁은 입자크기분포 범위 내에서 밀도선별기로 작용한다.
⑥ 중요한 운전변수는 다공판의 기울기와 공기의 유량이다.

[4] Secators

물렁거리는 가벼운 물질로부터 딱딱한 물질을 선별하는데 사용하며 경사진 컨베이어를 통해 폐기물을 주입시켜 천천히 회전하는 드럼위에 떨어뜨려 분류하는 방법이다.

[5] 와전류 선별

① 와전류식(과전류 선별, eddy current separation) 선별은 전자석유도에 관한 패러데이법칙을 기초로 한다.
② 와전류는 시간적으로 변화하는 자장 속에 놓인 도체의 내부에 전자유도에 의해 생기는 와상의 전류이다.
③ 비철금속의 분리, 회수에 이용된다.
④ 자력선을 도체가 스칠 때에 진행방향과 직각방향으로 힘이 작용하는 것을 이용한다.
⑤ 연속적으로 변화하는 자장 속에 비자성이며 전기전도성이 좋은 금속인 구리, 알루미늄, 아연 등을 넣으면 금속 내에 소용돌이 전류가 발생하여 반발력이 생기는데 이 반발력 차를 이용하여 분리시킨다.
⑥ 자속이 두 개 있으면 고유저항, 도자율 등의 물성의 차이에서 반발력 크기에 차이가 생기기 때문에 비자성의 도체의 분리가 가능하다.
⑦ 비자성이고 전기전도도가 좋은 물질을 와전류현상에 의해 다른 물질에서 분리할 수 있다.

[6] Jigs

물속의 스크린상에서 비중이 다른 입자의 층을 통과하는 액류를 상하로 맥동시켜서 층의 팽창수축을 반복하여 무거운 입자는 하층으로 가벼운 입자는 상층으로 이동시켜 분리하는 중력분리 방법이다
사금선별을 위해 오래 전부터 사용되던 습식 선별방법이다.

[7] Optical Sorting(광학적 분리)

① 물질이 갖는 광학적 특성 즉, 색의 차를 이용하여 선별하는 원리이다.
② 돌, 코르크 등의 불투명한 것과 유리 같은 투명한 것의 분리에 이용된다.

[8] 공기선별

① zigzag 공기선별기는 컬럼의 난류를 발달시켜 선별효율을 증진시킨 것이다.
② 풍력선별기는 비중 차이에 의하여 분리되며, 전형적인 공기/폐기물비는 2~7이다.
③ 펄스풍력선별기는 유속의 변화를 이용하는 장치이다.

[9] Table
① 물질의 비중차를 이용하는 방법이다.
② 약간 경사진 평판에 폐기물을 흐르게 한 후 좌우로 빠른 진동과 느린 진동을 주어 분류한다.

[10] 관성선별
① 분쇄된 폐기물을 중력이나 탄도학을 이용하여 선별한다.
② 가벼운 것(유기물)과 무거운 것(무기물)을 분리한다.

[11] 손 선별
① 사람이 직접 손으로 선별하는 방법이다.
② 정확도가 높고 파쇄공정 유입 전 폭발가능 위험물질을 분류할 수 있는 장점이 있다.

[12] 진동스크린 선별
① 진동하는 스크린으로 혼합물을 체분리한다.
② 주로 골재 분리에 많이 이용하며 체경이 박히는 문제가 발생할 수 있다.

[13] 정전기적 선별
① 물질의 정전작용을 이용하여 물질을 회수하는 방법이다.
② 플라스틱에서 종이를 선별할 수 있는 데 수분을 흡수한 종이는 전도체, 플라스틱은 비전도체가 된다.

[14] 습식 분류법
① 폐기물을 물에 넣어 비중차를 이용하여 분리한다.
② 유기물을 분류시키고자 하는 경우, 폐지로부터 펄프를 만들기 위한 경우에 사용한다.
③ 습식방법에 의하여 분류된 물질은 건식에 의한 것보다 폭발의 위험성과 먼지가 적다.
④ 습식분류법은 비경제적이며 일반적으로 사용하지 않는다.

[15] Fluidized bed separators
① 유동층에 의한 비중 차를 이용하여 선별한다.
② 분쇄(Pulverize)한 전기줄로부터 금속을 회수하거나 분쇄된 자동차나 연소재로부터 알루미늄, 구리 등을 회수한다.

[16] 자력선별
① 영구자석 또는 전자석의 자력을 이용하는 원리이다.
② 일반적으로 철의 분리에 많이 이용된다.
③ 자력의 단위로 T(테슬라)를 사용한다.

문제 1 다음 조건인 경우 Worrell식 및 Rietema식에 의한 선별효율(%)은?

- 총 투입 폐기물량: 200톤
- 회수량 중 회수대상물질: 140톤
- 회수량: 160톤
- 제거량 중 제거대상물질: 30톤

해설

총 투입 폐기물량: 200톤	
회수량 중	제거량 중
회수량 160톤	제거량 40톤
회수대상물질(X_1) 140톤	회수대상물질(X_2) 10톤
제거대상물질(Y_1) 20톤	제거대상물질(Y_2) 30톤
총 회수대상물질(X_t) 150톤	
총 제거대상물질(Y_t) 50톤	

① Worrell식 선별효율(E_W)

$$E_W = \left(\frac{X_1}{X_t} \times \frac{Y_2}{Y_t}\right) \times 100$$

$$\therefore E_W = \left(\frac{140}{150} \times \frac{30}{50}\right) \times 100 = 56\%$$

② Rietema식 선별효율(E_R)

$$E_R = \left(\frac{X_1}{X_t} - \frac{Y_1}{Y_t}\right) \times 100$$

$$\therefore E_R = \left(\frac{140}{150} - \frac{20}{50}\right) \times 100 = 53.33\%$$

문제 2 다음 물질회수율 중 어느 물질이 더 선별효율(%)이 높은가?(단, Worrell식 적용)

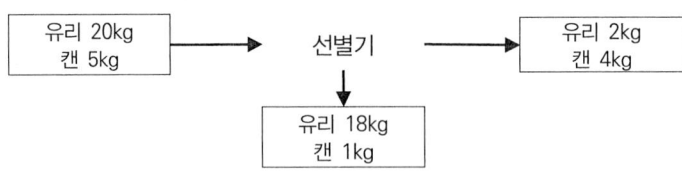

해설 캔보다 유리의 선별효율이 70% 높다.

유리 선별효율(E) = $\left(\frac{18}{20} \times \frac{4}{5}\right) \times 100 = 72\%$

캔 선별효율(E) = $\left(\frac{1}{5} \times \frac{2}{20}\right) \times 100 = 2\%$

문제 3 쓰레기 선별에 사용되는 직경이 3.2m 인 트롬멜 스크린의 최적속도 rpm은?

해설 최적속도(rpm) = 임계속도 × 0.45

임계속도(rpm) $Nc = \sqrt{\dfrac{g}{4\pi^2 r}} \times 60 = \dfrac{1}{2\pi}\sqrt{\dfrac{g}{r}} \times 60$

$Nc = \dfrac{1}{2\pi}\sqrt{\dfrac{9.8}{1.6}} \times 60 = 23.63\ rpm \times 0.45 = 11 rpm$

문제 4 도시폐기물의 선별작업에서 가장 많이 사용되는 트롬멜스크린의 선별효율에 영향을 주는 인자 3가지를 쓰시오.

해설 폐기물부하, 회전속도, 체의 눈 크기, 원통의 길이, 원통의 각도 등

문제 5 선별기 중 스토너(Stoner)의 원리를 간략하게 설명하시오.

해설 Stoner의 원리
① 약간 경사진 판에 진동을 줄 때 무거운 것이 빨리 판의 경사면 위로 올라가는 원리를 이용한다.
② 원래 밀 등의 곡물에서 돌이나 기타 무거운 물질을 제거하기 위하여 고안되었다.

문제 6 비자성이고 전기전도성이 좋은물질(동, 알루미늄, 아연)을 다른 물질로부터 분리하는데 가장 적절한 선별방식은?

해설 와전류식(과전류 선별, eddy current separation) 선별은 전자석유도에 관한 패러데이법칙을 기초로 한다.

문제 7 폐기물에 함유된 유용 성분을 분리해내기 위해 1000kg의 폐기물을 처리하여 800kg과 200kg으로 분류하였다. 이들 각 폐기물에 함유된 유용성분의 함량을 조사하였더니 각각 무게의 25%와 0.15%를 차지하고 있음을 알았다. 그러면 전체 폐기물에 함유되어 있는 유용성분의 함량은 약 몇%(무게기준)인가?

해설 유용성분의 함량(%) = $\dfrac{800 \times 0.25 + 200 \times 0.0015}{1000} \times 100 = 20\%$

폐기물처리기사 · 산업기사 실기

제**3**장

생물학적 처리

1. 퇴비화(Composting)
2. 분뇨처리
3. 호기성 분해
4. 혐기성 분해

Section 01 퇴비화(Composting)

1.1 원리

① 호기성 미생물의 대사활동으로 복잡한 유기물질이 부식질인 humus로 되는 것을 퇴비화라 한다.

$$유기물 + O_2 \xrightarrow[\text{후반기 Thermoactinomyces}]{\text{전반기 Bacillus}} Humus + CO_2 + H_2O + NH_3 + energy$$

② 퇴비화의 진행단계는 다음과 같다.

　　초기(중온)단계 → 고온단계 → 냉각단계 → 숙성단계

③ 고온단계에서 주된 역할을 담당하는 미생물은 초기에는 Fungi, 전반기에는 Bacillus, 후반기에는 Thermoactinomyces 이다.

④ 짙은 갈색의 Humus는 뛰어난 토양 개량제로써 물 보유력과 양이온교환능력은 좋으나 C/N비(10~20)가 낮다.

⑤ 생분해도는 폐기물 내 함유된 리그린의 양으로 평가한다.

$$BF = 0.83 - (0.028 \times LC)$$

여기서, BF : 생물분해성 분율(휘발성 고형분함량 기준)
　　　　LC : 휘발성 고형분중 리그린 함량(건조무게 %로 표시)

⑥ **퇴비화 단위공정**

　　폐기물 → 전처리 → 발효 → 양생 → 마무리 → 저장 → 제품

⑦ **유기물의 분해**

　　당류 → 아미노산 → 지방 → 단백질 → 셀룰로오스 → 리그닌

1.2 영향인자

① 호기성 미생물의 대사에 필요한 산소는 5~15%가 요구되며, 공기의 채널링현상(덩어리지는 현상)을 방지하기 위하여 규칙적으로 교반하거나 뒤집어 주어야 한다.
② 수분이 많으면 공극 개량제를 이용하여 50~60%로 조절한다.
③ 슬러지 수분함량이 크면 bulking agent를 섞는다.
④ 온도는 60~70℃로 이내로 유지시켜야 병원균을 죽일 수 있으나 80℃ 이상은 좋지 않다.
⑤ 온도가 서서히 내려가 40℃ 이하 정도가 되면 퇴비화가 거의 완성된 상태로 간주한다.
⑥ pH는 미생물의 활발한 활동을 위하여 6.0~8.0 범위가 적당하나 8.5 이상은 좋지 않다.
⑦ 운전초기에는 pH5~6정도로 떨어졌다가 퇴비화가 진행됨에 따라 증가하여 최종적으로 pH8~9 가량이 된다.
⑧ 탄질율(C/N)은 30 : 1이 최적조건이다.
  C/N비 : 톱밥 510, 나뭇잎 40~80, 음식물 15, 분뇨 10, 활성오니 6
⑨ 퇴비화 후에는 C/N비 값이 최종적으로 10 정도가 된다.
⑩ C/N비가 너무 크면 퇴비화에 소요되는 기간이 길어지며 과잉의 탄소로 유기산이 생성되어 pH는 감소한다.
⑪ 탄소는 미생물의 탄소원으로 이용되고 세포로 합성되므로 질소농도는 증가한다.
⑫ C/N비가 너무 낮으면 혐기성 분해로 탈질 미생물에 의하여 질소가 손실되고 pH는 증가하며 NH_3가 발생한다.
⑬ 입도의 크기는 1~6cm 정도가 적정하다.
⑭ 퇴비화 초기에는 악취가 발생하나 숙성되면 흙냄새가 난다.
⑮ 퇴비화가 완성되면 부피는 50% 이하로 감소한다.

1.3 통기개량제(Bulking Agent)

[1] 통기개량제의 조건
① 산소의 통기가 어려우면 혐기성 반응이 일어나므로 볏짚, 왕겨, 톱밥, 나무껍질 등을 혼합하여 통기를 개량한다.
② 통기개량제는 수분 흡수능이 좋아야 한다.
③ 쉽게 조달이 가능한 폐기물이어야 한다.
④ 입자 간의 구조적 안정성이 있어야 한다.
⑤ 폐기물의 함수율 및 C/N비를 조절할 수 있어야 한다.

[2] 통기개량제의 종류별 특성
① **볏짚** : 칼륨분이 높다.
② **톱밥** : C/N비가 높아 분해가 느리다.
③ **파쇄목편** : 폐목재내에 퇴비화에 영향을 줄 수 있는 유해물질의 함유 가능성이 있다.
④ **왕겨(파쇄)** : 발생기간이 한정되어 있기 때문에 저류공간이 필요하다.
⑤ **C/N비** : 톱밥 510, 나뭇잎 40~80, 음식물 15, 분뇨 10, 활성오니 6 등

1.4 퇴비화의 장단점

[1] 장점
① 운영 시에 소요되는 에너지가 낮다.
② 다른 폐기물처리기술에 비해 고도의 기술수준을 요구하지 않는다.
③ 토양의 떼알구조를 증대한다.
④ 토양의 이화학성질을 개선시키는 토양개량제로 사용할 수 있다.
⑤ 초기 시설투자비가 낮다.
⑥ 재활용에 따른 폐기물을 감량화 한다.

[2] 단점
① 생산된 퇴비는 비료가치가 낮다.
② 제품의 균일성과 표준화가 어렵다.
③ 부지가 많이 필요하다.
④ 부피의 감소는 50% 정도로 다른 처리방식에 비해 낮다.
⑤ 악취의 발생 가능성이 있다.

1.5 Humus(완성된 퇴비)의 특성

① 악취가 없으며 흙냄새가 난다.
② 병원균이 없다.
③ 토양개량제로 우수하다.
④ 수분보유력이 우수하다.
⑤ 양이온교환능력이 좋다.
⑥ C/N(10~20/1)비가 낮다.
⑦ 흑갈색을 띈다.

문제 1 유기성 폐기물의 퇴비화 과정(초기단계-고온단계-숙성단계) 중 고온단계에서 주된 역할을 담당하는 미생물은?

해설 고온단계에서 주된 역할을 담당하는 미생물은 전반기에는 Bacillus, 후반기에는 Thermoactinomyces 이다.

문제 2 퇴비화의 진행 과정에 따른 온도변화 단계를 순서대로 나열하시오.

해설 초기(중온)단계 → 고온단계 → 냉각단계 → 숙성단계

문제 3 퇴비화의 단위공정을 순서대로 나열하시오.

해설 폐기물 → 전처리 → 발효 → 양생 → 마무리 → 저장 → 제품

문제 4 Humus의 특징 3가지를 쓰시오.

해설 Humus의 특징
① 뛰어난 토양 개량제이다.
② 짙은 갈색으로 C/N비(10~20)가 낮다.
③ 물 보유력과 양이온교환능력이 좋다.
④ 짙은 갈색이다.

문제 5 폐기물 내 함유된 리그린의 양으로 생분해도를 평가하기 위한 관계식은?

- BF: 생물분해싱 분율(휘발성 고형분함량 기준)
- LC: 휘발성 고형분중 리그린 함량(건조무게 %로 표시)

해설 생분해도는 폐기물 내 함유된 리그린의 양으로 평가한다.
$$BF = 0.83 - (0.028 \times LC)$$

문제 6 친산소성 퇴비화 공정의 설계운영 시 고려인자 3가지를 쓰시오.

해설 퇴비화의 고려인자
① 수분이 많으면 공극 개량제를 이용하여 50~60%로 조절한다.
② 적정온도는 60~70℃ 가 이상적이나 80℃ 이상은 좋지 않다.
③ 보통 미생물 세포의 탄질비는 30:1 이다.
④ pH는 미생물의 활발한 활동을 위하여 6.0~8.0 범위가 적당하나 8.5 이상은 좋지 않다.
⑤ 입도의 크기는 1~6cm 정도가 적정하다.

문제 7 퇴비화 하기 위해 함수율 97%인 분뇨와 함수율 30%인 쓰레기를 무게비 1:3으로 혼합했을 때의 함수율은?

해설 혼합 후 함수율 $= \dfrac{(97 \times 1) + (30 \times 3)}{1+3} = 46.75\%$

문제 8 함수율 95% 분뇨의 유기탄소량이 TS의 35%, 총질소량은 TS의 10%이다. 이와 혼합할 함수율 20%인 볏짚의 유기탄소량이 TS의 80%이고 총질소량이 TS의 4%라면 분뇨와 볏짚을 무게비 2:1로 혼합했을 때 C/N비는?

해설 $\dfrac{C}{N} = \dfrac{(0.05 \times 0.35 \times 2/3) + (0.8 \times 0.8 \times 1/3)}{(0.05 \times 0.1 \times 2/3) + (0.8 \times 0.04 \times 1/3)} = 16$

문제 9 폐기물의 퇴비화기술에서 퇴비화의 운전인자는 매우 중요한 역할을 한다. 퇴비화의 운전인자 중 Bulking Agent의 고려사항 3가지를 쓰시오.

해설 Bulking Agent의 특성
① 수분 흡수능이 좋아야 한다.
② 쉽게 조달이 가능한 폐기물이어야 한다.
③ 입자 간의 구조적 안정성이 있어야 한다.
④ 폐기물의 함수율 및 C/N비를 조절할 수 있어야 한다.
⑤ 통기개량제에는 볏짚, 톱밥, 왕겨, 나뭇잎 등이 있다.

문제 10 복합퇴비화 시 함수율 85%인 슬러지와 함수율 40%인 톱밥을 1:2로 혼합한 후의 함수율과 퇴비화의 적적성 여부에 관하여 판단하라?

해설 혼합 후 함수율 = $\dfrac{(85 \times 1) + (40 \times 2)}{1+2} = 55\%$

혼합 후 함수율은 55%로 퇴비화에 적절한 함수율이라 판단된다.

문제 11 30ton의 음식물쓰레기를 볏짚과 혼합하여 C/N비 30으로 조정하여 퇴비화하고자 한다. 이때 볏짚의 필요량은? (단, 음식물쓰레기와 볏짚의 C/N비는 각각 20과 100이고, 다른 조건은 고려하지 않음)

해설 $C/N \; 30 = \dfrac{(30t \times 20) + 100x}{30t + x}$

$\therefore 600 + 100x = 900 + 30x \quad \therefore x(볏짚) = 4.28t$

문제 12 퇴비화 대상 유기물질의 화학식이 $C_{99}H_{148}O_{59}N$ 이라고 하면, 이 유기물질의 C/N비는?

해설 $\dfrac{C}{N} = \dfrac{12 \times 99}{14 \times 1} = 84.85$

문제 13 총질소 2%인 고형 폐기물 1t을 퇴비화 했더니 총질소는 2.5%가 되고 고형 폐기물의 무게는 0.75t이 되었다. 이 고형 폐기물은 결과적으로 퇴비화 과정에서 질소를 어느 정도 소비하였는가? (단, 기타 조건은 고려하지 않는다.)

해설 소비된 질소량(kg) = $(1000\text{kg} \times 0.02) - (750\text{kg} \times 0.025) = 1.25\,\text{kg}$

문제 14 퇴비화의 장·단점을 각각 3가지 기술하라?

해설 퇴비화의 장 · 단점
① 장점
- 토양의 떼알구조를 증대한다.
- 토양의 이화학성질을 개선시키는 토양개량제로 사용할 수 있다.
- 초기 시설투자비가 낮다.
- 재활용에 따른 폐기물을 감량화 한다.

② 단점
- 생산된 퇴비는 비료가치가 낮다.
- 제품의 균일성과 표준화가 어렵다.
- 부지가 많이 필요하다.
- 부피의 감소는 50% 정도로 다른 처리방식에 비해 낮다.
- 악취의 발생 가능성이 있다.

Section 02 분뇨처리

2.1 분뇨처리의 목표

① **감량화** : 무게와 부피를 감소시킨다.
② **안정화** : 유기물의 안정화로 2차 오염을 방지한다.
③ **안전화** : 병원균의 사멸, 통제로 환경위생을 향상시킨다.
④ **자원화** : 메탄가스, 비료로 이용한다.

[표] 유해화학물질에 관한 표시항목

전처리	1차 처리 (안정화)	2차 처리 (탈리액)	3차 처리 (영양물질)
투입 침사 스크린 파쇄 저류	호기성 소화 혐기성 소화 고온습식산화 희석포기 포기산화	활성오니법 장기포기법 살수여상법 생물막법 접촉산화법	고도처리 소독

2.2 분뇨의 특성

① 1인 1일 배설량은 $1.0 \sim 1.3\ L/day$·인 정도이다.
② 발생량기준 분과 뇨의 비는 1 : 10 정도이다.
③ 고형물기준 분과 뇨의 비는 7 : 1 정도이다.
④ 고액분리가 어렵고 질소화합물의 함유도가 높다.
⑤ 분뇨내 질소화합물은 NH_4HCO_3, $(NH_4)_2CO_3$ 형태로 존재한다.
⑥ 분뇨의 비중은 1.02 이며 점도는 1.2~2.2 정도이다.
⑦ 뇨에서 VS의 80~90%가 질소화합물이다.
⑧ 분에서 VS의 12~20%가 질소화합물이다.

[표] 분뇨의 오염도

항목	농도
pH	8.0~9.0
Cl^-	4500~5000 mg/L
COD	50000~75000 mg/L
BOD	20000~30000 mg/L
SS	25000~35000 mg/L
T.N	4500~5000 mg/L
NH_3^{-N}	3000~4000 mg/L
PO_4^{-P}	650 mg/L

2.3 소화조

① 고형물 발생량 = 분뇨 유입량×(1 − 함수율)

② 유기물 발생량 = 고형물 발생량×유기물 함유율

③ 제거 유기물량 = 유기물 발생량×유기물 감소율(소화율)

④ 소화가스 발생량 = 제거 유기물량×소화가스 발생율

⑤ 소화율(유기물 감소율)% = $\dfrac{생슬러지\ VS - 소화슬러지\ VS}{생슬러지\ VS}$

$\qquad = (1 - \dfrac{소화후\ VS_{(유기물)}/FS_{(무기물)}}{소화전\ VS/FS}) \times 100$

⑥ 소화조 VS 용적부하 = $\dfrac{소화조로\ 유입되는\ VS량}{소화조\ 용적}$

⑦ 소화조 용적(≒슬러지 발생량) V = 고형물량 × $\dfrac{1}{비중}$ × $\dfrac{100}{100-P}$

⑧ 투입구수 : 발생량 = 처리량

$\qquad$ 투입구수 = $\dfrac{생성\ 분뇨량}{수거차량\ 용량 \times 배출시간 \times 작업시간}$ × 안전율

⑨ 배출농도 $C_e = C_i(1-\eta_1)(1-\eta_2)$

$\qquad$ 여기서, C_i : 유입농도 $\qquad \eta_1, \eta_2$: 1차 2차 처리효율

⑩ 농도 $C = \dfrac{희석농도}{희석배율}$

⑪ $V_1(100-P_1) = V_2(100-P_2)$

$\qquad$ 여기서, V_1 : 건조 전 폐기물 부피 $\qquad V_2$: 건조 후 폐기물 부피

$\qquad \qquad \ \ \ P_1$: 건조 전 함수율 $\qquad \ \ \ P_2$: 건조 후 함수율

⑫ 분뇨 1m³당 발생하는 가스량은 8~10m³이다.
⑬ 발생하는 가스량의 2/3는 CH_4이다.
⑭ 소화조 내 정상적인 휘발성 유기산은 200~450mg/L이다.
⑮ 분뇨의 염소이온 저하는 희석되었음을 의미한다.
⑯ 분뇨 정화조는 부패조, 산화조, 소독조로 구성되어 있다.
⑰ 고온(친열성)소화 55°C, 중온(친온성)소화 35°C, 저온소화 15°C
　중온소화는 고온소화 보다 미생물의 활성이 높고 탈수여액의 수질이 우수하다.
⑱ 소화과정 : 유기산 생성단계 → 메탄생성단계
⑲ CH_4/CO_2 생성비 : 탄수화물 50/50, 단백질 75/25, 지방질 83/17

2.4 고온 습식산화처리

일명 Zimpro식이라 부르며 슬러지 자체의 발열량을 사용하면서 170~260°C로 가열하고, 80~150kg/cm²의 압력으로 슬러지내의 유기물을 산화분해시켜서 결국 물과 재, 연소가스로 분리처리되는 방법이다. 설비는 반응탑, 고압펌프, 공기압축기, 열교환기 등으로 구성되어 있고, 장단점은 다음과 같다.

[표] 습식산화의 장단점

장 점	단 점
① 산화범위에 융통성이 있다. ② 슬러지의 질(質)에 상관없이 잘 처리된다. ③ 최종물질(ash 등)이 소량이다. ④ 시설의 규모가 작다. ⑤ 유출수가 위생적으로 안전하다.	① 고도의 기술을 요한다. ② 냄새가 있다. ③ 건설비가 많이 든다. ④ 유지비가 많이 든다. ⑤ 질소의 제거율이 낮다.

문제 1 분뇨종말 처리시설에서 안정화 방법 3가지를 쓰시오.

해설 1차 처리(안정화)방법
① 호기성 소화
② 혐기성 소화
③ 고온습식산화
④ 희석포기
⑤ 포기산화

문제 2 분뇨처리의 근본적인 목표 3가지를 설명하시오.

> **해설** 분뇨처리의 목표
> ① 감량화: 무게와 부피를 감소시킨다.
> ② 안정화: 유기물의 안정화로 2차 오염을 방지한다.
> ③ 안전화: 병원균의 사멸, 통제로 환경위생을 향상시킨다.
> ④ 자원화: 메탄가스, 비료로 이용한다.

문제 3 우리나라 수거분뇨의 특성을 5가지 설명하시오.

> **해설** 분뇨의 특성
> ① 고액분리가 어렵고 질소화합물의 함유도가 높다.
> ② 1인 1일 배설량은 1.0~1.3L/day·인 정도이다.
> ③ 발생량기준 분과 뇨의 비는 1 : 10 정도이다.
> ④ 고형물기준 분과 뇨의 비는 7 : 1 정도이다.
> ⑤ 분뇨의 비중은 1.02이며 점도는 1.2~2.2 정도이다.
> ⑥ 뇨에서 VS의 80~90%가 질소화합물이다.

문제 4 함수율이 97%인 수거분뇨를 55% 함수율의 건조분뇨로 만들면 그 부피는 얼마로 감소하게 되는가? (단, 비중은 1.0 기준이다.)

> **해설** $V_1 \times (100 - 97\%) = V_2 \times (100 - 55\%)$
>
> $\dfrac{V_1(100-97\%)}{V_2(100-55\%)} = \dfrac{3}{45} = \dfrac{1}{15}$ 감소

문제 5 함수율이 94%인 수거분뇨 200kL/d를 70% 함수율의 건조 슬러지로 만들면 하루의 건조슬러지 생성량(kL/d)은?(단, 수거분뇨의 비중은 1.0기준)

> **해설** $200\text{kL} \times (100 - 94\%) = V_2 \times (100 - 70\%)$ ∴ $V_2 = 40\text{kL/d}$

문제 6 수거분뇨 1kL를 전처리(SS제거율 30%)하여 발생한 슬러지를 수분함량 80%로 탈수한 슬러지량(kg)은 얼마인가? (단, 수거분뇨의 SS농도는 4%, 비중은 1.0 기준이다.)

> **해설** 슬러지량 $V_1(100 - P_1) = V_2(100 - P_2)$
>
> $V_2 = 10^3 L/kL \times 0.3 \times 0.04 \times 1.0 kg/L \times \dfrac{100}{100-80} = 60 kg$

문제 7 분뇨의 슬러지 건량은 3m³이며 함수율이 95%이다. 함수율을 80%까지 농축하면 농축조에서의 분리액(m³)은? (단, 비중은 1.0 기준)

> **해설** 분리액 $V = (3m^3 \times \dfrac{100}{100-95}) - (3m^3 \times \dfrac{100}{100-80}) = 45 m^3$

문제 8 어떤 분뇨처리장의 1일 처리량이 200m³/day 이며 생분뇨의 BOD₅가 20000mg/L 이라면 이 처리장에서 탈수 후 발생되는 슬러지량(m³/d)은?(단, 슬러지의 비중은 1.0 으로 가정하고 처리 후 슬러지 발생량은 건조고형물로서 BOD₅ kg당 1kg씩 발생하며 슬러지를 탈수시킨 후 함수율은 75%로 한다.)

해설 슬러지 발생량
$$V = 200m^3/d \times 20kg/m^3 \times \frac{1}{1-0.75} = 16000 kg/m^3 ≒ 16m^3/d$$

문제 9 함수율이 96%이고 고형물질 중 휘발분이 50%인 생슬러지 500m³를 혐기성 소화하여 함수율 90%의 소화슬러지가 얻어졌다면 이때 소화슬러지의 발생량(m³)은?(단, 소화전 후 슬러지의 비중은 1.0이고 소화과정에서 생슬러지 휘발분의 50%가 분해됨)

해설 처음 고형물+소화 안된휘발물 = 처리량
$$[500 \times 0.5 \times (1-0.96)] + [500 \times 0.5(1-0.96) \times 0.5] = x \times (1-0.9)$$
$$10 + 5 = 0.1x \quad \therefore x = 150m^3$$

문제 10 1일 처리량이 100kL인 분뇨처리장에서 중온소화방식을 택하고자 한다. 소화 후 슬러지량(m³/d)은? (단, 함수율이 98%, 고형물질 중 유기물 70%, 그 유기물 중 60%가 액화 및 가스화 되고 소화슬러지의 함수율은 96%이다. 슬러지의 비중은 1.0으로 가정)

해설 처음 고형물+소화 안된 유기물 = 처리량
$$[100 \times 0.3 \times (1-0.98)] + [100 \times (1-0.98) \times 0.7 \times 0.4] = x \times (1-0.96)$$
$$0.6 + 0.56 = 0.04x \quad \therefore x = 29m^3/d$$

문제 11 BOD₅ 15000 mg/L, Cl⁻ 800 ppm인 분뇨를 희석하여 활성슬러지법으로 처리한 결과 BOD₅ 45 mg/L, Cl⁻ 40 ppm 이었다면 활성슬러지법의 처리효율(%)은? (단, 희석수 중에 BOD₅, Cl⁻은 없음)

해설 희석배수치(P) $= \frac{800ppm}{40ppm} = 20$배

처리효율(%) $= \left(1 - \frac{45mg/L}{15000/20배}\right) \times 100 = 94\%$

문제 12 BOD₅ 20000ppm인 생분뇨를 1차 처리(소화)하여 BOD₅를 75% 제거하였다. 이것을 20배 희석하여 2차 처리시킨 후 방류하였을 때 방류수의 BOD 농도가 20ppm이었다면 이때 2차 처리에서의 BOD₅제거율(%)은?(단, 희석수의 BOD₅는 0ppm으로 가정한다.)

해설 배출농도 $C_e = C_i(1-\eta_1)(1-\eta_2)$
$$20ppm = \frac{20000ppm(1-0.75)}{20배}(1-\eta_2) \quad \therefore \eta_2 = 92\%$$

문제 13 평균농도가 20℃인 수거분뇨 20kL/일을 처리하는 혐기성 소화조의 소화온도를 외부 가온에 의해 35℃로 유지하고자 한다. 이때 소요되는 열량(kcal/day)은? (단, 소화조의 열손실은 없는 것으로 간주, 분뇨의 비열 1.1kcal/kg·℃, 비중 1.02)

해설 소요되는 열량
$$20000 L/day \times 1.02 kg/L \times 1.1 kcal/kg.℃ \times (35-20℃) = 336600 kcal/day$$

문제 14 분뇨 투입량이 50kL/일 소화조가 있다. 온도 20℃에서 온도를 중온(35℃) 소화의 적정한계에 맞추려고 한다. 소화조의 열손실이 30%라면 소요열량(kcal)은 얼마인가?(단, 소화조의 분뇨 비열 1.2kcal/kg·℃, 분뇨 비중 1)

해설 소요열량(kcal)
$$Q = 50 \times 10^3 kg/일 \times 1.2 kcal/kg·℃ \times (35-20)℃ \times \frac{100}{100-30}$$
$$= 1.29 \times 10^6 kcal/일$$

문제 15 처리용량이 25kL/day인 혐기성 소화식 분뇨처리장에 가스저장탱크를 설치하고자 한다. 가스 저류시간을 6시간으로 하고 생성가스량을 투입분뇨량의 8배로 가정한다면, 가스탱크의 용량(m³)은?

해설 가스탱크의 용량 $= \dfrac{25 kL/d}{24 hr} \times 6 hr \times 8배 = 50 m^3$

문제 16 용적 200m³인 혐기성소화조가 휘발성고형물(VS)을 70% 함유하는 슬러지고형물을 하루 100kg 받아들인다면 이 소화조의 휘발성고형물 부하율(kg VS/m³·d)은?

해설 휘발성고형물 부하율 $= \dfrac{100 kg \times 0.7}{200 m^3} = 0.35 kg·VS/m^3.day$

문제 17 용적 1000m³인 슬러지 혐기성 소화조가 함수율 95%의 슬러지를 하루에 20m³를 소화시킨다면 이소화조의 유기물 부하율(kg VS/m³·day)은?(단, 슬러지 고형물중 무기물 비율은 40%이고, 슬러지의 비중을 1.0로 가정)

해설 유기물 부하율 $= \dfrac{(1-0.95)(1-0.4)20000 kg}{1000 m^3} = 0.6 kg·VS/m^3.day$

문제 18 분뇨 저장탱크 내의 악취발생 공간 체적이 40m³이고 이를 시간당 4차례 교환하고자 한다. 발생된 악취공기를 퇴비 여과 방식을 채택하여 투과속도 20m/h로 처리코자 한다. 이 때 필요한 퇴비여과상의 면적은 몇 m²인가?

해설 $v = \dfrac{Q}{A}$ ∴ $A = \dfrac{40m^3 \times 4회/hr}{20m/hr} = 8m^2$

문제 19 호기성 소화방식으로 분뇨를 200kL/day로 처리하고자 한다. 1차 처리에 필요한 산기관 수는?(단, 분뇨의 BOD_5 20000mg/L, 1차 처리효율 60%, 소요공기량 50m³/BOD kg, 산기관 통풍량 0.5m³/min·개)

해설 산기관 수(n)
$n = 200kL/d \times 20kg/m^3 \times 0.6 \times 50m^3/BODkg \dfrac{1}{0.5 \times 60 \times 24} = 167개$

문제 20 어떤 도시의 분뇨 발생량이 100ton/d 일 때, 필요한 분뇨처리장의 투입구 수를 계산하면 몇 개가 필요한가? (단, 수거차량 대당 1.8ton 용량, 투입시간을 10분, 분뇨처리장 조업시간을 8시간으로 가정하고 안전율을 1.5, 예비투입구는 1개로 봄)

해설 발생량 = 처리량
$100t = 1.8t/대 \times 1대 \times 8hr \times \dfrac{60\min}{10\min} x$
∴ $x = (1.16 \times 1.5) + 1 = 2.74개$

문제 21 혐기성 위생매립지에서 발생되는 가스의 조성을 검사한 결과, 일정 기간동안 CH_4, CO_2의 가스구성비(부피%)가 각각 50%, 40%로 나타나고 있다면 이때 매립지 내의 생물반응단계는?

해설 완전 혐기성 상태(CH_4/CO_2비: 탄수화물 50/50, 단백질 75/25, 지방질 83/17)

문제 22 혐기성 소화조에서 유기물질 80%, 무기물질 20%의 슬러지를 소화 처리한 결과 소화 슬러지는 유기물질 60%, 무기물질 40%로 되었다. 이 때 소화율(%)은?

해설 소화율(%) $= (1 - \dfrac{소화후 VS_{(유기물)}/FS_{(무기물)}}{소화전 VS/FS}) \times 100$

∴ $\eta = (1 - \dfrac{0.6/0.4}{0.8/0.2}) \times 100 = 63\%$

Section 03 호기성 분해

[1] 유기물의 제거
① 호기성 미생물에 의한 유기물의 제거는 다음 3단계로 구분된다.
② 1단계는 폐수중 용존유기물질이 세포와 접촉하여 그 계면에 흡착
③ 2단계는 플럭 표면에 흡착된 영양물질은 효소에 의한 대사
④ 3단계는 대사에 의한 세포물질을 침강성이 좋은 플럭 형성
⑤ 호기성 종속영양미생물은 이화작용에서 발생한 에너지를 동화작용에 이용하여 세포로 합성한다.

$$유기물 + O_2 \xrightarrow{이화작용} CO_2 + H_2O + energy$$

$$유기물 + O_2 \xrightarrow[energy]{동화작용} C_5H_7O_2 + CO_2 + H_2O$$

⑥ 유기물의 호기성분해 반응식

$glucose \quad C_6H_{12}O_6 + 6O_2 \rightarrow 6CO_2 + 6H_2O$

$bacteria \quad C_5H_7O_2N + 5O_2 \rightarrow 5CO_2 + 2H_2O + NH_3$

$glycine \quad C_2H_5O_2N + 3.5O_2 \rightarrow 2CO_2 + 2H_2O + HNO_3$

$formaldehyde \quad CH_2O + O_2 \rightarrow CO_2 + H_2O$

$ethanol \quad C_2H_5OH + 3O_2 \rightarrow 2CO_2 + 3H_2O$

$methanol \quad CH_3OH + 1.5O_2 \rightarrow CO_2 + 2H_2O$

[2] 영향인자
① 영양소: 미생물대사의 최적 영양분포 BOD : N : P = 100 : 5 : 1
② 용존산소(DO): 최소 0.5mg/L이상 통상 2.0mg/L이상 유지함이 적당
③ 온도 : 중온성 미생물에 의한 처리가 대부분이므로 10~40℃정도 유지
④ pH : 6~8정도의 pH 범위가 적당
⑤ 기타 독성물질: 독성물질은 미생물의 성장에 장해의 원인이 된다.

[3] 호기성분해 반응식

$$C_aH_bO_cN_d + [\frac{4a+b-2c-3d}{4}]O_2 \rightarrow aCO_2 + [\frac{b-3d}{2}]H_2O + dNH_3$$

[4] 에너지원과 탄소원에 따른 미생물 분류

① 미생물은 탄소원과 에너지원에 따라 독립영양균과 종속영양균으로 분류한다.
② 광독립영양미생물(photoautotrophs)은 탄소원(영양원)으로 무기질(CO_2)을 에너지원으로 빛(photo)을 이용한다.
③ 화학독립영양미생물(chemoautotrophs)은 탄소원으로 무기물질(CO_2)을 에너지원으로 화학에너지(이화작용 에너지)를 이용한다.
④ 광종속영양미생물(photoheterotrophs)은 탄소원으로 유기물을 에너지원으로 빛(photo)을 이용한다.
⑤ 화학종속영양미생물(chemoheterotrophs)은 탄소원으로 유기물을 에너지원으로 화학에너지를 이용한다.

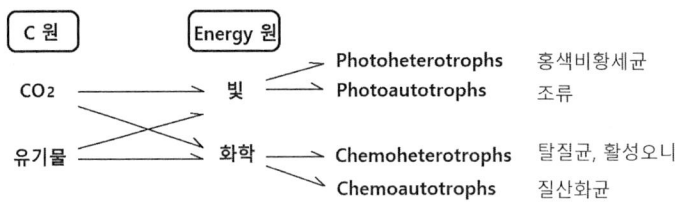

[표] 호기성 혐기성소화의 장단점 비교

구 분	호기성 소화	혐기성 소화
토지소요면적	작다	크다
설계 시공비용	작다	크다
유지관리 비용	작다	크다
유입량	연속주입	단계주입
유입농도	저농도	고농도
소화기간	짧다	길다
처리수질	양호	2차 처리필요
탈수성	나쁘다	좋다
비료가치	양호	불양
에너지화	불가능	가능
유지관리 용이성	용이	경험요구
2차 처리	불필요	필요
악취	없다	있다

문제 1 호기성 소화방식으로 분뇨를 200kL/day로 처리하고자 한다. 1차 처리에 필요한 산기관 수는?(단, 분뇨 BOD 20000mg/L, 1차 처리효율 60%, 소요공기량 50m³/BOD·kg, 산기관 통풍량 0.5m³/min·개)

해설 산기관 수(N)

$$N = 200kL/d \times 20kg/m^3 \times 0.6 \times 50m^3/BODkg \frac{1}{0.5 \times 60 \times 24} = 167개$$

문제 2 미생물을 탄소원과 에너지원에 따라 4종류로 분류 하시오?

해설 탄소원과 에너지원에 따른 분류
① 광독립영양균
② 광종속영양균
③ 화학독립영양균
④ 화학종속영양균

문제 3 BOD_5 20000ppm인 생분뇨를 1차 처리(소화)하여 BOD_5를 75% 제거 하였다. 이것을 20배 희석하여 2차 처리시킨 후 방류하였을 때 방류수의 BOD 농도가 20ppm 이었다면 이때 2차 처리에서의 BOD_5 제거율(%)은?
(단, 희석수의 BOD_5는 0ppm으로 가정한다.)

해설 배출농도 $C_e = C_i(1-\eta_1)(1-\eta_2)$

$$20ppm = \frac{20000ppm(1-0.75)}{20배}(1-\eta_2) \quad \therefore \eta_2 = 92\%$$

문제 4 호기성분해의 영향인자에 대하여 설명하시오.

해설 영향인자
① 영양소: 미생물대사의 최적 영양분포 $BOD:N:P = 100:5:1$
② 용존산소(DO): 최소 $0.5mg/L$이상 통상 $2.0mg/L$이상 유지함이 적당
③ 온도: 중온성 미생물에 의한 처리가 대부분이므로 10~40℃정도 유지
④ pH: 6~8정도의 pH 범위가 적당
⑤ 기타 독성물질: 독성물질은 미생물의 성장에 장해의 원인이 된다.

Section 04 혐기성 분해

[1] 유기물의 제거
① 혐기성 미생물에 의한 유기물의 제거는 다음 2단계로 구분된다.
② 1단계 소화에서는 유기산이 형성되는 단계로서 pH가 낮게 유지되므로 **"유기산 형성과정"** 또는 **"산성 소화과정"**이라고 한다.
③ 제2단계에서는 1단계에서 생성된 유기산을 메탄균에 의해 CH_4 및 CO_2를 생성하는 단계로서 **"가스화과정"**, **"메탄발효과정"**, **"알칼리소화과정"**이라 한다.
④ glucose($C_6H_{12}O_6$)의 반응예로 전체반응은 다음과 같다.

$$C_6H_{12}O_6 \xrightarrow[1단계]{유기산균} \begin{vmatrix} 3CH_3COOH \\ 2CH_3CH_2OH + 2CO_2 \\ 2CH_3CH(OH)COOH \end{vmatrix} \xrightarrow[2단계]{메탄균} 3CH_4 + 3CO_2$$

[2] 영향인자
① **영양소** : 혐기성분해는 유기물의 농도가 높아야 유리하다.
② **용존산소(DO)** : 혐기성 미생물은 결합산소를 이용한다.
③ **온도** : 메탄박테리아의 최적온도는 중온 35℃에서 고온 55℃정도이다.
④ **pH** : 6~8정도의 pH 범위가 적당하며 1,2단계 반응의 평형과 알칼리에 의한 완충능력이 중요하다. 일반적으로 생산된 기체의 30%가 CO_2일 때 1500㎎/ℓ 정도의 알칼리도가 완충용으로 필요하다.
⑤ **산 알칼리도** : 유기산 300~3000ppm, 알칼리도 2000ppm이상이 요구된다.
⑥ **독성물질** : 독성물질(Na^+, K^+, Ca^{2+} 등)이 유입되면 특히 메탄생성에 영향이 크다.

[3] 혐기성 소화조의 운전인자
① **공급** : 미생물에 먹이를 공급하는 방식은 경험에 의해서 원활한 공급 횟수를 조절한다. 일반적으로 슬러지의 공급은 최소 1일 2회 정도이다.
② **교반 접촉** : 교반의 목적은 미생물과 슬러지 접촉을 많이 하고 소화슬러지를 유효하게 활용하며 탱크 내 슬러지의 온도를 균일하게 하면서 sucm 발생을 방지하는데 있다.
③ **소화시간** : 소화에 요구되는 시간은 소화온도의 차이로써, 고온에서는 짧은 고형물의 체류시간을 요한다. 유기물량이 많으면 소화가 용이하며 소화일수가 길수록 소화효율이 크다.

④ **온도** : 일반적으로 소화를 위한 최적온도는 35°C의 중온소화법(mesophilic digestion)이다. 소화온도에 따른 소화일수는 30~37°C에서 25~30일, 50~60°C에서 15~20일, 10~15°C에서 40~60일이 소요된다.
⑤ **pH, 휘발성 산의 농도** : 메탄균의 최적 pH는 6.8~7.2이며, 휘발성 산의 농도는 250mg/L 이하이다.
⑥ **가스구성** : 메탄가스 생성율과 가스구성은 운영상의 변수이다. 정상적인 상태의 CH_4농도는 65%, CO_2농도는 30%정도 이다.
⑦ **영양 balance** : 하수슬러지의 C/N비는 12~16 : 1에서 세균활동이 정상적이다.

[4] 혐기성분해 반응식

$$C_aH_bO_cN_d + \left[\frac{4a-b-2c+3d}{4}\right]H_2O$$
$$\rightarrow \left[\frac{4a+b-2c-3d}{8}\right]CH_4 + \left[\frac{4a-b+2c+3d}{8}\right]CO_2 + dNH_3$$

[5] 유기물의 혐기성분해

① $C_2H_5O_2N + 0.5H_2O \rightarrow 0.75CH_4 + 1.25CO_2 + NH_3$
② $C_4H_9O_3N + H_2O \rightarrow 2CH_4 + 2CO_2 + NH_3$
③ $C_4H_9O_3N + H_2O \rightarrow 2CH_4 + 2CO_2 + NH_3$
④ $C_5H_{11}O_2N + 2H_2O \rightarrow 3CH_4 + 2CO_2 + NH_3$
⑤ $C_{40}H_{83}O_{30}N + 5H_2O \rightarrow 22.5CH_4 + 17.5CO_2 + NH_3$
⑥ $CH_3OH \rightarrow 3/4CH_4$ (표준상태에서 완전분해시 0.75M CH_4생성)
⑦ $C_6H_{12}O_6 \rightarrow 3CH_4 + 3CO_2$
⑧ $CH_3COOH \rightarrow CH_4 + CO_2$

문제 1 초산과 포도당을 각각 1몰씩 혐기성 소화 하였을 때 양론적 메탄발생량은?

해설 포도당 1몰 혐기성소화시, 초산 1몰 혐기성소화시보다 메탄발생량은 3배 많다.
$CH_3COOH \rightarrow CH_4 + CO_2$
　　1M　 : 1M
$C_6H_{12}O_6 \rightarrow 3CH_4 + 3CO_2$
　　1M　 : 3M

문제 2 $C_5H_{11}O_2N$으로 화학적 조성을 나타낼 수 있는 생분해기능 유기물이 매립지에서 혐기성 완전분해되어 발생하는 메탄(b)과 이산화탄소(a)중 메탄의 부피백분율($[\frac{b}{b+a}] \times 100\%$)은?(단, N은 NH_3로 발생 된다.)

해설 $C_5H_{11}O_2N + 2H_2O \rightarrow 3CH_4 + 2CO_2 + NH_3$
$\quad 1M \qquad\qquad\quad : \quad 3M \quad : 2M$

$$\frac{b(CH_4)}{b(CH_4)+a(CO_2)} \times 100 = \frac{3M}{3M+2M} \times 100 = 60\%$$

문제 3 오니의 혐기성 소화 과정에서 메탄발효단계에서의 반응속도가 2차 반응일 경우, 반응속도상수(K)의 단위는?

해설 반응속도상수(k)의 단위

1차 반응 $k = \frac{1}{t}$

2차 반응 $k = \frac{1}{C \cdot t}$

문제 4 고형폐기물을 매립 처리할 때 $C_6H_{12}O_6$ 성분 1톤(ton)의 폐기물이 혐기성 분해를 한다면 이론적 메탄가스 발생량(m^3)은 얼마인가? (단, 표준상태 기준이다.)

해설 $C_6H_{12}O_6 \rightarrow 3CH_4 + 3CO_2$
$180kg \quad : \quad 3 \times 22.4 Sm^3$
$1000kg \quad : \quad x$
$\therefore CH_4 = 373.33 \, Sm^3$

문제 5 글리신($C_2H_5O_2N$) 2M이 혐기성소화에 의해 완전분해 될 때 생성 가능한 이론적인 메탄 가스량(L)은?(단, 표준상태 기준, 분해 최종산물은 CH_4, CO_2, NH_3)

해설 $C_2H_5O_2N + 0.5H_2O \rightarrow 0.75CH_4 + 1.25CO_2 + NH_3$
$\quad 1M \qquad\qquad\quad : \quad 0.75 \times 22.4 L$
$\quad 2M \qquad\qquad\quad : \quad x$
$\therefore x = 33.6 L$

문제 6 총 고형물 합이 $36500 mg/L$ 휘발성 고형물이 총 고형물 중 64.5%인 폐기물 60kL/day를 혐기성소화조에서 소화시켰을 때 1일 가스발생량(m^3/d)은?(단, 폐기물 비중 1.0, 가스발생량은 $0.35 m^3/kg \cdot VS$이다.)

해설 가스발생량 $Q = 36.5 kg/m^3 \times 0.645 \times 60 kL/d \times 0.35 m^3/kg = 494.4 m^3/d$

제4장

슬러지 관리

1. 슬러지 처리의 목적
2. 슬러지 처리 공정
3. 슬러지의 수분형태
4. 슬러지의 부피

Section 01 슬러지 처리

4.1 슬러지 처리의 목적

① **감량화** : 무게와 부피를 감소시킨다.
② **안정화** : 유기물의 안정화로 2차 오염을 방지한다.
③ **안전화** : 병원균의 사멸, 통제로 환경위생을 향상시킨다.
④ **자원화** : 연료화, 메탄가스, 비료로 이용한다.

4.2 슬러지 처리 공정

[1] 처리 공정

[슬러지처리의 계통도]

농축 (함수율 감소)	→	소화 (안정화)	→	개량 (탈수성 향상)	→	탈수 및 건조 (감량화)	→	중간, 최종 처분 및 자원화
• 중력식 • 부상식 • 원심력		• 혐기성 • 호기성 • 습식 산화		• 화학적 개량 • 열처리 • 세정 • 동결		• 가입탈수 • 밸트탈수 • 원심분리 • 가열건조 • 건조상		• 퇴비화 • 소각 • 건설재료 • 매립 • 해양투기

[2] 농축

① 슬러지의 구성은 수분과 고형물로 구성되어 있다.

　　슬러지 = 수분(물) + 고형물(TS)

　　고형물(TS) = 무기물(FS) + 유기물(VS)

② 농축은 슬러지처리의 1차 목적(目的)인 부피의 감소에 있다.
③ 슬러지의 부피는 수분과 고형물의 분리로 감소한다.

$$V_1(100 - P_1) = V_2(100 - P_2)$$

　　　　여기서, V_1: 수분 P_1%일 때 슬러지부피
　　　　　　　　V_2: 수분 P_2%일 때 슬러지부피

④ 농축방법에는 중력식, 부상식, 원심분리식 등이 있다.
⑤ 농축에 의한 수분의 감소는 슬러지의 안정화 효율을 증대시킨다.

[3] 안정화(소화)

① 슬러지의 안정화는 유기물의 산화와 병원균의 사멸에 있다.

② 슬러지의 안정화방법에는 호기성 소화, 혐기성 소화, 열처리, 화학적 안정화 등이 있다

③ 호기성 종속영양미생물은 유기물을 이화작용과 동화작용으로 세포로 합성한다.

$$유기물 + O_2 \xrightarrow{이화작용} CO_2 + H_2O + energy$$

$$유기물 + O_2 \xrightarrow[energy]{동화작용} C_5H_7O_2 + CO_2 + H_2O$$

④ 혐기성 소화는 1단계에서 유기산을 생성하고 2단계에서 메탄균에 의해 CH_4 및 CO_2를 생성한다.

[4] 개량

① 슬러지의 개량(conditioning)은 슬러지의 조정(調整)이라고도 한다.

② 슬러지를 탈수하기 전에 전처리로서 탈수성을 좋게하기 위해 실시한다.

③ 슬러지의 개량효율은 개량방법, 개량제 종류 등에 영향을 받는다.

④ 개량방법에는 수세, 열처리, 약품처리 방법이 많이 사용된다.

⑤ 응결제를 주입하면 표면전하는 전기적 중화에 의해 반발력이 감소하고 입자들은 뭉쳐져 침전하게 된다.

$$Fe^{3+} + 3OH^- \rightarrow Fe(OH)_3$$

$$Al^{3+} + 3OH^- \rightarrow Al(OH)_3$$

⑥ 수세는 주로 혐기성 소화된 슬러지 대상으로 실시하며 소화슬러지의 알카리도를 낮춘다.

⑦ 열처리는 슬러지의 세포를 파괴시켜 고액분리를 쉽게 한다.

[5] 탈수

① 슬러지의 탈수는 수분과 고형물의 고액분리에 있다.

② 탈수방법에는 압력여과, 압착여과, 원심분리 등이 있다.

③ 탈수는 부피를 감량화시켜 처리, 처분을 용이하게 한다.

④ 여과비저항은 슬러지의 여과 특성을 나타내며 적을수록 탈수효율은 증가한다.

문제 1 함수율 99%의 슬러지를 농축하여 함수율 92%의 농축슬러지를 얻었다. 슬러지의 용적감소는?(단, 비중은 1.0 기준)

해설 $V_1 \times (100-99\%) = V_2 \times (100-92\%)$

$\dfrac{V_1(100-99\%)}{V_2(100-92\%)} = \dfrac{1}{8}$

문제 2 함수율 98%인 잉여슬러지 100m³이 농축되어 함수율이 95%로 되었을 때 농축 잉여슬러지의 부피(m³)는? (단, 슬러지 비중은 1.0)

해설 $100\text{m}^3 \times (100-98\%) = V_2 \times (100-95\%)$ ∴ $V_2 = 40\text{m}^3$

문제 3 슬러지를 처리하기 위해 위생처리장 활성 슬러지 1% 농도의 폐액 $100 m^3$을 농축에 넣었더니 2.5% 슬러지로 농축되었다. 농축조에 농축되어 있는 슬러지 양(m^3)은?(단, 상징액의 농도는 고려하지 않으며, 비중은 1.0)

해설 $100\text{m}^3 \times 1\% = V_2 \times 2.5\%$ ∴ $V_2 = 40\text{m}^3$

문제 4 고형물 4.2%를 함유한 슬러지 120000kg을 농축조로 이송한다. 농축조에서 손실을 무시하고 소화조로 이송할 경우 슬러지의 무게가 60000kg일 때 농축된 슬러지의 고형물 함유율은?(단, 완전농축, 슬러지 비중은 1.0으로 가정함)

해설 $120000 kg \times 4.2\% = 60000 kg(x)$ ∴ $x = 8.4\%$

문제 5 슬러지처리를 하기 위해 위생처리장 활성슬러지(1% 농도) 40m³를 농축조에 넣어 농축한 결과 슬러지의 농도가 35000mg/L가 되었다. 농축된 슬러지의 량(m³)은? (단, 슬러지비중은 1.0으로 가정함)

해설 $40 m^3 \times 10000 ppm = V_2\, 35000 mg/L$ ∴ $V_2 = 11.43 m^3$

문제 6 함수율이 96%인 슬러지 10L에 응집제를 가하여 침전 농축시킨 결과 상층액과 침전 슬러지의 용적비가 2:1 이었다면 침전 슬러지의 함수율(%)은? (단, 비중은 1.0 기준으로 하며 상층액 SS, 응집제량 등 기타사항은 고려하지 않음)

해설 $10L \times (100-96\%) = 10L \times \dfrac{1}{3}(100-P_2)$ ∴ $P_2 = 88\%$

문제 7 분뇨의 슬러지 건량은 5m³이며 함수율이 90%이다. 함수율을 80%까지 농축하면 농축조에서의 분리액(m³)은 얼마인가? (단, 비중은 1.0 기준)

해설 $V = sludge \times \dfrac{100}{100-P}$

분리액 $V = (5m^3 \times \dfrac{100}{100-90}) - (5m^3 \times \dfrac{100}{100-80}) = 25m^3$

문제 8 5000m³/day 하수를 처리하는 처리장의 1차 침전지에서 침전된 슬러지 내 고형물이 0.2톤/일, 2차 침전지에서 0.1톤/일 제거되며, 각 슬러지의 함수율은 98%, 99.5%이다. 침전지에서 발생한 슬러지를 정체시간 5일로 하여 농축시키려면 농축조의 크기(m³)는? (단, 슬러지의 비중은 1.0으로 가정함)

해설 $V = [(0.2t/d \times \dfrac{100}{100-98}) + (0.1t/d \times \dfrac{100}{100-99.5})] \times 5 = 150m^3$

문제 9 고형물 농도 10kg/m³, 함수율 98%, 유량 700m³/day 슬러지를 고형물 농도 50kg/m³이고 함수율 95%인 슬러지로 농축시키고자 하는 경우 농축조의 소요 단면적(m²)은 얼마인가? (단, 침강속도는 10m/일 이라고 가정한다.)

해설 $V_1(100-P_1) = V_2(100-P_2)$
$700 \times 10(100-98) = V_2 \times 50(100-95)$ ∴ $V_2 = 56$
$10m/day = \dfrac{56m^3}{A\,m^2}$ ∴ $A = 5.6m^2$

문제 10 슬러지의 안정화방법 3가지를 쓰시오.

해설 호기성 소화, 혐기성 소화, 열처리, 화학적 안정화 등이 있다.

문제 11 슬러지 개량(conditioning)의 목적과 개량방법 3가지를 기술하시오.

해설 슬러지의 개량
① 슬러지 개량의 목적은 탈수성을 좋게 하기 위해 실시한다.
② 개량방법에는 수세, 열처리, 약품처리 방법이 많이 사용된다.

문제 12 수거분뇨 1kL를 전처리(SS제거율 30%)하여 발생한 슬러지를 수분함량 80%로 탈수한 슬러지량(kg)은 얼마인가? (단, 수거분뇨의 SS농도는 4%, 비중은 1.0 기준이다.)

해설 슬러지 발생량 = 슬러지 탈수량
$1000kg/kL \times 0.3 \times 0.04 = x(1-0.8)$ ∴ $x = 60kg$

문제 13 4%의 고형물을 함유하는 슬러지 150 m^3를 탈수 시켜 70%의 함수율을 갖는 케이크를 얻었다면 탈수된 케이크의 양(m^3)은 몇 인가? (단, 슬러지의 밀도는 1 ton/m^3이다.)

해설 슬러지 발생량 = 슬러지 탈수량
$150m^3 \times 0.04 = x(1-0.7)$ ∴ $x = 20m^3$

문제 14 고형물 농도가 80000ppm인 농축 슬러지량 20 m^3/hr를 탈수하기 위해 개량(Ca(OH)$_2$)제를 고형물당 10% 주입하여 함수율 85%인 슬러지 cake을 얻었다면 예상슬러지 cake의 량(m^3/hr)은 얼마인가? (단, 비중은 1.0 기준이다.)

해설 슬러지 발생량 = 슬러지 탈수량
$0.08 t/m^3 \times 20 m^3/hr \times 1.1 = x(1-0.85)$ ∴ $x = 11.7 m^3/hr$

문제 15 고형물의 함량이 80 kg/m^3인 농축슬러지를 18 kg/hr 유량으로 탈수시키려 한다. 고형물 중량에 대해 25%의 소석회를 넣으면 함수율 70%의 탈수 cake이 얻어진다고 할 때 농축 슬러지로부터 얻어지는 탈수 cake의 양(t/day)은?(단, 하루 운전시간은 24시간, cake의 비중은 1.0)

해설 슬러지 발생량 = 슬러지 탈수량
$0.08 t/m^3 \times 18 m^3/hr \times 1.25 = x(1-0.7)$ ∴ $x = 6 m^3/hr$
∴ $6 m^3/hr \times 24 hr = 144 t/day$

문제 16 함수율 50%인 쓰레기를 함수율 20%로 감소시킨다면 전체중량(%)은? (단, 쓰레기 비중은 1.0으로 가정함)

해설 $100(1-0.5) = V_2(1-0.2)$ ∴ $V_2 = 62.5\%$

문제 17 진공여과기로 슬러지를 탈수하여 cake의 함수율을 85%로 할 때 여과속도는 20 $kg/m^2 \cdot hr$(고형물 기준), 여과면적은 50m^2의 조건에서 4시간 동안 cake 발생량(ton)은? (딴, 비중은 1.0으로 가정한다.)

해설 여과율($kg/m^2 \cdot hr$) = $\dfrac{고형물량(kg/hr)}{여과면적(m^2)}$
$20 kg/m^2 \cdot hr = \dfrac{(1-0.85)x}{50m^2 \times 4hr}$ ∴ $x = 26.6 t$

문제 17 진공여과기 1대를 사용하여 슬러지를 탈수하고 있다. 다음과 같은 조건에서 운전할 때 건조 고형물 기준의 여과속도 27kg/m².hr인 진공여과기의 1일 운전시간은?

- 폐수유입량: 20000m³/일
- 유입 SS농도: 300mg/L
- SS제거율: 85%
- 약품첨가량: 제거 SS량의 20%
- 여과면적: 20m²
- 건조 고형물 여과회수율: 100%
- 비중: 1.0 기준

해설 여과율$(kg/m^2.hr) = \dfrac{고형물량(kg/hr)}{여과면적(m^2)}$

$27kg/m^2.hr = \dfrac{20000m^3 \times 0.3kg/m^3 \times 0.85 \times 1.2}{20m^2 \times x}$ ∴ $x = 11.3hr$

문제 19 어떤 분뇨처리장의 1일 처리량이 $200m^3/day$ 이며 생분뇨의 BOD_5가 $20000mg/L$ 이라면 이 처리장에서 탈수 후 발생되는 슬러지량(m^3/day)은?(단, 슬러지의 비중은 1.0으로 가정하고 처리 후 슬러지 발생량은(건조고형물로서) BOD_5 kg당 1kg씩 발생하며 슬러지를 탈수시킨 후 함수율은 75%로 한다.)

해설 처음 발생량 = 탈수 후 발생량
$200m^3/d \times 20kg/m^3 = x(1-0.75)$ ∴ $x = 16m^3/d$

문제 20 수분함량이 90%인 슬러지를 수분함량 60%로 낮추기 위해 톱밥을 첨가하였다면 슬러지 톤당 소요되는 톱밥의 양(kg)은?(단, 비중 1.0, 톱밥의 수분함량 20%라 가정함)

해설 $60\% = \dfrac{(1000kg \times 90\%) + (x \times 20\%)}{1000kg + x}$

$60000 + 60x = 90000 + 20x$ ∴ $x = 750kg$

4.3 슬러지의 수분형태

① **간극수** : 슬러지 입자 사이의 공간을 채우고 있는 수분으로 농축에 의해 분리된다.
② **모관결합수** : 미세입자 사이의 공간을 모세관압으로 채우고 있는 수분으로 압착에 의해 분리된다.
③ **부착수** : 슬러지 입자표면에 부착되어 있는 수분으로 제거가 어렵다.
④ **내부수** : 슬러지 입자 내부의 세포액으로 제거가 곤란하다.
⑤ **결합강도** : 내부수 > 부착수 > 모관결합수 > 간극수 > 중력수

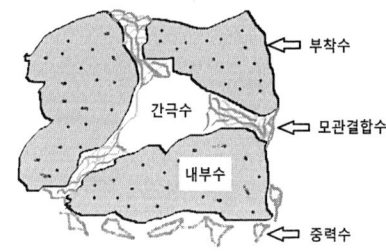

4.4 슬러지의 부피

슬러지 = 고형물(TS) + 수분

고형물(TS) = 무기물(FS) + 유기물(VS) + 수분

$$부피 = \frac{무게}{비중}$$

$$\frac{1}{\rho_{sl}} = \frac{W_s}{\rho_s} + \frac{W_w}{\rho_w} \quad \begin{array}{l}\leftarrow 무게 \\ \leftarrow 비중\end{array}$$
슬러지 = 고형물 + 수분

$$\frac{1}{\rho_s} = \frac{W_f}{\rho_f} + \frac{W_v}{\rho_v} + \frac{W_w}{\rho_w} \quad \begin{array}{l}\leftarrow 무게 \\ \leftarrow 비중\end{array}$$
고형물 = 무기물 + 유기물 + 물

농축or탈수전 부피 : 농축or탈수후 부피
$$V_1 = \frac{100}{100 - P_1} \quad : \quad V_2 = \frac{100}{100 - P_2}$$
부피   함수율

$$V_1(100 - P_1) = V_2(100 - P_2)$$

슬러지 발생량 $V = 고형물량 \times \frac{1}{비중} \times \frac{100}{100 - P}$

여기서, V_1 : 건조 전 폐기물 부피 V_2 : 건조 후 폐기물 부피
P_1 : 건조 전 함수율 P_2 : 건조 후 함수율

문제 1 슬러지 내 물의 형태 중 탈수성이 용이한 순서대로 나열하시오.

해설 탈수성 : 내부수 < 부착수 < 모관결합수 < 간극수 < 중력수

문제 2 토양수분의 물리학적 분류 중 모세관 현상을 일으켜서 모세관압으로 결합되어 있는 수분은?

해설 모관결합수

문제 3 건조된 고형분의 비중이 1.4이며 이 슬러지케익의 건조 이전의 고형분 함량이 50%이라면 건조 이전 슬러지케익의 비중은 얼마인가?

해설
$$\frac{1}{\rho_{sl}} = \frac{W_s}{\rho_s} + \frac{W_w}{\rho_w} \quad \begin{matrix}\leftarrow 무게\\ \leftarrow 비중\end{matrix}$$
슬러지 = 고형물 + 수분

$$\frac{1}{\rho_{sl}} = \frac{0.5}{1.4} + \frac{0.5}{1.0} \quad \therefore \rho_{sl} = 1.167$$
슬러지 = 고형물 + 수분

문제 4 슬러지를 처리하기 위하여 생슬러지를 분석한 결과 수분은 90%, 고형물 중 휘발성 고형물은 70%, 휘발성 고형물의 비중은 1.1, 무기성 고형물의 비중은 2.2였다. 생슬러지의 비중은? (단, 무기성 고형물+휘발성 고형물=총 고형물)

해설
$$\frac{1}{\rho_s} = \frac{0.1 \times 0.7}{1.1} + \frac{0.1 \times 0.3}{2.2} + \frac{0.9}{1.0} \quad \therefore \rho_s = 1.024$$

문제 5 슬러지 내 비중 0.96인 휘발성 고형물이 7%, 비중 1.85인 나머지 잔류 고형물의 함량이 14%일 때 슬러지의 비중은? (단, 총고형물 함량은 21%)

해설
$$\frac{1}{\rho_s} = \frac{0.07}{0.96} + \frac{0.14}{1.85} + \frac{0.79}{1.0} \quad \therefore \rho_s = 1.065$$

문제 6 함수율 80%(중량비)인 슬러지 내 고형물은 비중 2.5인 FS 1/3과 비중이 1.0인 VS 2/3로 되어 있다. 이 슬러지의 비중은 얼마인가? (단, 물의 비중은 1.0 기준이다.)

해설
$$\frac{1}{\rho_s} = \frac{0.2 \times 1/3}{2.5} + \frac{0.2 \times 2/3}{1.0} + \frac{0.8}{1.0} \quad \therefore \rho_s = 1.041$$

문제 7 함수율이 90%인 슬러지의 겉보기 비중이 1.02 이었다. 이 슬러지를 진공여과기로 탈수하여 함수율이 60%인 슬러지를 얻었다면 이 슬러지가 갖는 겉보기 비중은?(단, 물의 비중은 1.0)

해설 ① 함수율이 90%인 고형물의 비중

$$\frac{1}{1.02} = \frac{0.1}{\rho_s} + \frac{0.9}{1.0} \quad \therefore \rho_s = 1.24$$

슬러지 = 고형물 + 수분

② 함수율이 60%인 슬러지의 비중

$$\frac{1}{\rho_{sl}} = \frac{0.4}{1.24} + \frac{0.6}{1.0} \quad \therefore \rho_{sl} = 1.084$$

슬러지 = 고형물 + 수분

문제 8 건조된 고형분의 비중이 1.5이며, 이 슬러지의 건조 이전 고형분 함량이 42%(무게기준), 건조중량이 600kg이라고 한다. 건조 이전의 슬러지 부피(m^3)는?

해설 ① 건조 전 슬러지 비중

$$\frac{1}{\rho_s} = \frac{0.42}{1.5} + \frac{0.58}{1.0} \quad \therefore \rho_s = 1.16 ≒ 1.16 kg/L ≒ 1160 kg/m^3$$

② 건조 이전의 슬러지 부피(m^3)

건조 전 고형물 = 건조 후 고형물

$$1160 kg/m^3 \times 0.42 \times x = 600 kg$$

$$\therefore x = \frac{m^3}{1160kg} \Big| \frac{}{0.42} \Big| \frac{600kg}{} = 1.23 m^3$$

문제 9 수분함량이 20%인 쓰레기의 수분함량을 10%로 감소시키면 감소 후 쓰레기 중량은 처음 중량의 몇 %가 되겠는가?(단, 쓰레기의 비중은 1.0기준)

해설 $V_1(100-P_1) = V_2(100-P_2)$

$$\frac{V_1(100-P_1)}{V_2(100-P_2)} \quad \therefore \frac{100-20}{100-10} \times 100 = 88.8\%$$

문제 10 함수율이 97%인 수거분뇨를 55% 함수율의 건조분뇨로 만들면 그 부피는 얼마로 감소하게 되는가? (단, 비중은 1.0 기준이다.)

해설 $V_1(100-P_1) = V_2(100-P_2)$

$$\frac{V_1(100-97\%)}{V_2(100-55\%)} = \frac{1}{15}$$

문제 11 가정에서 발생되는 쓰레기를 소각시킨 후 남은 재의 중량은 소각된 쓰레기의 1/5 이다. 쓰레기 100톤을 소각하여 소각재 부피가 20 m^3이 되었다면 소각재의 밀도(톤/m^3)는 얼마인가?

해설 소각재의 밀도(ton/m^3) = $\dfrac{100t \times 1/5}{20m^3}$ = 1.0

문제 12 함수율 90%인 폐기물에서 수분을 제거하여 처음 무게의 70%로 줄이고 싶다면 함수율(%)을 얼마로 감소시켜야 하는가? (단, 폐기물 비중은 1.0 기준이다.)

해설 $V_1(100-P_1) = V_2(100-P_2)$
$100(100-90) = 70(100-P_2)$ ∴ $P_2 = 85.7\%$

문제 13 쓰레기와 하수처리장에서 얻어진 슬러지를 함께 매립하려 한다. 쓰레기와 슬러지의 함수율은 각가 25%와 43%이다. 쓰레기와 슬러지를 중량비 8:2로 섞을 때 혼합체의 함수율은?(단, 비중은 1.0 기준)

해설 혼합체의 함수율(%) = $\dfrac{(8 \times 25\%) + (2 \times 43\%)}{8+2}$ = 28.6%

문제 14 고형분 20%인 폐기물 10톤을 소각하기 위해 함수율이 15%가 되도록 건조시켰다. 이 건조폐기물의 중량(톤)은 얼마인가? (단, 비중은 1.0 기준이다.)

해설 $V_1(100-P_1) = V_2(100-P_2)$
$10t \times 20\% = V_2(100-15)$ ∴ $V_2 = 2.35 t$

문제 15 전처리에서 SS제거율 60%, 1차 처리에서 SS제거율 90%일 때 방류수 수질기준 이내로 처리하기 위한 2차 처리효율은?(단, 분뇨 SS는 20000mg/L, 방류수 SS 수질기준은 60mg/L이다.)

해설 공정상 농도 = 방류수 농도
$C_i(1-\eta_1)(1-\eta_2) = C_e$
$20000(1-0.6)(1-0.9)(1-\eta_2) = 60$
$800(1-\eta_2) = 60$ ∴ $\eta_2 = 0.925\%$

폐기물처리기사·산업기사 실기

제5장

유해 폐기물 처리

1. 유해성 오염물질의 처리공법
2. 수산화물 응집침전법
3. 황화물 침전법
4. 오존산화법
5. 펜톤산화
6. 시안처리
7. 크롬처리
8. 용매추출법
9. 활성탄의 등온흡착

Section 01 유해 폐기물 처리

[1] 유해성 오염물질의 처리공법
① 유해성의 판단은 인화성, 부식성, 반응성, 폭발성, 독성, 발암성 등으로 한다.
② 유해성 오염물질의 처리공법은 다음과 같다.

[표] 유해성 오염물질의 처리공법

오염물질	처리공법
유기물	생물학적 처리
무기물	화학적 처리
Pb	황화물침전, 수산화물 침전
Hg	아말감법, 황화물침전, 이온교환, 활성탄 흡착
Cd	황화물침전, 수산화물침전, 흡착, 이온교환
CN	알칼리 염소법, 감청법, 오존산화, 전기분해
PCB	흡착, 추출, 응집침전
유기인	화학적 처리, 생물화학적 처리, 흡착
Cr^{6+}	환원에 의한 수산화물공침법($Cr^{6+} \rightarrow Cr^{3+} \rightarrow Cr(OH)_3 \downarrow$)
독성 유기물	흡착, 용매추출, 화학적 산화, 공기탈착

[2] 수산화물 응집침전법
① 금속은 알칼리성에서 OH^-와 반응하여 수산화물의 불용성 물질로 침전한다.
② 응집제에는 $Fe(SO_4)$, $FeCl_3$, $Al(SO_4)_3$ 등이 있다.
③ 응집보조제에는 Polymer, 활성규산, 벤토나이트 등이 있다.
④ pH 조절제로는 $NaOH$, $Ca(OH)_2$, H_2SO_4 등이 있다.
⑤ 응집제는 응결이 목적이며, 응집보조제는 미세 floc을 대형 floc으로 가교작용을 한다.

$$Cr^{3+} + 3OH^- \rightarrow Cr(OH)_3$$
$$Cd^{2+} + 2OH^- \rightarrow Cd(OH)_2$$
$$Pb^{2+} + 2OH^- \rightarrow Pb(OH)_2$$
$$Cu^{2+} + 2OH^- \rightarrow Cu(OH)_2$$
$$Zn^{2+} + 2OH^- \rightarrow Zn(OH)_2$$
$$Mg^{2+} + 2OH^- \rightarrow Mg(OH)_2$$

[3] 황화물 침전법

중금속이온을 황화물로 회수하는 방법으로 황화물의 용해도곱이 수산화물의 용해도곱보다 대단히 적음을 이용하여 분별 침전시키고자 할 때 이용하는 방법이다.

$$Cd^{2+} + S^{2-} \rightarrow CdS$$
$$Hg^{2+} + S^{2-} \rightarrow HgS$$
$$Pb^{2+} + S^{2-} \rightarrow PbS$$
$$Cu^{2+} + S^{2-} \rightarrow CuS$$
$$Zn^{2+} + S^{2-} \rightarrow ZnS$$

[4] 오존산화법

① 오존은 산성에서는 안정하나 높은 pH상태에서는 변화속도가 빨라 $HO\cdot$ 라디칼을 생성하게 된다.

② pH의 변화는 $HO\cdot$ 라디칼 생성에 중요한 역할을 하는데, 원수수질에 따라서 최적 pH를 제시하는 것이 중요한 과제라 생각된다.

③ $HO\cdot$ 라디칼은 유기물(RH)을 분해하여 유기물 radical(R·)을 만들며 이 유기물 라디칼은 결국 산화분해 된다.

$$O_3 + OH^- \rightarrow HO_2 + O_2$$
$$O_3 + HO_2 \rightarrow HO\cdot + 2O_2$$
$$HO\cdot + RH \rightarrow R\cdot + H_2O$$
$$R\cdot + HO\cdot \rightarrow ROH_{(소멸)}$$

④ $HO\cdot$ 라디칼의 강력한 산화력은 유기물질의 성상을 변화시켜 후처리공정의 효과를 증대시킨다.

⑤ O_3처리는 처리 자체로서 오염물질제거의 수단이 되기보다는 수중에 존재하는 각종 오염물질의 성질 또는 성상을 변화시킴으로써 후속처리공정의 효과를 증대시키는 역할을 하는 경우가 많다.

[5] 펜톤산화

① 산화제로 과산화수소를 촉매제로 철을 사용한다.

② pH 3.0~4.0에서 철 금속이 과산화수소를 분해시켜 $HO\cdot$ 라디칼을 생성한다.

③ 유기물질은 생성된 $HO\cdot$ 라디칼에 의해 분해된다.

$$Fe^{2+} + H_2O_2 \rightarrow Fe^{3+} + OH^- + HO\cdot$$
$$HO\cdot + RH \rightarrow R\cdot + H_2O$$

$$R\cdot + Fe^{3+} \to R^+ + Fe^{2+}$$
$$R\cdot + HO\cdot \to ROH_{(소멸)}$$

④ Fenton 산화반응에 의해 유기물이 산화분해되어 COD는 감소하지만 BOD는 증가할 수 있다.

⑤ 후 처리공정인 중화, 응집, 침전, 생물학적 처리의 효율을 증대시킨다.

[6] 시안처리

알칼리염소법에 의한 시안처리의 원리는 다음과 같다.

1차 반응: $CN^- + OCl^- (또는 Cl_2) + OH^- \xrightarrow[ORP\ 300-350mV]{pH\ 10\uparrow} CNO^-$
[$pH\ 10$이하에서 $CNCl$발생]

2차 반응: $CNO^- + OCl^- (또는 Cl_2) + OH^- \xrightarrow[ORP\ 600-650mV]{pH\ 8.0} N_2 \Uparrow$
[$pH\ 4.0$이하에서 NCl_3발생]

[7] 크롬처리

환원침전법에 의한 크롬처리의 원리는 다음과 같다.

1차 반응: $Cr^{6+} \xrightarrow[ORP\ 250mV]{pH\ 2.0-3.0} Cr^{3+}$

2차 반응: $Cr^{3+} + 3OH^- \xrightarrow{pH\ 8.0-9.0} Cr(OH)_3 \Downarrow$

환원제의 종류: $FeSO_4,\ Na_2SO_3,\ NaHSO_3,\ S^{2-}$

[8] 용매추출법

① 용매추출(solvent extraction)에 사용되는 용매는 비극성이어야 한다.
② 증류 등에 의한 방법으로 용매회수가 가능하여야 한다.
③ 선택성이 커야 한다.
④ 분배계수가 높은 폐기물에 적용한다.
⑤ 회수성이 높아야 한다.
⑥ 끓는점이 낮은 폐기물에 적용한다.
⑦ 물에 대한 용해도가 낮아야 한다.
⑧ 물과 밀도가 다른 폐기물에 이용 가능성이 높다.

[9] 활성탄의 등온흡착

(1) 등온흡착

① 등온흡착이란 활성탄의 주입량은 흡착제의 단위 무게당 흡착된 피흡착제의 양과 용액 내에 남아있는 피흡착제의 농도와 평형관계로 정의한다.

② 등온흡착의 실험식으로는 Fruendrich식과 Langmiur식이 있다.

③ Fruendrich의 등온흡착식의 가정조건은 한정된 범위의 용질농도에 대한 흡착평형값을 나타낸다.

$$\frac{X}{M} = KC^{\frac{1}{n}}$$

여기서, $\frac{X}{M}$: 흡착제 단위 무게당 흡착된 피흡착제의 양

C : 흡착이 평형상태에서 용액 중 피흡착제의 농도

K, n : 경험적 상수

④ Langmiur의 등온흡착식의 가정조건은 한정된 표면만이 흡착에 이용되고, 표면에 흡착된 용질은 단분자층으로 흡착되며, 흡착은 가역적이고 평형조건이 이루어졌다고 가정함으로써 유도된 식이다.

$$\frac{X}{M} = \frac{abC}{1+bC}$$

여기서, a, b는 상수

(2) Fruendrich

① Fruendrich의 등온흡착식의 가정조건은 한정된 범위의 용질농도에 대한 흡착평형값을 나타낸다.

$$\frac{X}{M} = KC^{\frac{1}{n}}$$

여기서, $\frac{X}{M}$: 흡착제 단위 무게당 흡착된 피흡착제의 양

C : 평형상태에서 용액 중 피흡착제의 농도

K, n : 경험적 상수

② Fruendrich식의 양변에 대수를 취하여, 직선의 방정식 $y = ax + b$로부터 n과 K를 구할 수 있다.

$$\log \frac{X}{M} = \frac{1}{n} \log C + \log K$$
$$y = \quad ax \quad + \quad b$$

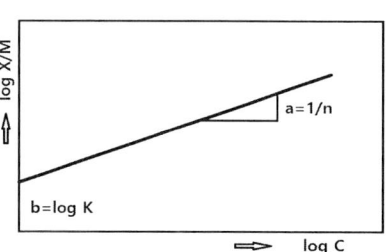

(3) Langmiur

① Langmiur의 등온흡착식의 가정조건은 한정된 표면만이 흡착에 이용되고, 표면에 흡착된 용질은 단분자층으로 흡착되며, 흡착은 가역적이고 평형조건이 이루어졌다고 가정함으로써 유도된 식이다.

$$\frac{X}{M} = \frac{abC}{1+bC}$$

② Langmiur식에 역수를 취하여 직선의 방정식 $y = ax + b$로부터 a와 b의 경험적 상수를 구할 수 있다.

$$\frac{X}{M} = \frac{abC}{1+bC} \Rightarrow \frac{M}{X} = \frac{1}{ab}\frac{1}{C} + \frac{1}{a}$$
$$y = \ ax \ + \ b$$

③ 또는, 역수에 C를 곱하면

$$\frac{C}{X/M} = \frac{1}{a}C + \frac{1}{ab}$$
$$y = \ ax \ + \ b$$

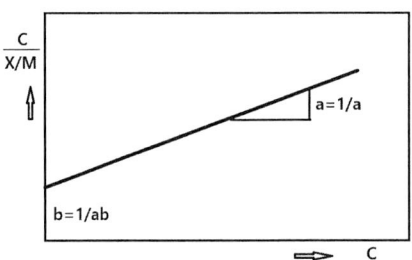

문제 1 유해성 폐기물이라 판단할 수 있는 성질 5가지를 쓰시오.

해설 유해성의 판단은 인화성, 부식성, 반응성, 폭발성, 독성, 발암성 등으로 한다.

문제 2 유해성물질 중 시안처리에 적용 가능한 처리공법 3가지는?

해설 시안처리방법에는 알칼리 염소법, 감청법, 오존산화, 전기분해 등이 있다.

문제 3 난분해성 물질을 처리하기 위하여 Fenton 산화를 하고자 한다. 펜톤시약에 대하여 설명하시오.

해설 펜톤시약은 산화제로 과산화수소를 촉매제로 철을 사용한다.

문제 4 폐기물 매립지 내 침출수 중에 Hg^{2+}이 포함되어있다. 황화물 침전으로 불용화 시키고자 할 때 반응식을 기술하라?

해설 $Hg^{2+} + S^{2-} \rightarrow HgS$

문제 5 금속은 알칼리성에서 OH^-와 반응하여 수산화물의 불용성 물질로 응집 침전한다. 응집제와 응집보조제를 각각 2가지 쓰시오.

해설 응집제와 응집보조제
① 응집제에는 $Fe(SO_4)$, $FeCl_3$, $Al(SO_4)_3$ 등이 있다.
② 응집보조제에는 Polymer, 활성규산, 벤토나이트 등이 있다.

문제 6 액상폐기물로부터 유해물질을 용매로 추출하고자 한다. 적절한 추출용매의 고려사항 5가지를 기술하시오.

해설 추출용매의 특성
① 용매추출(solvent extraction)에 사용되는 용매는 비극성이어야 한다.
② 증류 등에 의한 방법으로 용매회수가 가능하여야 한다.
③ 선택성이 커야 한다.
④ 분배계수가 높은 폐기물에 적용한다.
⑤ 회수성이 높아야 한다.
⑥ 끓는점이 낮은 폐기물에 적용한다.

문제 7 Pb^{2+}의 농도가 65mg/L인 액상 폐기물 $200\,m^3$이 있다. 황 화합물로 Pb^{2+}을 제거하고자 할 때 필요한 황화나트륨(Na_2S)의 양(kg)을 계산하시오. (단, 원자량은 Pb 207, Na 23)

해설 Na_2S의 양(kg)
① S의 양(kg)

$Pb^{2+} + S^{2-} \rightarrow PbS$
$207\,kg : 32\,kg$
$65 \times 10^{-3}\,kg/m^3 \times 200\,m^3 : x$

$\therefore x = \dfrac{65 \times 10^{-3}\,kg/m^3 \times 200\,m^3 \times 32\,kg}{207\,kg} = 2.01\,kg$

② Na_2S의 양(kg)

$NaS \rightarrow S$
$78\,kg : 32\,kg$
$x : 2.01\,kg$

$\therefore x(Na_2S) = \dfrac{78\,kg \times 2.01\,kg}{32\,kg} = 4.90\,kg$

문제 8 미생물이 분해 불가능한 유기물을 제거하기 위하여 흡착제인 활성탄을 사용하였다. COD가 $56mg/L$인 원수에 활성탄 $20mg/L$를 주입시켰더니 COD가 $16mg/L$으로, 활성탄 $52mg/L$를 주입시켰더니 COD가 $4mg/L$로 되었다. COD $9mg/L$로 만들기 위해 주입되어야 할 활성탄의 양 mg/L은(Freundlich식 적용)?

해설 활성탄의 양

① $\dfrac{56-16}{20} = K \times 16^{1/n} \rightarrow 2 = K \times 16^{1/n}$

② $\dfrac{56-4}{52} = K \times 4^{1/n} \rightarrow 1 = K \times 4^{1/n}$

①÷② $\dfrac{2}{1} = \dfrac{K \times 16^{1/n}}{K \times 4^{1/n}} \rightarrow 2 = 4^{\frac{1}{n}}$

양변에 ln을 취하면 n = ln4/ln2 = 2

n = 2를 식 ②에 대입하면 K = 1/2 = 0.5

∴ $\dfrac{56-9}{M} = 0.5 \times 9^{1/2}$ ∴ M = 31.33mg/L

제6장

폐기물 고형화

1. 고형화(고화)
2. 시멘트 기초법
3. 자가시멘트법
4. 석회기초법
5. 열가소성 플라스틱법
6. 피막 형성법
7. 유리화법

Section 01 폐기물 고형화

[1] 고형화(고화)

(1) 고형화 목적

① 폐기물에 고형화재를 첨가하여 폐기물의 물리적 성질을 변화시키는 데 있다.
② 슬러지를 다루기 용이하게(Handling) 한다.
③ 슬러지 내 오염물질의 용해도가 감소(Solubility)한다.
④ 유해한 슬러지인 경우 독성이 감소(Toxicity)한다.
⑤ 슬러지 표면적 감소에 따른 폐기물 성분의 손실을 줄인다.
⑥ 최종처분을 용이하게 한다.

[표] 무기적 유기적 고형화법의 특성

무기적 고형화법	유기적 고형화법
• 처리비용이 저렴하다. • 다양한 폐기물에 적용이 가능하다. • 수용성이 작고 재료의 독성이 없다. • 고화체의 체적 증가가 다양하다. • 시멘트는 중금속 등 무기물을 고정화하여 무독화, 불용화 한다. • 상온, 상압 하에서 처리가 용이하다. • 장기적 안정성이 양호하다. • 슬러지 표면적 감소에 따른 폐기물 성분의 손실을 줄인다. • 시멘트기초법, 자가시멘트법, 석회기초법 등이 있다.	• 에너지 및 처리비용이 고가이다. • 다양한 폐기물에 적용 가능하다. • 수밀성이 크다. • 고화체의 체적 증가가 다양하다. • 미생물, 자외선에 대한 안정성이 약하다. • 상업화된 처리법의 자료가 빈약하다. • 방사성, 유기독성물질에 적합하다. • 슬러지 표면적 감소에 따른 폐기물 성분의 손실을 줄인다. • 열가소성 플라스틱법, 유리화법, 유기 중합체법 등이 있다.

(2) 부피변화율(VCF)

$$\text{부피변화율(VCF)} = (1 + \text{MR}) \times \frac{\rho_1}{\rho_2}$$

MR(Mix Ratio) : 혼합율 $MR = \dfrac{\text{첨가물의 질량}}{\text{폐기물의 질량}}$

여기서, ρ_1 : 고화처리전 폐기물의 밀도
ρ_2 : 고화처리후 폐기물의 밀도

문제 1 무기적 고형화법과 비교한 유기적 고형화법의 특성 5가지를 쓰시오?

해설 유기적 고형화법의 특성
① 에너지 및 처리비용이 고가이다.
② 다양한 폐기물에 적용 가능하다.
③ 미생물, 자외선에 대한 안정성이 약하다.
④ 상업화된 처리법의 자료가 빈약하다.
⑤ 방사성, 유기독성물질에 적합하다.
⑥ 슬러지 표면적 감소에 따른 폐기물 성분의 손실을 줄인다.
⑦ 열가소성 플라스틱법, 유리화법, 유기 중합체법 등이 있다.

문제 2 밀도가 $1.5\,g/cm^3$인 폐기물 10kg에 고형물재료를 5kg 첨가하여 고형화 시킨 결과 밀도가 $6.0\,g/cm^3$으로 증가하였다면 폐기물의 부피변화율(VCF)은 얼마인가?

해설 부피변화율(VCF) $= (1+MR) \times \dfrac{\rho_1}{\rho_2}$

$\therefore VCF = (1 + \dfrac{5kg}{10kg}) \times \dfrac{1.5g/cm^3}{6.0g/cm^3} = 0.38$

문제 3 다음과 같은 조건으로 중금속슬러지를 시멘트 고형화할 때 용적변화는 얼마인가?

- 고형화 처리 전 중금속슬러지 비중 1.2
- 고형화 처리 후 폐기물의 비중 1.5
- 시멘트 첨가량은 슬러지 무게의 50%

해설 부피변화율(VCF) $= (1+MR) \times \dfrac{\rho_1}{\rho_2}$

$\therefore VCF = (1+0.5) \times \dfrac{1.2\,ton/m^3}{1.5\,ton/m^3} = 1.2$

따라서 20% 증가한다.

[2] 시멘트 기초법

① 고화제로 시멘트를 첨가제로 액상규산소다를 혼합하여 폐기물을 고형화하는 방법이다.
② 보통 포틀랜드 시멘트의 주성분은 CaO 65%, SiO_2 22% 이다.
③ 무기성 고화재를 사용하여 고농도 중금속의 폐기에 적합하다.
④ 물/시멘트 비가 낮으면 압축강도는 커지고, 투수계수는 작아진다.

[표] 시멘트 기초법의 장·단점

장점	단점
• 원료가 풍부하고 값이 싸다. • 처리기술 발달로 특별한 기술 요구하지 않는다. • 폐기물의 건조나 탈수가 필요하지 않다. • 다양한 폐기물 처리에 적용 가능하다. • 시멘트 양의 조절로 폐기물 콘크리트의 강도를 높일 수 있다. • 용출 정도에 따라 보도블록으로 활용 가능하다.	• 폐기물의 부피 및 무게 증가한다. • pH가 낮으면 폐기물성분의 용출가능성 높다.

[3] 자가시멘트법

황을 포함한 폐기물에 칼슘을 첨가하여 생석회화한 다음 소량의 물과 첨가제를 가하여 고형화하는 방법이다.

[표] 자가시멘트법의 장·단점

장점	단점
• 혼합률(MR)이 낮다. • 중금속의 처리에 효과적이다. • 탈수 등의 전처리가 필요 없다.	• 장치의 규모가 크고 숙련된 기술이 요구된다. • 보조 에너지가 필요하다. • 높은 황화물을 함유한 폐기물에 적합하다.

[4] 석회기초법

석회와 미세한 포졸란을 폐기물과 함께 혼합하여 고형화하는 방법이다.

[표] 석회기초법의 장단점

장점	단점
• 공정운전이 간단하고 용이하다. • 석회-포졸란 화학반응이 간단하다. • 두 가지 폐기물을 동시에 처리할 수 있다. • 석회가격이 싸고 널리 이용된다. • 탈수가 필요 없다. • 소각재와 폐기물을 동시 처리한다.	• 최종 처분 물질의 양이 증가한다. • 낮은 pH에서 폐기물성분 용출 가능성이 증가한다.

[5] 열가소성 플라스틱법

고온(130 ~ 150°C)에서 열가소성 플라스틱과 건조된 폐기물을 혼합하여 냉각시킴으로써 고형화되는 방법이다.

[표] 열가소성 플라스틱법의 장·단점

장점	단점
• 용출 손실률이 시멘트법에 비해 낮다. • 혼합율(MR)이 비교적 높다. • 수용액의 침투에 저항성이 높다. • 처리된 폐기물을 회수하여 재활용이 가능하다.	• 장치가 복잡하고 고도의 숙련된 기술을 요한다. • 높은 온도에서 분해되는 물질에는 사용이 불가능하다. • 폐기물을 건조시켜야 하며 화재 위험성이 높다. • 에너지 요구량이 높다.

[6] 피막 형성법

폐기물을 건조시킨 후 결합체를 혼합하여 고온에서 응고시킨 다음 플라스틱으로 피막을 입혀 고형화하는 방법이다.

[표] 피막형성법의 장·단점

장점	단점
• 혼합률(MR)이 낮다. • 침출성이 가장 낮다.	• 에너지 소요가 많다. • 피막형성을 위한 수지값이 비싸다. • 설비비가 많이 든다. • 화재 위험성이 크다.

[7] 유리화법

폐기물에 규소를 혼합하여 유리화 시키는 방법이다.

[표] 유리화법의 장·단점

장 점	단 점
• 2차 오염물질의 발생이 없다. • 첨가제의 비용이 싸다. • 방사성, 독성 폐기물에 적용한다.	• 에너지 소요량이 많다. • 장치 및 부대비용이 많이 든다. • 숙련된 인원이 필요하다.

문제 1 폐기물 고화처리에 주로 사용되는 보통포틀랜드 시멘트의 주성분은?

해설 보통 포틀랜드 시멘트의 주성분은 CaO 65%, SiO_2 22% 이다.

문제 2 가장 흔히 사용되는 고화처리방법 중의 하나이며 무기성 고화재를 사용하여 고농도의 중금속 폐기에 적합한 화학적 처리방법은?(2가지)

해설 무기성 고형화 방법에는 시멘트기초법, 석회기초법 등이 있다.

문제 3 시멘트 기초법에 의한 폐기물고화처리 시 액상규산소다를 첨가하는 이유는?

해설 폐기물, 시멘트 반죽을 고화질로 만들어 주기 위하여 첨가한다.

문제 4 시멘트를 이용한 유해폐기물 고화처리 시 물/시멘트 비와 압축강도, 투수계수 사이의 관계를 설명하시오.

해설 물/시멘트 비가 낮으면 압축강도는 커지고, 투수계수는 작아진다.

문제 5 유해폐기물 고화처리방법 중 자가시멘트법의 장단점을 각각 3가지 쓰시오.

해설 자가시멘트법의 장단점

장점	단점
· 혼합률(MR)이 낮다. · 중금속의 처리에 효과적이다. · 탈수 등의 전처리가 필요 없다.	· 장치의 규모가 크고 숙련된 기술이 요구된다. · 보조 에너지가 필요하다. · 높은 황화물을 함유한 폐기물에 적합하다.

문제 6 폐기물 고형화 방법 중 배기가스를 탈황시킬 때 발생되는 슬러지(FGD 슬러지)의 처리에 많이 이용되는 방법은?

해설 자가 시멘트법은 높은 황화물을 함유한 폐기물에 적합하다.

문제 7 매시간 4ton의 폐유를 소각하는 소각로에서 발생하는 황산화물을 접촉산화법으로 탈황하고 부산물로 50%의 황산을 회수한다면 회수되는 부산물량(kg/hr)은?(단, 폐유 중 황성분 3%, 탈황율 95%라 가정함)

해설 회수되는 부산물량(kg/hr)

$$S \quad : \quad H_2SO_4$$
$$32kg \quad : \quad 98kg$$
$$4000kg/hr \times 0.03 \times 0.95 \quad : \quad 0.5x$$
$$\therefore x = 698.25 kg/hr$$

문제 8 폐기물의 고화처리 방법인 석회기초법의 장점 3가지를 쓰시오.

해설 석회기초법의 장점

장점	단점
· 공정운전이 간단하고 용이하다. · 석회-포졸란 화학반응이 간단하다. · 두 가지 폐기물을 동시에 처리할 수 있다. · 석회가격이 싸고 널리 이용된다. · 탈수가 필요 없다. · 소각재와 폐기물을 동시 처리한다.	· 최종 처분 물질의 양이 증가한다. · 낮은 pH에서 폐기물성분 용출 가능성이 증가한다.

폐기물처리기사·산업기사 실기

제7장

자원화

1. RDF
2. 열분해

Section 01 RDF

[1] 특성
① 가연성 물질을 선별하여 고열량의 고형물질 연료로 만든 것을 RDF(refuse derived fuel)라 한다.
② 폐기물 내의 불순물과 입자의 크기, 수분함량, 재의 함량을 조정하여 생산한다.
③ 일반적으로 가연성 쓰레기를 선별하여 분쇄한 후 250℃ 정도로 가열하고 길이 1m, 지름 15cm 정도로 만든다.
④ 열량은 1400~4200kcal/kg 정도이다.
⑤ RDF의 종류는 Pellet RDF, Fluff RDF, Powder RDF가 있다.
⑥ Pellet RDF는 일반적으로 직경이 10~20mm이고 길이가 30~50mm인 형태와 크기를 가지며 보관이나 운반의 효율을 높이는 동시에 단위무게당 열량을 향상시킨 RDF이다.
⑦ Fluff RDF는 폐기물로부터 불연성 폐기물을 제거한 후 연료로 이용한 방법으로 열용량이 가장 낮고 회분이 많으며 수분함량이 15~20%인 RDF이다.
⑧ Powder RDF는 Fluff RDF를 0.5mm이하 분말로 한 것이다.

[2] 구비조건
① 폐기물의 함수율이 낮아야 한다.
② 가연성 물질의 발열량이 높아야 한다.
③ 연소 시 대기오염이 적어야 한다.
④ 균일한 성분배합률로 구성되어야 한다.
⑤ 연소 후 재의 양이 적어야 한다.
⑥ 저장 및 수송이 편리하도록 개질되어야 한다.
⑦ 고분자 물질인 PVC 함량은 낮아야 한다.

[3] 문제점
① 전처리에 상당한 동력 및 투자비가 소요된다.
② 시설비가 고가이고, 숙련된 기술이 필요하다.
③ RDF내 염소함량이 크면 연료로 사용 시 다이옥신의 발생 등이 문제가 된다.
④ 소각시설의 부식발생으로 수명단축의 우려가 있다.
⑤ RDF의 조성은 셀룰로오스가 주성분이므로 수분에 따른 부패의 우려가 있다.

⑥ 연료공급의 신뢰성 문제가 있을 수 있다.

문제 1 어떤 도시의 폐기물 중 불연성분 70%, 가연성분 30% 이고, 이 지역의 폐기물 발생량은 1.4kg/인·일이다. 인구 50000명인 이 지역에서 불연성분 60%, 가연성분 70%를 회수하여 이 중 가연성분으로 RDF를 생산한다면 RDF의 일일 생산량(톤)은 얼마인가?

해설 $RDF = \dfrac{1.4kg}{인.day} | \dfrac{30}{100} | \dfrac{50000인}{1} | \dfrac{70}{100} | \dfrac{t}{1000kg} = 14.7t/day$

문제 2 10g의 RDF를 열용량이 8600cal/℃인 열량계에서 연소하였다. 감지된 온도상승은 4.72℃ 이다. 이 시료의 발열량(cal/g)은 얼마인가?

해설 시료의 발열량 $= \dfrac{8600cal}{℃} | \dfrac{4.72℃}{10g} = 4059.2 cal/g$

문제 3 어느 도시폐기물 중 가연성 성분이 70%이고, 불연성 성분이 30%일 때 다음의 조건하에서 생활폐기물 고형연료제품(RDF)을 생산한다면 일주일 동안의 생산량(m³)은 얼마인가?

- 폐기물 발생량 2kg/인·일
- 세대당 평균 인구수 3명
- 가연성 성분 회수율 90%
- 세대수 50000 세대
- RDF 밀도 1500kg/m³
- RDF는 가연성 물질기준

해설 $RDF = \dfrac{70}{100} | \dfrac{2kg}{인.day} | \dfrac{5000세대}{1} | \dfrac{3인}{세대} | \dfrac{m^3}{1500kg} | \dfrac{90}{100} | \dfrac{7day}{주} = 882 m^3/주$

문제 4 RDF(Refuse Derived Fuel)가 갖추어야 하는 조건 5가지를 쓰시오.

해설 RDF의 구비조건
① 폐기물의 함수율이 낮아야 한다.
② 가연성 물질의 발열량이 높아야 한다.
③ 연소 시 대기오염이 적어야 한다.
④ 균일한 성분배합률로 구성되어야 한다.
⑤ 연소 후 재의 양이 적어야 한다.
⑥ 저장 및 수송이 편리하도록 개질되어야 한다.
⑦ 고분자 물질인 PVC 함량은 낮아야 한다.

Section 02 열분해

[1] 열분해의 특징
① 고온, 고압, 무산소 상태에서 유기물질을 기체 가스(Gas), 액체 오일(Oil)의 연료를 생산하는 공정이다.
② 열분해 생성물에는 고형 char, 액상(tar형태의 oil), 기체(CO, H_2, CH_4, 저분자 탄화수소류) 등이 생성된다.
③ 열분해공정에는 저온열분해, 고온열분해, 습식산화가 있다.
④ 일반적으로 저온열분해법을 열분해(Pyrolysis)라 부른다.
⑤ 저온열분해는 500~900°C에서 타르, Char, 아세트산, 아세톤, 메탄올 등의 액체연료가 생성된다.
⑥ 고온열분해는 1100~1500°C에서 가스 상태의 연료가 생성된다.
⑦ 습식산화는 210~270°C에서 기름과 타르와 같은 액체연료가 생성된다.
⑧ 일반적으로 장치를 1700°C 정도로 운전하면 모든 재는 슬래그로 배출된다.
⑨ 온도가 증가할수록 수소(H_2)함량이 증가하고 이산화탄소(CO_2)는 감소한다.
⑩ 열분해 장치는 고정상, 유동상, 부유상태 등의 장치로 구분되어질 수 있다.
⑪ 열분해 영향인자에는 반응 온도, 가열속도, 압력, 반응물의 크기 등에 영향을 받는다.
⑫ 폐기물의 입경이 미세할수록 열분해가 쉽게 일어난다.

[2] 열분해 장치
① **고정상 열분해장치**
상부로부터 분쇄되었거나 또는 분쇄되지 않은 폐기물이 주입되어 건조된 후 열분해되어 슬래그나 재가 하부로 배출되는 열분해 장치이다.

② **유동상 열분해 장치**
반응속도가 빨라 폐기물의 수분함량 변화에도 큰 문제없이 운전되지만 열손실이 크며 운전이 까다로운 단점을 가진 열분해 장치이다.

③ **산소흡입 고온열분해법**
이동바닥 로의 밑으로부터 소량의 순산소를 주입, 노내의 폐기물 일부를 연소, 강열시켜 이 때 발생되는 열을 이용해 상부의 쓰레기를 열분해하는 장치로써, 폐기물을 선별, 파쇄 등 전처리를 하지 않거나 간단히 하여도 된다.

[3] 소각과 비교할 때 열분해의 특성
① 배기가스량이 적다.
② 황과 중금속이 재속에 고정되는 비율이 크다.
③ 3가 크롬이 6가 크롬으로 산화되는 경우가 없다.
④ 다이옥신 발생량이 적다.
⑤ NO_x, SO_x의 발생량이 적다.
⑥ 열분해 생성물을 안정적으로 확보하기 어렵다.
⑦ 소각은 고도의 발열반응임에 비해 열분해는 고도의 흡열반응이다.

[4] 폐플라스틱 처리
① 폐플라스틱의 재생 이용법에는 용융재생, 용해재생, 파쇄재생, 고체연료화, 열분해, 소각법이 있다.
② 열가소성 플라스틱은 열을 가하면 녹고 원래 상태로 돌아가므로 재활용이 가능하며, 대체적인 분자구조는 분자간 약한 상호작용만이 가능한 모노머 구조이다.
③ 열경화성 플라스틱은 열을 가하면 열가소성 플라스틱처럼 녹지 않고, 연소성이 나쁘므로 고온에서 타서 가루가 되거나 기체를 발생시키는 플라스틱이다. 이 플라스틱의 종류로는 에폭시수지, 아미노 수지, 페놀 수지, 멜라민 수지 등이 있다.
④ **플라스틱 소각 시 문제점**
- 발연성이 높다.
- 용융연소가 일어난다.
- 염소 및 다이옥신 등의 유해물질이 다량 발생한다.
- 통기공을 폐쇄할 우려가 있다.

문제 1 열분해의 특징 5 가지를 쓰시오.

해설 참고 : [1] 열분해의 특징

문제 2 소각과 비교할 때 열분해의 특성 5가지를 설명하시오.

해설 참고 : [3] 소각과 비교할 때 열분해의 특성

폐기물처리기사·산업기사 실기

제8장

매 립

1. 매립지 선정시 고려사항
2. 도랑식 매립 / 3. 셀(cell)방식 매립
4. 압축식 매립 / 5. 샌드위치식 매립
6. 바이오리엑터형 매립 / 7. 호기성 매립
8. 혐기성 위생매립 / 9. 해안매립
10. 복토
11. 차수시설 / 12. 집배수시설
13. 침출수
14. 반응속도 및 반감기
15. 매립가스
16. 매립지의 사후관리

Section 01 매립

1.1 매립지 선정시 고려사항

① 매립지 소요면적 및 수리학적 조건
② 운반도로의 확보 및 지형지질
③ 재해 등에 대한 안정성
④ 주변 환경 조건
⑤ 사후 매립지 이용계획 등을 고려한다.
⑥ 매립방법에 따른 도랑식, 샌드위치방식, 셀방식, 압축식 등을 고려한다.
⑦ 매립구조에 따른 혐기성 매립, 혐기성 위생 매립, 개량 혐기성 위생 매립, 준호기성 매립, 호기성 매립 등을 고려한다.

[표] 매립의 장·단점

장 점	단 점
• 거의 모든 종류의 폐기물 처분이 가능하다. • 부지확보가 가능할 경우 가장 경제적인 방법이다. • 처분대상 폐기물의 증가에 따른 추가 인원 및 장비가 크지 않다. • 특별한 전처리가 필요하지 않다. • 폐기물의 최종처리방법이 된다.	• 부지확보가 어렵다. • 침출수에 의한 지하수가 오염된다. • 매립지 유해가스의 발생 및 폭발 위험성이 있다. • 악취가 발생한다. • 매립지의 침하 우려가 있다. • 매립이 종료된 후 일정기간의 사후관리가 요구된다.

1.2 도랑식 매립

① 도랑식(trench)은 위생매립방법의 하나로 매립지 바닥층이 두껍고 파낸 흙을 복토로 적합한 지역에 이용하며, 거의 단층 매립만 가능한 방법이다.
② 지하수위가 낮고 도랑 정도의 굴착이 가능한 지역에 적합하다.
③ 침출수 수집장치 및 차수막 설치가 용이하지 못하다.

1.3 셀(cell)방식 매립

① 폐기물을 비탈지게 셀 모양으로 쌓고 각 Cell마다 복토를 해나가는 방식이다.
② 쓰레기 비탈면의 경사는 15~25%의 기울기로 하는 것이 좋다.
③ 1일 작업하는 셀 크기는 매립처분 량에 따라 결정된다.
④ 쓰레기를 순차적으로 매립하므로 사용목적에 대응할 수 있다.
⑤ 제방공사와 동시에 매립이 가능하고 시공이 쉽다.
⑥ 비용이 저렴하고 가장 위생적이다.
⑦ 침출수량이 적고, 매립층 내의 수분, 발생가스의 이동이 억재 된다.

1.4 압축식 매립

① 폐기물을 압축시켜 큰 덩어리로 만들어 매립하는 방식이다.
② 중간처리시설로 압축이 필요하다.
③ 매립지에서 압축할 필요가 없다.
④ 압축에 의한 부피의 감소로 쓰레기 운반이 쉽다.
⑤ 지가가 비쌀 경우에 유효한 방법이다.
⑥ 층별로 정렬하는 것이 보편적이며 소량의 복토재를 사용한다.
⑦ 매립 각 층별로 일일 복토를 실시하여야 한다.
⑧ 매립지의 수명이 연장된다.

1.5 샌드위치식 매립

① 쓰레기층과 복토층을 교대로 고르게 깔면서 매립하는 방식이다.
② 매립면적이 좁은 산간지역, 계곡 등에 적용한다.

1.6 바이오리엑터형 매립

① 미생물을 활성화시켜 가스의 회수 및 폐기물의 조기안정화에 있다.
② 매립지가스 회수율의 증대
③ 추가 공간확보로 인한 매립지 수명연장
④ 폐기물의 조기안정화

문제 1 매립지 선정에 있어서 고려하여야 하는 항목 3가지를 쓰시오.

> **해설** 고려사항
> ① 매립지 소요면적 및 수리학적 조건
> ② 운반도로의 확보 및 지형지질
> ③ 재해 등에 대한 안정성
> ④ 주변 환경 조건
> ⑤ 사후 매립지 이용계획 등을 고려한다.

문제 2 다음 중 위생매립의 장점 3가지를 기술하시오.

> **해설** 위생매립의 장점
> ① 부지확보가 가능할 경우 가장 경제적인 방법이다.
> ② 거의 모든 종류의 폐기물 처분이 가능하다.
> ③ 처분대상 폐기물의 증가에 따른 추가 인원 및 장비가 크지 않다.
> ④ 특별한 전처리가 필요하지 않다.

문제 3 매일 평균 200t의 쓰레기를 배출하는 도시가 있다. 매립지의 평균 매립 두께를 5m, 매립 밀도를 $0.8\,t/m^3$로 가정할 때 향후 1년간(360일/년)의 쓰레기 매립을 위한 최소 매립지 면적(m^2)은 얼마인가?(단, 기타 조건은 고려하지 않는다.)

> **해설** 매립지 면적 $A = \dfrac{200t}{day}\Big|\dfrac{360day}{y}\Big|\dfrac{m^3}{0.8t}\Big|\dfrac{1}{5m} = 18000 m^2/y$

문제 4 1일 폐기물 배출량이 700t인 도시에서 도랑(Trench)법으로 매립지를 선정하려 한다. 쓰레기의 압축이 30%가 가능하다면 1일 필요한 면적(m^2)은 얼마인가? (단, 발생된 쓰레기의 밀도는 $250\,kg/m^3$, 매립지의 깊이는 2.5m이다.)

> **해설** 매립면적 $A = \dfrac{700000kg}{day}\Big|\dfrac{m^3}{250kg}\Big|\dfrac{1}{2.5m}\Big|\dfrac{1-0.3}{1} = 784 m^2/day$

문제 5 Trench method를 적용하여 쓰레기를 매립하려 한다. Trench 용량은 $2000\,m^3$이며 인구 2000명, 1인 1일 쓰레기 배출량 1.5kg인 도시에서 발생되는 쓰레기를 매립한다면 Trench의 사용일수는?(단, 압축전 쓰레기 밀도는 $500\,kg/m^3$이며 매립시 압축에 의해 부피가 40% 감소한다.)

> **해설** 발생량 = 처리량
> $\dfrac{1.5kg}{인·일}\Big|\dfrac{2000인}{1}\Big|\dfrac{60}{100}x = \dfrac{2000m^3}{1}\Big|\dfrac{500kg}{m^3}$ ∴ $x = 555.55$일

문제 6 어느 지역에서 매립에 의해 처리하고자 하는 폐기물 양은 1일 150ton이다. 이를 도랑식 매립법(Trench Methods)에 의해 매립하고자 할 때 발생 폐기물 밀도 650kg/m³, 부피감소율 45%, Trench 유효깊이 1.5m일 때 1년간 소요 부지면적(m²)은?

해설 도랑면적 = $\dfrac{150t}{day}\Big|\dfrac{m^3}{0.65t}\Big|\dfrac{1}{1.5m}\Big|\dfrac{365day}{y}\Big|\dfrac{55}{100} = 30885 m^2/y$

문제 7 쓰레기와 하수처리장에서 얻어진 슬러지를 함께 매립하려 한다. 쓰레기와 슬러지의 함수율은 각각 25%와 43%이다. 쓰레기와 슬러지를 중량비 8:2로 섞을 때 혼합체의 함수율(%)은?(단, 비중은 1.0 기준)

해설 함수율 = $\dfrac{(25 \times 8) + (43 \times 2)}{8 + 2} = 28.6\%$

문제 8 도랑식(trench)으로 밀도가 0.55t/m³인 폐기물을 매립하려고 한다. 도랑의 깊이가 3m이고, 다짐에 의해 폐기물을 2/3로 압축시킨다면 도랑 1m²당 매립할 수 있는 폐기물의 양(ton)은 얼마인가? (단, 기타 조건은 고려하지 않는다.)

해설 폐기물 발생량 = 매립량

$\dfrac{0.55t}{m^3}\Big|3m(\risingdotseq m^2$당 3배에 해당$) = \dfrac{2}{3}\Big|\dfrac{x}{m^2}$ ∴ $x = 2.47t$

문제 9 인구가 400000명인 어느 도시의 쓰레기배출 원단위가 1.2kg/인·일 이고, 밀도는 0.45t/m³으로 측정되었다. 이러한 쓰레기를 분쇄하여 그 용적이 2/3로 되었으며, 이 분쇄된 쓰레기를 다시 압축하면서 용적의 1/3이 축소되었다. 분쇄만 하여 매립할 때와 분쇄, 압축한 후에 매립할 때에 양자간의 년간 매립소요면적(m²/y)의 차이는 얼마인가?(단, Trench 깊이는 4m이며 기타 조건은 고려하지 않는다.)

해설 매립소요면적의 차이

① 용적이 2/3로 된 경우 매립면적(m²/년)

$\dfrac{400000인}{}\Big|\dfrac{1.2}{인 \cdot 일}\Big|\dfrac{m^3}{450kg}\Big|\dfrac{2}{3}\dfrac{}{4m}\Big|\dfrac{365일}{년} = 64889 m^2/년$

② 다시 용적의 1/3이 축소된 경우 매립면적(m²/년)

압축 매립면적 = $64889 m^2/y \times \dfrac{2}{3} = 43259 m^2/y$

③ 소요면적의 차 = $64889 - 43259 = 21629 \, m^2/y$

문제 10 공극율이 0.4인 토양이 깊이 5m까지 오염되어 있다면 오염된 토양의 m^2당 공극의 체적은 몇 m^3인가?

해설 공극의 체적(m^3) = $1m^2 \times 5m \times 0.4 = 2.0m^3$

문제 11 어느 도시에 사용할 매립지의 총용량은 $6132000m^3$이며 그 도시의 쓰레기 배출량은 2kg/인·일이다. 매립지에서 압축에 의한 쓰레기부피 감소율이 30%일 경우 매립지를 사용할 수 있는 연수는?(단, 수거대상인구 800000명, 발생 쓰레기밀도 $500 \, kg/m^3$으로 함)

해설 발생량 = 수용량

$$\frac{2kg}{인 \cdot 일} \Big| \frac{0.7}{} \Big| \frac{m^3}{500kg} \Big| \frac{800000인}{} \Big| \frac{365일}{년} x = 6132000m^3 \quad \therefore x = 7.5년$$

문제 12 다음 중 매립지 바닥이 두껍고(지하수면이 지표면으로부터 깊은 곳에 있는 경우) 또한 복토로 적합한 지역에 이용하는 방법으로 거의 단층매립만 가능한 공법은?

해설 도랑굴착매립공법

문제 13 내륙매립방식 중 cell방식의 장점에 대하여 3가지 기술하시오.

해설 cell방식의 장점
① 순차적으로 매립하므로 사용목적에 대응 가능
② 제방공사와 동시에 매립을 실시
③ 시공이 쉽고 비용이 저렴
④ 침출수량이 적고, 매립층 내의 수분, 발생가스의 이동이 억제 된다.

문제 14 내륙매립방식의 압축매립공법에 관한 장점 3가지를 쓰시오.

해설 압축매립공법의 장점
① 매립지에서 압축할 필요가 없다.
② 압축에 의한 부피의 감소로 쓰레기 운반이 쉽다.
③ 지가가 비쌀 경우에 유효한 방법이다.
④ 층별로 정렬하는 것이 보편적이며 소량의 복토재를 사용한다.
⑤ 매립지의 수명이 연장된다.

1.7 호기성 매립

[1] 호기성 매립
① 공기 주입구를 통해 매립층에 강제적으로 공기를 불어넣어 폐기물을 보다 빠르게 분해·안정화시키는 구조이다.
② 폐기물의 분해, 안정화 속도가 가장 빠르다.
③ 내열성균의 비율이 높고 안정된 분해가 진행된다.
④ 침출수의 수질이 양호하여 토양 및 지하수의 오염도가 낮다.
⑤ 매립완료 후 지반이 빠르게 안정되어 토지이용시기를 단축시킬 수 있다.
⑥ 공사비, 동력비, 운영비 등의 유지관리비가 많이 든다.

[2] 준호기성 매립
① 배수관을 통해 침출수를 차집·처리함으로 외부의 공기가 자연 통기되어 호기성 분해가 촉진될 수 있게 만든 구조이다.
② 오수를 가능한 한 빨리 매립지 외부로 배제하여야 한다.
③ 폐기물 층과 저부의 수압을 저감시켜 토양으로 오수의 침투를 방지하여야 한다.
④ 침출수를 배제할 수 있도록 집수장치를 설치한다.
⑤ 침출수의 유출을 방지하기 위한 차수막과 정화시설을 설치한다.
⑥ 강수 및 지표수의 유입을 방지하기 위한 집배수시설을 설치한다.

1.8 혐기성 매립

[1] 혐기성 위생매립
① 매립과정에 공기의 접촉이 없기 때문에 투입된 폐기물 내부가 혐기성 상태로 된다.
② 혐기성 매립과정에 중간복토를 추가한 매립 방식이다.
③ 혐기성 매립보다 유해 곤충의 서식과 매립장 내의 화재위험성이 낮다.
④ 호기성 매립보다 소요 공사비가 적게 든다.
⑤ 침출수의 수질이 악화되어 토양 및 지하수를 오염 시킨다.

[2] 개량형 혐기성 위생매립
① 혐기성 위생매립 바닥저부에 침출수 배제 집수관을 설치하여 오수 대책을 세운 구조이다.
② 침출수를 배제할 수 있도록 저류조, 집수장치를 설치한다.
③ 침출수의 유출을 방지하기 위한 차수막과 정화시설을 설치한다.
④ 혐기성 매립에 비해 함수율이 적고 분해속도가 빠르다.
⑤ 호기성 매립에 비해 공사비가 적게 소요된다.
⑥ 호기성에 비해 침출수의 수질이 악화되어 토양 및 지하수를 오염 시킨다.
⑦ 현재 시행되고 있는 위생매립의 대부분이 이에 속한다.

문제 1 다음이 설명하는 매립의 종류(매립구조에 의한 분류)는?

> 오수를 가능한 한 빨리 매립지 외부로 배제하여 폐기물 층과 저부의 수압을 저감시켜 지하 토양으로 오수의 침투를 방지함과 동시에 집수하는 단계에서 가능한 한 침출수를 정화할 수 있도록 집수장치를 설계한 구조

해설 준호기성 매립

문제 2 폐기물 매립지의 매립구조를 분류하면 여러 방법이 있다. 다음 설명에 해당하는 매립구조방법은?

> 혐기성 위생매립 바닥저부에 침출수 배제 집수관을 설치하여 오수 대책을 세운 구조이다. 일반적으로 매립지 장외에 저류조를 설치하고 침출수를 배제하는 집수장치를 설치한 구조로 되어 있으며, 현재 시행되고 있는 위생매립의 대부분이 이에 속한다.

해설 개량형 혐기성 위생매립

1.9 해안매립

[1] 순차투입공법
① 호안 측으로부터 순차적으로 쓰레기를 투입하여 육지화 하는 방법이다.
② 수심이 깊은 처분장에서 내수를 배제하기 곤란한 경우에 택한다.
③ 부유된 쓰레기가 많아 수면부와 육지부의 경계 구분이 어렵다.
④ 경계 구분이 어려워 안전사고 가능성이 높다.
⑤ 물질확산, 조류특성에 영향을 주는 장소를 피하여야 한다.
⑥ 바닥지반이 연약한 경우 쓰레기 하중으로 연약층이 유동하거나 국부적으로 두껍게 퇴적되기도 한다.

[2] 박층뿌림공법
① 밑면이 뚫린 바지선에서 쓰레기를 박층으로 떨어뜨려 뿌리는 방법이다.
② 수심이 깊은 처분장에서 내수를 배제하기 곤란한 경우에 택한다.
③ 매립지의 조기 이용에 유리한 방법이다.
④ 지반개량이 특히 필요한 지역이나 설비가 대규모인 매립지 등에 적합하다.
⑤ 물질확산, 조류특성에 영향을 주는 장소를 피하여야 한다.

[3] 내수배제공법
고립된 매립지대에 매립 전에 내수를 일부 배제한 후 쓰레기를 투기하는 방식이다.

문제 1 해안매립공법 중 '순차투입공법' 선정 시 고려사항 3가지를 기술하시오?

> **해설** 고려사항
> ① 수심이 깊은 처분장에서 내수를 배제하기 곤란한 경우에 택한다.
> ② 부유된 쓰레기가 많아 수면부와 육지부의 경계 구분이 어렵다.
> ④ 경계 구분이 어려워 안전사고 가능성이 높다.
> ⑤ 물질확산, 조류특성에 영향을 주는 장소를 피하여야 한다.

문제 2 해안매립공법 중 박층뿌림공법의 개요를 간략히 설명하시오.

> **해설** 박층뿌림공법은 밑면이 뚫린 바지선 등으로 쓰레기를 박층으로 떨어뜨려 뿌려줌으로써 바닥지반의 하중을 균등하게 해주는 방법이다.

문제 3 내수배제공법이란? 간략히 설명하시오.

> **해설** 고립된 매립지대에 매립 전에 내수를 일부 배제한 후 쓰레기를 투기하는 방식이다.

1.10 복토

[1] 복토재의 목적 및 구비조건
① 투수계수가 작고 살포가 용이하여야 한다.
② 공급이 용이하고 원료가 저렴하여야 한다.
③ 위생상 안전하고 쥐, 파리 등 해충의 서식을 방지할 수 있어야 한다.
④ 연소가 잘 되지 않고 생분해가 가능해야 한다.
⑤ 악취발산 및 가스배출을 억제할 수 있어야 한다.
⑥ 차수성이 좋은 점토와 실트의 함량이 높은 토양이 적합하다.
⑦ 침식에 저항력이 크고 식생에 적합한 양질토양을 사용한다.

[2] 일일복토
① 매일 작업종료 후 실시한다.
② 최소 15cm 이상 두께로 한다.

[3] 중간복토
① 매립지 작업이 7일 이상 중단될 때 실시한다.
② 30cm 이상 두께로 한다.

[4] 최종복토
① 매립지 사용이 종료된 때 실시한다.
② 60cm 이상 두께로 한다.

문제 1 폐기물 매립 시 사용되는 인공복토재의 조건 3가지를 쓰시오.

해설 인공복토재의 조건
① 연소가 잘 되지 않아야 한다.
② 살포가 용이하여야 한다.
③ 투수계수가 작고 살포가 용이하여야 한다.
④ 미관상 좋아야 한다.

문제 2 폐기물 매립 시 복토방법 3가지를 설명하시오.

해설 복토방법
① 일일복토
- 매일 작업종료 후 실시한다.
- 최소 15cm 이상 두께로 한다.

② 중간복토
- 매립지 작업이 7일 이상 중단될 때 실시한다.
- 30cm 이상 두께로 한다.

③ 최종복토
- 매립지 사용이 종료된 때 실시한다.
- 60cm 이상 두께로 한다.

1.11 차수시설

[1] 저류구조물의 기능
① 계획 매립량의 폐기물 저류
② 폐기물의 유출이나 누출방지
③ 매립지로부터 침출수의 유출이나 누출방지
④ 매립지 내 침출수를 안전하게 분리
⑤ 매립완료 후 폐기물의 안전저류
⑥ 저류구조물로는 콘크리트 제방, 성토 제방, 옹벽, 널말뚝 등이 있다.
⑦ 저류구조물의 형태는 크게 연직차수막, 표면차수막의 형태이다.

[2] 표면차수막
① 매립지 바닥의 투수계수가 큰 경우에 사용한다.
② 매립지 바닥 전체를 불투수성 차수재료로 덮는 방식이다
③ 시멘트 혼합과 처리기술이 잘 발달되어 있다.
④ 다양한 폐기물을 처리할 수 있다.
⑤ 폐기물의 건조나 탈수가 필요하지 않다.
⑥ 매립 전에는 보수가 용이하나 매립 후에는 어렵다.
⑦ 낮은 pH에서 폐기물성분 용출 가능성이 있다.
⑧ 단위면적당 공사비는 싸나 총공사비는 비싸다.
⑨ 지하수 오염방지를 위한 집배수시설이 필요하다.

[3] 연직차수막

① 매립지 바닥이 불투수층으로 되어 있을 때 차수벽을 설치하는 방식이다.
② 차수벽은 수평방향 불투수층에 수직 또는 경사방향에 설치한다.
③ 차수벽은 오염된 물의 이동을 방지한다.
④ 지하에 매설되므로 차수성의 확인이 어렵다.
⑤ 단위면적당 공사비는 비싸지만 총 공사비는 싸다.
⑥ 차수막 보강시공이 가능하며 지하수의 집배수 시설이 필요 없다.
⑦ 지중에 수평방향의 차수층(불투수층)이 존재할 때 사용한다.
⑧ 공법에는 어스코어법, 강널말뚝법, 그라우트법, 차수시트매설법이 있다.

[4] 합성차수막

① 열가소성 플라스틱은 열을 가하면 녹고 원래 상태로 돌아가므로 재활용이 가능하며, 대체적인 분자구조는 분자간 약한 상호작용만이 가능한 모노머 구조이다.
② 열경화성 플라스틱은 열을 가하면 열가소성 플라스틱처럼 녹지 않고, 연소성이 나쁘므로 고온에서 타서 가루가 되거나 기체를 발생시키는 플라스틱이다. 이 플라스틱의 종류로는 에폭시수지, 아미노 수지, 페놀 수지, 멜라민 수지 등이 있다.

[표] 합성차수막의 종류 및 장단점

구 분	차수막	장 점	단 점
열가소성 플라스틱	HDPE (High Density Polyethlene)	• 온도에 저항성이 높다. • 강도가 높다. • 접합성이 양호하다. • 가격이 저렴하다.	• 열팽창 수축한다. • 충격에 약하다. • 전문 접합기술을 요구
	CPE (Thermoplastic Elastomers)	• 기후변화에 강하다. • 내화학성이 좋다.	• 접합상태가 나쁘다. • 균열이 발생한다. • 기름에 약하다.
	PVC (Thermoplastics)	• 가격은 저렴하다. • 강도가 높다. • 작업이 용이하다. • 접합이 용이하다.	• 자외선, 오존에 약하다. • 기후변화에 약하다. • 유기화합물질에 약하다. • 가소재가 필요하다.
열경화성 플라스틱	EPDM (Elastomer Thermoplastics)	• 강도가 높다. • 기후(저온)에 양호하다.	• 기름에 약하다. • 탄화수소에 약하다. • 접합상태가 좋지 않다. • 단가가 싸지 않다.
	CR Elastomer	• 화학물질에 저항성 높음 • 마모, 기계적 충격에 강	• 가격이 비싸다. • 접합이 용이하지 않다.
혼합성 플라스틱	CSPE (Chlorosulfonated Polyethylene)	• 산과 알카리에 특히 강 • 미생물에 강하다. • 접합이 용이하다.	• 강도가 약하다. • 기름, 탄화수소 및 용매류에 약하다.

[5] 점토 차수막

① 점토를 다져서 차수재료로 사용한다.
② 점토는 수분함량이 어느 정도 있어야 차수역할을 한다(소성상태).
③ 소성상태 이하에서 점토는 고체상태로 된다.
④ 소성상태 이상에서 점토는 액체상태로 된다.
⑤ 점토가 소성을 나타낼 때의 최대수분량을 액성한계라 한다.
⑥ 점토가 소성을 나타낼 때의 최소수분량을 소성한계라 한다.
⑦ 액성한계와 소성한계의 차이를 소성지수라 한다.
⑧ 차수막으로서 점토의 조건은 다음과 같다.

- 투수계수 : 10^{-7}cm/sec 미만
- 소성지수(소성한계) : 수분함량 10% 이상 30% 미만
- 액성한계 : 수분함량 30% 이상
- 자갈(직경 2.5cm 이상)함유량 : 10% 미만

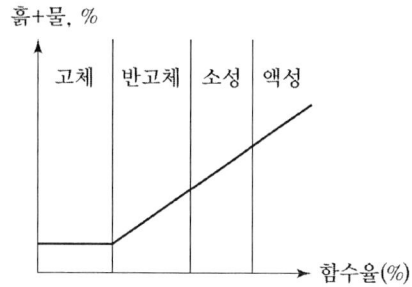

문제 1 저류구조물의 기능 3가지를 기술하시오.

> **해설** 저류구조물의 기능
> ① 계획 매립량의 폐기물 저류
> ② 매립지로부터 침출수의 유출이나 누출방지
> ③ 매립지 침출수의 안전분류
> ④ 매립완료 후 폐기물의 안전저류

문제 2 매립장 침출수 차단방법인 표면차수막과 비교 연직차수막이 유리한점 3가지를 제시하시오.

> **해설** 연직차수막의 유리한 점
> ① 연직차수막은 지중에 수평방향의 차수층이 존재할 때 사용한다.
> ② 연직차수막은 지하수 집배수 시설이 필요 없다.
> ③ 연직차수막은 차수막 보강시공이 가능하다.
> ④ 연직차수막은 차수막 단위면적당 공사비는 비싸지만 총 공사비는 싸다.

문제 3 매립지 표면차수막의 장단점 3가지를 각각 쓰시오.

해설 표면차수막의 장단점
[장점]
- 시멘트 혼합과 처리기술이 잘 발달되어 있다.
- 다양한 폐기물을 처리할 수 있다.
- 폐기물의 건조나 탈수가 필요하지 않다.

[단점]
- 매립 전에는 보수가 용이하나 매립 후에는 어렵다.
- 낮은 pH에서 폐기물성분 용출 가능성이 있다.
- 지하수 집배수시설이 필요하다.
- 단위면적당 공사비는 싸지나 총공사비는 비싸다.

문제 4 점토가 매립지의 차수막으로 적합하기 위한 대표적 조건을 쓰시오(4가지).

해설 차수막으로서 점토의 조건
① 투수계수: 10^{-7} cm/sec 미만
② 소성지수: 10% 이상 30% 미만
③ 액성한계: 30% 이상
④ 자갈 직경 2.5cm 이상인 입자 함유량: 10% 미만

문제 5 매립지에 흔히 쓰이는 합성 차수막 중 Neoprene(CR)의 장점과 단점을 각각 2가지 쓰시오.

해설 Neoprene(CR)의 장단점
[장점]
- 화학물질에 저항성이 높다.
- 마모, 기계적 충격에 강하다.

[단점]
- 가격이 비싸다.
- 접합이 용이하지 않다.

문제 6 매립지의 차수막으로 적합하기 위한 점토의 액성한계와 소성한계, 소성지수의 용어를 정의하시오.

해설 용어 정의
① 액성한계: 점토가 차수역할을 할 수 있는 최대수분함량
② 소성한계: 점토가 차수역할을 할 수 있는 최소수분함량
③ 소성지수 = 액성한계 - 소성한계

문제 7 매립지에 쓰이는 합성차수막을 재료별로 3가지를 쓰고 특징을 간략히 설명하시오.

> **해설** 합성차수막을 재료별 특징
> ① PVC : 가격은 저렴하나 자외선, 오존, 기후에 약하다.
> ② HDPE : 온도에 대한 저항성이 높다.
> ③ CSPE : 산과 알카리에 특히 강하다.
> ④ CPE : 접합상태가 나쁘다.

문제 8 표면차수막의 파손원인 및 대책에 대하여 3가지를 기술하시오.

> **해설** 파손원인 및 대책
> ① 지반침하 : 연약지반을 개량 또는 지반다짐 한다.
> ② 지지력 부족 : 국부하중에 의한 침하지반을 개량 또는 지반다짐 한다.
> ③ 지각변동 : 지질이 급변한 장소에 비틀림 흡수시설을 설치한다.
> ④ 양압력 : 배면 수압방지를 위해 집배수시설을 한다.

1.12 집배수시설

[1] 우수 집배수시설

① 우수 집배수시설은 매립구역 내로 우수가 유입되는 것을 방지한다.
② 매립지 주변의 강우가 매립지 내에 유입되는 것을 방지한다.
③ 수로의 형상은 장방형 또는 원형이 좋다.
④ 조도계수는 작은 것이 좋다.
⑤ 수로의 단면은 토사의 혼입으로 인한 유량증가 및 여유고를 고려하여야 한다.
⑥ 토수로의 경우는 평균유속이 3m/sec 이하가 좋다.
⑦ 콘크리트수로의 경우는 평균유속이 8m/sec 이하가 좋다.
⑧ 침출수 집배수층은 두께 최소 30cm, 투수계수 최소 1cm/sec, 바닥경사 2~4%, 재료입경 10~13mm 또는 16~32mm로 한다.

[2] 침출수 유량조절조

최근 10년간 강수량 10mL/day 이상인 강우일수 중 최다빈도 1일 강우량의 7배 이상에 해당하는 침출수를 저장할 수 있는 규모로 설치한다.

[3] 덮개시설의 기능
① 강우의 침투를 방지한다.
② 쓰레기의 날림을 방지한다.
③ 병원균 매개체의 서식을 방지한다.
④ 쓰레기 매립시 악취를 방지한다.
⑤ 유독가스 확산을 방지한다.

문제 1 매립지 주위의 우수를 배수하기 위한 배수관의 결정시 고려사항 3가지를 기술하시오.

해설 배수관의 결정시 고려사항
① 수로의 형상은 장방형 또는 원형이 좋으며, 조도계수는 작은 것이 좋다.
② 유수단면적은 토사의 혼입으로 인한 유량증가 및 여유고를 고려하여야 한다.
③ 우수의 배수에 있어서 토수로의 경우는 평균유속이 3m/sec 이하가 좋다.
④ 우수의 배수에 있어서 콘크리트수로의 경우는 평균유속이 8m/sec 이하가 좋다.

문제 2 폐기물 매립지에서 우수 집배수시설의 기능 4가지를 쓰시오.

해설 우수 집배수시설의 기능
① 침출수의 유출이나 누수 및 지하수의 침입 방지는 차수기능
② 미 매립구역의 우수 등이 매립구역 내로 유입되는 것을 방지
③ 기 매립구역의 우수 등이 매립구역 내로 유입되는 것을 방지
④ 매립지 주변의 강우 등이 매립지에 유입되는 것을 방지

1.13 침출수

[1] 침출수 발생

① 복토의 다짐밀도가 높을수록 침출수 농도는 높다.
② 매립초기에는 약산성이나 시간이 지나면서 약알칼리성이 발생된다.
③ 혐기성 매립방식이 호기성 매립방식에 비해 침출수 농도가 높다.
④ 유기폐기물 함량이 높을수록 초기에는 BOD/COD 비가 크다.
⑤ 시간이 경과하면서 BOD/COD 비는 낮아진다.
⑥ 중금속은 분해초기에 농도가 높다.
⑦ 침출수의 주된 발생원은 강우에 의한 영향이 가장 크다.
⑧ 매립지 내의 물의 이동을 나타내는 Darcy의 법칙은 다음과 같다.

$$t = \frac{nd^2}{k(d+h)}$$

여기서, t : 침출수가 점토층을 통과하는 시간(년)
d : 점토층의 두께(m)
n : 유효공극률
k : 투수계수(m/년)
h : 침출수 수두(m)

⑨ 유체의 흐름속도를 Darcy속도라고 한다.

$$V = \frac{Q}{A} = -k\frac{\Delta h}{\Delta l}$$

여기서, V : 유체의 흐름속도, Darcy속도
A : 단면적
Q : 유량
k : 투과계수(Δh이 (-)이므로 양수가 되도록 (-)를 붙인다.)
Δh : 유입과 유출측의 수두차이(유출수두-유입수두)
Δl : 유체의 이동거리(수두 측정지점 사이의 거리)

⑩ 매립지에서 지하침투량(C)

C = 총강우량 P(1 – 유출률R) – 폐기물의 수분량 S – 증발량 E

문제 1 일반적으로 매립장 침출수 생성에 가장 큰 영향을 미치는 인자는?

해설 침출수의 주된 발생원은 강우에 의한 영향이 가장 크다.

문제 2 지하수의 두 지점간(거리 0.4m)의 수리수두차가 0.1m이고, 투수계수는 $10^{-4} m/\sec$일 때, 지하수의 Dracy속도는 몇 m/sec인가?(단, 공극률은 고려하지 않음)

해설 $V = \dfrac{Q}{A} = -k\dfrac{\Delta h}{\Delta l}$

$V = 10^{-4} m/\sec \times \dfrac{0.1m}{0.4m} = 2.5 \times 10^{-5}$

문제 3 매립장에서 침출된 침출수가 다음과 같은 점토로 이루어진 90cm의 차수층을 통과하는 데 걸리는 시간(년)은 얼마인가?

- 유효 공극률 : 0.5
- 점토층 하부의 수두는 점토층 아랫면과 일치
- 점토층 투수계수 : $10^{-7} cm/\sec$
- 점토층 위의 침출수 수두 : 40cm

해설 $t = \dfrac{nd^2}{k(d+h)}$

$k(\dfrac{m}{y}) = \dfrac{10^{-7}cm}{\sec} | \dfrac{m}{100cm} | \dfrac{3600\sec}{hr} | \dfrac{24hr}{day} | \dfrac{365day}{y} = 0.0315 m/y$

$\therefore t = \dfrac{0.5 \times (0.9m)^2}{0.0315 m/y (0.9 + 0.4)m} = 9.89 y$

문제 4 매립지의 총면적은 $35 km^2$이고 연간 평균 강수량이 1100mm가 될 때 그 매립지에서 침출수로의 유출률이 0.5이었다고 한다. 이때 침출수의 일평균 처리 계획수량 m^3/day은?(단, 강우강도 대신에 평균 강수량으로 계산)

해설 침출수량 $Q =$ 면적 $A \times$ 높이 H(연간 강우량)

$\therefore Q = \dfrac{35 km^2}{} | \dfrac{10^6 m^2}{km^2} | \dfrac{1100mm}{y} | \dfrac{m}{1000mm} | \dfrac{y}{365day} | \dfrac{0.5}{} = 52740 m^3/d$

[2] 침출수 처리

(1) 성분에 따른 제거공정
① SS 제거 : 침전
② BOD, SS 제거 : 생물처리
③ COD, SS 제거: 응집, 침전
④ BOD, COD, SS, 색도 제거: 생물처리, 응집, 침전
⑤ BOD, COD, SS, TN, 색도 제거: 생물처리, 고도처리(탈질), 응집, 침전

[표] 침출수의 처리공정

매립 기간	COD/ TOC	BOD/ COD	생물 학적 처리	역삼투	활성탄	화학적 산화	화학적 침전 [석회투입]	이온 교환
5년 미만	2.8이상	0.5이상	양호	보통	불량	불량	불량	불량
5-10년	2-2.8	0.1-0.5	보통	양호	보통	보통	보통	보통
10년이상	2미만	0.1미만	불량	양호	양호	보통	불량	보통

(2) 습식산화
① 고온, 고압 하에서 직접 건조, 열분해 또는 산화 연소한다.
② 습식산화는 170~270°C에서 70~150kg/cm^2압력으로 내압용기에 슬러지와 공기를 교대로 보내어 유기물을 산화분해 시킨다.
③ 결국에는 물과 재, 가스가 생성된다.
④ 일명 Zimmerman Process라 부르며 슬러지 자체의 발열량을 이용한다.

(3) 펜톤산화
① 산화제로 과산화수소를 촉매제로 철을 사용한다.
② pH 3.0 ~ 4.0에서 철 금속이 과산화수소를 분해시켜 $OH \cdot$ 라디칼을 생성한다.
③ 유기물질은 생성된 $OH \cdot$ 라디칼에 의해 분해된다.

$$Fe^{2+} + H_2O_2 \rightarrow Fe^{3+} + OH^- + OH \cdot$$

$$OH \cdot + \underset{\text{유기물}}{RH} \rightarrow R \cdot + H_2O$$

$$R \cdot + Fe^{3+} \rightarrow R^+ + Fe^{2+}$$

$$R \cdot + OH \cdot \rightarrow ROH \;_{(소멸)}$$

④ Fenton 산화반응에 의해 유기물이 산화분해되어 COD는 감소하지만 BOD는 증가할 수 있다.
⑤ 후 처리공정인 중화, 응집, 침전, 생물학적 처리의 효율을 증대시킨다.

문제 1 매립지의 침출수의 특성이 COD/TOC=1.0, BOD/COD=0.03이라면 효율성이 가장 양호한 처리공정은? (단, 매립연한은 15년정도이며 COD는 400mg/L이다.)

> **해설** COD/TOC = 2.0미만, BOD/COD = 0.1미만은 활성탄공정이 양호하다.

문제 2 폐기물 매립지의 침출수 처리에 많이 사용되는 펜톤시약의 조성은?

> **해설** 산화제로 과산화수소를 촉매제로 철을 사용한다.

문제 3 A매립지의 경우 COD를 기준 이내로 처리하기 위해 기존공정에 펜톤처리 공정과 RBC 공정을 추가하여 운전하고 있다면 공정의 추가 원인은?

> **해설** 난분해성 유기물질의 과다유입

문제 4 슬러지 매립지 침출수에 함유되어 있는 암모니아를 염소로 처리하려고 한다. 침출수 발생량은 $3780\,\mathrm{m^3/day}$이고, 이를 처리하기 위해 7.7kg/d의 염소를 주입하고 잔류염소농도는 $0.2\,mg/L$ 이었다면 염소요구량(mg/L)은 얼마인가?

> **해설** 염소요구량 = 염소주입량 − 염소잔류량
>
> $$염소주입량 = \frac{7.7 \times 10^6 \mathrm{mg}}{\mathrm{day}} \bigg| \frac{\mathrm{day}}{3780 \times 10^3 \mathrm{L}} = 2.037\,\mathrm{mg/L}$$
>
> 염소요구량 $= 2.037\,\mathrm{mg/L} - 0.2\,\mathrm{mg/L} = 1.84\,\mathrm{mg/L}$

1.14 반응속도 및 반감기

[1] 반감기

① 화학반응속도론에서 반응의 반감기는 반응이 반 정도 진행될 때까지 필요한 시간이다.
② 즉, 반응 후 잔류농도(C_t)가 반응초기 농도(C_0)의 1/2로 감소하는 데 걸리는 시간이다.

$$C_t = \frac{1}{2}C_0 \quad \therefore C_t = 0.5C_0$$

③ 반응차수(0차, 0.5차, 1차, 2차)에 대한 C_t값에 $0.5C_0$를 대입하면 반응속도에 대한 반감기가 된다.

[2] 반응속도와 반감기

① 반응속도(v)는 단위시간당(dt) 반응물 또는 생성물의 농도변화(C)로 정의한다.

$$\frac{dC}{dt} = -KC^n$$

② 0차 반응의 반감기

$$\frac{dC}{dt} = -K \cdot C^0 \xrightarrow{\text{적분하면}} C_t - C_0 = -K \cdot t \quad \therefore 0.5C_0 - C_0 = -K \cdot t$$

③ 1차 반응의 반감기

$$\frac{dC}{dt} = -K \cdot C^1 \xrightarrow{\text{적분하면}} \ln\frac{C_t}{C_0} = -K \cdot t \quad \therefore \ln\frac{0.5C_0}{C_0} = -K \cdot t$$

④ 2차 반응의 반감기

$$\frac{dC}{dt} = -K \cdot C^2 \xrightarrow{\text{적분하면}} \frac{1}{C_t} - \frac{1}{C_0} = K \cdot t \quad \therefore \frac{1}{0.5C_0} - \frac{1}{C_0} = K \cdot t$$

문제 1 매립지의 침출수의 농도가 반으로 감소하는데 약 3년이 걸렸다면 이 침출수의 농도가 99% 감소하는데 걸리는 시간(년)은 얼마인가? (단, 1차 반응 기준이다.)

해설
$$\frac{dC}{dt} = -K \cdot C^1 \xrightarrow{\text{적분하면}} \ln\frac{C_t}{C_0} = -K \cdot t \quad \therefore \ln\frac{0.5C_0}{C_0} = -K \cdot t$$

$\ln 0.5 = -K \times 3$년 $\quad \therefore K = 0.2311$

$\ln\frac{0.01}{1} = -0.231 \times t \quad \therefore t = 19.93$년

문제 2 어느 매립지에서 침출된 침출수 농도가 반으로 감소하는데 약 3.5년이 걸렸다면 이 침출수 농도가 90% 분해되는데 소요되는 시간(년)은?(단, 침출수 분해 반응은 1차 반응)

해설 $\dfrac{dC}{dt} = -K \cdot C^1 \xrightarrow{\text{적분하면}} \ln\dfrac{C_t}{C_0} = -K \cdot t \quad \therefore \ln\dfrac{0.5C_0}{C_0} = -K \cdot t$

$\ln 0.5 = -K \times 3.5$년 $\therefore K = 0.198$

$\ln\dfrac{0.1}{1} = -0.198 \times t \quad \therefore t = 11.6$년

문제 3 1차 반응에서 1000초 동안 반응물의 1/2이 분해되었다면 반응물이 1/10 남을 때까지 소요되는 시간(sec)은?

해설 $\dfrac{dC}{dt} = -K \cdot C^1 \xrightarrow{\text{적분하면}} \ln\dfrac{C_t}{C_0} = -K \cdot t \quad \therefore \ln\dfrac{0.5C_0}{C_0} = -K \cdot t$

$\ln 0.5 = -K \times 1000$초

$-0.693 = -1000K \quad \therefore K = 6.9 \times 10^{-4}$

$\ln 0.1 = -6.9 \times 10^{-4} \times t$

$-2.3 = -6.9 \times 10^{-4} \times t \quad \therefore 3333 \, \text{sec}$

1.15 매립가스

[1] 매립지의 LFG(landfill gas) 조성변화

① 제1단계에서는 친산소성 단계로서 폐기물 내에 수분이 많은 경우에는 반응이 가속화되어 용존산소가 쉽게 고갈된다(호기성 단계).

② 제2단계에서는 유기물이 효소에 의해 발효되는 혐기성 비메탄 단계로써, 이산화탄소 가스가 많이 발생한다((호기-혐기성 전환단계).

③ 제3단계에서는 매립지 내부의 온도가 상승하여 약 55℃ 정도까지 올라가, 이산화탄소 가스가 발생하며 pH는 저하한다(비정상 혐기성단계).

④ 4단계에서는 매립가스 내 메탄과 이산화탄소의 함량이 거의 일정하게 유지된다(정상 혐기성 메탄단계).

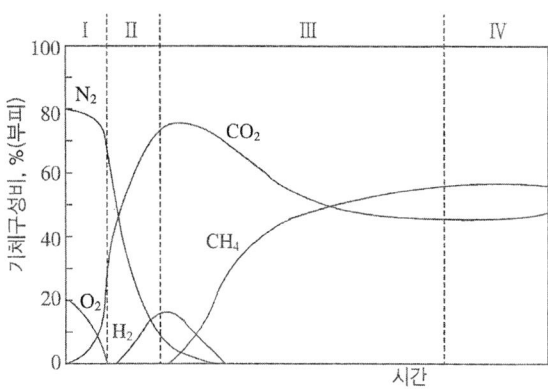

[그림] 매립지의 LFG(landfill gas) 조성변화

[2] 혐기성 분해

① 고농도의 유기물 분해에 적용하며 혐기성 미생물에 의한 유기물의 제거는 다음 2단계로 구분된다.

② 1단계 소화에서는 유기산이 형성되는 단계로서 pH가 낮게 유지되므로 **"유기산 형성과정"** 또는 **"산성 소화과정"**이라고 한다.

③ 제2단계에서는 1단계에서 생성된 유기산을 메탄균에 의해 CH_4 및 CO_2를 생성하는 단계로서 **"가스화과정"**, **"메탄발효과정"**, **"알칼리소화과정"**이라 한다.

④ glucose($C_6H_{12}O_6$)의 반응예로 전체반응은 다음과 같다.

$$C_6H_{12}O_6 \xrightarrow[1단계]{유기산균} \begin{vmatrix} 3CH_3COOH \\ 2CH_3CH_2OH + 2CO_2 \\ 2CH_3CH(OH)COOH \end{vmatrix} \xrightarrow[2단계]{메탄균} 3CH_4 + 3CO_2$$

⑤ 메탄발효에서 CH_4은 50~70%, CO_2는 30~50% 정도 발생한다.

⑥ 발생하는 대부분의 가스는 CH_4와 CO_2이나, 악취물질로 NH_3, H_2S, CH_3SH도 생성한다.

[3] 혐기성분해 반응식

① 혐기성 반응에서 메탄가스 발생율은 아래식에 따른다.

$$C_aH_bO_cN_d + \left[\frac{4a-b-2c+3d}{4}\right]H_2O$$
$$\rightarrow \left[\frac{4a+b-2c-3d}{8}\right]CH_4 + \left[\frac{4a-b+2c+3d}{8}\right]CO_2 + dNH_3$$

② 위의 식에 의하면 1kg의 BOD가 분해제거 될 때 약 $0.35m^3$의 CH_4가 생성된다.

③ $C_2H_5O_2N + 0.5H_2O \rightarrow 0.75CH_4 + 1.25CO_2 + NH_3$

④ $C_4H_9O_3N + H_2O \rightarrow 2CH_4 + 2CO_2 + NH_3$

⑤ $C_4H_9O_3N + H_2O \rightarrow 2CH_4 + 2CO_2 + NH_3$

⑥ $C_5H_{11}O_2N + 2H_2O \rightarrow 3CH_4 + 2CO_2 + NH_3$

⑦ $C_{40}H_{83}O_{30}N + 5H_2O \rightarrow 22.5CH_4 + 17.5CO_2 + NH_3$

⑧ $CH_3OH \rightarrow 3/4CH_4$ (표준상태에서 완전분해시 0.75M CH_4 생성)

⑨ $C_6H_{12}O_6 \rightarrow 3CH_4 + 3CO_2$

⑩ $CH_3COOH \rightarrow CH_4 + CO_2$

⑪ $C_{68}H_{111}O_{50}N + 16H_2O \rightarrow 35CH_4 + 33CO_2 + NH_3$

문제 1 혐기성 위생매립지에서 발생되는 가스의 조성을 검사한 결과, 일정기간 동안 CH_4, CO_2의 가스구성비(부피%)가 각각 50%, 40%로 나타나고 있다면 이때 매립지 내의 생물반응단계는?

해설 완전 혐기성상태로 메탄균에 의해 CH_4 및 CO_2를 생성하는 단계

문제 2 폐기물 매립지의 매립 후 시간 경과에 따른 LFG의 조성변화 4단계에 대하여 설명하시오.

해설 LFG의 조성변화 4단계
① 제1단계에서는 친산소성 단계로서 폐기물 내에 수분이 많은 경우에는 반응이 가속화 되어 용존산소가 쉽게 고갈된다(호기성 단계).
② 제2단계에서는 유기물이 효소에 의해 발효되는 혐기성 비메탄 단계로써, 이산화탄소 가스가 많이 발생한다((호기-혐기성 전환단계).
③ 제3단계에서는 매립지 내부의 온도가 상승하여 약 55℃ 정도까지 올라가, 이산화탄소 가스가 발생하며 pH는 저하한다(비정상 혐기성단계).
④ 4단계에서는 매립가스 내 메탄과 이산화탄소의 함량이 거의 일정하게 유지된다(정상 혐기성 메탄단계).

1.16 매립지 사후관리

[1] 사후관리 기간
① 사용종료 또는 폐쇄신고를 한 날부터 30년 이내로 한다.
② 다만, 매립시설 검사기관(이하 "매립시설 검사기관"이라 한다)이 침출수의 성질과 상태, 양, 지하수·해수·하천의 수질, 토양의 오염도, 발생가스의 질과 양, 축대벽·둑 등의 안정도 등을 조사한 결과 사후관리가 필요하지 아니하다고 판단하는 경우에는 신청에 따라 시·도지사나 지방환경관서의 장이 사후관리의 종료를 결정·통보한 날까지로 한다.

[2] 사후관리 항목
① 빗물 배제방법
② 침출수 관리방법
③ 지하수 수질 조사방법
④ 해수 수질 조사방법
⑤ 발생가스 관리방법
⑥ 구조물과 지반의 안정도 유지방법
⑦ 지표수 수질 조사방법
⑧ 토양 조사방법
⑨ 방역방법(차단형매립시설은 제외한다)

[3] 주변환경영향 종합보고서 작성
사후관리 항목 및 방법에 따라 조사한 결과를 토대로 매립시설이 주변환경에 미치는 영향에 대한 종합보고서를 매립시설의 사용종료신고 후 5년마다 작성하여야 한다.

문제 1 매립시설의 사후관리 항목 3가지를 쓰시오.

> **해설** 빗물 배제방법, 침출수 관리방법, 지하수 수질 조사방법, 해수 수질 조사방법, 발생가스 관리방법, 구조물과 지반의 안정도 유지방법, 지표수 수질 조사방법, 토양 조사방법

문제 2 매립지 사후관리 기간은?

> **해설** 사용종료 또는 폐쇄신고를 한 날부터 30년 이내로 한다.

폐기물처리기사 · 산업기사 실기

제9장

토양 오염

1. 토양환경
2. 토양 오염
3. 토양오염복원

Section 01 토양환경

[1] 토양단면
토양단면이란 토양 수직단면의 성층구조를 말하며 토양층위라고도 한다.

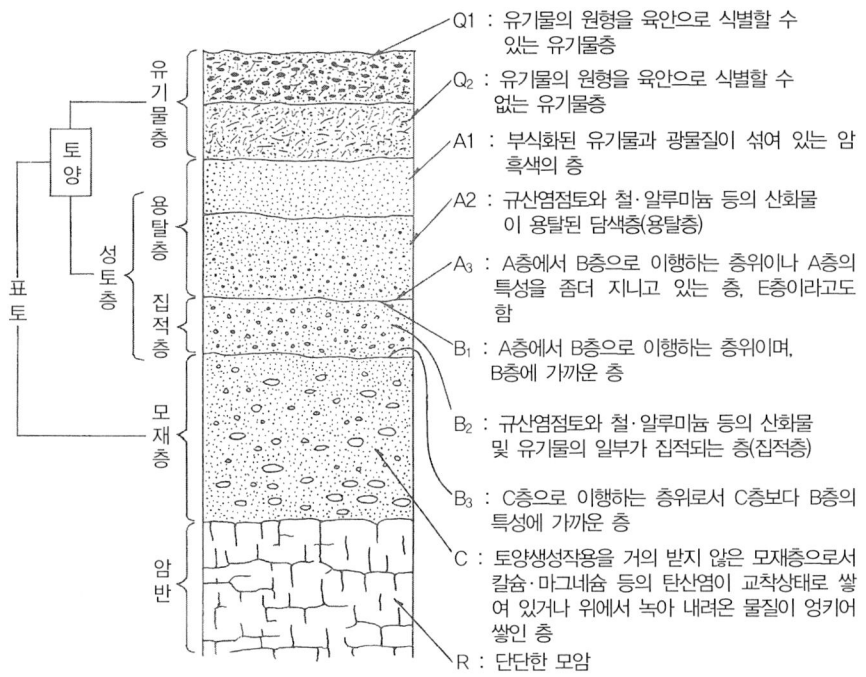

[2] 토양의 3상
① 고상은 유기물과 무기물로 구성되어 있다.
② 액상은 토양수분으로써 결합수, 흡습수, 모세관수, 중력수로 구분된다.
③ 기상은 토양공기이다.
④ 밭토양의 경우 용적조성은 고상 50%, 기상 20~30%, 액상 20~30% 이다.
⑤ 논토양의 경우 고상 50%, 액상 50% 정도 된다.

[3] 토양수분장력(pF)

① 토양이 수분을 보유하는 힘을 토양수분장력(pF, Potential Force)으로 나타낸다.
$$pF = \log H \quad (\text{여기서, } H \text{는 물기둥 높이 } cm, 1기압은 1000cm^H)$$
② 결합수 pF 7이상
③ 흡습수 pF 4.5이상
④ 모세관수 pF 2.54~4.5
⑤ 중력수 pF 2.54이하

[4] 균등계수와 곡률계수

① 균등계수와 곡률계수는 흙의 입도분포를 나타낸다.
② 입도분포란 흙을 구성하고 있는 토립자의 입경에 의하여 구분한 분포상태를 말하며 흙의 밀도, 투수성, 강도 등의 공학적 성질을 좌우하는 중요한 요소이다.

$$\text{균등계수 } C_u = \frac{D_{60}}{D_{10}}$$

$$\text{곡률계수 } C_g = \frac{D_{30}^2}{D_{60} \times D_{10}}$$

[5] 공극률

$$\text{공극률}(\%) = \frac{\text{공기, 물의 부피}}{\text{전체부피}} = (1 - \frac{\text{겉보기밀도}}{\text{진밀도}}) \times 100$$

필터재료가 막히지 않는 입도분포 조건 : $\frac{D_{15}(\text{필터재료})}{D_{85}(\text{토양입도})} < 5$

문제 1 토양수분장력이 20000cm의 물기둥 높이의 압력과 같다면 pF(Potential Force)의 값은?

해설 $pF = \log H$ (여기서, H는 물기둥 높이 cm이다.)
∴ $pF = \log 20000 = 4.3$

문제 2 토양이 수분을 함유하는 힘을 토양수분장력(pF)이라고 부른다. pF=4.0인 물기둥의 높이는?

해설 $pF = \log H$
$4.0 = \log H$ 양변에 밑수 10을 대입하면
$10^4 = H$ ∴ $H = 10000 cm$

제9장 토양 오염

문제 3 Soil Washing 기법을 적용하기 위하여 토양의 입도분포를 조사한 결과가 다음과 같을 경우, 균등계수(C_u)와 곡률계수(C_g)는 각각 얼마인가?(단, D_{10}, D_{30}, D_{60}는 각각 통과백분율 10%, 30%, 60%에 해당하는 입자 직경이다.)

구 분	D_{10}	D_{30}	D_{60}
입자의 크기(mm)	0.25	0.60	0.90

해설 $C_u = \dfrac{D_{60}}{D_{10}} = \dfrac{0.9}{0.25} = 3.6$

$C_g = \dfrac{D_{30}^2}{D_{60} \times D_{10}} = \dfrac{(0.6)^2}{0.9 \times 0.25} = 1.6$

문제 4 공극율이 0.5인 토양이 깊이 3m까지 오염되어 있다면 오염된 토양의 m^2당 공극의 체적은 몇 m^3인가?

해설 공극률 $= \dfrac{공기, 물의 부피}{전체부피}$

$0.5 = \dfrac{공기, 물의 부피}{1m^2 \times 3m^H}$ ∴ 공극의 체적(공기, 물 부피) $= 1.5 m^3$

문제 5 화강암에서 유래된 토양의 용적밀도가 $1.4 g/cm^3$이었다면 공극률(%)은?(단, 입자의 밀도는 2.85g/cm^3이다.)

해설 공극률 $= (1 - \dfrac{겉보기밀도}{진밀도}) \times 100$

공극률 $= (1 - \dfrac{1.4 g/cm^3}{2.85 g/cm^3}) \times 100 = 50.9\%$

Section 02 토양 오염

[1] 토양오염의 특성
① **시차성** : 토양오염은 눈에 보이지 않는 오염으로서 오염의 발생과 오염에 따른 문제의 발생 간에는 시간차를 두고 있다.
② **오염물질에 따른 특이성** : 토양오염은 토양오염물질의 특성에 따라 오염의 양상이 달라진다.
③ **오염지역에 따른 특이성** : 오염지역의 토양성질은 오염물질의 확산 및 처리에 있어 중대한 영향을 미친다.
⑤ **지속성 및 잔류성** : 일단 토양이 오염되면 오염물질은 흙 입자 표면에 흡착되므로 제거하는 것이 쉽지 않다.

[2] 토양오염물질
① **"토양오염"** 이란 사업활동이나 그 밖의 사람의 활동에 의하여 토양이 오염되는 것으로서 사람의 건강, 재산이나 환경에 피해를 주는 상태를 말한다.
　토양오염물질의 배출원에 따른 오염물질의 종류는 다음과 같다.
② **석유류 제조 및 저장시설** : $BTEX$, TPH, PAH_s 등
③ **유독물질 저장시설** : 휘발성유기화합물(VOC_s), PAH_s 등
④ **산업지역**: 유류 유기용제(TCE, PCE 등), 석유화학 원료(톨루엔, 페놀 등), 중금속(카드뮴, 납, 6가크롬, 비소, 수은 등) 등
⑤ **폐기물 매립지** : 침출수중 유기물, 중금속, VOC_s 등
⑥ **폐기물 소각장** : 배출가스 및 소각재 중에서 다이옥신, PAH_s, 납 · 카드뮴, 중금속 등이 발생
⑦ 상기 용어의 약자는 다음과 같다.
- $BTEX$(benzene, toluene, ethylbenzene, xylene),
- TPH(total petroleum hydrocarbon),
- PAH_s(polyaromatic hydrocarbons),
- VOC_s(volatile organic compounds),
- TCE(trichloroethylene),
- PCE(tetrachloroethylene),

- *PCBs*(polychlorinated biphenyls)

[3] BTEX & TPH

① 토양환경보전법에서 규정하는 유류성분을 두 가지로 나누면 *BTEX* 와 *TPH*로 구분된다.

② *BTEX* 는 benzene, toluene, ethylbenzene, xylene으로 구성된 휘발성 방향족 탄화수소로 정의한다.

③ *BTEX* 는 휘발유의 옥탄가를 높이기 위하여 첨가된다.

④ *BTEX* 와 *TPH*의 오염원은 주로 석유저장탱크로부터의 누출이나 배관의 부식, 수송시의 유출 등으로부터 발생한다.

⑤ *TPH*(total petroleum hydrocarbon)는 석유계총탄화수소로 정의한다.

⑥ *TPH*는 휘발유를 제외한(US EPA는 모든 유종을 포함) 등유, 경유, 제트유, 윤활유, 벙커C유, 원유성분을 말한다.

⑦ 유류오염이 발생하면 비중에 따라 오염분포가 다르게 나타난다.

[4] 오염분포

① 유류오염의 경우에는 크게 4가지 상으로 존재할 수 있다. 물에 용해되어있는 상태, 지표면 부근의 불포화구간에 존재하는 증기상태, 흙 입자에 부착된 상태, 유류나 유기용매와 같이 물과 섞이지 않는 별도의 층을 형성하는 자유상으로 존재한다.

② NAPL(nonaqueous phase liquid, 비수용성유체)
유류나 유기용매와 같이 물과 섞이지 않는 별도의 층을 형성하는 자유상으로 존재한다.

③ LNAPL(light nonaqueous phase liquid, 가벼운 비수용성유체)
유류와 같이 물보다 가벼운 것은 지하수면 위에서 기름층을 형성하게 되는 물질로써 가솔린, 아세톤, 핵산, 벤젠, 에틸벤젠, 메탄올, 톨루엔 등이 있다.

④ DNAPL(dense nonaqueous phase liquid, 무거운 비수용성유체)
PCE, *TCE*와 같은 염소계 유기용매류는 물보다 무거워서 불투수층에 도달할 때까지 지하수층 아래로 침강하여 바닥에 깔리게 된다.

⑤ MTBE(methyl tertiary butyl ether)
비석유계 탄화수소인 메틸알코올, 에틸알코올, 에테르 등은 휘발성이 높으며 물에 용해상태로 존재한다.

문제 1 토양오염의 특성 5가지를 쓰시오.

> **해설** 토양오염의 특성
> ① 오염영향의 국지성
> ② 피해발현이 완만하다.
> ③ 원상복구의 어려움
> ④ 타 환경인자와의 영향관계의 모호성
> ⑤ 오염경로가 다양하다.

문제 2 토양오염 물질 중 BTEX의 정의를 쓰시오.

> **해설** BTEX란 benzene, toluene, ethylbenzene, xylene으로 구성된 휘발성 방향족 탄화수소로 정의한다.

문제 3 어떤 주유소에서 오염된 토양을 복원하기 위해 오염 정도 조사를 실시한 결과, 토양오염 부피는 4000m³, BTEX는 평균 150mg/kg으로 나타났다. 이 때 오염토양에 존재하는 BTEX의 총 함량은 몇 kg 인가?(단, 토양의 bulk density=1.9g/cm³)

> **해설** $kg = \dfrac{4000m^3}{} \Big| \dfrac{1.9g}{cm^3} \Big| \dfrac{10^6 cm^3}{m^3} \Big| \dfrac{10^{-3}kg}{g} \Big| \dfrac{150mg}{kg} \Big| \dfrac{kg}{10^6 mg} = 1140 kg$

문제 4 토양오염물질 중 LNAPL(light nonaqueous phase liquid)은 물보다 가벼워 지하수 표면 위에 기름 층을 형성하게 된다. LNAPL이란?

> **해설** LNAPL에는 가솔린, 아세톤, 핵산, 벤젠, 에틸벤젠, 메탄올, 톨루엔 등이 있으며 DNAPL에는 염소계 유기용매류가 있다.

Section 03 토양오염복원

[1] SVE & BV

① 토양증기추출법(SVB, soil vapor extraction)은 불포화 토양층 내의 휘발성 유기화합물을 물리적으로 진공흡입 추출하여 지상에서 배가스를 처리하는 기술이다.

② BV(bioventing)은 SVE와 생분해(biodegradation)기술을 결합시킨 형태로서, 불포화 토양층 내 공기와 영양분을 주입하여 호기성 상태에서 오염물질의 생분해능을 극대화시키는 기술이다.

③ 최근에는 휘발성 유기화합물을 물리적으로 추출하여 지상에서 배가스를 처리하는 SVE, 공기분사(air sparging, 지하수에 적용)기술을 변형한 BV공정이 많이 사용되고 있다. 그 예로 SVE공정을 변형시킨 BV공정, 단일주입정에 의한 BV공정, air sparging과 결합된 BV공정(biosparging, 지하수에 적용) 등이 있다.

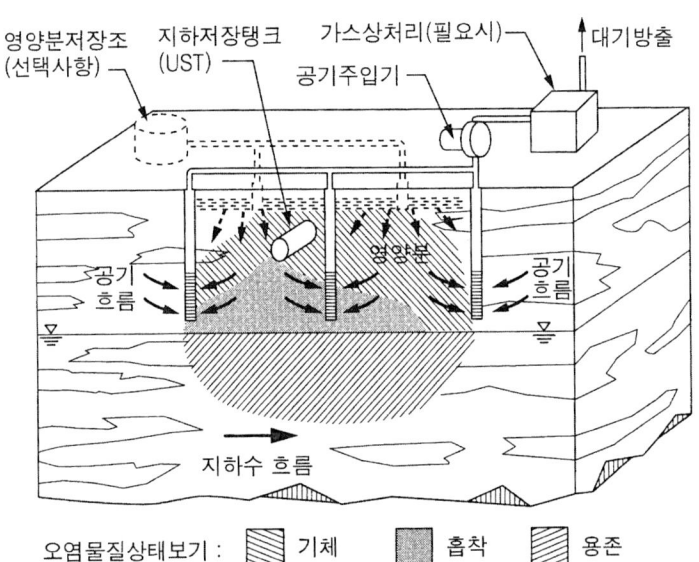

[그림] 바이오벤팅 시스템

[표] BV와 SVE의 특징

구 분	인 자	토양증기추출	바이오벤팅
경제성	대상 부지면적	작다	크다
	설계시공비용	많이 든다	적게 든다
	유지관리비용	적게 든다	많이 든다
오염물질	농도	높은 부지에 적용	낮은 부지에 적용
	용해도	낮은 오염물질	높은 오염물질
	성질	소수성	친수성
		비극성	극성
		휘발성	비휘발성
	확산계수	크다	작다
	옥탄올/물 분배계수(K_{ow})	크다	작다
	헨리상수(공기/물분배계수)	크다	작다
	배가스 처리	해야 한다	경우에 따라 한다
오염부지	토양 입단구조	단립구조	입단구조
	수리전도도	커야한다	너무 크면 불리하다
	함수율	작아야 한다	40~80%
	토양공극 크기	커야한다	작고 균일해야한다
	온도	높을수록 유리하다	10~45℃
	pH	큰 영향없다	6.0~8.0
운전	영양물질	공급하지 않는다	공급한다
	공기공급	많다	적다

[2] 토양세척

① 토양세척의 기본원리는 토양내의 오염물질을 세척수와 기계적 마찰력으로 토양과 액상으로 분리시켜 토양의 오염부피를 감소시키는 것이다.
② 토양세척은 토양에 부착된 휘발성 또는 비휘발성물질을 액상으로 분리하는 데 있다.
③ 모래나 자갈은 깨끗하게 처리되나 미세토양 같은 점토는 오염도가 높아 2차 처리가 요구된다.
④ 전처리 공정으로 굴착, 마쇄, 분쇄, 체분리, 혼화 등으로 토양세척이 용이하게 한다.
⑤ 오염물질의 제거과정은 전단력, 충돌력, 마찰력, 탈착력에 의하여 분리된다.
⑥ 계면활성제는 계면의 활성을 크게 하여 표면장력을 현저히 떨어뜨리는 효과를 이용한다.
⑦ 오염토양 부피가 단시간 내에 효율적인 급감으로 2차 처리비용을 절감할 수 있다.
⑧ 세척제를 사용하여 토양 입자에 결합되어 있는 유해 유기오염몰질의 표면장력을 약화시키거나 중금속을 분리시켜 처리하는 기법이다.
⑨ 세척제로 사용되는 산, 염기, 계면활성제 등이 주로 이용된다.

⑩ 외부환경의 조건변화에 대한 영향이 적다.
⑪ 부지 내에서 유해오염물의 이송 없이 바로 처리할 수 있다.
⑫ 적용방법에 따라 in-situ, on-situ, out-situ, ex-situ 방법이 있으며 in-situ 기법은 토양의 투수성에 많은 제약을 받는다.

> **참고**
> - In-situ : 오염토양 내에서 처리하는 방법
> - Ex-situ : 오염된 토양을 굴착하여 밖에서 처리하는 방법
> - On site : 오염된 토양을 굴착하여 원위치에서 처리하는 방법
> - Off Site : 오염된 토양을 굴착하여 현장 외의 장소에서 처리하는 방법

[3] 식물정화법

① 식물정화법(phytoremediation)이란 식물을 이용하여 오염된 토양이나 지하수를 정화하는 기술이라고 정의할 수 있다.
② 적합한 식물은 대상오염에 대한 내성이 높고 뿌리를 통해 흡수, 침전, 고정화할 수 있는 높은 생체량(biomass)이 있어야 한다.
③ 식물정화법(phytoremediation)의 기본원리는 식물에 의한 추출(phytoextraction), 식물에 의한 분해(phytodegradation), 식물에 의한 안정화(phytostabilization)과정을 통해 이루어진다.

[4] 자연정화법

① 인위적인 노력 없이 토양과 지하수 내 오염물질의 농도와 독성이 감소되는 과정으로서, 그 감소 메커니즘에는 확산, 희석, 생분해, 화학적 안정화가 포함된다고 정의한다.
② 자연정화법의 장점은 상온 상압상태의 자연조건을 이용함으로 별도의 토지소요면적, 설계시공비용, 유지관리비용이 저렴하다. 별도의 약품을 사용하지 않으므로 2차 오염이 없으며, 원위치 정화가 가능하고 오염이 광범위하게 분포되어 있어도 가능하다.
③ 단점으로는 정화 기간이 길고, 다양한 오염물질에 취약하며 고농도의 오염물질이나 생분해가 불가능한 물질에는 적용이 곤란하다.

[5] Landfarming

① 토지경작(landfarming)을 biopile이라고도 하며 퇴비화기술과 거의 유사하다.
② 오염토양을 굴착하여 지표면에 깔아 놓고 정기적으로 뒤집어줌으로써 공기를 공급해 주는 호기성 생분해공정을 말한다.
③ 오염물질의 분해율을 최적화하기 위해 수분, 산소, 양분, pH 등의 토양특성을 조절하여야 한다.

[6] PRBs

① 투수성 반응벽(PRB, permeable reactive barriers)은 오염된 지하수를 복원하기 위하여 반응기질로 채워진 투수성 반응벽체이다.
② 투수성 반응벽체는 여러 가지 용어로 사용되는데, 그 예로 반응성 투수벽체, 생물반응벽(permeable biological reactive wall), 침투성 반응트렌치, 부분반응벽 시스템, 원위치 반응벽체, 차집 유도시스템 등 다양하게 사용되고 있다.
③ 중요한 것은 투수성 반응벽체의 재질이다. 재질에 따라 오염물질의 산화, 환원, 침전, 흡착, 불용성 등으로 오염물질을 저감시킨다.
④ 투수성 반응벽체는 지하수의 흐름방향에 직각으로 설치하여 지하수 중의 오염물질만 차단하고 처리된 지하수는 통과시키게 된다.

[7] 동전기 정화기술

① 토양에 직류전기가 공급되면 토양내의 이온물질은 전기이동현상에 의하여 음이온은 양극으로 양이온은 음극으로 이동한다.
② 토양내의 간극수(물)는 전기삼투현상에 의하여 양극에서 음극으로 이류하게 된다.
③ 토양내의 오염물질은 전기삼투에 의한 이류, 전기경사에 의한 이온이동, 농도경사에 의한 확산에 의하여 토체를 통하여 이동하게 된다.
④ 토양내의 콜로이드 물질은 전기영동에 의하여 음전하를 띤 입자는 양극으로 양전하를 띤 입자는 음극으로 이동한다.
⑤ 결과적으로 전기동력학적 현상(Eiectrokinetic remediation)을 발생시켜 음극 또는 양극에 농축된 오염물질을 지상으로 추출하여 처리한다.

> **참고**
> - 전기이동 : 전기장을 인가하면 이온물질인 음이온은 양극으로 양이온은 음극으로 이동한다.
> - 전기삼투 : 전기장을 인가하면 간극수(물)는 양극에서 음극으로 이류하게 된다.
> - 전기경사 : 전기장을 인가하면 전압이 높은 극에서 낮은 극으로 이온이 이동한다.
> - 농도경사 : 농도가 높은 물질에서 낮은 물질로 이동한다.
> - 전기영동 : 콜로이드 물질은 음전하를 띤 입자는 양극으로 양전하를 띤 입자는 음극으로 이동한다.

문제 1 토양오염처리공법 중 토양증기추출법(Soil Vapor extraction)의 장점 3가지를 기술하시오.

> **해설** 토양증기추출법의 장점
> ① 비교적 기계 및 장치가 간단하다.
> ② 지하수의 깊이에 제한을 받지 않는다.
> ③ 별도의 영양물질을 공급하지 않는다.
> ④ 유지, 관리비가 싸며 굴착이 필요 없다.
> ⑤ 부지소요면적이 작다.

문제 2 토양 복원기술 중 압력 및 농도구배를 형성하기 위하여 추출정을 굴착하여 진공상태로 만들어 줌으로써 토양내의 휘발성 오염물질을 휘발, 추출하는 기술은?

> **해설** 토양증기추출법(Soil Vapor extraction)

문제 3 토양증기추출법(SVE) 시스템의 단점 3가지를 쓰시오.

> **해설** SVE 시스템의 단점
> ① 증기압이 낮은 오염물질에는 제거효율이 낮다.
> ② 오염물질의 독성 변화가 없다.
> ③ 지반구조의 복잡성으로 총 처리시간을 예측하기가 어렵다.

문제 4 다음의 내용은 토양오염복원에 관한 설명이다. 어떤 기법에 해당하는가?

> SVE와 생분해(biodegradation)기술을 결합시킨 형태로서, 불포화 토양층 내 공기와 영양분을 주입하여 호기성 상태에서 오염물질의 생분해능을 극대화 시키는 기술이다.

> **해설** Bioventing

문제 5 토양세척법(Soil Washing)이 다른 토양복원기술에 비하여 갖는 장점 3가지를 기술하시오.

> **해설** 토양복원기술의 장점
> ① 외부환경의 조건변화에 대한 영향이 적다.
> ② 부지내에서 유해오염물의 이송 없이 바로 처리할 수 있다.
> ③ 오염토양 부피가 단시간 내에 효율적인 급감으로 2차 처리비용을 절감할 수 있다.

문제 6 다음은 동전기 정화기술에 관한 용어이다. 용어의 정의를 설명하시오?

전기이동, 전기삼투, 전기경사, 농도경사, 전기영동

해설 **용어정의**
① 전기이동 : 전기장을 인가하면 이온물질인 음이온은 양극으로 양이온은 음극으로 이동한다.
② 전기삼투 : 전기장을 인가하면 간극수(물)는 양극에서 음극으로 이류하게 된다.
③ 전기경사 : 전기장을 인가하면 전압이 높은 극에서 낮은 극으로 이온이 이동한다.
④ 농도경사 : 농도가 높은 물질에서 낮은 물질로 이동한다.
⑤ 전기영동 : 콜로이드 물질은 음전하를 띤 입자는 양극으로 양전하를 띤 입자는 음극으로 이동한다.

제 **10** 장

연소 및 소각

1. 연소
2. 산소량 및 공기량
3. 연소가스량
4. 연소온도 및 소각재
5. 소각

Section 01 연소

1.1 연소이론

[1] 연소조건
① 연소란 연료의 가연분과 공기 중의 산소, 점화원이 접촉하여 열과 빛이 발생하는 산화반응으로 발열반응이다.
② **완전연소를 위한 3가지 조건(3T)**
   시간(Time), 온도(Temperature), 혼합(Turbulence)
③ **연소의 3대 조건** : 연료, 산소, 불꽃

[2] 연소의 종류
① **증발연소** : 연료 자체가 증발하여 연소한다(휘발유, 등유, 알코올 등).
② **분해연소** : 물질의 열분해로 발생하는 가연성 가스가 연소한다(목재, 석탄 등).
③ **표면연소** : 고체표면이 공기 중 산소와 반응하여 빨간 빛을 내며 연소한다.
   (목탄, 석탄, 코크스 등).
④ **확산연소** : 공기의 확산에 의한 불꽃이동 연소이다.
⑤ **자기연소(내부연소)** : 물질자체의 결합산소와 반응하여 연소한다.
   (니트로글리세린 등).

[3] 인화점
가연성 물질에 불꽃을 접근시키면 인화하게 되는 데, 이 때 필요한 최저온도이다.

[4] 착화점
① 가연성 물질에 열을 가할 때, 일정온도에 도달하면 점화되지 않아도 수시로 연소가 개시되는 최저온도를 착화점, 발화점이라 한다.
② 분자구조가 복잡할수록 착화온도는 낮아진다.
③ 화학결합의 활성도가 클수록 착화온도는 낮아진다.
④ 화학반응성이 클수록 착화온도는 낮아진다.
⑤ 화학적 발열량이 클수록 착화온도는 낮아진다.

⑥ 산소농도와 압력이 높을수록 착화온도는 낮아진다.
⑦ 비표면적이 클수록 착화온도는 낮아진다.
⑧ 습도, 증기압, 활성화 에너지, 열전도율이 낮을수록 착화온도는 낮아진다.
⑨ 착화온도의 일례는 다음과 같다.
   장작 250~300℃, 목탄 320~400℃, 갈탄 250~450℃, 역청탄 320~400℃,
   무연탄 400~500℃, 코크스 500~600℃, 황 630℃, 중유 530~580℃

문제 1 쓰레기의 소각에는 3T라는 3가지 조건이 필요하다. 3T란?

해설 시간(Time), 온도(Temperature), 혼합(Turbulence)

문제 2 다음 조건이 설명하고 있는 연소의 종류는?

> 목재, 석탄, 타르 등은 연소초기에 열분해에 의하여 가연성가스가 생성되고 이것이 긴 화염을 발생시키면서 연소한다.

해설 분해연소는 물질의 열분해로 발생하는 가연성 가스가 연소 한다.

문제 3 코크스 또는 분해연소가 끝난 석탄은 열분해가 일어나기 어려운 탄소가 주성분으로, 그것 자체가 연소하는 과정으로 적열(赤熱)할 따름이지 화염은 없는 연소형태는?

해설 표면연소는 고체표면이 공기 중 산소와 반응하여 빨간 빛을 내며 연소한다.

문제 4 가연성 물질이 열의 축적으로 점화되지 않아도 수시로 연소가 개시되는 온도를 착화온도라 한다. 착화온도의 특성 5가지 설명하시오.

해설 **착화온도의 특성**
① 분자구조가 복잡할수록 착화온도는 낮아진다.
② 화학결합의 활성도가 클수록 착화온도는 낮아진다.
③ 화학반응성이 클수록 착화온도는 낮아진다.
④ 화학적 발열량이 클수록 착화온도는 낮아진다.
⑤ 산소농도와 압력이 높을수록 착화온도는 낮아진다.
⑥ 비표면적이 클수록 착화온도는 낮아진다.

1.2 연료

[1] 탄화수소의 비(C/H)
① 연료란 공기 중의 산소와 반응하여 열을 발생하는 물질이다.
② C/H비가 낮을수록 연소효율은 높다.
③ C/H비가 높을수록 매연발생이 높다.
④ 탄화수소의 비와 황 성분이 높은 순서
　　중유 > 경유 > 등유 > 가솔린
　　고체 > 액체 > 기체연료

[2] 탄화도
① 석탄의 탄화도를 나타내는 지수로서 석탄연료비를 사용한다.
$$석탄연료비 = \frac{고정탄소(C)}{휘발분}$$
② 고체연료의 탄화도가 커질수록 높아지는 것
　　고정탄소(C), 착화온도, 발열량
③ 고체연료의 탄화도가 커질수록 낮아지는 것
　　휘발분, 비열, 연소속도
④ 액체연료는 탄소수가 많을수록 발열량이 낮아진다.

[3] 등가비
① 연소과정에서 열평형을 이해하기 위하여 등가비로 나타낸다.
② 등가비란 이론적인 연료와 공기의 비에 대한 실제 연료와 공기의 비로써 당량비라 한다.
$$등가비\ \Phi = \frac{실제\ 연료량/공기(산화제)량}{이론적\ 완전연소를\ 위한\ 연료량/공기량}$$
$$공기비\ m = \frac{1}{\Phi}$$
　　$\Phi = 1$: 완전연소, 연료와 산화제의 혼합이 이상적
　　$\Phi > 1$: 연료과잉, 공기부족, 불완전연소, CO 증가, NOx 감소
　　$\Phi < 1$: 연료부족, 공기과잉, 불완전연소, CO 감소, NOx 증가
③ AFR(공기연료비, Air Fuel Ratio)이 크면 과잉의 공기로 CO의 발생과 연소온도는 저하한다.

④ AFR이 작아지면 공기의 저하로 CO의 발생은 증가한다.

$$AFR = \frac{공기몰수}{연료몰수}$$

[4] 연료의 장단점

[표] 고체연료의 장단점

장점	단점
• 저장과 취급이 용이하다. • 노천 야적이 가능하다. • 구입 및 가격이 저렴하다. • 연소장치가 간단하다.	• 완전연소 어렵다. • 점화, 소화, 연소조절이 어렵다. • 연소효율이 낮고 고온을 얻기가 어렵다. • 회분, 매연발생이 많다.

[표] 액체연료의 장단점

장점	단점
• 발열량이 높고 품질이 균일하다. • 완전연소가 가능하다. • 연소효율과 열효율이 좋다. • 점화, 소화, 연소조절이 쉽다. • 저장, 취급이 용이하다.	• 화재, 역화의 위험이 크다. • 황 성분이 많아 대기오염을 유발한다. • 연소온도가 높아 국부 가열의 우려가 있다. • 대부분 수입에 의존한다. • 버너에 따라 소음이 발생한다.

* 액화천연가스(LNG)의 주성분은 메탄(CH_4)이다.
* 액화석유가스(LPG)의 주성분은 프로판(C_3H_8)과 부탄(C_4H_{10})이다.

[표] 기체연료의 장단점

장점	단점
• 적은 공연비로 완전연소가 가능하다. • 연소효율이 높고 연소제어가 용이하다. • 회분, 황분이 없어 환경문제가 없다.	• 누설 시 화재, 폭발의 위험이 크다. • 저장, 수송, 취급이 위험하다. • 시설비가 많이 든다.

문제 1 연료란 공기 중의 산소와 반응하여 열을 발생하는 물질이다. 액체연료의 탄화수소 비(황이 많은 순서)가 높은 순서는?

해설 중유 〉 경유 〉 등유 〉 가솔린

문제 2 석탄의 탄화도를 나타내는 지수로서 연료비를 사용한다. 석탄의 연료비란?

해설 석탄연료비 = $\dfrac{고정탄소(C)}{휘발분}$

문제 3 연소과정에서 열평형을 이해하기 위하여 등가비로 나타낸다. 등가비의 정의, 등가비와 연소의 관계를 설명하시오.

해설 등가비란 이론적인 연료와 공기의 비에 대한 실제 연료와 공기의 비로써 당량비라 한다.

$$\text{등가비 } \Phi = \frac{\text{실제 연료량/공기(산화제)량}}{\text{이론적 완전연소를 위한 연료량/공기량}}$$

$$\text{공기비 } m = \frac{1}{\Phi}$$

등가비와 연소의 관계
  $\Phi = 1$: 완전연소, 연료와 산화제의 혼합이 이상적
  $\Phi > 1$: 연료과잉, 공기부족, 불완전연소, CO 증가, NOx 감소
  $\Phi < 1$: 연료부족, 공기과잉, 불완전연소, CO 감소, NOx 증가

문제 4 기체연료의 장점 3가지를 쓰시오.

해설 기체연료의 장점
  ① 적은 공연비로 완전연소가 가능하다.
  ② 연소효율이 높고 연소제어가 용이하다.
  ③ 회분, 황분이 없어 환경문제가 없다.

문제 5 연료에는 고체, 액체, 기체연료가 있다. 액체연료의 장점 3가지를 쓰시오.

해설 액체연료의 장점
  ① 발열량이 높고 품질이 균일하다.
  ② 완전연소가 가능하다.
  ③ 연소효율과 열효율이 좋다.
  ④ 점화, 소화, 연소조절이 쉽다.
  ⑤ 저장, 취급이 용이하다.

Section 02 산소량 및 공기량

2.1 고체 액체연료

① 연소는 가연물과 공기 중 산소가 반응하여 gas, CO_2, H_2O, 발열량 등의 생성물이 발생한다.

② 연료는 C, H, O, N, S 구성성분 외에 물, 공기(질소, 산소)도 포함되어 있다.

③ 연료 중 탄소와 수소의 연소반응 예를 들면 다음과 같다.

$$C + O_2 \rightarrow CO_2 \quad \therefore O_o = \frac{22.4Sm^3}{12kg}C \quad \therefore O_o = \frac{32kg}{12kg}C$$

$$12kg : 32kg \quad 22.4Sm^3 \rightarrow 44kg \quad 22.4Sm^3$$

$$H_2 + 1/2O_2 \rightarrow H_2O$$

④ 연료 중 수소와 연료 중 산소가 결합하여 물이 되고, 산소는 공기 중 질소를 수반하여 수증기가 된다.

$$H_2 + 1/2O_2 \rightarrow H_2O$$
$$2kg : 16kg$$
$$x : O \quad \therefore x = \frac{2}{16}O = \frac{1}{8}O \quad \text{무효수소} \quad \therefore \text{유효수소} = H - \frac{O}{8}$$

여기서, 무효수소는 연소 시 산소공급이 필요 없는 결합수소, 유효수소는 연소 시 산소공급이 필요한 수소이다.

⑤ 무게(kg/kg)단위 이론산소량(O_o)/이론공기량(A_o)/실제공기량(A)

$$\cdot O_o(kg/kg) = \frac{32kg}{12kg}C + \frac{16kg}{2kg}H + \frac{32kg}{32kg}S - \frac{32kg}{32kg}O$$

$$\therefore O_o = 2.667C + 8H + S - O$$

*여기서, 원소는 %/100 이다.

또는 $O_o(kg/kg) = \frac{32}{12}C + \frac{16}{2}(H - \frac{O}{8}) + \frac{32}{32}S = 2.667C + 8(H - \frac{O}{8}) + S$

· 중량(kg)단위 이론공기량 $A_o = \frac{1}{0.23}O_o$

· 실제공기량 $(A) = m A_o$

· 공기비(m) $= \frac{A(\text{실제공기량})}{A_o(\text{이론공기량})} = \frac{21}{21 - O_2}$

⑥ 부피(Sm^3/kg)단위 이론산소량(O_o)/이론공기량(A_o)/실제공기량(A)

$$\cdot O_o(Sm^3/kg) = \frac{22.4Sm^3}{12kg}C + \frac{11.2Sm^3}{2kg}H + \frac{22.4Sm^3}{32kg}S - \frac{22.4Sm^3}{32kg}O$$

$$\therefore O_o = 1.867C + 5.6H + 0.7S - 0.7O$$

*여기서, 원소는 %/100 이다.

또는 $O_o(kg/kg) = \frac{22.4}{12}C + \frac{11.2}{2}(H - \frac{O}{8}) + \frac{22.4}{32}S = 1.867C + 5.6(H - \frac{O}{8}) + 0.7S$

· 부피(Sm^3)단위 이론공기량 $A_o = \frac{1}{0.21}O_o$

· 실제공기량(A) = $m A_o$

· 공기비(m) = $\frac{A(실제공기량)}{A_o(이론공기량)} = \frac{21}{21 - O_2}$

2.2 기체연료

① 기체연료의 완전연소 기본식은 다음과 같다.

$$C_m H_n + (m + \frac{n}{4})O_2 \to mCO_2 + \frac{n}{2}H_2O$$

② 메탄의 완전연소 반응식을 예로 들면,

$$CH_4 + (1 + \frac{4}{4})O_2 \to 1CO_2 + \frac{4}{2}H_2O$$

$$\therefore CH_4 + 2O_2 \to CO_2 + 2H_2O$$

$$\begin{array}{ccc} 1 & : & 2 \times 22.4 Sm^3 \\ 1 & : & O_o \end{array}$$

$$\therefore 이론산소량\ O_o = \frac{2 \times 22.4 Sm^3}{1}$$

· 중량(kg)단위 이론공기량 $A_o = \frac{1}{0.23}O_o$

· 부피(Sm^3)단위 이론공기량 $A_o = \frac{1}{0.21}O_o$

· 실제공기량(A) = $m A_o$

· 공기비(m) = $\frac{A(실제공기량)}{A_o(이론공기량)} = \frac{21}{21 - O_2}$

③ 기체연료의 완전연소 반응식

메탄 $CH_4 + 2O_2 \rightarrow CO_2 + 2H_2O$

에탄 $C_2H_6 + 3.5O_2 \rightarrow 2CO_2 + 3H_2O$

에틸렌 $C_2H_4 + 3O_2 \rightarrow 2CO_2 + 2H_2O$

프로판 $C_3H_8 + 5O_2 \rightarrow 3CO_2 + 4H_2O$

부탄 $C_4H_{10} + 6.5O_2 \rightarrow 4CO_2 + 5H_2O$

벤젠 $C_6H_6 + 7.5O_2 \rightarrow 6CO_2 + 3H_2O$

메탄올 $CH_3OH + 1.5O_2 \rightarrow CO_2 + 2H_2O$

페놀 $C_6H_5OH + 7O_2 \rightarrow 6CO_2 + 3H_2O$

이소프로필알콜 $C_3H_7OH + 4.5O_2 \rightarrow 3CO_2 + 4H_2O$

황화수소 $H_2S + 1.5O_2 \rightarrow SO_2 + H_2O$

활성슬러지 $C_{10}H_{17}O_6N + 11.25O_2 \rightarrow 10CO_2 + 8.5H_2O + 0.5 + N_2$

2.3 실제공기량(A)과 공기비(m)

① 이론공기량으로 완전연소를 할 수 없기 때문에, 실제 주입된 공기량은 이론공기량보다 더 많은 공기를 요구한다.

② 완전 연소 시 공기비

$$공기비(m) = \frac{A(실제공기량)}{A_o(이론공기량)} = \frac{21}{21 - O_2}$$

실제공기량$(A) = m A_o$

③ 불완전 연소 시 공기비

$$공기비(m) = \frac{N_2(\%)}{N_2(\%) - 3.76(O_2 - 0.5CO\%)}$$

④ 질소 발생량

$$N_2 = 100 - (CO_2\% + O_2\% + CO\%)$$

2.4 과잉공기량(A′)

[1] 과잉공기량 식
① 실제 연소에서 이론공기량(A_o) 이상의 과잉공기량($A′$)이 요구된다.
② 과잉공기량($A′$)은 실제공기량(A)과 이론공기량(A_o)의 차를 말한다.
$$A′ = A - A_o = m\,A_o - A_o = (m-1)A_o$$

[2] 과잉공기비가 너무 클 경우
① 연소실에서 연소온도가 낮아진다.(연소실의 냉각효과를 가져온다)
② 통풍력이 강하여 배기가스에 의한 열손실이 증대된다.
③ 황산화물과 질소산화물의 함량이 증가하여 부식이 촉진된다.
④ CH_4, CO 및 C 등 물질의 농도가 감소한다.
⑤ 방지시설의 용량이 커지고 에너지 손실이 증가한다.
⑥ 희석효과가 높아져 연소 생성물의 농도가 감소한다.

[3] 과잉공기비가 너무 작을 경우
① 불완전연소 한다.
② 불완전연소로 인한 열손실이 커진다.
③ CO, HC의 농도가 증가한다.

2.5 공기연료비(AFR, Air Fuel Ratio)

[1] 공기연료비 이론
① 공기연료비(AFR)는 연료를 완전연소 시 그때 넣은 공기와 연료의 부피(mole)비 또는 무게(kg)비를 나타낸다.
② AFR이 크면 과잉의 공기로 CO의 발생과 연소온도는 저하한다.
③ AFR이 작아지면 공기의 저하로 CO의 발생은 증가한다.

[2] 공기연료비
① 부피(mole)기준 $\quad AFR = \dfrac{공기\,(mole)}{연료\,(mole)} = \dfrac{\frac{산소\,(mole)}{0.21}}{연료\,(mole)}$

② 무게(kg)기준 $\quad AFR = \dfrac{공기\,(kg)}{연료\,(kg)} = \dfrac{\frac{산소\,(kg)}{0.23}}{연료\,(kg)}$

문제 1 탄소 5kg을 이론적으로 완전연소 시키는데 필요한 산소의 양(kg)은?

해설 $C + O_2 \to CO_2$
$12kg : 32kg$
$5kg : x\ kg$

$\dfrac{5kg}{}\Big|\dfrac{32kg}{12kg} = 13.3kg$

문제 2 탄소(C) 10kg을 완전연소 시키는데 필요한 이론적 산소량(Sm^3)은 얼마인가?

해설 $C + O_2 \to CO_2$
$12kg : 1 \times 22.4 Sm^3$
$10kg : x\ Sm^3$

$\dfrac{10kg}{}\Big|\dfrac{1 \times 22.4 Sm^3}{12kg} = 18.67\ Sm^3$

문제 3 황화수소(H_2S) $2Sm^3$을 연소 시 필요한 이론산소량(kg)은?

해설 $H_2S + \dfrac{3}{2} O_2 \to SO_2 + H_2O$
$1 \times 22.4 Sm^3 : 1.5 \times 32kg$
$2 Sm^3 : x\ kg$

$\dfrac{2 Sm^3}{}\Big|\dfrac{1.5 \times 32kg}{1 \times 22.4 Sm^3} = 4.3kg$

문제 4 황화수소(H_2S) $2Sm^3$을 연소 시 필요한 이론산소량(Sm^3)은?

해설 $H_2S + \dfrac{3}{2} O_2 \to SO_2 + H_2O$
$1 \times 22.4 Sm^3 : 1.5 \times 22.4 Sm^3$
$2 Sm^3 : x\ Sm^3$

$\dfrac{2 Sm^3}{}\Big|\dfrac{1.5 \times 22.4 Sm^3}{1 \times 22.4 Sm^3} = 3 Sm^3$

문제 5 CO 100kg을 완전연소 시킬 때 필요한 이론적 산소량(Sm^3)은?

해설 $CO + 1/2 O_2 \to CO_2$
$28kg : 1/2 \times 22.4 Sm^3$
$100kg : x\ Sm^3$

$\dfrac{100kg}{}\Big|\dfrac{1/2 \times 22.4 Sm^3}{28kg} = 40 Sm^3$

문제 6 비중이 0.9 이고 황 함유량이 3%(무게기준)인 폐유를 4kL/h의 속도로 연소할 때 생성되는 SO_2의 부피(Sm^3)와 무게(kg)는 각각 얼마인가? (단, 황성분은 전량 SO_2로 전환됨)

해설 $S + O_2 \rightarrow SO_2$
$32kg \quad : \quad 1 \times 22.4 Sm^3$
$4000 L/hr \times 0.9 kg/L \times 0.03 : x \quad \therefore x = 75.6 Sm^3/hr$
$S + O_2 \rightarrow SO_2$
$32kg \quad : \quad 64kg$
$4000 L/hr \times 0.9 kg/L \times 0.03 : x \quad \therefore x = 216 kg/hr$

문제 7 미생물에 의해 C_7H_{12}가 호기적으로 완전 산화 분해되는 경우에 요구되는 이론산소량은 C_7H_{12} 5mg당 몇 mg인가?

해설 $C_7H_{12} + 10 O_2 \rightarrow 7 CO_2 + 6 H_2O$
$96mg \quad : \quad 320mg$
$5mg \quad : \quad x \quad \therefore x = 16.66 mg$

문제 8 고체 및 액체 연료의 연소 이론산소량을 중량으로 구하는 경우, 산출하는 식은?

해설 $O_o(kg/kg) = \dfrac{32kg}{12kg}C + \dfrac{16kg}{2kg}H + \dfrac{32kg}{32kg}S - \dfrac{32kg}{32kg}O$

$\therefore O_o = 2.667C + 8H + S - O$ 또는 $O_o = 2.667C + 8(H - \dfrac{O}{8}) + S$

*여기서, 원소는 %/100 이다.

문제 9 목재류 쓰레기 조성을 원소분석한 결과 중량비가 C: 69%, H: 6%, O: 18%, N: 5%, S: 2%였다. 목재류 쓰레기 300kg 연소할 때 필요한 이론 산소량(Sm^3)은?

해설 $O_o = 1.867C + 5.6H + 0.7S - 0.7O$
*여기서, 원소는 %/100 이다.
$O_o = 1.867 \times 0.69 + 5.6 \times 0.06 + 0.7 \times 0.02 - 0.7 \times 0.18 = 1.512 Sm^3/kg$
$\therefore 1.512 Sm^3/kg \times 300 kg = 453.66 Sm^3$

문제 10 황의 함량이 3% 인 폐기물 20000kg을 연소할 때 생성되는 SO_2가스의 총 부피는 몇 Sm^3인가? (단, 표준상태를 기준으로 하며, 황성분은 전량 SO_2로 가스화 되며, 완전 연소이다.)

해설 $S + O_2 \rightarrow SO_2$
$32kg \quad : \quad 22.4 Sm^3$
$0.03 \times 20000 kg : x Sm^3 \quad \therefore x = 420 Sm^3$

문제 11 메탄올 4kg이 완전연소하는데 필요한 이론공기량 Sm^3은?(단, 표준상태 기준)

[해설] $CH_3OH + \dfrac{3}{2}O_2 \rightarrow CO_2 + 2H_2O$

$32kg \;\; : \;\; \dfrac{3}{2} \times 22.4 Sm^3$

$4\,kg \;\; : \;\; x\; Sm^3$

$\therefore A_o = \dfrac{\dfrac{3}{2} \times 22.4 \times 4}{32 \times 0.21} = 20\, Sm^3$

문제 12 탄소 12kg이 완전연소 하는데 필요한 이론공기량(Sm^3)은?

[해설] $C + O_2 \rightarrow CO_2$

$12kg \;\; : \;\; 1 \times 22.4\, Sm^3$

$12\,kg \;\; : \;\; x\, Sm^3 \quad \therefore x = 22.4 Sm^3$

$\therefore A_o = \dfrac{O_o}{0.21} = \dfrac{22.4}{0.21} = 106.7 \mathrm{Sm}^3$

문제 13 프로판(C_3H_8) 44kg을 완전연소 시키기 위해 부피비로 10%의 과잉공기를 사용하였다. 이때 공급한 공기의 양 Sm^3은?

[해설] $C_3H_8 + 5O_2 \rightarrow 3CO_2 + 4H_2O$

$44kg \;\; : \;\; 5 \times 22.4 Sm^3$

$44kg \;\; : \;\; x\, Sm^3 \qquad x = 112 Sm^3$

$A_o = \dfrac{\text{이론 산소량}}{0.21} = \dfrac{112 \mathrm{Sm}^3}{0.21} = 533.33 \mathrm{Sm}^3$

$\therefore A = 1.1(10\%\; \text{과잉공기비}) \times 533.33 \mathrm{Sm}^3 = 586.7 \mathrm{Sm}^3$

문제 14 프로판 $1\mathrm{Sm}^3$을 이론적으로 완전연소하는 데 필요한 이론공기량(Sm^3)은?

[해설] $C_3H_8 + 5O_2 \rightarrow 3CO_2 + 4H_2O$

$1 \times 22.4 Sm^3 \;:\; 5 \times 22.4 Sm^3$

$1\, Sm^3 \;\;\; : \;\;\; x\; Sm^3 \qquad \therefore x = 5 Sm^3$

$\therefore A_o = \dfrac{O_o}{0.21} = \dfrac{5 \mathrm{Sm}^3}{0.21} = 23.8 \mathrm{Sm}^3$

문제 15 다음 조성의 기체연료 $1Sm^3$을 완전연소 시키기 위해 필요한 이론공기량(Sm^3/Sm^3)은?

H_2 30%, CO 9%, CH_4 20%, C_3H_8 5%, CO_2 5%, O_2 6%, N_2 25%

해설
30% $H_2 + 1/2O_2 \rightarrow H_2O$
9% $CO + 1/2O_2 \rightarrow CO_2$
20% $CH_4 + 2O_2 \rightarrow CO_2 + 2H_2O$
5% $C_3H_8 + 5O_2 \rightarrow 3CO_2 + 4H_2O$
5% $CO_2 \rightarrow CO_2$
6% $O_2 \rightarrow \nearrow$
25% $N_2 \rightarrow N_2$

$A_o = \dfrac{O_o}{0.21} = \dfrac{0.3 \times 0.5 + 0.09 \times 0.5 + 0.2 \times 2 + 0.05 \times 5 - 0.06}{0.21}$
$= 0.74 Sm^3/Sm^3$

문제 16 CH_4 80%, CO_2 5%, N_2 3%, O_2 12%로 조성된 기체연료 $1Sm^3$을 $10Sm^3$의 공기로 연소한다면 이 때 공기비는?

해설
80% $CH_4 + 2O_2 \rightarrow CO_2 + 2H_2O$
5% $CO_2 \rightarrow CO_2$
12% $O_2 \rightarrow \nearrow$
3% $N_2 \rightarrow N_2$

$A_o = \dfrac{O_o}{0.21} = \dfrac{0.8 \times 2 - 0.12}{0.21} = 7.05 Sm^3/Sm^3$

$\therefore m = \dfrac{A(\text{실제공기량})}{A_o(\text{이론공기량})} = \dfrac{10Sm^3}{7.05Sm^3} = 1.42$

문제 17 주성분이 $C_{10}H_{17}O_6N$인 활성슬러지 폐기물을 소각처리하려고 한다. 폐기물 5kg당 필요한 이론적 공기의 무게(kg)는 얼마인가? (단, 공기 중 산소량은 중량비로 23%이다.)

해설
$C_{10}H_{17}O_6N + 11.25O_2 \rightarrow 10CO_2 + 8.5H_2O + 0.5N_2$
247kg : $11.25 \times 32 kg$
5kg : x

$\therefore x = 7.28 kg$

$\therefore A_o = \dfrac{O_o(\text{kg})}{0.23} = \dfrac{7.28 \text{kg}}{0.23} = 31.68 \text{kg}$

문제 18 어떤 폐기물의 원소조성이 다음과 같을 때 연소시 필요한 이론공기량(kg/kg)은 얼마인가? (단, 중량기준이고, 표준상태기준으로 계산 하시오.)

- 가연성분 70% (C 60%, H 10%, O 25%, S 5%)
- 회분 30%

해설 $O_o = 2.667C + 8H + S - O$
　　　*여기서, 원소는 %/100 이다.

$O_o = (2.667 \times 0.7 \times 0.6) + (8 \times 0.7 \times 0.1) + (0.7 \times 0.05) - (0.7 \times 0.25) = 1.54 kg/kg$

$\therefore A_o = 1.54 kg/kg \times \dfrac{1}{0.23} = 6.69 kg/kg$

문제 19 어떤 폐기물의 원소조성이 다음과 같고, 실제공기량이 $6 Sm^3$일 때 공기비는?(단, 가연분 60%(C 45%, H 10%, O 40%, S 5%), 수분: 30%, 회분: 10%)

해설 $O_o = 1.867C + 5.6H + 0.7S - 0.7O$
　　　*여기서, 원소는 %/100 이다.

$O_o = (1.867 \times 0.6 \times 0.45) + (5.6 \times 0.6 \times 0.1) + (0.7 \times 0.6 \times 0.05) - (0.7 \times 0.6 \times 0.4)$
　　$= 0.693 Sm^3/kg$

$A_o = 0.693 Sm^3/kg \times \dfrac{1}{0.21} = 3.3 Sm^3$

$\therefore m = \dfrac{A(실제공기량)}{A_o(이론공기량)} = \dfrac{6Sm^3}{3.3Sm^3} = 1.81$

문제 20 일반식이 C_mH_n인 탄화수소 기체 $1Sm^3$를 연소하는데 필요한 이론공기량(Sm^3)은 얼마인가?

해설 $C_mH_n + (m + \dfrac{n}{4})O_2 \rightarrow mCO_2 + (\dfrac{n}{2})H_2O$
　　　　　　　이론산소량

$\therefore 이론공기량 = \dfrac{1}{0.21}(m + \dfrac{n}{4}) = 4.76m + 1.19n$

문제 21 프로판(C_3H_8)의 연소반응식은 아래와 같다. 다음 식에서 x, y값은?

$$C_3H_8 + xO_2 \rightarrow 3CO_2 + yH_2O$$

해설 $x = 5$, $y = 4$

완전연소 기본식 $C_mH_n + (m + \dfrac{n}{4})O_2 \rightarrow mCO_2 + \dfrac{n}{2}H_2O$

$C_3H_8 + (3 + \dfrac{8}{4})O_2 \rightarrow 3CO_2 + \dfrac{8}{2}H_2O$

문제 22 A고체연료의 탄소, 수소, 산소 및 황의 무게비가 각각 85%, 5%, 9%, 1%일 때, 완전연소에 필요한 이론공기량 Sm^3/kg은?(단, 표준상태 기준)

해설 $O_o = 1.867C + 5.6H + 0.7S - 0.7O$
*여기서, 원소는 %/100 이다.

$O_o = (1.867 \times 0.85) + (5.6 \times 0.05) + (0.7 \times 0.01) - (0.7 \times 0.09)$
$\quad = 1.81 Sm^3/kg$

$\therefore A_o = \dfrac{1.81}{0.21} = 8.62 Sm^3/kg$

문제 23 A중유 연소 가열로의 연소 배출가스를 분석하였더니, 용량비로 질소 80%, 탄산가스 12%, 산소 8%의 결과치를 얻었다. 이때 공기비는?

해설 $m = \dfrac{A}{A_o} = \dfrac{21}{21 - O_2} = \dfrac{N_2(\%)}{N_2(\%) - 3.76(O_2 - 0.5CO\%)}$

$\therefore m = \dfrac{80}{80 - 3.76(8 - 0.5 \times 0)} = 1.6$

문제 24 $2Sm^3$의 기체연료를 연소시키는 데 필요한 이론공기량은 $18Sm^3$이고 실제 사용한 공기량은 $21.6Sm^3$이다. 이때의 공기비는?

해설 공기비 $m = \dfrac{실제공기량(A)}{이론공기량(A_o)} = \dfrac{21.6}{18} = 1.2$

문제 25 실제공기량과 이론공기량의 비를 m(과잉공기비)이라 한다. 연소 후 배기가스 중 5%의 O_2가 함유되어 있다면 m은?(단, 기체연료의 연소, 완전연소로 가정함)

해설 공기비$(m) = \dfrac{A(실제공기량)}{A_o(이론공기량)} = \dfrac{21}{21 - O_2}$

$\therefore m = \dfrac{21}{21 - 5\%} = 1.31$

문제 26 C 및 H의 중량조성이 각각 86%, 14%인 액체연료를 매시간 100kg 연소시켜 배기가스의 조성을 분석한 결과 CO_2 12.5%, O_2 3.5%, N_2 84%이였다. 이 경우 시간당 필요한 실제공기량(Sm^3)은?

해설 $m = \dfrac{A}{A_o} = \dfrac{21}{21-O_2} = \dfrac{N_2(\%)}{N_2(\%)-3.76(O_2-0.5CO\%)}$

$m = \dfrac{84(\%)}{84(\%)-3.76 \times 3.5(\%)} = 1.186$

$O_o = 1.867C + 5.6H + 0.7S - 0.7O$
*여기서, 원소는 %/100 이다.

$O_o = 1.867 \times 0.86 + 5.6 \times 0.14 = 2.39 Sm^3/kg$

$A_o = 2.39 Sm^3/kg \times \dfrac{1}{0.21} = 11.37 Sm^3/kg$

$A = mA_o$

∴ Air량 $= 11.37 Sm^3/kg \times 100kg \times 1.186(m) = 1350 Sm^3$

문제 27 이론공기량 $6.5 Sm^3/kg$, 공기비 1.2일 때 실제로 공급된 공기량 Sm^3/kg은?

해설 실제공기량 $= 1.2 \times 6.5 Sm^3/kg = 7.8 Sm^3/kg$

문제 28 과잉공기비 m을 크게(m > 1) 하였을 때, 연소 특성 5가지를 쓰시오?

해설 과잉공기비가 클 경우 나타는 현상
① 연소실에서 연소온도가 낮아진다.(연소실의 냉각효과를 가져온다)
② 통풍력이 강하여 배기가스에 의한 열손실이 증대된다.
③ 황산화물과 질소산화물의 함량이 증가하여 부식이 촉진된다.
④ CH_4, CO, C 등 물질의 농도가 감소한다.
⑤ 방지시설의 용량이 커지고 에너지 손실이 증가한다.
⑥ 희석효과가 높아져 연소 생성물의 농도가 감소한다.

문제 29 연소조절에 의한 질소산화물의 발생 저감방법 3가지를 제시하시오?

해설 NO_x 저감방안
① 저 과잉공기 연소 ② 저온연소
③ 2단 연소 ④ 배기가스 재순환 연소

문제 30 연료를 연소시킬 때 실제 공급된 공기량을 A, 이론공기량을 A_o라 할 때, 과잉공기율은?

해설 공기비$(m) = \dfrac{실제공기량}{이론공기량} = \dfrac{A}{A_o}$

과잉공기율 $= \dfrac{A - A_o}{A_o}$

문제 30 어떤 폐기물 1kg의 원소조성이 다음과 같고, 실제공기량이 $10Sm^3$일 때 과잉공기량 Sm^3은?(가연분: C 30%, H 12%, O 25%, S 3%, 수분 20%, 회분 10%)

해설 $O_o = 1.867C + 5.6H + 0.7S - 0.7O$
　　　*여기서, 원소는 %/100 이다.

$O_o = 1.867 \times 0.3 + 5.6 \times 0.12 + 0.7 \times 0.03 - 0.7 \times 0.25 = 1.1 Sm^3/kg$

$A_o = 1.1 Sm^3/kg \times \dfrac{1}{0.21} = 5.13 Sm^3/kg$

$\therefore A' = A - A_o = 10 - 5.13 = 4.9 Sm^3$

문제 32 C_8H_{18}을 완전연소 시킬 때 부피 및 무게에 대한 이론 AFR은?

해설 $C_8H_{18} + 12.5O_2 + \rightarrow 8CO_2 + 9H_2O$
$1M \quad : 12.5 \Rightarrow mole\ 부피기준$
$114kg : 12.5 \times 32 \Rightarrow kg\ 무게기준$

$AFR = \dfrac{공기(mole)}{연료(mole)} = \dfrac{\frac{12.5}{0.21}}{1} = 59.5 Sm^3$

$AFR = \dfrac{공기(kg)}{연료(kg)} = \dfrac{\frac{12.5 \times 32}{0.23}}{114} = 15.2 kg$

문제 33 에탄(C_2H_6)의 이론적 연소 시 부피기준 AFR은?

해설 $C_2H_6 + 3.5O_2 \rightarrow 2CO_2 + 3H_2O$

$AFR = \dfrac{공기(mole)}{연료(mole)} = \dfrac{\frac{3.5}{0.21}}{1} = 16.7 Sm^3$

문제 34 프로판(C_3H_8)의 이론적 연소시 부피기준 AFR은?

해설 $C_3H_8 + 5O_2 \rightarrow 3CO_2 + 4H_2O$

$\dfrac{공기(mole)}{연료(mole)} = \dfrac{\frac{5}{0.21}}{1} = 23.8 Sm^3$

Section 03 연소가스량

3.1 개념

[고체·액체연료 습연소가스량 해석 예]

$$O_o(Sm^3/kg) = \frac{22.4Sm^3}{12kg}C + \frac{11.2Sm^3}{2kg}H + \frac{22.4Sm^3}{32kg}S - \frac{22.4Sm^3}{32kg}O$$

$$\therefore O_o = 1.867C + 5.6H + 0.7S - 0.7O$$
*여기서, 원소는 %/100 이다.

부피(Sm^3)단위 이론공기량 $A_o = \dfrac{1}{0.21}O_o$

$$Gow(Sm^3/kg) = A_o + \frac{22.4}{12}C + \frac{11.2}{2}H + \frac{22.4}{32}S + \frac{22.4}{28}N + \frac{22.4}{18}W - \frac{22.4}{32}O$$

$$Gow(Sm^3/kg) = A_o + 1.867C + 5.6H + 0.7S + 0.8N + 1.244W - 0.7O$$
*여기서, 원소는 %/100 이다.

C, H, S는 연소하므로 여기에 이론공기량(1/0.21=4.7619)을 대입하면 다음과 같다.

$$Gow(Sm^3/kg) = 8.89C + 32.3H + 3.3S + 0.8N + 1.244W - 0.7O$$
*여기서, 원소는 %/100 이다.

연료 중 수소는 연료 중 산소와 결합하여 물이 되고, 산소는 공기 중 질소를 수반하므로 질소의 부피(0.79/0.21=3.762)를 감안하면 산소는 2.64O(0.7×3.762)가 된다.

$$Gow(Sm^3/kg) = 8.89C + 32.3H + 3.3S + 0.8N + 1.244W - 2.64O$$
*여기서, 원소는 %/100 이다.

이론 연소가스량은 이론 공기량으로 연소시켰을 때 발생한 가스량으로 수증기를 동반한다. 가스량에 수증기를 포함한 가스량을 이론 습연소가스량, 수증기를 제외한 가스량을 이론 건연소가스량이라 한다. 수증기의 발생은 연료 중 수소와 연료 중 산소가 결합하여 물이 되고, 산소는 공기 중 질소를 수반하므로 H, O, N, H_2O에 의하여 결정된다.

$H_2 + 1/2 O_2 \rightarrow H_2O$
$2kg : 16kg$
$x : O \quad \therefore x = \dfrac{2}{16}O = \dfrac{1}{8}O$ 무효수소 $\quad \therefore$ 유효수소 $= H - \dfrac{O}{8}$

여기서, 무효수소는 연소 시 산소공급이 필요 없는 결합수소, 유효수소는 연소 시 산소공급이 필요한 수소이다.

따라서 습연소가스량은 다음과 같다.

$$Gow(\frac{Sm^3}{kg}) = A_o + 5.6H + 0.7O + 0.8N + 1.244W$$

3.2 이론 습연소가스량(Gow)

① 이론공기량으로 연소시켰을 때 발생하는 가스량에 수증기를 포함한다.
② 이론공기량(A_o) 중에서 불연성분인 질소는 이론 습연소가스량에 포함되어 배출되기 때문에 질소 배출가스를 합해야 한다.

　연소가스량=이론공기 중 질소량 + Σ연소생성물

③ **기체연료**

$$Gow(\frac{Sm^3}{Sm^3}) = (1-0.21)A_o + \sum CO_2 + H_2O$$

④ **고체연료**

$$Gow(\frac{Sm^3}{kg}) = A_o + 5.6H + 0.7O + 0.8N + 1.244W$$

3.3 이론 건연소가스량(God)

① 이론공기량으로 연소시켰을 때 발생하는 가스량에서 수증기는 제외한다.
② 이론공기량(A_o) 중에서 불연성분인 질소는 이론 건연소가스량에 포함되어 배출되기 때문에 질소 배출가스를 합해야 한다.

　연소가스량=이론공기 중 질소량+Σ연소생성물

③ **기체연료**

$$God(\frac{Sm^3}{Sm^3}) = (1-0.21)A_o + \sum CO_2$$

④ **고체연료**

$$God(\frac{Sm^3}{kg}) = A_o - 5.6H + 0.7O + 0.8N$$

3.4 실제 습연소가스량(Gw)

① 실제공기량으로 연소시켰을 때, 발생하는 연소가스에 수증기를 포함한 연소가스량을 실제 습연소가스량이라 한다.
② 실제 연소에서 이론공기량(A_o) 이상의 과잉공기량(A')이 요구되기 때문에 실제 습연소가스량은 이론공기량의 불연성분인 질소 배출가스와 과잉공기량을 합해야 한다.

    G=이론공기 중 질소량+과잉공기량+Σ연소생성물
      =실제공기 중 질소량+과잉공기 중 산소량+Σ연소생성물

③ **기체연료**

$$Gw(\frac{Sm^3}{Sm^3}) = (m - 0.21)A_o + \sum CO_2 + H_2O$$

④ **고체연료**

$$Gw(\frac{Sm^3}{kg}) = mA_o + 5.6H + 0.7O + 0.8N + 1.244W$$

3.5 실제 건연소가스량(Gd)

① 실제공기량으로 연소시켰을 때, 발생하는 연소가스에 수증기를 제외한 연소가스량을 실제 건연소가스량이라 한다.
② 실제 연소에서 이론공기량(A_o) 이상의 과잉공기량(A')이 요구되기 때문에 실제 건연소가스량은 이론공기량의 불연성분인 질소 배출가스와 과잉공기량을 합해야 한다.

    G=이론공기 중 질소량+과잉공기량+Σ연소생성물
      =실제공기 중 질소량+과잉공기 중 산소량+Σ연소생성물

③ **기체연료**

$$Gd(\frac{Sm^3}{Sm^3}) = (m - 0.21)A_o + \sum CO_2$$

④ **고체연료**

$$Gd(\frac{Sm^3}{kg}) = mA_o - 5.6H + 0.7O + 0.8N$$

3.6 최대탄산가스율

① 최대 탄산가스율이란 가연물질을 완전연소 시킬 때, 최대로 발생하는 CO_2의 비율을 말한다.
② $CO_{2\max}\%$가 최대가 되도록 공기비를 조절하면 이상적인 연소가 된다.

$$CO_{2\max}\% = \frac{CO_2 발생량}{God} \times 100$$

$$CO_{2\max} = \frac{21 \times CO_2\%}{21 - O_2\%}$$

$$CO_{2\max} = m \times CO_2\%$$

문제 1 프로판(C_3H_8) $1Sm^3$를 공기비 1.2로 완전연소 시킬 때 발생되는 실제 습연소가스량(Sm^3)은?

해설 $C_3H_8 + 5O_2 \rightarrow 3CO_2 + 4H_2O$

$A_o = \dfrac{O_o}{0.21} = \dfrac{5Sm^3}{0.21} = 23.8 Sm^3$

$Gw = (1.2 - 0.21) \times 23.8 + \sum 3 + 4 = 30.56 Sm^3$

문제 2 폐기물의 소각을 위해 원소분석을 한 결과, 가연성 폐기물 1kg당 C 50%, H 10%, O 16%, S 3%, 수분 10%, 나머지는 재로 구성된 것으로 나타났다. 이 폐기물을 공기비 1.1로 연소시킬 경우 발생하는 실제 습연소가스량(Sm^3/kg)은 얼마인가?

해설 $O_o = 1.867C + 5.6H + 0.7S - 0.7O$
  *여기서, 원소는 %/100 이다.

$O_o = 1.867 \times 0.5 + 5.6 \times 0.1 + 0.7 \times 0.03 - 0.7 \times 0.16 = 1.4 Sm^3/kg$

$A_o = \dfrac{O_o}{0.21} = \dfrac{1.4 Sm^3}{0.21} = 6.67 Sm^3$

$Gw\left(\dfrac{Sm^3}{kg}\right) = mA_o + 5.6H + 0.7O + 0.8N + 1.244W$

$Gw = 1.1 \times 6.67 + 5.6 \times 0.1 + 0.7 \times 0.16 + 1.244 \times 0.1 = 8.13 Sm^3/kg$

문제 3 프로판 $1Sm^3$를 과잉공기계수 1.1로 완전연소 시킬 경우에 발생하는 실제건연소가스량(Sm^3)은?(단, 프로판 분자량 44, 표준상태 기준)

해설 $C_3H_8 + 5O_2 \rightarrow 3CO_2 + 4H_2O$

$A_o = \dfrac{O_o}{0.21} = \dfrac{5Sm^3}{0.21} = 23.8Sm^3$

$Gd = (1.1 - 0.21)23.8 + \sum 3 = 24.1 Sm^3$

문제 4 프로판(C_3H_8) $1Sm^3$를 공기비 1.2로 완전연소시킬 때 발생되는 실제 건연소가스량(Sm^3)은?

해설 $C_3H_8 + 5O_2 \rightarrow 3CO_2 + 4H_2O$

$A_o = \dfrac{5Sm^3}{0.21} = 23.8 Sm^3/Sm^3$

$Gd\left(\dfrac{Sm^3}{Sm^3}\right) = (1.2 - 0.21)23.8 + \sum 3 = 26.5 Sm^3$

문제 5 탄소 85%, 수소 15%, 황 1%인 폐기물을 공기비 1.2로 완전 연소하였다. 건조 연소가스 중의 SO_2 함량(%)은? (단, 표준 상태 기준, 황은 모두 SO_2로 변환)

해설 $O_o = 1.867C + 5.6H + 0.7S - 0.7O$
 *여기서, 원소는 %/100 이다.

$O_o = 1.867 \times 0.85 + 5.6 \times 0.15 + 0.7 \times 0.01 = 2.43 Sm^3/kg$

$A_o = \dfrac{O_o}{0.21} = \dfrac{2.43 Sm^3}{0.21} = 11.59 Sm^3$

$Gd\left(\dfrac{Sm^3}{kg}\right) = mA_o - 5.6H + 0.7O + 0.8N$

$Gd = 1.2 \times 11.59 - 5.6 \times 0.15 = 13 Sm^3$

$S + O_2 \rightarrow SO_2$
32 : 22.4
0.01 : x ∴ $x = 0.007 Sm^3$

∴ $SO_2 = \dfrac{0.007 Sm^3}{13 Sm^3} \times 100 = 0.054\%$

문제 6 공기비를 1.3으로 하는 어떤 연료를 연소시킬 때 배출가스 조성을 분석한 결과 CO_2가 11%이었다면 $(CO_2)_{max}\%$는?

해설 $CO_{2max} = m \times CO_2\% = 1.3 \times 11\% = 14.3\%$

문제 7 CO_2 50kg의 표준상태에서 부피 Sm^3는? (단, CO_2는 이상기체이고, 표준상태로 간주한다.)

해설 CO_2 : Sm^3
$44kg$: $22.4 Sm^3$
$50kg$: $x\, Sm^3$ $\therefore x = 25.45\, Sm^3$

문제 8 페놀(C_6H_5OH) 188g을 무해화하기 위하여 완전연소 시켰을 때 이론적으로 발생 되는 CO_2의 발생량(g)은?

해설 $C_6H_5OH + 7O_2 \rightarrow 6CO_2 + 3H_2O$
$94g$: $6 \times 44g$
$188g$: $x\, g$ $\therefore x = 528g$

문제 9 프로판(C_3H_8) : 부탄(C_4H_{10})이 40% : 60%의 용적비로 혼합된 기체 $1Sm^3$이 완전연소될 때의 CO_2 발생량(Sm^3)은?

해설 $C_3H_8 + 5O_2 \rightarrow 3CO_2 + 4H_2O$ $\therefore 0.4 \times 3 = 1.2 Sm^3$
$C_4H_{10} + 6.5O_2 \rightarrow 4CO_2 + 5H_2O$ $\therefore 0.6 \times 4 = 2.4 Sm^3$
$CO_2 = 1.2 + 2.4 = 3.6 Sm^3$

문제 10 CO 100kg을 연소시킬 때 필요한 산소량(Sm^3)과 이 때 생성되는 $CO_2\, Sm^3$는?

해설 $CO + 1/2 O_2 \rightarrow CO_2$
28 : $0.5 \times 22.4 : 22.4$
100 : x_1 : x_2
$\therefore x_1 = 40 Sm^3 \cdot O_2$ $x_2 = 80 Sm^3 \cdot CO_2$

문제 11 표준상태(0℃, 1기압)에서 어떤 배기가스 내에 CO_2농도가 0.05%라면 몇 mg/m^3에 해당되는가?

해설 $1\% \rightarrow 10^4 ppm$ $0.05\% \rightarrow 500 mL/m^3$
$\dfrac{500mL}{m^3} \Big| \dfrac{44mg}{22.4mL} = 982 mg/m^3$

문제 12 프로판(C_3H_8) 1kg을 완전 연소시 발생하는 CO_2량(kg)과 아세틸렌(C_2H_2) 1kg을 완전 연소시 발생한 CO_2량(kg)의 비는? (단, 아세틸렌 연소시 CO_2량/프로판 연소시 CO_2량)

해설
$C_3H_8 + 5O_2 \rightarrow 3CO_2 + 4H_2O$
$44kg \quad : \quad 3 \times 44kg$
$1kg \quad : \quad x \qquad \therefore x = 3kg$

$C_2H_2 + 5/2 O_2 \rightarrow 2CO_2 + H_2O$
$26kg \quad : \quad 2 \times 44kg$
$1kg \quad : \quad x \qquad \therefore x = 3.38kg$

$\therefore \dfrac{C_2H_2}{C_3H_8} = \dfrac{3.38}{3.0} = 1.126$

문제 13 에탄(C_2H_6) $1Sm^3$를 완전연소시킬 때, 건조배출가스 중의 $(CO_2)_{max}\%$는?

해설
$C_2H_6 + \dfrac{7}{2}O_2 \rightarrow 2CO_2 + 3H_2O$
$1Sm^3 \ : \ 3.5 \ : \ 2$
$1Sm^3 \ : \ x \ : \ x$

$A_o = \dfrac{3.5 Sm^3}{0.21} = 16.667 Sm^3/Sm^3$

$\therefore God = (1-0.21) \times 16.667 + \sum 2 = 15.1669 \ Sm^3/Sm^3$

$(CO_2)_{max}\% = \dfrac{CO_2 발생량}{God} \times 100$

$\therefore (CO_2)_{max}\% = \dfrac{2 Sm^3}{15.1669 Sm^3} \times 100 = 13.18\%$

문제 14 메탄 1mol이 완전연소 할 경우 건조연소 배기가스 중의 CO_2 농도는 몇 %인가? (단, 부피기준)

해설
$CH_4 + 2O_2 \rightarrow CO_2 + 2H_2O$
$1Sm^3 \ : \ 2 \ : \ 1$
$1Sm^3 \ : \ x \ : \ x$

$A_o = \dfrac{2Sm^3}{0.21} = 9.52 Sm^3/Sm^3$

$\therefore God = (1-0.21) \times 9.52 + \sum 1 = 8.52 \ Sm^3/Sm^3$

$(CO_2)_{max}\% = \dfrac{CO_2 발생량}{God} \times 100$

$\therefore (CO_2)_{max}\% = \dfrac{1 Sm^3}{8.52 Sm^3} \times 100 = 11.73\%$

문제 15 중량비로 탄소 75%, 수소 15%, 황 10%인 액체연료를 연소한 경우 최대탄산가스량 $(CO_2)_{max}$%은 얼마인가?

해설 $O_o = 1.867C + 5.6H + 0.7S - 0.7O$
  *여기서, 원소는 %/100 이다.

$O_o = 1.867 \times 0.75 + 5.6 \times 0.15 + 0.7 \times 0.1 = 2.31 Sm^3/kg$

$A_o = \dfrac{O_o}{0.21} = \dfrac{2.31 Sm^3}{0.21} = 11.0 Sm^3$

$God(\dfrac{Sm^3}{kg}) = A_o - 5.6H + 0.7O + 0.8N$

$God = 11 - 5.6 \times 0.15 = 10.16 Sm^3/kg$

$C + O_2 \rightarrow CO_2$
12   : 22.4
1×0.75 : x
$\therefore x = 1.4 Sm^3$

$\therefore (CO_2)_{max}\% = \dfrac{CO_2}{God} \times 100 = \dfrac{1.4 Sm^3}{10.16 Sm^3} \times 100 = 13.8\%$

Section 04 연소온도 및 소각재

4.1 연소온도

이론연소온도란 가연물질이 5초 이상 연소를 계속할 수 있는 온도로써, 연소 시 발생하는 화염온도이다.

$$H_l = G_o C_p (t_2 - t_1)$$

$$\therefore t_2 = \frac{H_l}{G_o C_p} + t_1$$

여기서, H_l : 저위 발열량($kcal/Sm^3$)
  C_p : 배기가스의 정압비열(kcal/m^3·℃)
  t_1 : 기준온도(℃)
  t_2 : 이론연소온도(℃)
  G_o : 이론 연소가스량(Sm^3/Sm^3)

4.2 소각재

$$밀도\ \rho = \frac{무게\ W}{부피\ V}$$

$$V_1(100 - P_1) = V_2(100 - P_2)$$

여기서, V_1 : 건조 전 폐기물 부피
  V_2 : 건조 후 폐기물 부피
  P_1 : 건조 전 함수율
  P_2 : 건조 후 함수율

문제 1 고위발열량이 16820 $kcal/Sm^3$인 에탄(C_2H_6)을 연소시킬 때 이론 연소온도(℃)는?(단, 이론습연소가스량 21 Sm^3/Sm^3, 연소가스 정압비열 0.63 $kcal/Sm^3·℃$, 연소용 공기와 연료온도는 15℃, 공기는 예열하지 않으며, 연소가스는 해리되지 않음)

해설 에탄의 저위발열량 $H_l(kcal/Sm^3) = H_h - 480\sum H_2O$

$C_2H_6 + 3.5O_2 \rightarrow 2CO_2 + 3H_2O$

$\therefore H_l = 16820 - 480\sum 3 = 15380 kcal/Sm^3$

$t_2 = \dfrac{H_l}{G_o C_p} + t_1$

$\therefore t_2 = \dfrac{15380 kcal}{Sm^3} | \dfrac{Sm^3}{21Sm^3} | \dfrac{Sm^3·℃}{0.63 kcal} + 15 = 1177.5℃$

문제 2 저발열량이 10000 $kcal/Sm^3$이고, 이론 습연소가스량이 15 Sm^3/Sm^3인 가스 연료의 이론연소온도(℃)는 얼마인가? (단, 연소가스의 비열은 0.5 $kcal/Sm^3·℃$이며 공급공기 및 연료온도는 25℃로 가정한다.)

해설 $t_2 = \dfrac{H_l}{G_o C_p} + t_1$

$\therefore t_2 = \dfrac{10000 kcal}{Sm^3} | \dfrac{Sm^3}{15 Sm^3} | \dfrac{Sm^3·℃}{0.5 kcal} + 25 = 1358.33℃$

문제 3 다음과 같은 특성을 갖는 액상 폐기물을 완전연소 시킬 때 이론적인 연소온도는 몇 ℃인가?

[폐기물 특성]
- 쓰레기 저위발열량 2500 $kcal/Sm^3$
- 연료의 이론연소가스량(G_0) 8 Sm^3/Sm^3
- 연소가스의 평균 정압비열(C_P) 0.25 $kcal/Sm^3·℃$

해설 $t_2 = \dfrac{H_l}{G_o C_p} + t_1$

$\therefore t_2 = \dfrac{2500 kcal}{Sm^3} | \dfrac{Sm^3}{8 Sm^3} | \dfrac{Sm^3·℃}{0.25 kcal} = 1250℃$

문제 4 저위발열량 13500 $kcal/Sm^3$인 기체연료를 연소 시, 이론습연소가스량이 25 Sm^3/Sm^3이고 이론연소온도는 2500℃ 라고 한다, 적용된 연소가스의 평균 정압비열 $kcal/Sm^3$은?(단, 연소용 공기 및 연료 온도는 15℃)

해설 $t_2 = \dfrac{H_l}{G_o C_p} + t_1$

$2500℃ = \dfrac{13500 kcal}{Sm^3} | \dfrac{Sm^3}{25 Sm^3} | \dfrac{}{x} | + 15$ ∴ $x = 0.217 kcal/Sm^3 \cdot ℃$

문제 5 가정에서 발생되는 쓰레기를 소각시킨 후 남은 재의 중량은 소각된 쓰레기의 1/5 이다. 쓰레기 100톤을 소각하여 소각재 부피가 20 m^3이 되었다면 소각재의 밀도(톤/m^3)는 얼마인가?

해설 밀도 $\rho = \dfrac{무게 \; W}{부피 \; V}$

∴ $\rho = \dfrac{100톤 \times 1/5}{20 m^3} = 1.0$톤/$m^3$

문제 6 밀도가 800 kg/m^3인 폐기물을 처리하는 소각로에서 질량 감소율은 85% 이고 부피 감소율은 90% 이었을 경우 이 소각로에서 발생하는 소각재의 밀도 kg/m^3는?

해설 $\rho = \dfrac{800 kg/m^3 (1-0.85)}{1-0.9} = 1200 kg/m^3$

문제 7 쓰레기를 소각한 후 남은 재의 중량은 소각 전 쓰레기 중량의 약 1/3이다. 재의 밀도가 2.5t/m^3이고, 재의 용적이 3.3.m^3이 될 때의 소각 전 원래 쓰레기의 중량(ton)은?

해설 밀도 $\rho = \dfrac{무게 \; W}{부피 \; V}$

밀도 $\rho \; 2.5 t/m^3 = \dfrac{x \times 1/3}{3.3 m^3}$ ∴ $x = 24.75 t$

문제 8 함수율 80%인 슬러지 케이크 20ton을 소각할 때 소각재의 발생량(kg)은? 단. 케이크 건조중량당 무기성분10%, 유기성분 중 연소율 90%, 소각에 의한 무기물 손실은 없음.

해설 소각재 = 고형물 중 무기물 + 고형물 중 연소 안 된 유기물
소각재 = $(20000 kg \times 0.2 \times 0.1) + (20000 kg \times 0.2 \times 0.9 \times 0.1) = 760 kg$

문제 9 쓰레기를 1일 30ton 소각하며 소각 후 남은 재는 전체 질량의 20%라고 한다. 남은재의 용적이 $10.3\mathrm{m}^3$일 때 재의 밀도 $\mathrm{t/m^3}$는?

해설 밀도 $\rho = \dfrac{무게\ W}{부피\ V}$

$\rho = \dfrac{30t \times 0.2}{10.3m^3} = 0.58\ t/m^3$

문제 10 용적밀도가 $1000\,\mathrm{kg/m^3}$인 폐기물을 처리하는 소각로에서 질량 감소율과 부피 감소율이 각각 85%, 90%인 경우 이 소각로에서 발생하는 소각재의 밀도 $\mathrm{kg/m^3}$는?

해설 밀도 $\rho = \dfrac{무게\ W}{부피\ V}$

$\rho = \dfrac{1000kg(1-0.85)}{1-0.9} = 1500kg/m^3$

문제 11 쓰레기를 소각 후 남은 재의 중량은 소각 전 쓰레기의 중량의 1/4이다. 쓰레기 20톤을 소각하였을 때 재의 용량이 $2\mathrm{m}^3$라 하면 재의 밀도 $\mathrm{t/m^3}$는?

해설 밀도 $\rho = \dfrac{무게\ W}{부피\ V}$

밀도 $\rho = \dfrac{20t \times 1/4}{2m^3} = 2.5t/m^3$

Section 05 소각

5.1 연소실

① 소각로 연소실 내 연소가스와 폐기물의 흐름형식에 따라 다음과 같이 분류한다.
- **교류식** : 병류식과 향류식의 중간정도로 연소가스는 수직흐름이다.
- **병류식** : 연소가스와 폐기물의 흐름방향이 같다(발열량이 높은 폐기물에 적합).
- **향류식** : 역류식으로 연소가스와 폐기물의 흐름방향이 반대이다.

② 화상부하율 $G(kg/m^2 \cdot hr) \times t(hr/day) = \dfrac{\text{소각할 쓰레기 양}\, W}{\text{화격자의 면적}\, A}$

③ 노 열부하 $VHRR(kcal/m^3 \cdot hr) = \dfrac{\text{폐기물 발생량}\, W \times \text{폐기물 저위발열량}\, kcal}{\text{소각로 부피}\, V}$

④ 후연소실의 온도는 주연소실의 온도보다 높게 유지하여 주연소실에서 생성된 휘발성 기체, 연기내의 가연성분을 완전산화 한다.

⑤ **연소효율 향상조건**
- 공기와 연료의 충분한 혼합(Turbulence)
- 충분한 온도 유지(Temperature)
- 충분한 체류시간(Time)
- 충분한 산소의 공급
- 단회로, 편류를 방지하기 위하여 Baffle을 설치한다.

⑥ **열효율**

$$\text{열효율} = \dfrac{\text{유효출열}}{\text{입열}} = \dfrac{\text{공급열} - \text{열손실}}{\text{공급열}} \times 100$$

⑦ **연소효율(η)**

$$\eta = \dfrac{\text{실제 연소된 가연분의 양}}{\text{가연분의 총 함량}} \times 100(\%)$$

$$\eta = \dfrac{H_l - (L_c + L_l)}{H_l} \times 100(\%)$$

여기서, H_l : 저위발열량(kcal/kg) L_c : 재 성분 중 미연소분의 저위발열량(kcal/kg)
L_l : 불완전연소로 인한 손실열량(kcal/kg)

⑧ 열저항 = $\dfrac{두께}{열전도율}$

5.2 연소실의 입열과 출열

소각로 설계시 연소계산에 의하여 연소실의 입열과 출열이 같도록 균형을 유지하게 하는 열정산이 기본적으로 수행되어야 한다.

[1] 입열
① 폐기물의 연소열량
② 연소용 예열공기의 유입열량

[2] 출열
① 배기가스로 유출되는 열량
② 불완전연소(미연분)에 의한 손실열
③ 회분(재)으로 유출되는 열량
④ 연소로의 방열 손실

문제 1 소각할 쓰레기의 양이 $12760 kg/day$이다. 1일 10시간 소각로를 가동시키고 화격자의 면적이 $7.25\,m^2$일 경우 이 쓰레기 소각로의 소각능력($kg/m^2 \cdot hr$)은 얼마인가?

해설 $G(kg/m^2.day) = \dfrac{소각할\ 쓰레기\ 양\ W(kg/day)}{화격자의\ 면적\ A(m^2)}$

$\therefore G = \dfrac{12760 kg}{day} \Big| \dfrac{day}{10 hr} \Big| \dfrac{1}{7.25 m^2} = 176 kg/hr \cdot m^2$

문제 2 다음의 조건에서 화격자 연소율($kg/m^2.hr$)은?

- 쓰레기 소각량 $100000\ kg/day$
- 1일 가동시간 8 시간
- 화격자 면적 50 m^2

해설 화상부하율 $G(kg/m^2.hr) \times t(hr/day) = \dfrac{소각할\ 쓰레기\ 양\ W}{화격자의\ 면적\ A}$

$\therefore G = \dfrac{100000 kg}{day} \Big| \dfrac{day}{8 hr} \Big| \dfrac{1}{50 m^2} = 250 kg/hr \cdot m^2$

문제 3 폐기물 소각능력이 $600\,\text{kg/m}^2\cdot\text{hr}$인 소각로를 1일 8시간동안 운전시, 로스톨의 면적(m^2)은 얼마인가? (단, 소각량은 1일 40톤이다.)

해설 $G(kg/m^2.day) = \dfrac{\text{소각할 쓰레기 양}\,W(kg/day)}{\text{화격자의 면적}\,A(m^2)}$

$\therefore A = \dfrac{40\times 10^3 kg}{day}\Big|\dfrac{m^2.hr}{600kg}\Big|\dfrac{day}{8hr} = 8.3\,m^2$

문제 4 $10\,\text{m}^3$ 용적의 소각로에서 연소실 열발생률이 $20000\,\text{kcal/m}^3\cdot\text{hr}$로 하기 위해 저위발열량이 $8000\,kcal/kg$인 폐기물 투입량 kg/hr은?

해설 $VHRR(kcal/m^3.hr) = \dfrac{\text{소각량}\,W(kg/h)\times \text{저위발열량}\,H_l(kcal/kg)}{\text{소각로 부피}\,V(m^3)}$

$W = \dfrac{10m^3}{}\Big|\dfrac{20000kcal}{m^3.hr}\Big|\dfrac{kg}{8000kcal} = 25\,kg/hr$

문제 5 어떤 소각로에 배출되는 가스량은 $8000\,kg/hr$이고 온도는 $1000\,℃$ 이다. 배기가스는 소각로 내에서 1초 체류한다면 소각로 용적(m^3)은?(단, 표준상태에서 배기가스 밀도는 $0.2\,kg/Sm^3$)

해설 밀도에 온도보정 $0.2\,kg/Sm^3 \times \dfrac{273}{273+1000} = 0.043\,kg/m^3$

$t = V/Q$ 에서

$V = \dfrac{8000kg}{hr}\Big|\dfrac{1\sec}{}\Big|\dfrac{hr}{3600\sec}\Big|\dfrac{m^3}{0.043kg} = 51.7\,m^3$

문제 6 가로 1.5m, 세로 2.0m, 높이 15.0m의 연소실에서 저위발열량 $10000\,kcal/kg$의 중유를 1시간에 200kg 연소한다. 연소실 열발생률($\text{kcal/m}^3\cdot\text{hr}$)은 얼마인가?

해설 $VHRR(kcal/m^3.hr) = \dfrac{\text{소각량}\,W(kg/h)\times \text{저위발열량}\,H_l(kcal/kg)}{\text{소각로 부피}\,V(m^3)}$

$\therefore VHRR = \dfrac{}{(1.5\times 2.0\times 15)m^3}\Big|\dfrac{1000kcal}{kg}\Big|\dfrac{200kg}{hr} = 44000\,kcal/m^3.hr$

문제 7 발열량 1000kcal/kg인 쓰레기의 발생량이 20ton/day인 경우, 소각로내 열부하가 50000kcal/m³ · hr인 소각로의 용적(m³)은 얼마인가? (단, 1일 가동시간은 8hr 이다.)

해설
$$VHRR(kcal/m^3 \cdot hr) = \frac{\text{소각량}\,W(kg/h) \times \text{저위발열량}\,H_l(kcal/kg)}{\text{소각로 부피}\,V(m^3)}$$

$$Vm^3 = \frac{m^3 \cdot hr}{50000kcal}\Big|\frac{day}{8hr}\Big|\frac{1000kcal}{kg}\Big|\frac{20000kg}{day} = 50m^3$$

문제 8 소각대상물인 열가소성 플라스틱의 저위발열량은 $5400\,kcal/kg$이며, 이 플라스틱을 소각 시 발생되는 연소재 중의 미연손실은 저위발열량의 10%이고 불완전연소에 의한 손실은 $600\,kcal/kg$일 때 소각 대상물의 연소효율(%)은?

해설
$$\eta = \frac{H_l - (L_c + L_l)}{H_l} \times 100(\%)$$

연소효율 $\eta = \dfrac{5400kcal/kg - (540+600)kcal/kg}{5400kcal/kg} \times 100 = 78.8\%$

문제 9 소각로에 폐기물을 투입하는 1시간 중에 투입작업시간을 40분, 나머지 20분은 정리시간과 휴식시간으로 한다. 크레인 바켓 용량 $4m^3$, 1회 투입하는 시간을 120초, 바켓트로 폐기물을 짚었을 때 용적중량은 최대 $0.4ton/m^3$으로 본다면 폐기물의 1일 최대 공급능력(ton/day)은?(단, 소각로는 24시간 연속가동)

해설 1시간 동안 투입횟수 $= \dfrac{40\text{분}/\text{시간}}{2\text{분}/\text{회}} = 20\text{회}/\text{시간}$

1일 최대 공급능력 $= 4m^3 \times 0.4t/m^3 \times 24hr \times 20\text{회}/hr = 768 t/day$

문제 10 소각로 설계시 연소계산에 의하여 연소실의 입열과 출열이 같도록 균형을 유지하여야 한다. 입열과 출열을 각각 2가지 쓰시오?

해설 입열과 출열
① 입열
  • 폐기물의 연소열량
  • 연소용 예열공기의 유입열량
② 출열
  • 배기가스로 유출되는 열량
  • 불완전연소(미연분)에 의한 손실열
  • 회분(재)으로 유출되는 열량

5.3 열교환기

[1] 개요
① 소각로에서 발생한 배기가스의 열을 회수하기 위하여 열교환기를 설치한다.
② 회수한 열의 이용방법에는 온수이용방법과 증기발전방법이 있다.
③ 열교환기는 과열기, 재열기, 절탄기, 공기예열기를 통과하며 잉여 폐열을 회수한다.

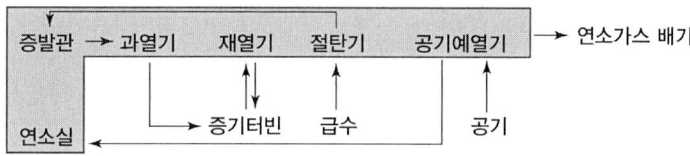

[2] 과열기
보일러에서 발생되는 포화증기의 수분을 제거하고 엔탈피가 높은 과열증기를 생산하기 위해 설치한다.

[3] 재열기
증기터빈을 경유한 후 포화증기로 변한 과열증기를 재가열하여 다시 터빈으로 돌려보낸다.

[4] 절탄기(이코노마저)
배기가스 중의 폐열을 이용하여 보일러 급수를 예열하는 시설이다.

[5] 공기예열기
배기가스 중의 폐열을 이용하여 보일러의 연소용 공기를 예열하여 공급한다.

[6] 증기터빈의 분류관점에 따른 터빈 형식
① **증기 작동방식** : 충동 터빈, 반동 터빈, 혼합식 터빈
② **흐름수** : 단류터빈, 복류터빈
③ **피구동기** : 직결형터빈, 감속형터빈, 급수펌프 구동터빈, 압축기 구동터빈
④ **증기유동방식** : 반경류터빈, 축류터빈
⑤ **케이싱 수** : 1케이싱 터빈, 2케이싱 터빈
⑥ **증기이용방식** : 배압터빈, 복수터빈, 혼합터빈

5.4 소각공정 분류

[1] 가동시간에 따른 분류
① **연속 연소식** : 24시간 연속 가동(1일 100톤 이상 처리하는 시설)
② **준연속 연소식** : 16시간 연속 가동
③ **회분식(Batch식)** : 일일 8시간 가동

[2] 투입방식에 따른 분류
① **상부 투입방식**
- 하부에서 공급되는 공기의 방향과 착화면의 이동방향이 같다.
- 공급공기는 고온의 화층을 통과하므로 고온가스를 형성하여 착화속도를 빠르게 한다.

② **하부 투입방식**
- 투입되는 연료와 공기의 방향이 같은 방향으로 이동하는 형태이다.
- 공기량이 과잉 공급되면 연소상태가 불안정하게 되어 화층이 형성되지 않거나 소화될 우려가 있다.

③ **십자 투입방식**
- 투입되는 연료와 공기의 방향이 서로 일정한 각도를 유지하고 공기는 새로이 투입되는 연료 쪽에서 연소층으로 흐른다.

[3] 연소가스의 유동방식에 따른 분류
① **역류식**
- 폐기물의 흐름방향과 연소가스의 흐름방향이 반대방향이다.
- 수분이 많은 저질 폐기물에 적합하다.

② **병류식**
- 폐기물의 흐름방향과 연소가스의 흐름방향이 평행하게 같은 방향이다.
- 착화성이 좋고 발열량이 높은 양질의 폐기물에 적합하다.

③ **중간류식**
- 역류(향류)식과 병류식의 중간적인 형식이다.
- 양자의 흐름이 교차하여 폐기물의 질의 변동폭이 클 때 적합하다.

④ **2회류식**
- 폐기물 흐름의 상류와 하류 측 여러 가스 출구를 가지고 있다.

[4] 소각로 구조에 따른 분류
① 고정상식
② 화격자식(스토커 방식)
③ 유동층식
④ 회전로식
⑤ 다단로식
⑥ 부유연소방식과 분무연소방식

[5] 소각로에 사용하는 내화벽돌의 종류
점토질 벽돌, 규석 벽돌, 마그네시아 벽돌, 크롬 벽돌, 알루미나 벽돌 등

문제 1 열교환기 중 이코노마저에 관하여 간략히 설명하시오.

해설 절탄기는 연도로 배출되는 배기가스 중의 폐열을 이용하여 보일러 급수를 예열하는 시설이다.

문제 2 증기터빈의 분류관점에서 증기이용방식에 따른 터빈 형식 3가지를 쓰시오?

해설 증기이용방식에는 배압터빈, 복수터빈, 혼합터빈으로 나누어진다.

문제 3 소각로에서 열교환기를 이용해 배기가스의 열을 전량 회수하여 급수 예열을 한다고 한다면 급수 입구온도가 20℃일 경우 급수의 출구 온도(℃)는? (단, 배기가스 유량 1000kg/hr, 급수량 1000kg/hr 배기가스 입구온도 400℃, 출구온도 100℃ 물비열 1.03kcal/kg·℃, 배기가스 평균정압비열 0.25 kcal/kg·℃)

해설 가스의 방출열량=물의 흡수열량
$1000 kg/hr \times 0.25 kcal/kg \cdot ℃ \times (400-100℃) = 1000 kg/hr \times 1.03 kcal/kg \cdot ℃ \times (x-20℃)$
$\therefore x = 95℃$

문제 4 폐기물의 이송방향과 연소가스의 흐름방향에 따라 소각로를 분류한다면 폐기물의 발열량이 상당히 높은 경우에 사용하기 가장 적절한 소각로 방식은?

해설 병류식은 양자의 흐름이 평행하게 되는 형식으로 착화성이 좋고 발열량이 높은 양질의 폐기물에 적합하다.

문제 5 소각로내 연소가스와 폐기물 흐름에 따른 조작방법에 대한 설명으로 수분이 많고 저위발열량이 낮은 쓰레기에 적합하나 후연소내의 온도저하 및 불완전연소의 염려가 있는 소각로 방식은?

해설 역류식

문제 6 다음은 소각로에 관한 내용이다. 어떤 건조방식에 해당하는가?

연소실 내의 가스의 유동방향에 따라 건조형식을 나눌 수 있다. 폐기물의 이송방향과 연소가스의 흐름이 반대로 되어 있는 형식으로 연소가스에 의한 방사열이 폐기물에 유효하게 작용하므로 수분이 많고 저위발열량이 낮은 쓰레기에 적합하나 후연소 내의 온도저하 및 불완전연소가 발생할 수 있다.

해설 향류(역류, 역송) 건조방식

5.5 고정상 소각로

① 소각로 내의 화상위에 폐기물을 쌓아서 연소시키는 방식이다.
② 화상위에 폐기물을 쌓는 방식에는 경사고정상식, 수평고정상식, 다단로상식이 있다.
③ 플라스틱과 같이 열에 의해 용융되는 물질의 소각에 적당하다.
④ 교반력이 약하여 국부가열의 우려가 있다.
⑤ 체류시간이 길어 온도반응이 느리며 보조연료의 조절이 어렵다.

5.6 화격자(스토커) 소각로

[1] 개요

① 화격자 윗부분에서 폐기물을 공급, 화격자 밑에서 송풍한다.
② 재는 화격자 밑으로 떨어진다.
③ 화격자는 구동방식에 따라 고정화격자와 구동화격자로 구분된다.
④ 화격자 종류에는 계단식, 반전식, 역송식, 병렬계단식, 회전롤러식, 부채형식 등이 있다.
⑤ 반전식(Traveling back stoker)은 여러 개의 부채형 화격자를 노폭 방향으로 병렬로 조합하고, 한 조의 화격자를 형성하여 편심 캠에 의한 역주형 Grate로 되어 있다.

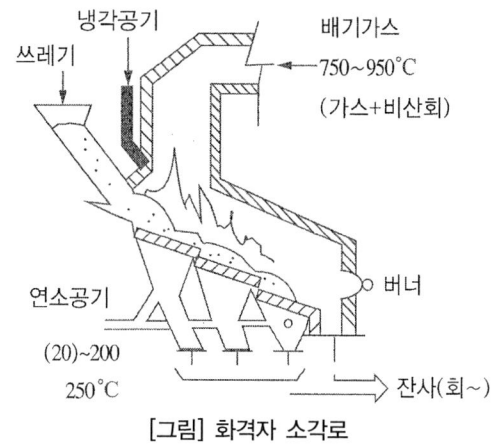

[그림] 화격자 소각로

[2] 장점

① 도시 폐기물 소각의 대표적인 방식이다.
② 연속적 소각 및 대량 소각이 가능하다.
③ 수분이 많거나 발열량이 낮은 폐기물의 소각에 주로 적용된다.
④ 유동층식에 비하여 비산 분진량이 적다.
⑤ 유동층식에 비하여 내구 연한이 길다.
⑥ 전처리시설이 필요하지 않다.

[3] 단점

① 체류시간이 길고 교반력이 약하여 국부가열의 우려가 있다.
② 용융물질에 의한 화격자 막힘 현상, 구동 부분의 마모 손실 등이 발생한다.
③ 휘발성분이 많고 열분해하기 쉬운 물질을 태울 경우에는 공기를 위쪽에서 아래쪽으로 통과시키는 하향식 연소방식을 쓴다.
④ 고온 중에서 기계적으로 구동하기 때문에 금속부의 마모손실이 심하다.
⑤ 소각로의 정지, 가동 조작이 불편하다.

문제 1 연소 배출 가스량이 5400Sm³/hr인 스토커식 소각시설의 굴뚝에서 정압을 측정하였더니 20mmH₂O였다. 여유율 20%인 송풍기를 사용할 경우 필요한 소요 동력(kW)은 얼마인가? (단, 송풍기 정압효율 80%, 전동기 효율 70%이다.)

해설
$$kw = \frac{PS \times Q}{102 \times \eta_1 \times \eta_2} \times \alpha$$

$$kw = \frac{20\,mmH_2O \times 5400\,Sm^3/hr \times 1hr/3600\,sec}{102 \times 0.80 \times 0.70} \times 1.2 = 0.63\,kW$$

문제 2 소각로 화격자에서 고온부식은 국부적으로 연소가 심한 장소에서 화격자의 온도가 상승함에 따라 발생한다. 방식대책은(3가지)?

해설 방식대책
① 화격자의 냉각률을 올린다.
② 교반력을 증대하여 화격자의 과열을 막는다.
③ 부식되는 부분에 고온공기를 주입하지 않는다.
④ 화격자의 재질을 고 크롬, 저 니켈강으로 한다.

5.7 다단 소각로

[1] 개요
① 소각로 각 단의 상부로 소각대상물이 투입된다.
② 투입된 소각대상물은 중앙부분에 설치된 교반기에 의해 교반되며 하단으로 이동한다.
③ 하단에서는 조연장치에 의하여 고온의 가스가 상승하면서 건조 및 연소한다.
④ 상단은 건조지역, 가운데 단은 연소, 하단은 냉각지역으로 구성된다.
⑤ 다단로는 내화물을 입힌 가열판, 중앙의 회전축, 일련의 평판상으로 구성되어 있다.

[2] 장점
① 다량의 수분이 증발되므로 수분함량이 높은 폐기물의 연소도 가능하다.
② 물리.화학적 성분이 다른 각종 폐기물을 처리할 수 있다.
③ 많은 연소영역이 있어 연소효율을 높일 수 있다.
④ 온도제어가 용이하고 동력이 적게 들며 운전비가 저렴하다.
⑤ 액상 및 기상 폐기물의 이용은 보조연료의 양을 감소시켜 운전비용을 감할 수 있는 경제적 이점이 있다.
⑥ 천연가스, 프로판, 오일, 폐유 등 다양한 연료를 사용할 수 있다.

[3] 단점
① 체류시간이 길어 휘발성이 적은 폐기물의 연소에 유리하다.
② 온도반응이 느리기 때문에 보조연료의 조절이 어렵다.
③ 분진 발생률이 높다.
④ 유해폐기물의 완전분해를 위해서는 2차 연소실이 필요하다.
⑤ 가동부분이 많아 고장율이 높다.
⑥ 24시간 연속운전을 필요로 한다.
⑦ 1000℃ 이상 연속운전을 해야 하기 때문에 내화물의 손상이 쉽다.

5.8 로타리킬른(회전로) 소각로

[1] 개요
① 시멘트를 건조 소성하는 시멘트 킬른소각로에서 유래하였다.
② 원통형 회전노체의 경사 0.5~8%, 연소온도 800~1600℃, 회전속도 0.2~2.5 rpm정도이다.
③ 회전노체 상부에 소각물을 투입하면 하부로 이동하며 연소가 된다.
④ 연소가 완결되면 하부로 재가 배출된다.

[2] 장점
① 습식가스 세정시스템과 함께 사용할 수 있다.
② 예열이나 혼합 등 전처리가 거의 필요 없다.
③ 드럼이나 대형용기를 파쇄하지 않고 그대로 투입할 수 있다.
④ 예열, 혼합, 파쇄 등 전처리 등의 전처리가 필요 없다.
⑤ 넓은 범위의 액상 및 고상 폐기물을 소각할 수 있다.
⑥ 폐기물의 성상변화에 적응성이 강하다.
⑦ 용융상태의 물질에 의하여 방해받지 않는다.
⑧ 공급장치의 설계에 있어서 유연성이 있다.

[3] 단점
① 열효율이 낮고 먼지발생이 많다.
② 처리량이 적은 경우 설치비가 높다.
③ 로에서의 공기유출이 크므로 종종 과잉공기가 필요하다.
④ 대기오염 제어시스템에 분진부하율이 높다.
⑤ 비교적 열효율이 낮은 편이다.

5.9 유동층 소각로

[1] 개요
① 모래와 같은 유동매체를 공기 분산판 위에 충진한다.
② 고속의 뜨거운 공기를 주입하면 유동매체는 부상하여 유동층을 형성한다.
③ 노의 하부로부터 고속으로 공기를 주입하여 유동매체 전체를 부상시켜 연소한다.
④ 유동상 매질의 조건은 불활성, 내마모성, 균일한 입도, 높은 융점, 비중이 작아야 한다.
⑤ 구성인자로 Wind Box, Tuyeres, Free Board 층 등의 인자가 있다.

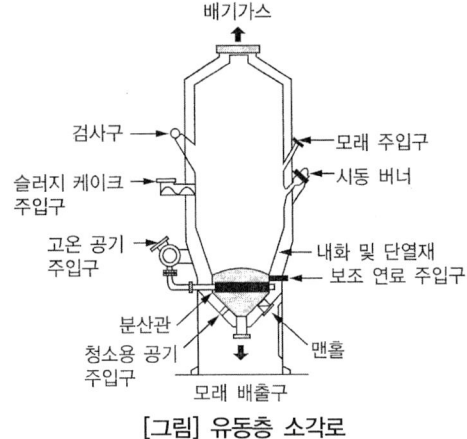

[그림] 유동층 소각로

[2] 장점
① 반응시간이 빨라 소각시간이 짧다.
② 폐유, 폐윤활유, PCB 등의 소각에 탁월한 성능이 있다.
③ 유동매체의 열용량이 커서 액상, 기상, 고형폐기물의 완전연소가 가능하며 2차 연소실이 불필요 하다.
④ 유동매체의 축열량이 높은 관계로 단기간 정지 후 가동 시 보조연료 사용 없이 정상가동이 가능하다.
⑤ 가스의 온도와 과잉공기량이 낮아서 질소산화물도 적게 배출된다.
⑥ 구조가 간단하고 유지관리가 용이하다.
⑦ 로내 고온영역에서 기계적 가동부분이 적어 고장율이 낮다.
⑧ 연소율이 높아 미연소분 배출이 적다.

[3] 단점
① 유동매체의 마모 소실에 따른 보충이 필요하다.
② 주입 슬러지가 고온에 의하여 급속히 건조되어 큰 덩어리를 이루면 문제가 일어나게 된다.
③ 유출모래에 의하여 시스템의 보조기기들이 마모되어 문제점을 일으키기도 한다.
④ 투입이나 유동화를 위해 파쇄가 필요하다.
⑤ 상(床)으로부터 찌꺼기의 분리가 어렵다.

5.10 액체 주입형 연소기

[1] 개요
① 연소방식에는 부유연소방식과 분무연소방식(액체 주입형 연소기)이 있다.
② 부유연소방식은 공기나 수증기를 강제로 송풍하여 폐기물을 부유시켜 연소한다.
③ 통풍방식에는 자연통풍과 가압통풍(가압통풍, 흡인통풍, 평형통풍)이 있다.
④ 액체 주입형 연소기(Liquid Injection Incinerator)는 슬러리상 또는 액상 폐기물을 분무하여 연소하는 방식이다.

[2] 장점
① 광범위한 종류의 액상폐기물을 연소할 수 있다.
② 대기오염 방지시설 이외에는 소각재의 처리설비가 필요 없다.
③ 구동장치가 없어서 고장이 적다.
④ 기술적 개발이 잘되어 있다.
⑤ 온도에 대한 반응이 빠르다.

[3] 단점
① 불완전연소가 발생한다.
② 완전연소로 내화물의 파손을 막아 주어야 한다.
③ 고농도 고형분으로 인하여 버너가 막히기 쉽다.
④ 대량 처리가 어렵다.
⑤ 급격한 온도변화로 내화물 파손이 일어난다.

문제 1 다단로와 비교하여 슬러지를 유동층 소각로로서 소각시키는 경우의 차이점에 대하여 간략하게 3가지를 설명하시오.

해설 유동층 소각로의 차이점
① 유동층 소각로에서는 주입 슬러지가 고온에 의하여 급속히 건조되어 큰 덩어리를 이루면 문제가 일어나게 된다.
② 유동층 소각로에서는 유출모래에 의하여 시스템의 보조기기들이 마모되어 문제점을 일으키기도 한다.
③ 유동층 소각로는 고온영역에서 작동되는 기기가 없기 때문에 다단로보다 유지관리가 용이하게 된다.
④ 유동층 소각로는 700~800℃, 다단로는 1000℃이상에서 운전한다.

문제 2 유동층소각로에 있어서 유동매체의 구비조건은(단. 3가지)?

해설 유동상 매질의 조건은 불활성, 내마모성, 균일한 입도, 높은 융점, 비중이 작아야 한다.

문제 3 유동층소각로의 장점 3가지를 열거하시오.

해설 유동층소각로의 장점
① 가스의 온도와 과잉공기량이 낮아서 질소산화물도 적게 배출된다.
② 구조가 간단하고 유지관리가 용이하다.
③ 로내 고온영역에서 기계적 가동부분이 적어 고장율이 낮다.

폐기물처리기사·산업기사 실기

제**11**장

대기오염방지

1. 대기오염물질
2. 집진장치

Section 01 대기오염물질

1.1 황산화물(SO_x)

① SO_2는 타지 않는 무색의 자극성 기체로 SO_x 화합물의 양을 산출시 SO_2로 산출한다.

$$S + O_2 \rightarrow SO_2$$

② 저황성분의 대체연료를 사용하여 제어한다.

③ 높은 굴뚝을 이용하여 대기 중에 확산시켜 지면의 착지농도를 저하한다.

④ **중유의 탈황방법**
- 접촉수소화 탈황은 실용적이며 많이 사용되는 탈황법이다.
- 금속산화물에 의한 흡착탈황
- 미생물에 의한 생화학적 탈황
- 방사선화학에 의한 탈황

⑤ **배기가스의 탈황법**(FGD, Flue Gas Desulfurization)
- 흡수법 : 건식 석회석 주입, 석회 세정, 알칼리 세정, 활성망간에 흡착, 산화마그네슘에 흡수 등의 방법이 있다.
- 흡착법 : 활성탄으로 흡착
- 산화법 : 촉매(접촉)산화

[표] 건식 습식 탈황법의 장단점

구분	건식 탈황법	습식 탈황법
장점	• 용수 소모량이 적다. • 처리비용이 적다. • 초기 투자비가 적다. • 에너지 소모가 적다. • 배가스의 재가열이 필요없다.	• 처리효율이 높다. • 장치 설비가 작다. • 부하변동에 강하다. • 흡수제가 저가이다.
단점	• 제거율이 낮다. • 부하변동에 약하다. • 흡수제가 고가이다. • 장치 설비가 크다.	• 용수 소모량이 많다. • 다량의 폐수가 발생한다. • 부식 마모가 심하다. • 에너지 소모가 크다. • 배가스의 재가열이 필요하다.

⑥ 석회석 흡수법은 유지관리비가 저렴하며 소규모 보일러에 적합하나, 배가스 온도가 높고 석회분말 안으로 침투가 어려워 제거효율이 낮다.

$$CaCO_3 \rightarrow CaO + CO_2 \quad \text{소성과정}$$
$$CaO + H_2O \rightarrow Ca(OH)_2$$
$$CaCO_3 + CO_2 + H_2O \rightarrow CaSO_3 \cdot 2H_2O \downarrow + 2CO_2$$
$$CaSO_3 \cdot 2H_2O + \frac{1}{2}O_2 \rightarrow CaSO_4 \cdot 2H_2O \downarrow$$

문제 1 황 함유량이 3.2%인 중유 10t을 완전연소할 때, 생성되는 SO_2의 부피 Sm^3는?(단, 표준상태를 기준으로 하며, 중유 중의 황은 전량 SO_2로 배출된다고 가정한다)

해설
$S + O_2 \rightarrow SO_2$
$32 kg \quad\quad\quad : 22.4 Sm^3$
$10000 kg \times 0.032 kg : x Sm^3 \quad \therefore x = 224\,Sm^3$

문제 2 황(S)함유량이 2.5%이고 비중이 0.87인 중유를 350L/h로 태우는 경우 SO_2 발생량(Sm^3/h)은?(단, 황성분은 전량이 SO_2로 전환되며, 표준상태 기준)

해설
$S + O_2 \rightarrow SO_2$
$32 kg \quad\quad\quad : 22.4 Sm^3$
$350 \times 0.87 \times 0.025 kg : x\,Sm^3 \quad \therefore x = 5.32\,Sm^3/hr$

문제 3 황(S)함량이 2.0%인 중유를 시간당 5ton으로 연소시킨다. 배출가스 중의 SO_2를 $CaCO_3$로 완전히 흡수시킬 때 필요한 $CaCO_3$의 양 kg/h을 구하면? (단, 중유중의 황성분은 전량 SO_2로 연소된다)

해설
$S + O_2 \rightarrow SO_2 \rightarrow CaCO_3 \quad *SO_2$와 $CaCO_3$는 $1:1$반응
$32 kg \quad\quad : 100 kg$
$0.02 \times 5000 kg : x\,kg \quad \therefore x = 312.5\,kg/hr$

문제 4 황(S) 성분이 1.6wt%인 중유가 $2000\,kg/h$ 연소하는 보일러 배출가스를 $NaOH$용액으로 처리할 때, 시간당 필요한 $NaOH$의 양(kg)은? (단, 황성분은 완전연소하여 SO_2로 되며, 탈황율은 95%이다)

해설
$S + O_2 \rightarrow SO_2 + 2NaOH \rightarrow Na_2SO_3 + H_2O$
$32 kg \quad\quad\quad : 2 \times 40 kg$
$0.016 \times 2000 \times 0.95 : \quad x \quad\quad \therefore x = 76\,kg/hr$

문제 5 황성분 1%인 중유를 20ton/hr로 연소시킬 때 배출되는 SO_2를 석고($CaSO_4$)로 회수하고자 할 때 회수하는 석고의 양 kg/min은? (단, 24시간 역속 가동되며, 연소율 100%, 탈황율 80%, 원자량 S 32, Ca 40)

해설
$S + O_2 \rightarrow SO_2 \rightarrow CaSO_4$
$32kg \quad : \quad 136kg$
$20 \times 10^3 kg/h \times 1/60\min \times 0.01 \times 0.8 \; : \; x$
$\therefore x = 11.33 kg/\min$

문제 6 소각로 배기가스 중 황산화물(SO_2)을 제거하기 위한 석회흡수법의 장단점 3가지를 기술하시오?

해설 석회흡수법의 장단점
① 석회석 값이 저렴하여 운영비의 부담이 적다.
② 배기가스의 온도가 떨어지지 않는다.
③ 소규모 보일러에 적용이 가능하다.
④ SO_2가 석회석 분말표면에 침투가 어려워 제거효과가 낮다.

1.2 질소산화물(NO_x)

[1] 연소 시 발생되는 NO_x의 종류

① fuel NO_x는 연소 시 연료 중에 함유된 질소성분이 산화되어 발생한다.

$$N + O_2 \rightarrow NO_2$$

② thermal NO_x는 고온에서 공기 중 질소가 산화되어 생성된다.

$$N_2 + O_2 \rightarrow 2NO$$

③ prompt NO_x는 탄화수소 연료가 연소 시 화염에서 공기 중 질소와의 반응으로 생성된다.

$$N_2 + CH \rightarrow HCN + N$$
$$N + O_2 \rightarrow NO_2$$

[2] 질소산화물의 발생방지법

① 연소용 공기온도를 조절하여 저온에서 연소한다.
② 연소부분을 냉각한다.
③ 과잉공기량을 감소시켜 저산소 연소한다.
④ 2단 연소, 단계적 연소를 한다.
⑤ 배가스를 재순환 한다.
⑥ 저 NO_x 버너사용 및 연소실의 구조를 개선한다.
⑦ 수증기의 분무로 NO_x 발생을 억제한다.

[3] 배기가스의 탈질방법

① **흡수법** : NO_x는 물, 황산, 수산화물, 탄산염, 유기용액에 잘 흡수된다.
② **흡착법** : 활성탄 등의 흡착제로 제거한다.
③ **촉매환원법** : 백금, 파라듐, Al_2O_3, TiO_2, V_2O_5, Cr_2O_3 등의 촉매를 사용 N_2로 환원처리 한다.
④ **선택적 촉매환원법**(SCR, Selective Catalytic Reduction)

Al_2O_3, TiO_2, V_2O_5, Cr_2O_3 등의 촉매를 사용 N_2로 환원처리 한다.

여기서 선택적은 NO_x와 NH_3의 반응을 의미한다.

$$6NO + 4NH_3 \rightarrow 5N_2 + 6H_2O$$
$$6NO_2 + 8NH_3 \rightarrow 7N_2 + 12H_2O$$

⑤ **비 선택적 촉매환원법**(NSCR, Non-Selective Catalytic Reduction)

SO_2와 NO_x를 동시에 제거하는 반응기와 촉매를 사용한다.

$$2NO_2 + CH_4 \rightarrow N_2 + CO_2 + 2H_2O$$

⑥ **선택적 무촉매환원법**(SNCR, Selective Non Catalytic Reduction)

연소공정의 후단에 환원제로 암모니아나 요소를 분사하여 고온에서 N_2로 환원처리한다.

$$2NO_2 + 4NH_4OH + O_2 \rightarrow 3N_2 + 10H_2O$$

⑦ **무촉매환원법**(NCR, Non Catalytic Reduction)

촉매를 사용하지 않고 NO를 암모니아로 환원시키는 방법이다.

$$4NO + 4NH_3 + O_2 \rightarrow 4N_2 + 6H_2O$$

[표] 선택적 무촉매 환원법과 촉매 환원법의 비교

비교 항목	선택적 무촉매 환원법(SNCR)	선택적 촉매 환원법(SCR)
NOx저감한계	50ppm	20~40ppm
제거효율	30~70%	90%
운전온도	850~950℃	300~400℃
소요면적	설치공간이 작다.	촉매탑 설치로 소요면적 크다.
암모니아 슬립	10~100ppm	5~100ppm
PCDD 제거	거의 없음	가능성 있음
경제성	설치비가 저렴하다.	설치비가 많이 든다.
고려사항	• 운전온도, 혼합정도 • 암모니아 슬립 • 처리효율	• 운전온도, 촉매정도 • 암모니아 슬립 • 촉매 교체비용 • 배기가스 재 가열
장 점	• 다양한 가스에 적용가능하다. • 장치가 간단하다. • 유지관리가 용이하다.	• 탈질효율이 높다. • 암모니아 슬립이 적다.
단 점	• 950℃이하로 연소온도를 제어 하여야 한다.	• 촉매로 유지관리비가 많이 든다. • 압력손실이 크고 먼지, SOx 등에 영향을 받는다. • 수명이 짧다.

문제 1 연소조절에 의하여 NO_x 발생을 억제하는 방법 3가지를 쓰시오?

해설 NO_x 발생 억제방법
① 연소시 과잉공기를 삭감하여 저산소 연소시킨다.
② 연소용 공기온도를 조절하여 저온에서 연소한다.
③ 버너 및 연소실 구조를 개량하여 연소실내의 온도분포를 균일하게 한다.
④ 화로 내에 물이나 수증기를 분무시켜서 연소시킨다.
⑤ 2단 연소한다.
⑥ 배출가스를 재순환한다.

문제 2 NO 400ppm을 함유한 연소가스 300000 Sm^3/hr을 암모니아를 환원제로 하는 선택적 촉매환원법으로 처리하고자 한다. NH_3의 반응율을 80%로 할 때 필요한 NH_3 량(kg/hr)은?(단, 표준상태, 기타조건은 고려하지 않음)

$$6NO + 4NH_3 \rightarrow 5N_2 + 6H_2O$$

해설
$6NO$: $4NH_3$
$6 \times 22.4 Sm^3$: $4 \times 17 kg$
$300000 Sm^3/hr \times \dfrac{400}{10^6}$: $x\ kg/hr \times 0.8$

$x = \dfrac{1}{6 \times 22.4 Sm^3} \Big| \dfrac{300000 Sm^3}{hr} \Big| \dfrac{400}{10^6} \Big| \dfrac{4 \times 17 kg}{} \Big| \dfrac{1}{0.8} = 75.89 kg/hr$

문제 3 유해폐기물을 소각하였을 때 발생하는 물질로서 광화학스모그의 주된 원인이 되는 물질은?

해설 NO_x는 광화학스모그의 주된 원인물질이다.

$\text{NOx} + \text{HC} \xrightarrow{\text{자외선}} \text{PAN(Peroxy Acetyl Nitrate)}, O_3, \text{Aldehyde(CHO}-\text{R)}$

1.3 다이옥신

[1] 개요

① 다이옥신계 화합물의 원래명칭은 '폴리염화디벤조-p-다이옥신'으로 PCDD라고도하며 독성이 가장 강하다.
② 또한 퓨란계 화합물은 다이옥신과 매우 유사하다.
③ 다이옥신은 2개의 벤젠고리, 2개의 산소원자, 2개 이상의 염소원자 구조로 되어있다.
④ 퓨란은 2개의 벤젠고리, 1개의 산소원자, 2개 이상의 염소원자 구조로 되어있다.

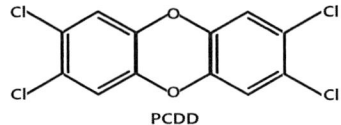

⑤ 이성질체는 다이옥신이 75개, 퓨란이 135개를 가진다.

PCDF

⑥ 다이옥신의 독성등가환산계수(TEF)란, 다이옥신 2,3,7,8-TCDD를 기준 1로 하여 다른 이성질체의 독성을 상대적으로 평가하는 계수이다.

[2] 제1차적(사전방지) 방법

① 쓰레기 중 PVC 또는 플라스틱류 등을 포함하고 있는 합성물질을 사전 제거한다.
② 소각로로 투입하는 폐기물의 양과 크기, 발열량, 수분 등을 균등하게 유지하여 연소실의 부하변동을 방지한다.

[3] 제2차적(로내 제어) 방법

① 완전연소 조건을 충족시킨다.
② 적절한 1차 공기량을 제어한다.
③ 850~950°C의 고온에서 분해한다.
④ 충분한 산소농도를 유지한다.
⑤ 2차 연소실을 확보하여 재연소한다.
⑥ 연소 시 발생하는 미연분의 양과 비산재의 양을 줄인다.
⑦ 2차 공기공급에 의한 미연분을 완전연소 한다.

[4] 제3차적(후처리) 방법
① 연소 후 급랭 조작한다.
② 보일러 연소실을 수관벽으로 구성한다.
③ 보일러 전열 면에 먼지 등의 퇴적을 방지한다.
④ 보일러 출구의 배출가스온도를 저하시킨다.
⑤ 배출가스의 체류시간을 단축한다.

[5] 배기가스의 처리
① 활성탄 + 석회 반응탑 + 여과집진 방식
② 활성탄으로 흡착 제거하는 방식
③ 반건식 반응탑 + 여과집진 방식
④ 다이옥신 분해 촉매(Fe, Cu, V_2O_5, TiO_2, Pb 등)에 의한 방식 등

문제 1 다이옥신을 제어하는 촉매로 효과적인 것 3가지를 기입하시오.

> **해설** 촉매로는 Fe, Cu, V_2O_5, TiO_2, Pd 등이 있다.

문제 2 폐기물 소각공정에서 발생하는 다이옥신류 저감방안 3가지를 쓰시오.

> **해설** 다이옥신류 저감방안
> ① 다이옥신의 생성은 250~300℃에서 최대 이므로 소각로 온도를 빨리 급상승시킨다.
> ② 소각로 배출가스의 재연소에 의한 제거기술을 도입한다.
> ③ 다이옥신 분해 촉매에 의한 제거기술을 도입한다.
> ④ 활성탄에 의한 흡착기술을 도입한다.

문제 3 다이옥신을 제어기위한 방법을 4단계로 구분하면?

> **해설** 다이옥신 제어방법
> ① 제1차적(사전방지) 방법
> ② 제2차적(로내) 방법
> ③ 제3차적(후처리) 방법
> ④ 제4차적(배가스처리) 활성탄과 백필터집진 방식

1.4 탈취

[1] 악취 원인물질
① 암모니아(NH_3)
② 메틸머캅탄(CH_3SH)
③ 황화수소(H_2S)
④ 다이메틸설파이드(($CH_3)_2S$)
⑤ 다이메틸다이설파이드(($CH_3)_2S_2$)
⑥ 트라이메틸아민(($CH_3)_3N$)
⑦ 아세트알데하이드(CH_3CHO)
⑧ 스타이렌($C_6H_5CH=CH_2$)
⑨ 트라이메틸아민(C_2H_5CHO)
⑩ 뷰티르알데하이드($CH_3CH_2CH_2CHO$)

[2] 탈취방법
① 수세법(水洗法)
② 활성탄(活性炭) 흡착법
③ 화학적 산화법
④ 흡수법(산알칼리 세정법)
⑤ 생물학적 제거법 (토양탈취, Bio-Filter법)
⑥ 연소법(직접 연소법, 촉매 연소법)

[표] 직접 연소법과 촉매 연소법의 특징

직접연소법	촉매 연소법
• 직접 연소하는 방법이다. • 유독성가스 또는 반응속도가 낮은 경우의 제거법으로 사용한다. • 오염물의 폭발한계점 또는 인화점을 잘 알아야 한다. • 고온에서 질소산화물이 생성될 염려가 있다.	• 촉매를 사용하여 연소한다. • 촉매는 연소 시 활성화 에너지를 낮추어 연소효율을 증대 시킨다. • 황 화합물과 중금속이 함유된 분진에는 촉매의 활성이 떨어진다. • 분진은 부착으로 인한 막힘현상이 자주 발생한다.

문제 1 소각시 탈취방법 중 직접연소법을 적용할 때의 주의할 사항 3가지를 설명하시오.

해설 직접연소법의 주의사항
① 유독성가스 또는 반응속도가 낮은 경우의 제거법으로 사용한다.
② 오염물의 폭발한계점 또는 인화점을 잘 알아야 한다.
③ 고온에서 질소산화물이 생성될 염려가 있다.

문제 2 소각시 탈취방법 중 촉매연소법의 특징 3가지를 기술하시오.

해설 촉매연소법의 특징
① 촉매를 사용하여 연소한다.
② 촉매는 연소 시 활성화 에너지를 낮추어 연소효율을 증대 시킨다.
③ 황 화합물과 중금속이 함유된 분진에는 촉매의 활성이 떨어진다.
④ 분진은 부착으로 인한 막힘현상이 자주 발생한다.

문제 3 폐기물 연소 후 배출되는 배기가스 중 염화수소 농도가 361ppm이고, 배기가스 부피가 $2900\,Sm^3/hr$일 때, 배기가스 내 염화수소를 $Ca(OH)_2$로 처리시 필요한 $Ca(OH)_2$량(kg/hr)은 얼마인가?(단, 표준상태를 기준으로 하고, Ca 원자량 40, 처리 반응율은 100%로 한다.)

해설 $2HCl \quad + \quad Ca(OH)_2 \rightarrow CaCl_2 + 2H_2O$
$2 \times 22.4 Sm^3 \;:\; 74 kg$
$2900 Sm^3/hr \times 361 ppm \times 10^{-6} \;:\; x\,kg/hr \quad \therefore x = 1.73 kg/hr$

문제 4 소각과정에서 Cl_2 농도가 0.4%인 배출가스 $5000\,Sm^3/hr$를 $Ca(OH)_2$ 현탁액으로 세정 처리하여 Cl_2를 제거하려 할 때 이론적으로 필요한 $Ca(OH)_2$ 양(kg/hr)은?

$$2Cl_2 + 2Ca(OH)_2 \rightarrow CaCl_2 + Ca(OCl)_2 + 2H_2O$$

해설 $2Cl_2 \quad + \quad 2Ca(OH)_2 \rightarrow CaCl_2 + Ca(OCl)_2 + 2H_2O$
$2 \times 22.4 Sm^3 \;:\; 2 \times 74 kg$
$5000 Sm^3/hr \times 0.004 \;:\; x\,kg/hr \quad \therefore x = 66 kg/hr$

$$x = \frac{2 \times 74 kg}{2 \times 22.4 Sm^3} \Big| \frac{5000 Sm^3 \times 0.004}{hr} = 66 kg/hr$$

문제 5 폐기물 소각로의 배기가스 중 HCl 농도가 544ppm이면 이는 몇 mg/m^3에 해당하는가?(단, 표준상태)

해설 $HCl \;:\; STP$
$36.5 mg \;:\; 22.4 mL$
$x \quad\;:\; 544 mL/m^3 \quad \therefore x = 886 mg/m^3$

문제 6 염화수소를 함유하는 배기가스를 20kg의 수산화나트륨으로 처리하였다. 만약 수산화나트륨 93%가 반응하였다면 제거된 염화수소의 양(kg)은?(단, Na 23, Cl 35.5)

해설 $HCl \;:\; NaOH$
$36.5 kg \;:\; 40 kg$
$x \quad\;:\; 20kg \times 0.93 \quad \therefore x = 16.97 kg$

Section 02 집진장치

2.1 집진원리

① **중력집진장치** : 중력에 의하여 50㎛ 이상의 큰 입자를 제거하는데 유용하다.
② **관성력집진장치** : 입자를 방해판에 충돌시켜 뉴톤의 관성력에 의해 포집한다.
③ **원심력집진장치** : 원심력에 의하여 입자를 제거하며, 일반적인 형태는 사이클론이다.
④ **세정집진장치** : 세정액을 분산시켜 함진가스의 관성력, 확산력, 응집력, 중력 등으로 포집한다.
⑤ **여과집진장치** : 여과포에 가스를 통과시켜 입자를 분리, 포집하는 장치이다. 집진원리는 차단부착, 관성충돌, 확산작용, 중력작용, 정전기와 반발력 등이다.
⑥ **전기집진장치** : 함진가스 중의 먼지에 -전하를 부여하여 대전시킨다.

[표] 집진장치의 압력손실 및 처리효율

구 분	처리입경	압력손실	집진효율
중력집진장치	$50\mu m$ 이상	$5\sim15 mmH_2O$	40~60%
관성력집진장치	$10\sim100\mu m$	$20 mmH_2O$ 이상	50~70%
원심력집진장치	$3\sim100\mu m$	$50\sim150 mmH_2O$	85~95%
세정집진장치	$0.1\sim100\mu m$	$300\sim800 mmH_2O$	80~95%
여과집진장치	$0.1\sim20\mu m$	$100\sim200 mmH_2O$	90~99%
전기집진장치	$0.05\sim20\mu m$	$10\sim20 mmH_2O$	90~99.9%
벤튜리 스크러버	-	$300\sim800\ mmH_2O$	-

2.2 집진율

① 총 집진율(η_t)

$$\eta_t = \left(1 - \frac{C_o}{C_i}\right) \times 100$$

여기서, C_o : 출구 더스트의 농도
C_i : 입구 더스트의 농도

$$\eta_t = 1 - (1-\eta_1)(1-\eta_2)$$

여기서, η_1 : 1차 집진장치의 집진율(%)
η_2 : 2차 집진장치의 집진율(%)

② 출구 더스트의 농도

$$C_o = C_i(1-\eta_1)(1-\eta_2)$$

③ 먼지 통과율(P)

$$P(\%) = \frac{C_o}{C_i} \times 100$$

여기서, C_i : 입구가스 먼지농도(g/m^3)
C_o : 출구가스 먼지농도(g/m^3)

④ 출구의 함진농도 $= \dfrac{(1-\eta_1)}{(1-\eta_2)}$

문제 1 일반적으로 압력손실이 가장 큰 집진장치는?

해설 벤튜리 스크러버의 압력손실은 300~800 mmH$_2$O로 집진장치 중 압력손실이 가장 크다.

문제 2 1차 집진장치의 집진율 90%이고, 총 집진율이 98%일 때 2차 집진장치의 집진율(%)은?

해설
$\eta_t = 1-(1-\eta_1)(1-\eta_2)$
$0.98 = 1-(1-0.9)(1-\eta_2)$
$1-\eta_2 = \dfrac{1-0.98}{1-0.9}$ ∴ $\eta_2 = 80\%$

문제 3 2대의 집진장치가 직렬로 배치되어 있다. 1차 집진장치의 집진율은 80%이고 2차 집진장치의 집진율은 90%일 때 총 집진효율(%)은?

해설 $\eta_t = 1 - (1-\eta_1)(1-\eta_2)$
$\therefore \eta_t = 1 - (1-0.8)(1-0.9) = 0.98 = 98\%$

문제 4 집진율 99%로 운전되던 집진장치가 성능저하로 집진율이 97%로 떨어졌다. 집진장치 입구의 함진농도가 일정하다고 할 때 출구의 함진농도는 어떻게 변하겠는가?

해설 출구의 함진농도 $= \dfrac{(1-\eta_1)}{(1-\eta_2)} = \dfrac{(1-0.97)}{(1-0.99)} = 3$배 증가

문제 5 직렬로 조합된 집진장치의 총집진율은 99%이었다. 2차 집진장치의 집진율이 96%라면 1차 집진장치의 집진율(%)은?

해설 $\eta_t = 1 - (1-\eta_1)(1-\eta_2)$
$0.99 = 1 - (1-\eta_1)(1-0.96)$
$1 - \eta_1 = \dfrac{1-0.99}{1-0.96}$ $\therefore \eta_1 = 0.75 ≒ 75\%$

문제 6 집진율이 각각 90%와 98%인 두 개의 집진장치를 직렬로 연결하였다. 1차 집진장치 입구의 먼지농도가 $5.9 \mathrm{g/m^3}$일 경우, 2차 집진장치 출구에서 배출되는 먼지 농도 mg/m^3는?

해설 $\eta_t = 1 - (1-\eta_1)(1-\eta_2)$
$\eta_t = 1 - (1-0.9)(1-0.98) = 0.998$
$0.998 = \left(1 - \dfrac{C_o}{5.9}\right) \rightarrow \dfrac{C_o}{5.9} = 1 - 0.998$
$\therefore C_o = 5.9 \times (1-0.998) = 0.0118 \mathrm{g/m^3} = 11.8 \mathrm{mg/m^3}$

문제 7 집진장치 출구 가스의 먼지농도가 $0.02 \mathrm{g/m^3}$ 먼지 통과율은 0.5%일 때 입구 가스 먼지농도($\mathrm{g/m^3}$)는?

해설 $P = \dfrac{C_o}{C_i} \times 100$
$0.005 = \dfrac{0.02}{C_i}$ $\therefore C_i = 4 \mathrm{g/m^3}$

문제 8 집진효율이 50%인 중력침강 집진장치와 99%인 여과식 집진장치의 직렬로 연결된 집진시설에서 중력침강 집진장치의 입구 먼지 농도가 $1000 mg/Sm^3$이라면, 여과식 집진장치의 출구 먼지 농도(mg/Sm^3)는?

해설 $\eta_t = 1 - (1-\eta_1)(1-\eta_2)$

$\eta_t = \left(1 - \dfrac{C_o}{C_i}\right)$

$\eta_t = 1 - (1-0.5)(1-0.99) = 0.995$

$0.995 = \left(1 - \dfrac{C_o}{1000}\right) \quad \therefore C_o = 5 mg/Sm^3$

문제 9 배기가스의 분진 농도가 $2000\ mg/Nm^3$인 소각로에서 분진을 처리하기 위하여 집진효율 40%인 중력집진기, 90%인 여과집진기 그리고 세정집진기가 직렬로 연결되어 있다. 먼지농도를 $5\ mg/Nm^3$ 이하로 줄이기 위해서는 세정집진기의 집진효율은 최소한 몇 % 이상 되어야 하는가?

해설 $\eta_t = 1 - (1-\eta_1)(1-\eta_2)(1-\eta_3) = \dfrac{C_o}{C_i}$

$(1-0.4)(1-0.9)(1-\eta_3) = \dfrac{5}{2000}$

$(1-\eta_3) = \dfrac{0.0025}{0.6 \times 0.1} \quad \therefore \eta_3 = 1 - 0.042 = 0.95 ≒ 95\%$

2.3 중력집진장치

① 침강실 내 처리가스 속도가 작을수록 미립자가 포집된다.
② 침강실 내 배기가스 기류는 균일하여야 한다.
③ 침강실 입구폭이 클수록 유속이 느려지고, 미세한 입자가 포집된다.
④ 다단일 경우 단수가 증가될수록 압력손실은 커지나 효율은 증가한다.
⑤ 수평거리가 길수록 집진율이 높아진다.
⑥ 미세입자의 포집효율이 낮다.
⑦ 고부하 또는 고온의 가스처리에 용이하다.
⑧ 압력손실, 설치비용, 운전비용이 저렴하다.

2.4 관성력집진장치

① 뉴턴의 관성법칙을 이용하여 함진가스를 포집하는 장치이다.
② 함진가스를 방해판에 충돌시켜 입자를 관성력에 의하여 분리한다.
③ 미세입자의 포집효율이 낮다.
④ 고온의 가스처리에 용이하다.
⑤ 압력손실, 설치비용, 운전비용이 저렴하다.

2.5 원심력집진장치

① 원심력집진장치는 분진을 함유한 가스에 회전운동을 주어 원심력과 관성력에 의하여 분진을 포집하는 장치이다.
② 원통구조물 내에서 전체가스를 나선모양으로 흐르게 하여 입자를 제거하므로 입구처리속도가 증가하면 제거효율이 커진다.
③ 블로다운(Blow Down)은 원심력집진장치의 집진율을 높이기 위한 방법으로 원심력집진장치의 더스트 박스에서 처리배기량의 5~10%를 흡입함에 따라 사이클론 내 난기류 현상을 억제시킴으로서, 집진된 분진이 비산되어 분리된 분진이 빠져나가는 것을 방지하는 방법이다.
④ 한계입경은 100% 분리 포집되는 입자의 최소입경이다.
⑤ 원심력집진장치의 일반적인 형태는 사이클론이다.

⑥ 처리가능 입자는 3~100㎛이며, 저효율 집진장치 중 집진율이 우수하고, 경제적인 이유로 전처리 장치로 많이 사용된다.
⑦ 설치비와 유지비가 저렴한 편이다.
⑧ 점착성이나 딱딱한 입자가 함유된 배출가스에는 부적합하다.
⑨ 배기관경이 작을수록 입경이 작은 먼지를 제거할 수 있다.
⑩ 고농도일 경우는 병렬연결하여 사용하고, 응집성이 강한 먼지는 직렬연결하여 사용한다.
⑪ 침강먼지 및 미세먼지의 재비산을 막기 위해 스키머와 회전깃 등을 설치한다.
⑫ 분리계수 $S = \dfrac{V^2}{R \cdot g}$

여기서, V : 가스유입속도(m/s)
R : 사이클론의 반지름(m)
g : 중력가속도($9.8m/s^2$)

2.6 세정집진장치

① 고온의 가스를 처리할 수 있다.
② 폐수처리 장치가 필요하다.
③ 점착성 및 조해성 먼지를 처리할 수 있다.
④ 포집된 먼지의 재비산 염려가 거의 없다.
⑤ 세정집진장치의 포집원리는 직접흡수, 관성충돌, 확산, 응집, 응결작용 등이다.
⑥ 고온가스, 가연성, 폭발성 먼지, 미스트를 처리할 수 있다.
⑦ 압력손실이 크며 동력비가 많이 소요된다.
⑧ 세정집진장치에는 충전탑, 분무탑, 제트스크러버, 벤튜리스크러버 등이 있다.

2.7 벤츄리 스크러버

① 소형으로 대용량의 가스처리가 가능하다.
② 목부의 처리가스 속도는 보통 60~70m/s 정도이다.
③ 압력손실이 300~800mmH$_2$O로 집진장치 중 압력손실이 가장 크다.
④ 물방울 입경과 먼지의 입경비는 충돌 효율면에서 150 : 1 전후가 좋다.
⑤ 고온다습한 가스나 연소성, 폭발성 가스에 적합하며 제거된 입자의 재비산이 없다.
⑥ 좁은 공간에 설치가 가능하며 폐수의 발생 등으로 유지관리비가 많이 든다.

2.8 여과집진장치

① 가스 온도에 따라 여재의 사용이 제한된다.
② 수분이나 여과속도에 대한 적용성이 낮다.
③ 여과재의 교환으로 유지비가 고가이다.
④ 250℃ 이상의 고온에 부적당하다.
⑤ 폭발성, 점착성, 흡습성의 먼지는 여재가 막힐 우려가 있어 먼지제거가 곤란하다.
⑥ 집진원리는 차단부착, 관성충돌, 확산작용, 중력작용, 정전기와 반발력 등이다.
⑦ 넓은 설치공간이 요구된다.
⑧ 집진율을 높이기 위하여 낮은 여과속도와 간헐식 탈진을 한다.
⑨ 여과포의 사용온도는 목면 80℃, 양모 80℃, 카네카론 100℃, 글라스화이버 250℃이다.
⑩ 여과포의 표면여과속도 $V = \dfrac{Q}{A_f} = \dfrac{Q}{\pi D H n}$

여기서, V : 표면 여과속도
Q : 배출가스량
D : 직경
H : 유효높이
n : 여과자루의 수(개)

⑪ Bag filter의 개수(n)

$$n = \dfrac{\text{필터 전체면적}}{\text{필터 1개 면적}} = \dfrac{A_f}{A}$$

⑫ 분진의 통과율(P)

$$P(\%) = \dfrac{\text{통과후 분진농도 } C_o}{\text{통과전 분진농도 } C_i} \times 100$$

2.9 전기집진장치

① 대량의 가스 처리가 가능하다.
② 전압변동과 같은 조건변동에 적응하기 어렵다.
③ 초기 설비비가 고가이다.
④ 압력손실이 적어 소요동력이 적다.
⑤ 미세입자의 포집효율이 높다.
⑥ 압력손실이 낮다.
⑦ 집진극은 부착된 먼지를 털어내기 쉽고 전기장 강도가 균일하며, 열, 부식성 가스에 강하고 먼지의 탈진 시 재비산이 없어야 한다.
⑧ 먼지의 전기저항을 낮추기 위하여 물, 염화물, 유분(Oil), SO_3 등을 사용하며, 먼지의 전기저항을 높이기 위하여 암모니아를 사용한다.
⑨ 전기집진장치의 집진효율

$$\text{Deutsch-Anderson식} \quad n = 1 - \exp\left(-\frac{A \cdot W_e}{Q}\right)$$

여기서, Q : 처리가스량(m^3/s)
A : 집진면적(m^2)
W_e : 이동속도(m/s)
η : 제거효율(%)

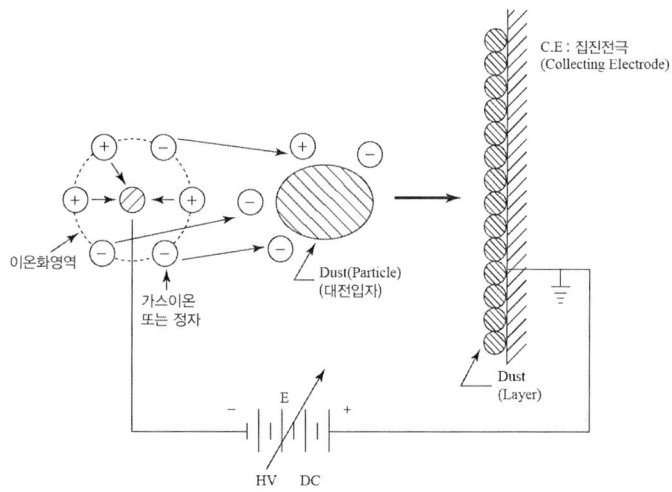

[그림] 전기집진장치

문제 1 중력집진장치의 침강실에서 입자상 오염물질의 최종 침강속도가 0.2m/s, 높이가 1.5m일 때, 이것을 완전 제거하기 위하여 소요되는 이론적인 중력 침강실의 길이(m)는?(단, 집진장치를 통과하는 가스의 속도는 2m/s이고 층류를 기준으로 한다)

해설 $H \cdot V_s = L \cdot v$

$$\frac{깊이 H}{침강속도 V_s} = \frac{길이 L}{유속 v}$$

$$\therefore L = \frac{H \cdot v}{V_s} = \frac{1.5m}{} \left| \frac{2m}{\sec} \right| \frac{\sec}{0.2m} = 15m$$

문제 2 다음과 같은 특성을 지닌 집진장치는?

- 고농도 함진가스의 전처리에 사용될 수 있다.
- 배출가스의 유속은 보통 0.3~3m/s 정도가 되도록 설계한다.
- 시설의 규모는 크지만 유지비가 저렴하다.
- 압력손실은 10~15mmH₂O 정도이다.

해설 중력 집진장치

문제 3 블로다운(Blow Down) 효과에 대하여 간략히 설명하라?

해설 원심력집진장치의 집진율을 높이기 위한 방법으로 원심력집진장치의 더스트 박스에서 처리배기량의 5~10%를 흡입함에 따라 사이클론 내 난기류 현상을 억제시킴으로서, 집진된 분진이 비산되어 분리된 분진이 빠져나가는 것을 방지하는 방법이다.

문제 4 원심력집진장치에서 한계(또는 분리)입경이란 무엇을 말하는가?

해설 한계(또는 분리)입경이란 100% 분리 포집되는 입자의 최소입경이다.

문제 5 원심력 집진장치의 집진효율을 높이는 방법 3가지를 기술하라?

해설 집진효율을 높이는 방법
① 배기관경이 작을수록 원심력이 커지므로 입경이 작은 먼지를 제거할 수 있다.
② 한계 입구유속 내에서는 그 입구유속이 클수록 효율은 높은 반면 압력손실도 높아진다.
③ 고농도일 경우는 병렬연결하여 사용하고, 응집성이 강한 먼지는 직렬연결(단수 3단 이내)하여 사용한다.
④ 침강먼지 및 미세먼지의 재비산을 막기 위해 스키머와 회전깃 등을 설치한다.

문제 6 여과식 집진장치에서 지름이 0.3m, 길이가 3m인 원통형 여과포 18개를 사용하여 유량이 30㎥/min인 가스를 처리할 경우에 여과포의 표면 여과속도 m/min는 얼마인가?

해설 $V = \dfrac{Q}{A_f} = \dfrac{Q}{\pi DHn}$

$V = \dfrac{30m^3}{\min} \Big| \dfrac{1}{3.14} \Big| \dfrac{1}{0.3m} \Big| \dfrac{1}{3m} \Big| \dfrac{1}{18} = 0.589 m/\min$

문제 7 처리가스유량이 1000㎥/hr이고 여과포의 유효면적이 $5m^2$일 때 여과집진장치의 겉보기여과속도(cm/s)를 구하면?

해설 $V = \dfrac{Q}{A_f} = \dfrac{1000m^3}{hr} \Big| \dfrac{hr}{3600\sec} \Big| \dfrac{1}{5m^2} = 0.055 m/\sec$

문제 8 백필터를 이용하여 가스유량이 100㎥/min인 함진가스를 $1.5cm/s$의 여과속도로 처리하고자 한다. 소요되는 여과포의 유효면적(㎡)은?

해설 $V = \dfrac{Q}{A_f} = \dfrac{100m^3}{\min} \Big| \dfrac{\sec}{1.5cm} \Big| \dfrac{\min}{60\sec} \Big| \dfrac{cm}{0.01m} = 111 m^2$

문제 9 백필터를 통과한 가스의 분진농도가 10 mg/㎥이고 분진의 통과율이 5%라면 백필터를 통과하기 전 가스 중의 분진농도 g/㎥는?

해설 분진의 통과율 $P(\%) = \dfrac{통과후 분진농도\ C_o}{통과전 분진농도\ C_i} \times 100$

$\therefore 5\% = \dfrac{0.01 g/m^3}{C_i} \times 100 \quad \therefore C_i = 0.2 g/m^3$

문제 10 1시간에 7200㎥이 발생되는 배기가스를 2m/s의 속도로 원형 송풍관을 통과시켜 전기집진장치로 보내려할 때, 이 원형 송풍관의 반지름(r)은 몇 cm로 해야 하는가? (단, 기타조건은 무시)

해설 $A = \dfrac{Q}{V} \quad \therefore A = \dfrac{7200m^3}{hr} \Big| \dfrac{\sec}{2m} \Big| \dfrac{hr}{3600\sec} = 1m^2$

$DIA^\phi = \sqrt{\dfrac{4}{\pi} A}$

$\therefore DIA^\phi = \sqrt{\dfrac{4}{\pi} \times 1} = 1.13m \,(반지름\ r = 56.4cm)$

문제 11 전기집진장치의 장점 5가지를 기술하시오?

해설 **전기집진장치의 장점**
① 대량의 가스 처리가 가능하다.
② 전압변동과 같은 조건변동에 적응하기 어렵다.
③ 초기 설비비가 고가이다.
④ 압력손실이 적어 소요동력이 적다.
⑤ 미세입자의 포집효율이 높다.
⑥ 압력손실이 낮다.

폐기물처리기사·산업기사 실기

제12장

과년도복원문제

폐기물처리기사
폐기물처리산업기사

2012시행 기사 폐기물처리기사 [제1회]

문제 01 ┃ 어떤 도시의 수거 인구가 6488250명이며, 이 도시의 쓰레기 배출량은 1.15kg/인·일이다. 수거인부는 3087명이며 이들이 1일에 8시간을 작업한다면 MHT는?

해설 MHT

$$MHT = \frac{1일 평균 수거 인부수(3087 man) \times 1일 작업시간(8hr)}{1일 평균 폐기물 발생량(6488250명 \times 0.00115t/인·일)} = 3.3$$

문제 02 ┃ 1일 폐기물 발생량이 2000톤인 도시에서 5톤 덤프트럭으로 쓰레기를 투기장까지 운반하고자 한다. 이들의 하루 운전시간은 8시간, 운반거리는 2km, 왕복운반시간 25분, 적재시간 25분, 적하시간 10분이며 3대의 대기차량을 고려하면 모두 몇 대의 트럭이 필요한가? (단, 기타 사항은 고려하지 않음)

해설 발생량 = 처리량

$$2000t = 5t \times (\frac{8\,hr/day}{25분 + 25분 + 10분}) 회/대 \times x\,대$$

$$\therefore x = 50대 + 대차량\ 3대 = 53대$$

문제 03 ┃ 다음은 시료 용출시험방법에 관한 설명이다. ( ) 안에 알맞은 것은?

> 시료의 조제 방법에 따라 조제한 시료 100g 이상을 정확히 달아 정제수에 염산을 넣어 pH를 (①)으로 맞춘 용매(mL)를 시료 : 용매 = (②)(W : V)의 비로 2000mL 삼각 플라스크에 넣어 혼합한다.

해설 ① 5.8~6.3,
② 1:10

문제 04 ┃ 폐기물의 저위발열량을 폐기물 3성분 조성비를 바탕으로 추정할 때 3가지 성분은?

해설 폐기물의 3성분에는 가연성분, 수분, 회분이 있으며, 4성분에는 고정탄소, 휘발분, 수분, 회분이 있다.

문제 05 ❙ 다음과 같은 조성의 폐기물의 저위발열량($kcal/kg$)을 Dulong 식을 이용하여 계산 하시오.(단, 탄소, 수소, 황의 연소발열량은 각각 8100$kcal/kg$, 34000$kcal/kg$, 2500$kcal/kg$으로 한다.)

- 휘발성고형물 50%, 회분 50%
- 휘발성고형물의 원소분석결과 C 50%, H 30%, O 10%, N 10%

해설 Dulong식 $H_h(kcal/kg) = 8100C + 34000(H - \dfrac{O}{8}) + 2500S$
*여기서, 원소의 단위는 퍼센트농도(%/100)이다.

$H_h = 8100 \times 0.5 \times 0.5 + 34000\left(0.5 \times 0.3 - \dfrac{0.5 \times 0.1}{8}\right) = 6912.5 kcal/kg$

$H_l(kcal/kg) = H_h - 6(9H + W)$
*여기서, 원소의 단위는 퍼센트농도(%)이다.

∴ $H_l = 6912.5 - 6(9 \times 0.5 \times 30) = 6102.5 kcal/kg$

문제 06 ❙ 블로다운(Blow Down) 효과에 대하여 간략히 설명하라?

해설 원심력집진장치의 집진율을 높이기 위한 방법으로 원심력집진장치의 더스트 박스에서 처리배기량의 5~10%를 흡입함에 따라 사이클론 내 난기류 현상을 억제시킴으로서, 집진된 분진이 비산되어 분리된 분진이 빠져나가는 것을 방지하는 방법이다.

문제 07 ❙ 폐기물 소각공정에서 연소실 내 다이옥신류 저감방안 5가지를 쓰시오.

해설 다이옥신류 저감방안
㉮ 완전연소 조건을 충족시킨다.
㉯ 적절한 1차 공기량을 제어한다.
㉰ 850~950℃의 고온에서 분해한다.
㉱ 충분한 산소농도를 유지한다.
㉲ 2차 연소실을 확보하여 재연소한다.
㉳ 연소 시 발생하는 미연분의 양과 비산재의 양을 줄인다.
㉴ 2차 공기공급에 의한 미연분을 완전연소 한다.

문제 08 ❙ 폐기물 처리방법 중 소각처리와 열분해처리를 비교할 때, 열분해처리의 장점 5가지를 기술하시오.

해설 열분해처리의 장점
㉮ 배기가스량이 적다.
㉯ 황과 중금속이 재속에 고정되는 비율이 크다.
㉰ Cr^{3+}이 Cr^{6+}으로 산화되는 경우가 없다.
㉱ 다이옥신 발생량이 적다.
㉲ NO_x, SO_x의 발생량이 적다.

문제 09 다음은 동전기 정화기술에 관한 용어이다. 용어의 정의를 설명하시오.

> 전기이동, 전기삼투, 전기경사, 농도경사, 전기영동

해설 용어 정의
- ㉮ 전기이동 : 전기장을 인가하면 이온물질인 음이온은 양극으로 양이온은 음극으로 이동한다.
- ㉯ 전기삼투 : 전기장을 인가하면 간극수(물)는 양극에서 음극으로 이류하게 된다.
- ㉰ 전기경사 : 전기장을 인가하면 전압이 높은 극에서 낮은 극으로 이온이 이동한다.
- ㉱ 농도경사 : 농도가 높은 물질에서 낮은 물질로 이동한다.
- ㉲ 전기영동 : 콜로이드 물질은 음전하를 띤 입자는 양극으로 양전하를 띤 입자는 음극으로 이동한다.

문제 10 연직차수막의 공법으로 많이 사용되는 방법 3가지를 쓰시오.

해설 연직차수막의 공법에는 강널말뚝 공법, 그라우트 공법, 슬러리월 공법, 어스 댐코어 공법 등이 있다.

문제 11 30 ton의 음식물쓰레기를 볏짚과 혼합하여 C/N비 30으로 조정하여 퇴비화하고자 한다. 이때 볏짚의 필요량(ton)은? (단, 음식물쓰레기와 볏짚의 C/N비는 각각 20과 100이고, 다른 조건은 고려하지 않음)

해설 볏짚의 필요량

$$C/N\ 30 = \frac{(30t \times 20) + 100x}{30t + x}$$

$600 + 100x = 900 + 30x \quad \therefore x(볏짚) = 4.28t$

문제 12 어느 지역에서 매립에 의해 처리하고자 하는 폐기물 양은 1일 150ton이다. 이를 도랑식 매립법(Trench Methods)에 의해 매립하고자 할 때 발생 폐기물 밀도 $650\,kg/m^3$, 부피감소율 45%, Trench 유효깊이 1.5m, 매립면적 중 Trench 점유율 80%라면, 1년간 소요 부지면적 (m^2)은?

해설 소요 부지면적

$$부지면적 = \frac{150t \times 10^3 kg/t \times (1-0.45)}{650 kg/m^3 \times 1.5m} \times 365 day = 30885\,m^2/y$$

도랑 면적 : 부지면적
0.8 : 1
30885 : x $\quad \therefore x = 38605\,m^2$

문제 13 매립장에서 침출된 침출수가 다음과 같은 점토로 이루어진 90cm의 차수층을 통과하는 데 걸리는 시간(년)은 얼마인가?

> – 유효 공극률 : 0.5
> – 점토층 하부의 수두는 점토층 아랫면과 일치
> – 점토층 투수계수 : 10^{-7} cm/sec
> – 점토층 위의 침출수 수두 : 40cm

해설 차수층 통과 시간(년) $t = \dfrac{nd^2}{k(d+h)}$

$$k\left(\dfrac{m}{y}\right) = \dfrac{10^{-7}cm}{\sec}\left|\dfrac{m}{100cm}\right|\dfrac{3600\sec}{hr}\left|\dfrac{24hr}{day}\right|\dfrac{365day}{y} = 0.0315 m/y$$

$$\therefore t = \dfrac{0.5 \times (0.9m)^2}{0.0315 m/y (0.9+0.4)m} = 9.89 y$$

문제 14 어떤 폐기물의 원소조성이 다음과 같고, 실제공기량이 $6 Sm^3$일 때 이론산소량과, 이론공기량, 공기비는?(단, 가연분 60%(C 45%, H 10%, O 40%, S 5%), 수분: 30%, 회분: 10%)

해설 이론산소량(O_o), 이론공기량(A_o), 공기비(m)

$O_o = 1.867C + 5.6H + 0.7S - 0.7O$
　　　*여기서, 원소는 %/100 이다.

$O_o = (1.867 \times 0.6 \times 0.45) + (5.6 \times 0.6 \times 0.1 + 0.7) \times (0.6 \times 0.05) - (0.7 \times 0.6 \times 0.4)$
　　$= 0.693 Sm^3/kg$

$A_o = 0.693 Sm^3/kg \times \dfrac{1}{0.21} = 3.3 Sm^3$

$\therefore m = \dfrac{A(실제공기량)}{A_o(이론공기량)} = \dfrac{6 Sm^3}{3.3 Sm^3} = 1.81$

문제 15 폐기물 조성이 $C_{60}H_{95}ON$인 유기물질 1톤이 호기성 부해할 때 필요한 이론산소량(Sm^3)은?

해설 호기성분해 반응식

$$C_aH_bO_cN_d + \left[\dfrac{4a+b-2c-3d}{4}\right]O_2 \rightarrow aCO_2 + \left[\dfrac{b-3d}{2}\right]H_2O + dNH_3$$

$C_{60}H_{95}ON + 82.5 O_2 \rightarrow 60 CO_2 + 46 H_2O + NH_3$
　　$845 kg$ 　: 　$82.5 \times 22.4 Sm^3$
　　$1000 kg$ 　: 　x 　　　　$\therefore x = 2186.98 Sm^3$

문제 16 어느 폐기물의 성분을 조사한 결과 플라스틱의 함량이 10%(중량비)로 나타났다. 이 폐기물의 밀도가 $300 kg/m^3$이라면 폐기물 $10 m^3$ 중에 함유된 플라스틱의 양(kg)은 얼마인가?

해설 플라스틱의 양(kg) $= 10 m^3 \times 300 kg/m^3 \times 0.10 = 300 kg$

문제 17 ▌ 다음 조건인 경우 Worrell식 및 Rietema식에 의한 선별효율(%)은?

- 총 투입 폐기물량 200톤
- 회수량 160톤
- 회수량 중 회수대상물질 140톤
- 제거량 중 제거대상물질 30톤

해설 Worrell식 및 Rietema식에 의한 선별효율(%)

총 투입 폐기물량: 200톤	
회수량 중	제거량 중
회수량 160톤	제거량 40톤
회수대상물질(X_1) 140톤	회수대상물질(X_2) 10톤
제거대상물질(Y_1) 20톤	제거대상물질(Y_2) 30톤
총 회수대상물질(X_t) 150톤	
총 제거대상물질(Y_t) 50톤	

① Worrell식 선별효율(E_W)

$$E_W = (\frac{X_1}{X_t} \times \frac{Y_2}{Y_t}) \times 100$$

$$\therefore E_W = (\frac{140}{150} \times \frac{30}{50}) \times 100 = 56\%$$

② Rietema식 선별효율(E_R)

$$E_R = (\frac{X_1}{X_t} - \frac{Y_1}{Y_t}) \times 100$$

$$\therefore E_R = (\frac{140}{150} - \frac{20}{50}) \times 100 = 53.33\%$$

문제 18 ▌ 쓰레기를 파쇄할 때 90% 이상을 3.8cm보다 작게 파쇄하려고 하는 경우, Rosin-Rammler Model에 의한 특성입자의 크기(cm)는? (단, n = 1)

해설 Rosin-Rammler Model

$$Y = 1 - \exp\left[-\left(\frac{X}{X_o}\right)^n\right]$$

$$0.90 = 1 - \exp\left[-\left(\frac{3.8cm}{X_o}\right)^1\right]$$

$$\exp(-\frac{3.8cm}{X_o}) = 1 - 0.9$$

∴ 특성입자 크기 $X_o = \frac{-3.8cm}{\ln(1-0.90)} = 1.65cm$

2012시행 폐기물처리산업기사 [제1회]

문제 01 압축비(C_R)와 부피감소율(V_R)의 관계를 식으로 설명하고, 세로축을 압축비(C_R), 가로축을 부피감소율(V_R)로 하여 두 인자의 상관관계를 그래프로 도시 하시오.

해설 C_R, V_R 식 및 상관관계 그래프

㉮ 압축비(C_R) = $\dfrac{압축 전 부피 V_1}{압축 후 부피 V_2}$ = $\dfrac{압축 후 밀도}{압축 전 밀도}$ = $\dfrac{100}{100 - 부피감소율 V_R}$

㉯ 부피감소율(V_R) = $(1 - \dfrac{V_2}{V_1}) \times 100 = (1 - \dfrac{1}{압축비 C_R}) \times 100$

㉰ C_R 및 V_R의 상관관계 그래프

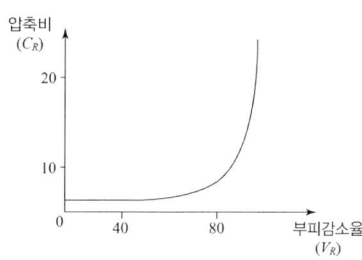

문제 02 청소상태와 관련된 지표로서 CEI(Community Effect Index) 산정 시 사용되는 인자 3가지를 쓰시오.

해설 CEI(Community Effect Index) 설정인자에는 가로의 총수, 청결상태, 청소상태의 문제점 여부를 평가한다.

문제 03 1일 폐기물 발생량이 2000톤인 도시에서 5톤 덤프트럭으로 쓰레기를 투기장까지 운반하고자 한다. 이들의 하루 운전시간은 8시간, 운반거리는 2km, 왕복운반시간 25분, 적재시간 25분, 적하시간 10분이며 3대의 대기차량을 고려하면 모두 몇 대의 트럭이 필요한가? (단, 기타 사항은 고려하지 않음)

해설 발생량 = 처리량

$2000t = 5t \times (\dfrac{8\,hr/day}{25분 + 25분 + 10분})$회/대 × x 대

∴ x = 50대 + 대차량 3대 = 53대

문제 04 RDF(Refuse Derived Fuel)가 갖추어야 하는 조건 5가지를 쓰시오.

> **해설** RDF의 구비조건
> ㉮ 폐기물의 함수율이 낮아야 한다.
> ㉯ 가연성 물질의 발열량이 높아야 한다.
> ㉰ 연소 시 대기오염이 적어야 한다.
> ㉱ 균일한 성분배합률로 구성되어야 한다.
> ㉲ 연소 후 재의 양이 적어야 한다.
> ㉳ 저장 및 수송이 편리하도록 개질되어야 한다.
> ㉴ 고분자 물질인 PVC 함량은 낮아야 한다.

문제 05 분뇨의 슬러지 건량은 5m³이며 함수율이 90%이다. 함수율을 80%까지 농축하면 농축조에서의 분리액(m³)은 얼마인가? (단, 비중은 1.0 기준)

> **해설** 농축조에서의 분리액(m³)
> $V_1(100-P_1) = sludge$ 건량 $\quad \therefore V = \dfrac{sludge\ 건량}{100-P} \times 100$
>
> 분리액 $V = (5m^3 \times \dfrac{100}{100-90}) - (5m^3 \times \dfrac{100}{100-80}) = 25m^3$

문제 06 슬러지처리를 하기 위해 위생처리장 활성슬러지(1% 농도) 40m³를 농축조에 넣어 농축한 결과 슬러지의 농도가 35000mg/L가 되었다. 농축된 슬러지의 량(m³)은? (단, 슬러지비중은 1.0으로 가정함)

> **해설** 농축된 슬러지의 량(m^3)
> $40m^3 \times 10000ppm = V_2\, 35000mg/L \quad \therefore V_2 = 11.43m^3$

문제 07 함수율이 90%인 슬러지의 겉보기 비중이 1.02 이었다. 이 슬러지를 진공여과기로 탈수하여 함수율이 60%인 슬러지를 얻었다면 이 슬러지가 갖는 겉보기 비중은?(단, 물의 비중은 1.0)

> **해설** 슬러지의 겉보기 비중
> ㉮ 함수율이 90%인 고형물의 비중
> $\dfrac{1}{1.02} = \dfrac{0.1}{\rho_s} + \dfrac{0.9}{1.0} \quad \therefore \rho_s = 1.24$
> 슬러지 = 고형물 + 수분
>
> ㉯ 함수율이 60%인 슬러지의 비중
> $\dfrac{1}{\rho_{sl}} = \dfrac{0.4}{1.24} + \dfrac{0.6}{1.0} \quad \therefore \rho_{sl} = 1.084$
> 슬러지 = 고형물 + 수분

문제 08 C_8H_{18}을 완전연소 시킬 때 부피 및 무게에 대한 이론 AFR은?

[해설] 이론 AFR

$$C_8H_{18} + 12.5O_2 + \rightarrow 8CO_2 + 9H_2O$$
$$1M \quad : 12.5 \Rightarrow mole \text{ 부피기준}$$
$$114kg : 12.5 \times 32 \Rightarrow kg \text{ 무게기준}$$

$$AFR = \frac{공기(mole)}{연료(mole)} = \frac{\frac{12.5}{0.21}}{1} = 59.5 Sm^3$$

$$AFR = \frac{공기(kg)}{연료(kg)} = \frac{\frac{12.5 \times 32}{0.23}}{114} = 15.2 kg$$

문제 09 저발열량이 10000kcal/Sm³이고, 이론 습연소가스량이 15Sm³/Sm³인 가스 연료의 이론연소온도(℃)는 얼마인가? (단, 연소가스의 비열은 0.5kcal/Sm³·℃이며 공급공기 및 연료온도는 25℃로 가정한다.)

[해설] 이론연소온도(℃)

$$t_2 = \frac{H_l}{G_o C_p} + t_1$$

$$\therefore t_2 = \frac{10000 \text{kcal/Sm}^3}{15 \text{Sm}^3/\text{Sm}^3 \times 0.5 \text{kcal/Sm}^3 \cdot ℃} + 25℃ = 1358.33℃$$

문제 10 C 및 H의 중량조성이 각각 86%, 14%인 액체연료를 매시간 100kg 연소시켜 배기가스의 조성을 분석한 결과 CO_2 12.5%, O_2 3.5%, N_2 84%이였다. 이 경우 시간당 필요한 실제공기량(Sm³)은?

[해설] 시간당 필요한 공기량(Sm^3)

$$m = \frac{A}{A_o} = \frac{21}{21 - O_2} = \frac{N_2(\%)}{N_2(\%) - 3.76(O_2 - 0.5CO\%)}$$

$$m = \frac{84(\%)}{84(\%) - 3.76 \times 3.5(\%)} = 1.186$$

$$O_o = 1.867C + 5.6H + 0.7S - 0.7O$$
*여기서, 원소는 %/100 이다.

$$O_o = 1.867 \times 0.86 + 5.6 \times 0.14 = 2.39 Sm^3/kg$$

$$A_o = 2.39 Sm^3/kg \times \frac{1}{0.21} = 11.37 Sm^3/kg$$

$$A = mA_o$$

$$\therefore Air량 = 11.37 Sm^3/kg \times 100kg \times 1.186(m) = 1350 Sm^3$$

문제 11 | 가정에서 발생되는 쓰레기를 소각시킨 후 남은 재의 중량은 소각된 쓰레기의 1/5 이다. 쓰레기 100톤을 소각하여 소각재 부피가 20m³이 되었다면 소각재의 밀도(톤/m³)는 얼마인가?

해설 소각재의 밀도(톤/m³)   밀도 $\rho = \dfrac{무게\ W}{부피\ V}$

$$\therefore \rho = \dfrac{100톤 \times 1/5}{20m^3} = 1.0 톤/m^3$$

문제 12 | 어떤 소각로에 배출되는 가스량은 8000kg/hr이고 온도는 1000℃ 이다. 배기가스는 소각로 내에서 1초 체류한다면 소각로 용적(m³)은?(단, 표준상태에서 배기가스 밀도는 0.2kg/Sm³)

해설 소각로 용적(m^3)

밀도에 온도보정 $0.2 kg/Sm^3 \times \dfrac{273}{273+1000} = 0.043 kg/m^3$

$t = V/Q$ 에서 $V = \dfrac{8000kg}{hr} \Big| \dfrac{1 \sec}{} \Big| \dfrac{hr}{3600 \sec} \Big| \dfrac{m^3}{0.043 kg} = 51.7 m^3$

문제 13 | 열분해의 정의와 그 생성물을 기술하시오.

해설 열분해의 정의와 그 생성물
  ㉮ 정의 : 고온, 고압, 무산소 상태에서 유기물질을 기체 가스(Gas), 액체 오일(Oil)의 연료를 생산하는 공정을 열분해라 정의한다.
  ㉯ 생성물
    • 저온열분해는 500~900℃에서 Char, 아세트산, 아세톤, CH_3OH, Oil 등의 유기액체연료가 생성된다.
    • 고온열분해는 1100~1500℃에서 가스 상태의 H_2, CH_3, CO 등이 생성된다.

문제 14 | 매립지에 쓰이는 합성차수막을 재료별로 3가지를 쓰고 특징을 간략히 설명하시오.

해설 합성차수막을 재료별 특징
  ㉮ PVC : 가격은 저렴하나 자외선, 오존, 기후에 약하다.
  ㉯ HDPE : 온도에 대한 저항성이 높다.
  ㉰ CSPE : 산과 알카리에 특히 강하다.
  ㉱ CPE : 접합상태가 나쁘다.

문제 15 | 해안매립공법 3가지를 기술하시오.

해설 해안매립공법
  ㉮ 순차투입공법 : 호안 측으로부터 순차적으로 쓰레기를 투입하여 육지화 하는 방법이다.
  ㉯ 박층뿌림공법 : 밑면이 뚫린 바지선에서 쓰레기를 박층으로 떨어뜨려 뿌리는 방법이다.
  ㉰ 내수배제공법 : 고립된 매립지대에 매립 전에 내수를 일부 배제한 후 쓰레기를 투기하는 방식이다.

2012시행 폐기물처리기사 [제2회]

문제 01 최소 크기가 10cm인 폐기물을 2cm로 파쇄하고자 할 때 kick's 법칙에 의한 소요동력은 동일 폐기물을 4cm로 파쇄할 때 소요되는 동력의 몇 배인가?(단, n=1로 가정한다.)

해설 kick's 법칙에 의한 소요동력

$$E = 상수\ C \ln\left(\frac{파쇄\ 전\ 입자크기\ (L_1)10cm}{파쇄\ 후\ 입자크기\ (L_2)2cm}\right) = 1.61 kw$$

$$E = 상수\ C \ln\left(\frac{파쇄\ 전\ 입자크기\ (L_1)10cm}{파쇄\ 후\ 입자크기\ (L_2)4cm}\right) = 0.91 kw$$

$$\therefore \frac{1.61 kw}{0.91 kw} = 1.77배$$

문제 02 폐기물관리법에서 적용되는 '지정폐기물'이란 용어를 설명하시오.

해설 "지정폐기물"이란 사업장폐기물 중 폐유·폐산 등 주변 환경을 오염시킬 수 있거나 의료폐기물(醫療廢棄物) 등 인체에 위해(危害)를 줄 수 있는 해로운 물질로서 대통령령으로 정하는 폐기물을 말한다.

문제 03 쓰레기발생량 예측방법 3가지를 설명하시오.

해설 발생량 예측방법
㉮ 경향예측모델(Trend Method): 최저 5년 이상의 과거 폐기물처리 실적을 수식화된 모델에 대입하여 폐기물의 발생량을 예측하는 방법으로 시간에 따른 폐기물의 발생량만 고려한다.
㉯ 다중회귀모델(Mutiple Regression): 하나의 수식으로 여러 인자 즉, 자원 회수량, 사회적, 경제적 특성 등을 총괄적으로 고려하여 복잡한 시스템을 분석하는 방법이다.
㉰ 동적모사모델(Dynamic Simulation): 모든 인자를 시간에 대한 함수로 나타내어 각 영향 인자들 간의 상관관계를 수식화하는 방법이다.

문제 04 유해폐기물의 고형화 방법 5가지를 쓰시오.

해설 고형화 방법
㉮ 시멘트 기초법   ㉯ 자가시멘트법
㉰ 석회기초법   ㉱ 열가소성 플라스틱법
㉲ 피막 형성법   ㉳ 유리화법

문제 05 ▌ 방사능 폐기물을 유리화법으로 처리 시 장점과 단점을 각각 3가지 기술하시오.

해설 유리화법의 장단점
㉮ 장점
- 2차 오염물질의 발생이 없다.
- 첨가제의 비용이 싸다.
- 방사성, 독성 폐기물에 적용한다.

㉯ 단점
- 에너지 소요량이 많다.
- 장치 및 부대비용이 많이 든다.
- 숙련된 인원이 필요하다.

문제 06 ▌ 오니의 혐기성 소화 과정에서 메탄발효단계에서의 반응속도가 2차 반응일 경우, 반응속도상수(K)의 단위는?

해설 반응속도상수(k)의 단위

1차 반응 $k = \dfrac{1}{t}$

2차 반응 $k = \dfrac{1}{C \cdot t}$

문제 07 ▌ 함수율 95% 분뇨의 유기탄소량이 TS의 35%, 총질소량은 TS의 10%이다. 이와 혼합할 함수율 20%인 볏짚의 유기탄소량이 TS의 80%이고 총질소량이 TS의 4%라면 분뇨와 볏짚을 무게비 2:1로 혼합했을 때 C/N비는?

해설 혼합 C/N비

$\dfrac{C}{N} = \dfrac{\text{분뇨}}{} \dfrac{0.05 \times 0.35 \times 2/3 + 0.8 \times 0.8 \times 1/3}{0.05 \times 0.1 \times 2/3 + 0.8 \times 0.04 \times 1/3} = 16.07$

문제 08 ▌ 글리신($C_2H_5O_2N$) 2M이 혐기성소화에 의해 완전분해 될 때 생성 가능한 이론적인 메탄 가스량(L)은? (단, 표준상태 기준, 분해 최종산물은 CH_4, CO_2, NH_3)

해설 이론 메탄가스량

$C_2H_5O_2N + 0.5H_2O \rightarrow 0.75CH_4 + 1.25CO_2 + NH_3$

$1M$: $0.75 \times 22.4L$
$2M$: x $\therefore x = 33.6L$

문제 09 ▌ 미생물을 탄소원과 에너지원에 따라 4종류로 분류 하시오.

해설 탄소원과 에너지원에 따른 분류
㉮ 광독립영양균   ㉯ 광종속영양균
㉰ 화학독립영양균   ㉱ 화학종속영양균

문제 10 어떤 소각로에 배출되는 가스량은 $8000 kg/hr$ 이고 온도는 $1000℃$ 이다. 배기가스는 소각로 내에서 1초 체류한다면 소각로 용적(m^3)은? (단, 표준상태에서 배기가스 밀도는 $0.2 kg/Sm^3$)

해설 소각로 용적(m^3)

밀도에 온도보정 $0.2 kg/Sm^3 \times \dfrac{273}{273+1000} = 0.043 kg/m^3$

$t = V/Q$ 에서

$V = \dfrac{8000 kg}{hr} \Big| \dfrac{1 \sec}{3600 \sec} \Big| \dfrac{hr}{} \Big| \dfrac{m^3}{0.043 kg} = 51.7 m^3$

문제 11 탄소 85%, 수소 15%, 황 1%인 폐기물을 공기비 1.2로 완전 연소하였다. 건조 연소가스 중의 SO_2 함량(%)은? (단, 표준 상태 기준, 황은 모두 SO_2로 변환)

해설 건조 연소가스 중의 SO_2 함량

$O_o = 1.867 C + 5.6 H + 0.7 S - 0.7 O$
　　*여기서, 원소는 %/100 이다.

$O_o = 1.867 \times 0.85 + 5.6 \times 0.15 + 0.7 \times 0.01 = 2.43 Sm^3/kg$

$A_o = \dfrac{O_o}{0.21} = \dfrac{2.43 Sm^3}{0.21} = 11.59 Sm^3$

$Gd = 1.2 \times 11.59 - 5.6 \times 0.15 = 13 Sm^3$

$\quad S + O_2 \rightarrow SO_2$
$\quad 32 \quad : \quad 22.4$
$\quad 0.01 \quad : \quad x \qquad \therefore x = 0.007 Sm^3$

$SO_2 = \dfrac{0.007 Sm^3}{13 Sm^3} \times 100 = 0.054\%$

문제 12 중금속이온을 황화물로 회수하는 3가지 침전반응식을 쓰시오.

해설 황화물 침전법

$Cd^{2+} + S^{2-} \rightarrow CdS$
$Hg^{2+} + S^{2-} \rightarrow HgS$
$Pb^{2+} + S^{2-} \rightarrow PbS$
$Cu^{2+} + S^{2-} \rightarrow CuS$

문제 13 연소조절에 의하여 NO_x 발생을 억제하는 방법 5가지를 쓰시오.

해설 NO_x 발생 억제방법

㉮ 연소시 과잉공기를 삭감하여 저산소 연소시킨다.
㉯ 연소용 공기온도를 조절하여 저온에서 연소한다.
㉰ 버너 및 연소실 구조를 개량하여 연소실내의 온도분포를 균일하게 한다.
㉱ 화로 내에 물이나 수증기를 분무시켜서 연소시킨다.
㉲ 2단 연소한다.

문제 14 고위발열량이 16820 $kcal/Sm^3$인 에탄(C_2H_6)을 연소시킬 때 이론 연소온도(℃)는?(단, 이론습연소가스량 21 Sm^3/Sm^3, 연소가스 정압비열 0.63 $kcal/Sm^3 \cdot ℃$, 연소용 공기와 연료 온도는 15℃, 공기는 예열하지 않으며, 연소가스는 해리되지 않음)

해설 이론 연소온도(℃)

에탄의 저위발열량 $H_l(kcal/Sm^3) = H_h - 480\sum H_2O$

$C_2H_6 + 3.5O_2 \rightarrow 2CO_2 + 3H_2O$

$\therefore H_l = 16820 - 480\sum 3 = 15380 kcal/Sm^3$

$t_2 = \dfrac{H_l}{G_o C_p} + t_1$

$\therefore t_2 = \dfrac{15380 kcal}{Sm^3} \bigg| \dfrac{Sm^3}{21 Sm^3} \bigg| \dfrac{Sm^3 \cdot ℃}{0.63 kcal} + 15 = 1177.5 ℃$

문제 15 주성분이 $C_{30}H_{50}O_{20}N_2S$인 슬러지 폐기물을 소각처리하고자 한다. 고위발열량(kcal/kg)을 구하시오.($C_{30}H_{50}O_{20}N_2S$의 분자량 790)

해설 고위발열량(kcal/kg)

㉮ 슬러지 1kg의 각 성분조성

$C = \dfrac{12 \times 30}{790} = 0.4557$ $\qquad H = \dfrac{1 \times 50}{790} = 0.0633$

$O = \dfrac{16 \times 20}{790} = 0.4051$ $\qquad S = \dfrac{32 \times 1}{790} = 0.0405$

㉯ 고위발열량

Dulong식 $H_h(kcal/kg) = 8100C + 34000(H - \dfrac{O}{8}) + 2500S$

*여기서, 원소의 단위는 퍼센트농도(%/100)이다.

$H_h = 8100 \times 0.4557 + 34000(0.0633 - \dfrac{0.4051}{8}) + 2500 \times 0.0405 = 4222.95 kcal/kg$

문제 16 인구가 400000명인 어느 도시의 쓰레기배출 원단위가 1.2kg/인·일 이고, 밀도는 0.45 t/m^3으로 측정되었다. 이러한 쓰레기를 분쇄하여 그 용적이 2/3로 되었으며, 이 분쇄된 쓰레기를 다시 압축하면서 용적의 1/3이 축소되었다. 분쇄만 하여 매립할 때와 분쇄, 압축한 후에 매립할 때에 양자간의 년간 매립소요면적(m^2/y)의 차이는 얼마인가?(단, Trench 깊이는 4m이며 기타 조건은 고려하지 않는다.)

해설 매립소요면적의 차이

㉮ 용적이 2/3로 된 경우 매립면적(m^2/년)

$\dfrac{400000인}{} \bigg| \dfrac{1.2}{인 \cdot 일} \bigg| \dfrac{m^3}{450 kg} \bigg| \dfrac{2}{3} \bigg| \dfrac{1}{4m} \bigg| \dfrac{365일}{년} = 64889 m^2/년$

㉯ 다시 용적의 1/3이 축소된 경우 매립면적(m^2/년)

매립면적 $= 64889 m^2/y \times \dfrac{2}{3} = 43259 m^2/y$

㉰ 소요면적의 차 $= 64889 - 43259 = 21629 m^2/y$

문제 17 초기농도가 100mg/L인 오염물질의 반감기가 10day라고 할 때 반응속도가 1차 반응을 따를 경우 5일 후 오염물질의 농도 mg/L는?

해설 오염물질의 농도

1차 반응 $\ln\dfrac{C_t}{C_o} = -Kt$

$\therefore K = -\dfrac{1}{t} \times \ln\dfrac{C_t}{C_o} = -\dfrac{1}{10} \times \ln\dfrac{1}{2} = 0.0693$

$\therefore C_t = C_o \times e^{-Kt} = 100 \times e^{-0.0695 \times 5} = 70.7 mg/L$

문제 18 다이옥신을 제어기위한 방법을 4단계로 구분하면?

해설 다이옥신 제어방법
- ㉮ 제1차적(사전방지) 방법
- ㉯ 제2차적(로내) 방법
- ㉰ 제3차적(후처리) 방법
- ㉱ 제4차적(배가스처리) 활성탄과 백필터집진 방식

문제 19 Pb^{2+}의 농도가 65mg/L인 액상 폐기물 200 m^3이 있다. 황 화합물로 Pb^{2+}을 제거하고자 할 때 필요한 황화나트륨(Na_2S)의 양(kg)을 계산하시오. (단, 원자량은 Pb 207, Na 23)

해설 Na_2S의 양(kg)

㉮ S의 양(kg)

$Pb^{2+} + S^{2-} \rightarrow PbS$
207kg : 32kg
65×10^{-3} kg/m^3 × 200 m^3 : x

$\therefore x = \dfrac{65 \times 10^{-3} \text{kg/m}^3 \times 200 \text{m}^3 \times 32 \text{kg}}{207 \text{kg}} = 2.01 kg$

㉯ Na_2S의 양(kg)

NaS → S
78kg : 32kg
x : 2.01kg

$\therefore x(Na_2S) = \dfrac{78 \text{kg} \times 2.01 \text{kg}}{32 \text{kg}} = 4.90 kg$

문제 20 매립장 침출수 차단방법인 표면차수막과 비교 연직차수막이 유리한점 3가지를 설명시오.

해설 연직차수막의 유리한점
- ㉮ 연직차수막은 지중에 수평방향의 차수층이 존재할 때 사용한다.
- ㉯ 연직차수막은 지하수 집배수 시설이 필요 없다.
- ㉰ 연직차수막은 차수막 보강시공이 가능하다.
- ㉱ 연직차수막은 차수막 단위면적당 공사비는 비싸지만 총 공사비는 싸다.

2012시행 폐기물처리산업기사 [제2회]

문제 01 휘발성 고형물이 15%, 고형물이 40%인 경우 강열감량(%) 및 유기물 함량(%)은 각각 얼마인가?

해설 강열감량(%) 및 유기물 함량(%)

휘발성 고형물(%) = 강열감량(%) − 수분(%)

∴ 강열감량 = 15% + (100 − 40%) = 75%

유기물 함량(%) = $\dfrac{\text{휘발성 고형물(\%)}}{\text{고형물(\%)}} \times 100$

∴ 유기물 함량 = $\dfrac{15\%}{40\%} \times 100 = 37.5\%$

문제 02 pipe line 수송의 종류 3가지를 쓰고 간략히 설명하시오.

해설 pipe line 수송의 종류
- ㉮ 공기수송 : 공기수송은 고층 주택 밀집지역에 적합하나 소음이 심하며 폐기물의 크기가 불균일하면 수송이 곤란하다.
- ㉯ 슬러리 수송 : 쓰레기를 분쇄하여 물과 혼합하여 수송한다.
- ㉰ 캡슐수송 : 쓰레기를 충전한 캡슐을 수송관내에 삽입하여 공기나 물의 흐름을 이용하여 수송한다.

문제 03 1일 폐기물 발생량이 2000톤인 도시에서 5톤 덤프트럭으로 쓰레기를 투기장까지 운반하고자 한다. 이들의 하루 운전시간은 8시간, 운반거리는 2km, 왕복운반시간 25분, 적재시간 25분, 적하시간 10분이며 3대의 대기차량을 고려하면 모두 몇 대의 트럭이 필요한가? (단, 기타 사항은 고려하지 않음)

해설 발생량 = 처리량

$2000t = 5t \times (\dfrac{8\,hr/day}{25분 + 25분 + 10분})$회/대 $\times x$ 대

∴ x = 50대 + 대차량 3대 = 53대

문제 04 쓰레기를 압축시켜 부피감소율이 60%인 경우 압축비는?

해설 압축비

부피감소율 $60\% = (1 - \dfrac{1}{\text{압축비}\ C_R}) \times 100$

$\dfrac{100}{C_R} = 100 - 60$ ∴ $C_R = 2.5$

문제 05 차단형 매립지 차수시설의 재료 3가지를 쓰시오.

해설 점토, 합성차수막, 시멘트, 아스팔트, 벤토나이트 등

문제 06 적환장(transfer station)을 설치하는 일반적인 필요성에 대하여 5가지를 쓰시오.

해설 적환장의 필요성
㉮ 처분지가 수집 장소로부터 16km 이상 멀리 떨어져 있을 때
㉯ 수집차량이 소형($15m^3$ 이하)일 때
㉰ 저밀도 주거지역 있을 때
㉱ 슬러리 수송이나 공기수송 방식을 사용할 때
㉲ 불법투기와 다량의 폐기물이 발생할 때
㉳ 압축장비 등이 갖추어져 있지 않은 차량으로 수거할 때
㉴ 상업지역에서 폐기물 수집에 소형 수거용기를 많이 사용 할 때

문제 07 황(S)함량이 2.0%인 중유를 시간당 5ton으로 연소시킨다. 배출가스 중의 SO_2를 $CaCO_3$로 완전히 흡수시킬 때 필요한 $CaCO_3$의 양(kg/hr)을 구하면? (단, 중유중의 황성분은 전량 SO_2로 연소된다)

해설 $S + O_2 \rightarrow SO_2 \rightarrow CaCO_3$ * SO_2와 $CaCO_3$는 $1:1$반응
$32kg \quad\quad : 100kg$
$0.02 \times 5000kg : \quad x \quad\quad \therefore x = 312.5\,kg/hr$

문제 08 다음과 같은 조성의 폐기물의 저위발열량($kcal/kg$)을 Dulong 식을 이용하여 계산 하시오.(단, 탄소, 수소, 황의 연소발열량은 각각 $8100 kcal/kg$, $34000 kcal/kg$, $2500 kcal/kg$으로 한다.)

- 휘발성고형물 50%, 회분 50%
- 휘발성고형물의 원소분석결과 C 50%, H 30%, O 10%, N 10%

해설 폐기물의 저위발열량($kcal/kg$)

Dulong식 $H_h(\text{kcal/kg}) = 8100\text{C} + 34000(\text{H} - \dfrac{\text{O}}{8}) + 2500\text{S}$
 *여기서, 원소의 단위는 퍼센트농도(%/100)이다.

$H_h = 8100 \times 0.5 \times 0.5 + 34000 \left(0.5 \times 0.3 - \dfrac{0.5 \times 0.1}{8}\right) = 6912.5\,kcal/kg$

$H_l(kcal/kg) = H_h - 6(9\text{H} + \text{W})$
 *여기서, 원소의 단위는 퍼센트농도(%)이다.

$\therefore H_l = 6912.5 - 6(9 \times 0.5 \times 30) = 6102.5 \text{kcal/kg}$

문제 09 분자량이 100인 폐기물의 원소조성과 혐기적 분해과정을 나타낸 반응식이 다음과 같다. 폐기물 1kg이 완전 분해될 때 메탄가스의 발생량(kg)은?

> $C\ 60\%,\ H\ 8\%,\ O\ 32\%$
> $C_aH_bO_c + xH_2O \rightarrow xCH_4 + xCO_2$

해설 메탄가스의 발생량(kg)

$a = \dfrac{60}{12} = 5 \qquad b = \dfrac{8}{1} = 8 \qquad c = \dfrac{32}{16} = 2$

$\therefore C_aH_bO_c \rightarrow C_5H_8O_2$

$\therefore C_5H_8O_2 + 2H_2O \rightarrow 3CH_4 + 2CO_2$
$\quad 100kg \qquad\quad : \quad 3 \times 16$
$\quad 1kg \qquad\quad\; : \quad x \qquad \therefore x = 0.48kg.CH_4$

문제 10 쓰레기 선별에 사용되는 직경이 3.2m 인 트롬멜 스크린의 최적속도(rpm)는?

해설 최적속도(rpm) = 임계속도 × 0.45

임계속도(rpm) $Nc = \sqrt{\dfrac{g}{4\pi^2 r}} \times 60 = \dfrac{1}{2\pi}\sqrt{\dfrac{g}{r}} \times 60$

$Nc = \dfrac{1}{2\pi}\sqrt{\dfrac{9.8}{1.6}} \times 60 = 23.63\ rpm \times 0.45 = 11rpm$

문제 11 Pb^{2+}의 농도가 65mg/L인 액상 폐기물 $200\,m^3$이 있다. 황 화합물로 Pb^{2+}을 제거하고자 할 때 필요한 황화나트륨(Na_2S)의 양(kg)을 계산하시오. (단, 원자량은 Pb 207, Na 23)

해설 Na_2S의 양(kg)

$Pb^{2+}\ +\ Na_2S\ \rightarrow\ PbS + 2Na^+$
$207kg\ :\ 78kg$
$65 \times 10^{-3}kg/m^3 \times 200m^3\ :\ x$

$\therefore x = \dfrac{65 \times 10^{-3}kg/m^3 \times 200m^3 \times 78kg}{207kg} = 4.89kg$

문제 12 용적 $1000m^3$인 슬러지 혐기성 소화조가 함수율 95%의 슬러지를 하루에 $20m^3$를 소화시킨다면 이소화조의 유기물 부하율($kg.VS/m^3.day$)은?(단, 슬러지 고형물중 무기물 비율은 40%이고, 슬러지의 비중을 1.0 이라고 가정한다.)

해설 유기물 부하율 $= \dfrac{(1-0.95)(1-0.4)20000kg}{1000m^3} = 0.6\,kg\cdot VS/m^3.day$

문제 13 에탄가스 $1Sm^3$의 완전연소에 필요한 이론공기량 Sm^3은?

해설 $C_2H_6 + \dfrac{7}{2}O_2 \rightarrow 2CO_2 + 3H_2O$

1 : 3.5
1 : x ∴ $3.5Sm^3$

∴ $A_o = \dfrac{3.5Sm^3}{0.21} = 16.7Sm^3$

문제 14 미생물이 분해 불가능한 유기물을 제거하기 위하여 흡착제인 활성탄을 사용하였다. COD가 56 mg/L인 원수에 활성탄 $20mg/L$를 주입시켰더니 COD가 $16mg/L$으로, 활성탄 52 mg/L를 주입시켰더니 COD가 $4mg/L$로 되었다. COD $9mg/L$로 만들기 위해 주입되어야 할 활성탄의 양 mg/L은(Freundlich식 적용)?

해설 활성탄의 양

㉮ $\dfrac{56-16}{20} = K \times 16^{1/n} \rightarrow 2 = K \times 16^{1/n}$

㉯ $\dfrac{56-4}{52} = K \times 4^{1/n} \rightarrow 1 = K \times 4^{1/n}$

㉮÷㉯ $\dfrac{2}{1} = \dfrac{K \times 16^{1/n}}{K \times 4^{1/n}} \rightarrow 2 = 4^{\frac{1}{n}}$

양변에 ln을 취하면 $n = \ln 4 / \ln 2 = 2$

$n = 2$를 식 ㉯에 대입하면 $K = 1/2 = 0.5$

∴ $\dfrac{56-9}{M} = 0.5 \times 9^{1/2}$ ∴ M = 31.33mg/L

문제 15 연료로 사용하는 중유의 저위발열량이 9000kcal/kg이다. 중유의 저위발열량 1000kcal당 이론공기량(Sm^3/kg)을 계산하시오. (단, Rosin식을 적용하여 계산할 것)

해설 Rosin식 = $A_o = 0.85 \times \dfrac{H_l(저위발열량)}{1000} + 2$

∴ $A_o = 0.85 \times \dfrac{9000 kcal/kg}{1000} + 2 = 9.65 Sm^3/kg$

2012시행 폐기물처리기사 [제4회]

문제 01 밀도가 400kg/m³인 폐기물을 압축하여 밀도가 900kg/m³가 되도록 하였다면 압축된 폐기물 부피(%)는?

해설 압축된 폐기물 부피

$$V_R = \left(\frac{\frac{1}{900kg/m^3}}{\frac{1}{400kg/m^3}}\right) \times 100 = 44\%$$

문제 02 수분함량이 90%인 폐기물의 용출시험결과 카드뮴의 농도가 0.25 mg/L 이었다. 함수율을 보정한 카드뮴의 농도(mg/L)는 얼마인가?

해설 카드뮴의 농도(mg/L)

보정 값 $= \frac{15}{100-90} = 1.5$ ∴ $Cd\ 0.25mg/L \times 1.5 = 0.375mg/L$

문제 03 함수율 98%를 탈수하여 함수율 75%로 감소시켰다. 이 때의 부피 감소율(%)은?

해설 부피 감소율

부피감소율 $(V_R) = (1 - \frac{V_2}{V_1}) \times 100$

처음 슬러지의 부피를 100으로 가정하면,
$100m^3(1-0.98) = x(1-0.75)$ ∴ $x = 8m^3$

∴ $V_R = (1 - \frac{8}{100}) \times 100 = 92\%$

문제 04 평균입경이 10cm인 플라스틱을 재활용하기 위하여 2cm로 파쇄 하는데 20kWh/ton이 소요된다면, 입경이 20cm인 플라스틱을 2cm로 파쇄하는데 소요되는 에너지(kWh/ton)는 얼마인가? (단, Kick의 법칙에 의하여 에너지량 $E = C\log(L_1/L_2)$이다.)

해설 소요되는 에너지(kWh/ton)

$20kWh/ton = C \times \log\left(\frac{10cm}{2cm}\right)$

∴ $C = 28.6135 kWh/ton$

$E = 28.6 \times \log\left(\frac{20cm}{2cm}\right) = 28.6 kWh/ton$

문제 05 압축비가 5인 쓰레기의 부피 감소율(%)은?

해설 부피감소율 $= (1 - \dfrac{1}{\text{압축비} 5}) \times 100 = 80\%$

문제 06 1일 폐기물 발생량이 2000톤인 도시에서 5톤 덤프트럭으로 쓰레기를 투기장까지 운반하고자 한다. 이들의 하루 운전시간은 8시간, 운반거리는 2km, 왕복운반시간 25분, 적재시간 25분, 적하시간 10분이며 3대의 대기차량을 고려하면 모두 몇 대의 트럭이 필요한가? (단, 기타 사항은 고려하지 않음)

해설 발생량 = 처리량

$2000t = 5t \times (\dfrac{8\,hr/day}{25분 + 25분 + 10분}) 회/대 \times x\,대$

$\therefore x = 50대 + 대차량\,3대 = 53대$

문제 07 함수율 95% 분뇨의 유기탄소량이 TS의 35%, 총질소량은 TS의 10%이다. 이와 혼합할 함수율 20%인 볏짚의 유기탄소량이 TS의 80%이고 총질소량이 TS의 4%라면 분뇨와 볏짚을 무게비 2:1로 혼합했을 때 C/N비는?

해설 혼합 C/N비

$\dfrac{C}{N} = \dfrac{분뇨}{} \dfrac{0.05 \times 0.35 \times 2/3 + 0.8 \times 0.8 \times 1/3}{0.05 \times 0.1 \times 2/3 + 0.8 \times 0.04 \times 1/3} = 16.07$

문제 08 30 ton의 음식물쓰레기를 볏짚과 혼합하여 C/N비 30으로 조정하여 퇴비화하고자 한다. 이때 볏짚의 필요량(ton)은? (단, 음식물쓰레기와 볏짚의 C/N비는 각각 20과 100이고, 다른 조건은 고려하지 않음)

해설 볏짚의 필요량

$C/N\,30 = \dfrac{(30t \times 20) + 100x}{30t + x}$

$600 + 100x = 900 + 30x \quad \therefore x(볏짚) = 4.28t$

문제 09 폐기물 조성이 $C_{60}H_{95}ON$인 유기물질 1톤이 호기성 분해할 때 필요한 이론산소량(Sm^3)은?

해설 호기성분해 반응식

$C_aH_bO_cN_d + [\dfrac{4a+b-2c-3d}{4}]O_2 \rightarrow aCO_2 + [\dfrac{b-3d}{2}]H_2O + dNH_3$

$C_{60}H_{95}ON + 82.5O_2 \rightarrow 60CO_2 + 46H_2O + NH_3$

$845kg \quad : \quad 82.5 \times 22.4 Sm^3$

$1000kg \quad : \quad x \qquad \therefore x = 2186.98 Sm^3$

문제 10 어느 매립지에서 침출된 침출수 농도가 반으로 감소하는데 약 3.5년이 걸렸다면 이 침출수 농도가 90% 분해되는데 소요되는 시간(년)은?(단, 침출수 분해 반응은 1차 반응)

> **해설** 소요되는 시간
>
> $$\frac{dC}{dt} = -K \cdot C^1 \xrightarrow{적분하면} \ln\frac{C_t}{C_0} = -K \cdot t \quad \therefore \ln\frac{0.5C_0}{C_0} = -K \cdot t$$
>
> $\ln 0.5 = -K \times 3.5$년 $\quad \therefore K = 0.198$
>
> $\ln\frac{0.1}{1} = -0.198 \times t \quad \therefore t = 11.6$년

문제 11 점토가 매립지의 차수막으로 적합하기 위한 대표적 조건(기준)을 쓰시오(4가지).

> **해설** 차수막으로서 점토의 조건
> ㉮ 투수계수: 10^{-7}cm/sec 미만
> ㉯ 소성지수: 10% 이상 30% 미만
> ㉰ 액성한계: 30% 이상
> ㉱ 자갈 직경 2.5cm 이상인 입자 함유량: 10% 미만

문제 12 C 및 H의 중량조성이 각각 86%, 14%인 액체연료를 매시간 100kg 연소시켜 배기가스의 조성을 분석한 결과 CO_2 12.5%, O_2 3.5%, N_2 84%이였다. 이 경우 시간당 필요한 실제공기량(Sm^3)은?

> **해설** 시간당 필요한 공기량(Sm^3)
>
> $$m = \frac{A}{A_o} = \frac{21}{21-O_2} = \frac{N_2(\%)}{N_2(\%) - 3.76(O_2 - 0.5CO\%)}$$
>
> $$m = \frac{84(\%)}{84(\%) - 3.76 \times 3.5(\%)} = 1.186$$
>
> $O_o = 1.867C + 5.6H + 0.7S - 0.7O$
> *여기서, 원소는 %/100 이다.
> $O_o = 1.867 \times 0.86 + 5.6 \times 0.14 = 2.39 Sm^3/kg$
> $A_o = 2.39 Sm^3/kg \times \frac{1}{0.21} = 11.37 Sm^3/kg$
> $\therefore Air$량 $= 11.37 Sm^3/kg \times 100kg \times 1.186(m) = 1350 Sm^3/hr$

문제 13 인구 100만 명인 어느 도시의 쓰레기 발생율은 2.0kg/인·일 이다. 아래의 조건들에 따라 쓰레기를 매립하고자 할 때 연간 매립지의 소요면적 m^2은?(단, 매립쓰레기 압축밀도 $500\,kg/m^3$, 매립지 Cell 1층의 높이가 5m 이며, 총 8개의 층으로 매립하며, 기타 조건은 고려하지 않음)

> **해설** 연간 매립지의 소요면적
>
> $$소요면적 = \frac{1000000명 \times 2.0kg/인 \cdot 일}{500kg/m^3 \times 5m \times 8층} \times 365 day/y = 36500 m^2$$

문제 14 다음과 같은 조성의 폐기물의 저위발열량($kcal/kg$)을 Dulong 식을 이용하여 계산 하시오.(단, 탄소, 수소, 황의 연소발열량은 각각 $8100 kcal/kg$, $34000 kcal/kg$, $2500 kcal/kg$으로 한다.)

- 휘발성고형물 50%, 회분 50%
- 휘발성고형물의 원소분석결과 C 50%, H 30%, O 10%, N 10%

해설 폐기물의 저위발열량($kcal/kg$)

Dulong식 $H_h(\text{kcal/kg}) = 8100\text{C} + 34000(\text{H} - \frac{\text{O}}{8}) + 2500\text{S}$
*여기서, 원소의 단위는 퍼센트농도(%/100)이다.

$H_h = 8100 \times 0.5 \times 0.5 + 34000\left(0.5 \times 0.3 - \frac{0.5 \times 0.1}{8}\right) = 6912.5 kcal/kg$

$H_l(kcal/kg) = H_h - 6(9\text{H} + \text{W})$
*여기서, 원소의 단위는 퍼센트농도(%)이다.

$\therefore H_l = 6912.5 - 6(9 \times 0.5 \times 30) = 6102.5 \text{kcal/kg}$

문제 15 RDF(Refuse Derived Fuel)가 갖추어야 하는 조건 5가지를 쓰시오.

해설 RDF의 구비조건
㉮ 폐기물의 함수율이 낮아야 한다.
㉯ 가연성 물질의 발열량이 높아야 한다.
㉰ 연소 시 대기오염이 적어야 한다.
㉱ 균일한 성분배합률로 구성되어야 한다.
㉲ 연소 후 재의 양이 적어야 한다.
㉳ 저장 및 수송이 편리하도록 개질되어야 한다.
㉴ 고분자 물질인 PVC 함량은 낮아야 한다.

문제 16 유동층소각로의 장점 5가지를 열거하시오.

해설 유동층소각로의 장점
㉮ 가스의 온도와 과잉공기량이 낮아서 질소산화물도 적게 배출된다.
㉯ 구조가 간단하고 유지관리가 용이하다.
㉰ 로내 고온영역에서 기계적 가동부분이 적어 고장율이 낮다.
㉱ 반응시간이 빨라 소각시간이 짧다.
㉲ 폐유, 폐윤활유 등의 소각에 탁월한 성능이 있다.
㉳ 유동매체의 열용량이 커서 액상, 기상, 고형폐기물의 완전연소가 가능하며 2차 연소실이 불필요 하다.

문제 17 어떤 폐기물 1kg의 원소조성이 다음과 같고, 실제공기량이 10Sm^3일 때 과잉공기량 Sm^3 은?(가연분: C 30%, H 12%, O 25%, S 3%, 수분 20%, 회분 10%)

해설 과잉공기량 Sm^3

$O_o = 1.867C + 5.6H + 0.7S - 0.7O$
 *여기서, 원소는 %/100 이다.

$O_o = 1.867 \times 0.3 + 5.6 \times 0.12 + 0.7 \times 0.03 - 0.7 \times 0.25 = 1.1 Sm^3/kg$

$A_o = 1.1 Sm^3/kg \times \dfrac{1}{0.21} = 5.13 Sm^3/kg$

$\therefore A' = A - A_o = 10 - 5.13 = 4.9 Sm^3$

2012 시행 폐기물처리산업기사 [제4회]

문제 01 압축비(C_R)와 부피감소율(V_R)의 관계를 식으로 설명하고, 세로축을 압축비(C_R), 가로축을 부피감소율(V_R)로 하여 두 인자의 상관관계를 그래프로 도시 하시오.

해설 C_R, V_R 식 및 상관관계 그래프

㉮ 압축비 $C_R = \dfrac{\text{압축 전 부피}\,V_1}{\text{압축 후 부피}\,V_2} = \dfrac{\text{압축 후 밀도}}{\text{압축 전 밀도}} = \dfrac{100}{100 - \text{부피감소율}\,V_R}$

㉯ 부피감소율 $V_R = (1 - \dfrac{V_2}{V_1}) \times 100 = (1 - \dfrac{1}{\text{압축비}\,C_R}) \times 100$

㉰ C_R 및 V_R의 상관관계 그래프

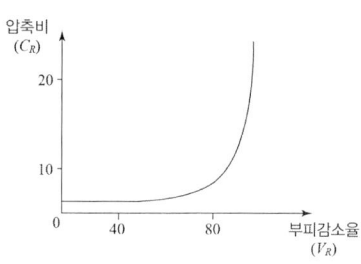

문제 02 쓰레기 1톤을 소각처리 하고자 한다. 쓰레기 조성이 다음과 같을 때 이론공기량 Sm^3은? (단, C 60%, H 18%, O 22%)

해설 이론공기량 Sm^3

$O_o = 1.867C + 5.6H + 0.7S - 0.7O$
  *여기서, 원소는 %/100 이다.

$O_o = 1.867 \times 0.6 + 5.6 \times 0.18 - 0.7 \times 0.22 = 1.97\,Sm^3/kg$

$\therefore A_o = 1.97\,Sm^3/kg \times \dfrac{1}{0.21} \times 1000\,kg = 9400\,Sm^3$

문제 03 쓰레기를 압축시켜 부피감소율이 60%인 경우 압축비는?

해설 압축비

부피감소율 $60\% = (1 - \dfrac{1}{\text{압축비}\,C_R}) \times 100$

$\dfrac{100}{C_R} = 100 - 60 \quad \therefore C_R = 2.5$

문제 04 ▮ 슬러지 내 물의 형태 중 탈수성이 용이한 순서대로 나열하시오.

해설 **탈수성**: 내부수 < 부착수 < 모관결합수 < 간극수 < 중력수

문제 05 ▮ 어떤 도시의 수거 인구가 6488250명이며, 이 도시의 쓰레기 배출량은 1.15kg/인·일이다. 수거인부는 3087명이며 이들이 1일에 8시간을 작업한다면 MHT는?

해설 MHT

$$MHT = \frac{1일\ 평균\ 수거\ 인부수(3087man) \times 1일\ 작업시간(8hr)}{1일\ 평균\ 폐기물\ 발생량(6488250명 \times 0.00115t/인·일)} = 3.3$$

문제 06 ▮ 입도분포의 분석에 사용되는 평균입경, 유효입경, 특성입경, 균등계수, 곡률계수의 정의를 설명하시오.

해설 입도분포의 정의

㉮ 평균입경(d_{50}): 입도 누적곡선에서 입자 50%를 통과시킨 체눈의 크기

㉯ 유효입경(d_{10}): 입도 누적곡선에서 입자 10%를 통과시킨 체눈의 크기

㉰ 특성입경($d_{63.2}$): 입도 누적곡선에서 입자 63.2%를 통과시킨 체눈의 크기

㉱ 균등계수(U): $U = \dfrac{d_{60}}{d_{10}}$

㉲ 곡률계수(C): $C = \dfrac{d_{30}^2}{d_{10} \times d_{60}}$

문제 07 ▮ 다음과 같은 조성의 폐기물의 저위발열량($kcal/kg$)을 Dulong 식을 이용하여 계산 하시오.(단, 탄소, 수소, 황의 연소발열량은 각각 8100$kcal/kg$, 34000$kcal/kg$, 2500$kcal/kg$으로 한다.)

- 휘발성고형물 50%, 회분 50%
- 휘발성고형물의 원소분석결과 C 50%, H 30%, O 10%, N 10%

해설 폐기물의 저위발열량($kcal/kg$)

Dulong식 $H_h(kcal/kg) = 8100C + 34000(H - \dfrac{O}{8}) + 2500S$

*여기서, 원소의 단위는 퍼센트농도(%/100)이다.

$H_h = 8100 \times 0.5 \times 0.5 + 34000\left(0.5 \times 0.3 - \dfrac{0.5 \times 0.1}{8}\right) = 6912.5 kcal/kg$

$H_l(kcal/kg) = H_h - 6(9H + W)$

*여기서, 원소의 단위는 퍼센트농도(%)이다.

∴ $H_l = 6912.5 - 6(9 \times 0.5 \times 30) = 6102.5 kcal/kg$

문제 08 미생물에 의해 C_7H_{12}가 호기적으로 완전 산화 분해되는 경우에 요구되는 이론산소량은 C_7H_{12} 5mg당 몇 mg인가?

> **해설** 이론산소량
> $C_7H_{12} + 10O_2 \rightarrow 7CO_2 + 6H_2O$
> 96mg : 320mg
> 5mg : x ∴ $x = 16.66mg$

문제 09 프로판 1Sm^{3}를 과잉공기계수 1.1로 완전연소 시킬 경우에 발생하는 건연소가스량(Sm^3)은? (단, 프로판 분자량 44, 표준상태 기준)

> **해설** 건연소가스량(Sm^3)
> $C_3H_8 + 5O_2 \rightarrow 3CO_2 + 4H_2O$
> $A_o = \dfrac{O_o}{0.21} = \dfrac{5Sm^3}{0.21} = 23.8Sm^3$
> $Gd = (1.1 - 0.21)23.8 + \sum 3 = 24.1 Sm^3$

문제 10 프로판(C_3H_8)의 이론적 연소시 부피기준 AFR은?

> **해설** AFR
> $C_3H_8 + 5O_2 \rightarrow 3CO_2 + 4H_2O$
> $AFR = \dfrac{공기(mole)}{연료(mole)} = \dfrac{\frac{5}{0.21}}{1} = 23.8 Sm^3$

문제 11 연소조절에 의하여 NO_x 발생을 억제하는 방법 3가지를 쓰시오.

> **해설** NO_x 발생 억제방법
> ㉮ 연소시 과잉공기를 삭감하여 저산소 연소시킨다.
> ㉯ 연소용 공기온도를 조절하여 저온에서 연소한다.
> ㉰ 버너 및 연소실 구조를 개량하여 연소실내의 온도분포를 균일하게 한다.
> ㉱ 화로 내에 물이나 수증기를 분무시켜서 연소시킨다.
> ㉲ 2단 연소한다.
> ㉳ 배출가스를 재순환한다.

문제 12 어느 도시에 사용할 매립지의 총용량은 6132000m^{3}이며 그 도시의 쓰레기 배출량은 2kg/인·일이다. 매립지에서 압축에 의한 쓰레기부피 감소율이 30%일 경우 매립지를 사용할 수 있는 연수는?(단, 수거대상인구 800000명, 발생 쓰레기밀도 500 kg/m^{3}으로 함)

> **해설** 사용할 수 있는 연수
> 사용일수 = $\dfrac{6132000 m^3}{\dfrac{800000명 \times 2kg/인 \times 0.7 \times 365 day/y}{500 kg/m^3}} = 7.5년$

문제 13 ▮ 매립지 표면차수막과 연직차수막 공법을 각각 2가지 쓰시오.

표면차수막과 연직차수막 공법
㉮ 표면차수막(공)에는 합성수지시트, 인공섬유, 점토, 시멘트, 아스콘포장 등이 있다.
㉯ 연직차수막(공)에는 강널말뚝 공법, 그라우트 공법, 슬러리월 공법, 어스 댐코어 공법 등이 있다.

문제 14 ▮ 매립지에 쓰이는 합성차수막을 재료별로 3가지를 쓰고 특징을 간략히 설명하시오.

합성차수막을 재료별 특징
㉮ PVC : 가격은 저렴하나 자외선, 오존, 기후에 약하다.
㉯ HDPE : 온도에 대한 저항성이 높다.
㉰ CSPE : 산과 알카리에 특히 강하다.
㉱ CPE : 접합상태가 나쁘다.

문제 15 ▮ 다음 물질회수율 중 어느 물질이 더 선별효율(%)이 높은가?(단, Worrell식 적용)

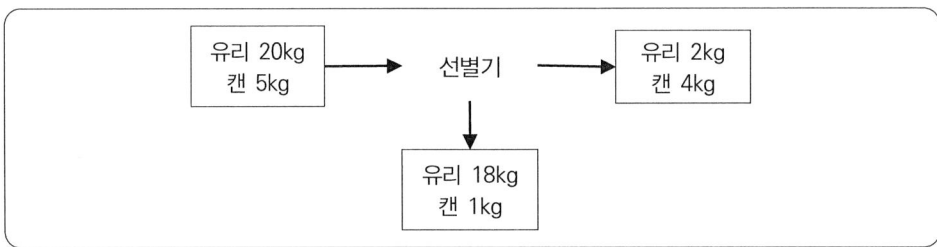

캔보다 유리의 선별효율이 70% 높다.
㉮ 유리 선별효율 $(E) = (\frac{18}{20} \times \frac{4}{5}) \times 100 = 72\%$
㉯ 캔 선별효율 $(E) = (\frac{1}{5} \times \frac{2}{20}) \times 100 = 2\%$
∴ $72 - 2 = 70\%$

2013시행 폐기물처리기사 [제1회]

문제 01 적환을 시행하는 주된 이유는 폐기물 운반거리가 연장되었기 때문이다. 적환장을 형식에 따라 3가지로 구분하라?

> **해설** 적환장의 형식
> ㉮ 직접적환
> ㉯ 저장적환
> ㉰ 병용적환으로 구분할 수 있다.

문제 02 고형물과 회분이 각각 80%, 15%이다. 수분함량(%), 휘발성 고형물량(%), 강열감량(%), 고형물 중 유기물함량(%)을 구하시오.

> **해설** 슬러지=물↑+고형물[유기물↑+무기물↓]
> ㉮ 수분함량(%) = $100 - 80 = 20\%$
> ㉯ 휘발성 고형물량(유기물량, %) = $100 - (15 + 20) = 65\%$
> ㉰ 강열감량(%) = $100 - 15 = 85\%$
> ㉱ 고형물 중 유기물함량(%) = $\dfrac{유기물 65\%}{고형물 80\%} \times 100 = 81.25\%$

문제 03 30 ton의 음식물쓰레기를 톱밥과 혼합하여 C/N비 30으로 조정하여 퇴비화하고자 한다. 이때 톱밥의 필요량(톤)은? (단, 음식물쓰레기와 톱밥의 C/N비는 각각 20과 100이고, 다른 조건은 고려하지 않음)

> **해설** 톱밥의 필요량
> $C/N\ 30 = \dfrac{(30t \times 20) + 100x}{30t + x}$
> $600 + 100x = 900 + 30x \quad \therefore x(톱밥) = 4.28t$

문제 04 쓰레기와 하수처리장에서 얻어진 슬러지를 함께 매립하려고 한다. 쓰레기와 슬러지의 고형물 함량이 각각 50%, 20%라고 하면 쓰레기와 슬러지를 8:2로 섞을 때의 이 혼합폐기물의 함수율(%)은?(단, 무게 기준이며 비중은 1.0으로 가정함)

> **해설** 혼합폐기물의 함수율
> 함수율(%) = $\dfrac{50 \times 8 + 80 \times 2}{8 + 2} = 56\%$

문제 05 매립장에서 침출된 침출수가 다음과 같은 점토로 이루어진 90cm의 차수층을 통과하는 데 걸리는 시간(년)은 얼마인가?

- 유효 공극률 : 0.5
- 점토층 하부의 수두는 점토층 아랫면과 일치
- 점토층 투수계수 : 10^{-7}cm/sec
- 점토층 위의 침출수 수두 : 40cm

해설 차수층을 통과하는 시간(년)

$$t = \frac{nd^2}{k(d+h)}$$

$$k(\frac{m}{y}) = \frac{10^{-7}cm}{\sec} | \frac{m}{100cm} | \frac{3600\sec}{hr} | \frac{24hr}{day} | \frac{365day}{y} = 0.0315 m/y$$

$$\therefore t = \frac{0.5 \times (0.9m)^2}{0.0315 m/y(0.9+0.4)m} = 9.89 y$$

문제 06 밀도가 1.0 t/m^3인 폐기물 100m^3을 고화처리하여 매립 하고자 한다. 고화제의 혼합률은? (단. 고화제 투입량은 폐기물 1m^3당 150kg)

해설 고화제의 혼합률

$$혼합율 MR = \frac{첨가물의\ 질량}{폐기물의\ 질량}$$

$$MR = \frac{100m^3 \times 150kg/m^3}{100m^3 \times 1000kg/m^3} = 0.15$$

문제 07 최소 크기가 10cm인 폐기물을 2cm로 파쇄하고자 할 때 kick's 법칙에 의한 소요동력은 동일 폐기물을 4cm로 파쇄할 때 소요되는 동력의 몇 배인가?(단, n=1로 가정한다.)

해설 소요되는 동력

$$E = 상수\ C \ln \left(\frac{파쇄\ 전\ 입자크기\ (L_1) 10cm}{파쇄\ 후\ 입자크기\ (L_2) 2cm} \right) = 1.61 kw$$

$$E = 상수\ C \ln \left(\frac{파쇄\ 전\ 입자크기\ (L_1) 10cm}{파쇄\ 후\ 입자크기\ (L_2) 4cm} \right) = 0.91 kw$$

$$\therefore \frac{1.61 kw}{0.91 kw} = 1.77 배$$

문제 08 | 다음의 내용을 간략히 설명하시오.

> EPR, eddy current separation, RPF, MBT

해설 용어 설명
㉮ EPR(Extended Producer Responsibility)은 생산자 책임 재활용제도로 생산자 또는 수이업자에게 재활용 의무목표량을 부과하여 미이행시 부과금을 부과하는 제도이다.
㉯ Eddy current separation 선별은 연속적으로 변화하는 자장 속에 비자성이며 전기전도성이 좋은 금속인 구리, 알루미늄, 아연 등을 넣으면 금속 내에 소용돌이 전류가 발생하여 반발력이 생기는데 이 반발력 차를 이용하여 분리시킨다.
㉰ RPF는 플라스틱 원료가 60% 이상 함유된 고형연료이다.
㉱ MBT(Mechanical Biological Treatment)는 기계적 선별, 생물학적 처리를 통해 재활용 물질을 회수하는 시설이다.

문제 09 | 다이옥신의 독성등가환산계수(TEF)란?

해설 다이옥신 2,3,7,8-TCDD를 기준 1로 하여 다른 이성질체의 독성을 상대적으로 평가하는 계수이다.

문제 10 | 고위발열량이 16820 $kcal/Sm^3$인 에탄(C_2H_6)을 연소시킬 때 이론 연소온도(℃)는?(단, 이론습연소가스량 21 Sm^3/Sm^3, 연소가스 정압비열 0.63 $kcal/Sm^3\cdot℃$, 연소용 공기와 연료 온도는 15℃, 공기는 예열하지 않으며, 연소가스는 해리되지 않음)

해설 이론 연소온도(℃)
에탄의 저위발열량 $H_l(kcal/Sm^3) = H_h - 480\sum H_2O$
$C_2H_6 + 3.5O_2 \rightarrow 2CO_2 + 3H_2O$
$\therefore H_l = 16820 - 480\sum 3 = 15380 kcal/Sm^3$
$t_2 = \dfrac{H_l}{G_o C_p} + t_1 \qquad \therefore t_2 = \dfrac{15380\,kcal/Sm^3}{21\,Sm^3/Sm^3 \times 0.63\,kcal/Sm^3\cdot℃} + 15℃ = 1177.5℃$

문제 11 | 합성차수막의 경질도가 증가할수록 나타나는 성질을 5가지 쓰시오.

해설 경질도가 증가할수록 나타나는 성질
㉮ 강도가 강해진다.
㉯ 인장강도가 커진다.
㉰ 열에 대한 저항성이 강해진다.
㉱ 산과 알칼리에 저항성이 높다.
㉲ 충격에 약하다.
㉳ 투수계수가 감소한다.
㉴ 미생물에 강하다.

문제 12 ▌ 다음 조건인 경우 Worrell식 및 Rietema식에 의한 선별효율(%)은?

- 총 투입 폐기물량 200톤
- 회수량 중 회수대상물질 140톤
- 회수량 160톤
- 제거량 중 제거대상물질 30톤

해설 선별효율(%)

총 투입 폐기물량: 200톤	
회수량 중	제거량 중
회수량 160톤	제거량 40톤
회수대상물질(X_1) 140톤	회수대상물질(X_2) 10톤
제거대상물질(Y_1) 20톤	제거대상물질(Y_2) 30톤
총 회수대상물질(X_t) 150톤	
총 제거대상물질(Y_t) 50톤	

① Worrell식 선별효율(E_W)

$$E_W = (\frac{X_1}{X_t} \times \frac{Y_2}{Y_t}) \times 100$$

$$\therefore E_W = (\frac{140}{150} \times \frac{30}{50}) \times 100 = 56\%$$

② Rietema식 선별효율(E_R)

$$E_R = (\frac{X_1}{X_t} - \frac{Y_1}{Y_t}) \times 100$$

$$\therefore E_R = (\frac{140}{150} - \frac{20}{50}) \times 100 = 53.33\%$$

문제 13 ▌ 지하수의 두 지점간(거리 0.4m)의 수리수두차가 0.1m이고, 투수계수는 $10^{-4} m/\sec$ 일 때, 지하수의 Dracy속도는 몇 $m/\sec$ 인가?(단, 공극률은 고려하지 않음)

해설 지하수의 Dracy속도

$$V = \frac{Q}{A} = -k\frac{\Delta h}{\Delta l}$$

$$V = -10^{-4} m/\sec \times \frac{0.1m}{0.4m} = 2.5 \times 10^{-5}$$

문제 14 | 매립지 단계별 가스발생 및 분해과정을 도시하고 설명하시오.

해설 매립지의 단계별 분해과정

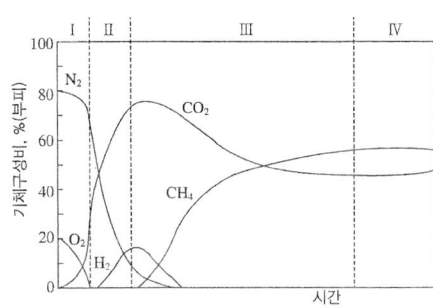

㉮ 제1단계에서는 친산소성 단계로서 폐기물 내에 수분이 많은 경우에는 반응이 가속화 되어 O_2가 쉽게 고갈된다(호기성 단계).
㉯ 제2단계에서는 유기물이 효소에 의해 발효되는 혐기성 비메탄 단계로써, CO_2 가스가 많이 발생하며, H_2는 증가하고 N_2는 감소한다((호기-혐기성 전환단계).
㉰ 제3단계에서는 매립지 내부의 온도가 상승하여 약 55℃ 정도까지 올라가, CO_2 가스로 pH는 저하 하며 CH_4가스가 발생한다(비정상 혐기성단계).
㉱ 4단계에서는 매립가스 내 CH_4과 CO_2의 함량이 거의 일정하게 유지된다(정상 혐기성 메탄단계).

문제 15 | Dulong식을 이용하여 폐기물 1kg당 습량기준 고위발열량, 건량기준 고위발열량, 가연분 기준 고위발열량 $kcal/kg$을 구하시오.(폐기물의 조성이 다음과 같다.)

> 수분 65%, 가연분 23%, 회분 12%
> C 11%, H 2%, O 9%, S 0.5%, N 0.4%, Cl 0.1%

해설 고위발열량
㉮ 습량기준 고위발열량
$$H_h = 8100 \times 0.11 + 34000\left(0.02 - \frac{0.09}{8}\right) + 2500 \times 0.005 = 1201 kcal/kg$$
㉯ 건량기준 고위발열량
고형물량 0.35kg : 발열량 1201 $kcal/kg$
폐기물   1kg   : x ∴ $x = 3431 kcal/kg$
㉰ 가연분 기준 고위발열량
가연물량 0.23kg : 발열량 1201 $kcal/kg$
폐기물   1kg   : x ∴ $x = 5221 kcal/kg$

2013시행 폐기물처리산업기사 [제1회]

문제 01 폐기물의 성질을 조사하기 위해 시료 채취방법으로 원추 4분법을 이용하여 4회 실시한 후 시료를 얻었다. 만일 초기에 조대형 쓰레기를 선별하여 무게를 측정한 결과 60kg 이라면 이 중 몇 kg이 시료에 포함되어야 하는가? (단, 조대형쓰레기의 비중은 동일하다고 가정한다.)

해설 $60kg \times (\frac{1}{2})^4 = 3.75kg$

문제 02 년간 3000000ton의 쓰레기를 1000명의 인부들이 매일 8시간 수거한다. 이 때 인부의 수거능력(MHT)은?

해설 수거능력(MHT)
$$MHT = \frac{1일\ 평균\ 수거\ 인부수(1000man) \times 1일\ 작업시간(8hr)}{1일\ 평균\ 폐기물\ 발생량(3000000/365ton)} = 0.97$$

문제 03 1일 폐기물 발생량이 2000톤인 도시에서 5톤 덤프트럭으로 쓰레기를 투기장까지 운반하고자 한다. 이들의 하루 운전시간은 8시간, 운반거리는 2km, 왕복운반시간 25분, 적재시간 25분, 적하시간 10분이며 3대의 대기차량을 고려하면 모두 몇 대의 트럭이 필요한가? (단, 기타 사항은 고려하지 않음)

해설 발생량 = 처리량
$$2000t = 5t \times (\frac{8hr/day}{25분+25분+10분})회/대 \times x\ 대$$
$$\therefore x = 50대 + 대차량\ 3대 = 53대$$

문제 04 30 ton의 음식물쓰레기를 볏짚과 혼합하여 C/N비 30으로 조정하여 퇴비화하고자 한다. 이때 볏짚의 필요량(톤)은? (단, 음식물쓰레기와 볏짚의 C/N비는 각각 20과 100이고, 다른 조건은 고려하지 않음)

해설 볏짚의 필요량
$$C/N\ 30 = \frac{(30t \times 20) + 100x}{30t + x}$$
$$600 + 100x = 900 + 30x \quad \therefore x(볏짚) = 4.28t$$

문제 05 ▎ 전과정평가(LCA)의 정의 및 평가의 절차를 쓰시오.

> **해설** 전과정평가(LCA)의 정의 및 평가의 절차
> ㉮ 정의 : 전과정평가(LCA, life cycle assessment)는 원료의 구매에서 제품의 생산, 유통, 사용, 처분까지 전 과정에 걸쳐 환경에 미치는 영향을 평가하는 데 있다.
> ㉯ 평가의 절차 : 목적 및 범위 설정 → 목록분석 → 영향평가 → 개선평가 및 해석

문제 06 ▎ 쓰레기 선별에 사용되는 직경이 3.2m 인 트롬멜 스크린의 최적속도(rpm)는?

> **해설** 최적속도
> 최적속도(rpm) = 임계속도 $\times$ 0.45
> 임계속도(rpm) $Nc = \sqrt{\dfrac{g}{4\pi^2 r}} \times 60 = \dfrac{1}{2\pi}\sqrt{\dfrac{g}{r}} \times 60$
> 여기서, 가속도 $g = 9.8 m/\sec^2$, 지름 $= r$
> $Nc = \dfrac{1}{2\pi}\sqrt{\dfrac{9.8}{1.6}} \times 60 = 23.63\ rpm \times 0.45 = 11 rpm$

문제 07 ▎ 쓰레기를 파쇄할 때 90% 이상을 3.8cm보다 작게 파쇄하려고 하는 경우, Rosin-Rammler Model에 의한 특성입자의 크기(cm)는? (단, n=1)

> **해설** 특성입자의 크기
> $Y = 1 - \exp\left[-\left(\dfrac{X}{X_o}\right)^n\right]$
> $0.90 = 1 - \exp\left[-\left(\dfrac{3.8 \text{cm}}{X_o}\right)^1\right]$
> $\exp\left(-\dfrac{3.8 cm}{X_o}\right) = 1 - 0.9$
> $\therefore$ 특성입자 크기 $X_o = \dfrac{-3.8 cm}{\ln(1-0.90)} = 1.65 \text{cm}$

문제 08 ▎ 다이옥신의 독성등가환산계수(TEF)란?

> **해설** 다이옥신 2,3,7,8-TCDD를 기준 1로 하여 다른 이성질체의 독성을 상대적으로 평가하는 계수이다.

문제 09 ▎ 친산소성 퇴비화 공정의 설계운영 시 C/N비가 너무 낮을 경우와 너무 높을 경우 나타나는 현상을 기술하시오.

> **해설** C/N비의 고저에 따라 나타나는 현상
> ㉮ C/N비가 너무 낮으면 혐기성 분해로 탈질 미생물에 의하여 질소가 손실되고 pH는 증가하며 NH_3가 발생한다.
> ㉯ C/N비가 너무 크면 퇴비화에 소요되는 기간이 길어지며 과잉의 탄소로 유기산이 생성되어 pH는 감소한다.

문제 10 고형폐기물을 매립 처리할 때 $C_6H_{12}O_6$ 성분 1톤(ton)의 폐기물이 혐기성 분해를 한다면 이론적 메탄가스 발생량(m^3)은 얼마인가? (단, 표준상태 기준이다.)

> **해설** 이론적 메탄가스 발생량(m^3)
> $C_6H_{12}O_6 \rightarrow 3CH_4 + 3CO_2$
> $180 kg$: $3 \times 22.4 Sm^3$
> $1000 kg$: x
> $\therefore CH_4 = 373.33 \, Sm^3$

문제 11 총 고형물 합이 $36500 mg/L$ 휘발성 고형물이 총 고형물 중 64.5%인 폐기물 60kL/day를 혐기성소화조에서 소화시켰을 때 1일 가스발생량 m^3/day은?(단, 폐기물 비중 1.0, 가스발생량은 $0.35 m^3/kg \cdot VS$이다.)

> **해설** 가스발생량(Q)
> $Q = 36.5 kg/m^3 \times 0.645 \times 60 kL/d \times 0.35 m^3/kg = 494.4 m^3/d$

문제 12 매립지에서 발생되는 침출수의 집수관을 설계하고자 한다. 침출수량 $310 \, m^3/day$, 유속 $0.05 \, m/sec$, 단면적의 1/2만 흐를 때 관경(m)은?

> **해설** 관경
> 집수관의 유속 $V = \dfrac{Q}{A}$
> $A = \dfrac{310 m^3/day}{0.05 m/sec \times 86400 sec/day} \times 2배 = 0.072 m^2$
> $\dfrac{\pi}{4} d^2 = 0.144 m^2$ $\therefore d = 0.43 m$

문제 13 열교환기 중 이코노마저에 관하여 간략히 설명하시오?

> **해설** 절탄기는 연도로 배출되는 배기가스 중의 폐열을 이용하여 보일러 급수를 예열하는 시설이다.

문제 14 어떤 폐기물의 원소조성이 다음과 같을 때 연소시 필요한 이론공기량(kg/kg)은 얼마인가? (단, 중량기준이고, 표준상태기준으로 계산 하시오.)

> - 가연성분 70% (C 60%, H 10%, O 25%, S 5%)
> - 회분 30%

> **해설** 이론공기량(kg/kg)
> $O_o = 2.667 C + 8H + S - O$
> *여기서, 원소는 %/100 이다.
> $O_o = (2.667 \times 0.7 \times 0.6) + (8 \times 0.7 \times 0.1) + (0.7 \times 0.05) - (0.7 \times 0.25) = 1.54 kg/kg$
> $\therefore A_o = 1.54 kg/kg \times \dfrac{1}{0.23} = 6.69 kg/kg$

문제 15 프로판(C_3H_8)의 연소반응식은 아래와 같다. 다음 식에서 x, y값은?

$$C_3H_8 + xO_2 \rightarrow 3CO_2 + yH_2O$$

해설 식에서 x, y값

완전연소 기본식 $C_mH_n + (m+\frac{n}{4})O_2 \rightarrow mCO_2 + \frac{n}{2}H_2O$

$C_3H_8 + (3+\frac{8}{4})O_2 \rightarrow 3CO_2 + \frac{8}{2}H_2O$

∴ $x = 5$, $y = 4$

문제 16 프로판 $1Sm^3$를 과잉공기계수 1.1로 완전연소 시킬 경우에 발생하는 건연소가스량(Sm^3)은? (단, 프로판 분자량 44, 표준상태 기준)

해설 건연소가스량(Sm^3)

$C_3H_8 + 5O_2 \rightarrow 3CO_2 + 4H_2O$

$A_o = \dfrac{O_o}{0.21} = \dfrac{5Sm^3}{0.21} = 23.8Sm^3$

$Gd = (1.1 - 0.21)23.8 + \sum 3 = 24.1 Sm^3$

문제 17 1일 폐기물 배출량이 700t인 도시에서 도랑(Trench)법으로 매립지를 선정하려 한다. 쓰레기의 압축이 30%가 가능하다면 1일 필요한 면적(m^2)은 얼마인가? (단, 발생된 쓰레기의 밀도는 $250\,kg/m^3$, 매립지의 깊이는 2.5m이다.)

해설 매립면적(m^2)

$A = \dfrac{700000kg}{day} | \dfrac{m^3}{250kg} | \dfrac{}{2.5m} | \dfrac{1-0.3}{} = 784 m^2/day$

2013시행 폐기물처리기사 [제2회]

문제 01 폐기물 소각공정에서 다이옥신의 생성기전 3가지를 쓰시오.

해설 다이옥신의 생성기전
㉮ PVC, 플라스틱 등 폐기물에 존재하는 다이옥신류(PCDD/PCDF)의 불완전연소로 발생한다.
㉯ 다이옥신의 생성은 250~300℃에서 최대이다.
㉰ 저온에서 분진과 결합하여 생성한다.
㉱ 연소실의 과부하, 저 산소에서 발생한다.
㉲ 연소 시 발생하는 미연분의 양과 비산재의 양이 많을 때 발생한다.

문제 02 어떤 소각로에 배출되는 가스량은 $8000 kg/hr$이고 온도는 $1000℃$이다. 배기가스는 소각로 내에서 1초 체류한다면 소각로 용적(m^3)은?(단, 표준상태에서 배기가스 밀도는 $0.2 kg/Sm^3$)

해설 소각로 용적(m^3)

밀도에 온도보정 $0.2 kg/Sm^3 \times \dfrac{273}{273+1000} = 0.043 kg/m^3$

$t = V/Q$ 에서

$V = \dfrac{8000 kg}{hr} \Big| \dfrac{1\sec}{} \Big| \dfrac{hr}{3600\sec} \Big| \dfrac{m^3}{0.043 kg} = 51.7 m^3$

문제 03 프로판(C_3H_8) 44kg을 완전연소 시키기 위해 부피비로 10%의 과잉공기를 사용하였다. 이때 공급한 공기의 양 m^3은?

해설 공기의 양

$C_3H_8 + 5O_2 \rightarrow 3CO_2 + 4H_2O$
$44kg \ : \ 5 \times 22.4 Sm^3$
$44kg \ : \ x \quad\quad x = 112 Sm^3$

$A_o = \dfrac{이론\ 산소량}{0.21} = \dfrac{112 Sm^3}{0.21} = 533.33 Sm^3$

$\therefore A = 1.1(10\%\ 과잉공기비) \times 533.33 Sm^3 = 586.7 Sm^3$

문제 04 폐플라스틱의 재생 이용법 3가지를 쓰시오.

해설 용융재생, 용해재생, 파쇄재생, 고체연료화, 열분해, 소각에 의한 열량회수 등이 있다.

문제 05 ▎밀도가 $800\,\text{kg/m}^3$인 폐기물을 처리하는 소각로에서 질량 감소율은 85% 이고 부피 감소율은 90% 이었을 경우 이 소각로에서 발생하는 소각재의 밀도 kg/m^3는?

해설 소각재의 밀도

$$\rho = \frac{800 kg/m^3 (1-0.85)}{1-0.9} = 1200 kg/m^3$$

문제 06 ▎입도분포의 분석에 사용되는 평균입경, 유효입경, 특성입경, 균등계수, 곡률계수의 정의를 설명하시오.

해설 입도분포의 정의
- ㉮ 평균입경(d_{50}): 입도 누적곡선에서 입자 50%를 통과시킨 체눈의 크기
- ㉯ 유효입경(d_{10}): 입도 누적곡선에서 입자 10%를 통과시킨 체눈의 크기
- ㉰ 특성입경($d_{63.2}$): 입도 누적곡선에서 입자 63.2%를 통과시킨 체눈의 크기
- ㉱ 균등계수(U): $U = \dfrac{d_{60}}{d_{10}}$
- ㉲ 곡률계수(C): $C = \dfrac{d_{30}^2}{d_{10} \times d_{60}}$

문제 07 ▎폐지 250kg을 소각하고자 한다. 이론공기량(Sm^3)은 얼마인가?
(단, 폐지의 성분은 모두 셀룰로오스($C_6H_{10}O_5$)로 가정한다.)

해설 이론공기량(Sm^3)

$C_6H_{10}O_5 + 6O_2 \rightarrow 6CO_2 + 5H_2O$
$162 kg \quad : \quad 6 \times 22.4 Sm^3$
$250 kg \quad : \quad x \qquad \therefore x = 207.4 Sm^3$

$A_o = \dfrac{O_o(Sm^3)}{0.21} = \dfrac{207.4 Sm^3}{0.21} = 987.6 Sm^3$

문제 08 ▎프로판(C_3H_8) 1Sm^3를 공기비 1.2로 완전연소시킬 때 발생되는 이론공기량과 실제 건연소가스량(Sm^3)은?

해설 프로판의 반응식 $C_3H_8 + 5O_2 \rightarrow 3CO_2 + 4H_2O$
- ㉮ 이론공기량

$$A_o = \frac{5Sm^3}{0.21} = 23.8 Sm^3/Sm^3$$

- ㉯ 실제 건연소가스량

$$Gd\left(\frac{Sm^3}{Sm^3}\right) = (1.2 - 0.21)23.8 + \sum 3 = 26.5 Sm^3$$

문제 09 폐기물 조성이 $C_{60}H_{95}ON$인 유기물질 1톤이 호기성 분해할 때 필요한 이론산소량(Sm^3)은?

해설 호기성분해 반응식

$$C_aH_bO_cN_d + \left[\frac{4a+b-2c-3d}{4}\right]O_2 \rightarrow aCO_2 + \left[\frac{b-3d}{2}\right]H_2O + dNH_3$$

$C_{60}H_{95}ON + 82.5O_2 \rightarrow 60CO_2 + 46H_2O + NH_3$

$845 kg$: $82.5 \times 22.4 Sm^3$

$1000 kg$: x ∴ $x = 2186.98 Sm^3$

문제 10 어느 매립지에서 침출된 침출수 농도가 반으로 감소하는데 약 3.5년이 걸렸다면 이 침출수 농도가 90% 분해되는데 소요되는 시간(년)은?(단, 침출수 분해 반응은 1차 반응)

해설 소요되는 시간(1차 반응)

$\frac{dC}{dt} = -K \cdot C^1 \xrightarrow{\text{적분하면}} \ln\frac{C_t}{C_0} = -K \cdot t$ ∴ $\ln\frac{0.5 C_0}{C_0} = -K \cdot t$

$\ln 0.5 = -K \times 3.5$년 ∴ $K = 0.198$

$\ln\frac{0.1}{1} = -0.198 \times t$ ∴ $t = 11.6$년

문제 11 함수율 98%인 잉여슬러지 $100 m^3$이 농축되어 함수율이 95%로 되었을 때 농축 잉여슬러지의 부피(m^3)는? (단, 슬러지 비중은 1.0)

해설 잉여슬러지의 부피(m^3)

$100 m^3 \times (100-98\%) = V_2 \times (100-95\%)$ ∴ $V_2 = 40 m^3$

문제 12 친산소성 퇴비화 공정의 설계운영 시 C/N비가 너무 낮을 경우와 너무 높을 경우 나타나는 현상을 기술하시오.

해설 C/N비의 고저에 따라 나타나는 현상

㉮ C/N비가 너무 낮으면 혐기성 분해로 탈질 미생물에 의하여 질소가 손실되고 pH는 증가하며 NH_3가 발생한다.

㉯ C/N비가 너무 크면 퇴비화에 소요되는 기간이 길어지며 과잉의 탄소로 유기산이 생성되어 pH는 감소한다.

문제 13 함수율 95% 분뇨의 유기탄소량이 TS의 35%, 총질소량은 TS의 10%이다. 이와 혼합할 함수율 20%인 볏짚의 유기탄소량이 TS의 80%이고 총질소량이 TS의 4%라면 분뇨와 볏짚을 무게비 2:1로 혼합했을 때 C/N비는?

해설 C/N비

$\frac{C}{N} = \frac{\text{분뇨}\ 0.05 \times 0.35 \times 2/3 \times 8.8 \times 0.8 \times 1/3}{0.05 \times 0.1 \times 2/3 \times 0.8 \times 0.04 \times 1/3} = 16.07$

문제 14 1000g의 시료에 대하여 원추4분법을 몇 회 조작하면 시료 31.25g을 채취할 수 있는가?

해설 원추4분법의 조작 횟수

$$1000g \times (\frac{1}{2})^n = 31.25g \rightarrow (\frac{1}{2})^n = (\frac{31.25}{1000})$$

$$n \log(\frac{1}{2}) = \log(\frac{31.25}{1000}) \quad \therefore n = 5회$$

문제 15 전처리로서 파쇄에 의한 효과와 문제점 3가지를 쓰라?

해설 파쇄효과와 문제점
- ㉮ 파쇄효과
  - 입자의 비표면적이 증가하여 미생물의 분해속도가 증가한다.
  - 입경분포의 균일화로 저장, 압축, 소각이 용이하다.
  - 조대 폐기물에 의한 소각으로 손상을 방지한다.
  - 겉보기 비중의 증가로 수송이 용이하고 매립지 수명이 연장된다.
  - 매립지의 악취, 먼지의 비산을 감소시킨다.
  - 매립지의 작업이 용이하고 복토가 거의 필요 없다.
- ㉯ 문제점
  - 소음이 심하다.
  - 진동이 발생한다.
  - 비산먼지, 분진이 발생한다.

문제 16 폐기물 매립지에서 혐기성 분해로 발생하는 대표적인 악취물질 3가지는?

해설 악취물질: ㉮ 암모니아 NH_3 ㉯ 황화수소 H_2S ㉰ 메르캅탄 RSH

문제 17 인구 15만명, 쓰레기발생량 1.4kg/인일, 쓰레기 밀도 400kg/m^3, 일일 운전시간 6시간, 운반거리 6km, 적재용량 12m^3, 1회 운반 소요시간 60분(적재시간, 수송시간등 포함)일 때 운반에 필요한 일일 소요 차량대수는? (단, 대기차량 3개, 압축비 1.5)

해설 발생량 = 처리량

발생량 = $150000 \times 1.4 kg/$인·일 $= 210000 kg$

처리량 = $400 kg/m^3 \times (\frac{6\,hr/day}{60분})$회/대 $\times 12 m^3$/대 $\times 1.5 \times x$ 대 $= 43200\,x$

$210000 kg = 43200\,x$

$\therefore x = 4.86$대 + 대차량 3대 = 7.86대

문제 18 슬러지의 탈수는 수분과 고형물의 고액분리에 있다. 기계적 탈수방법 3가지를 쓰라?

해설 기계적 탈수방법
㉮ 압력여과   ㉯ 압착여과   ㉰ 원심분리   ㉱ 진공여과 등

2013시행 폐기물처리산업기사 [제2회]

문제 01 슬러지처리를 하기 위해 위생처리장 활성슬러지(1% 농도) $40m^3$를 농축조에 넣어 농축한 결과 슬러지의 농도가 $35000mg/L$가 되었다. 농축된 슬러지의 량(m^3)은? (단, 슬러지비중은 1.0으로 가정함)

해설 농축된 슬러지의 량(m^3)

$40m^3 \times 10000ppm = V_2 \, 35000mg/L \quad \therefore V_2 = 11.43m^3$

문제 02 폐기물의 고화처리방법인 석회기초법의 장점과 단점 3가지를 쓰시오.

해설 석회기초법의 장점과 단점
㉮ 장점
- 석회-포졸란 화학반응이 간단하다.
- 두 가지 폐기물을 동시에 처리할 수 있다.
- 석회가격이 싸고 널리 이용된다.
- 탈수가 필요 없다.
- 소각재와 폐기물을 동시 처리한다.

㉯ 단점
- 최종 처분 물질의 양이 증가한다.
- 낮은 pH에서 폐기물성분 용출 가능성이 증가한다.

문제 03 분뇨의 슬러지 건량은 $5\,m^3$이며 함수율이 90%이다. 함수율을 80%까지 농축하면 농축조에서의 분리액(m^3)은 얼마인가? (단, 비중은 1.0 기준)

해설 농축조에서의 분리액(m^3)

$V(100-P) = sludge \, 건량 \quad \therefore V = \dfrac{sludge \, 건량}{100-P} \times 100$

분리액 $V = (5m^3 \times \dfrac{100}{100-90}) - (5m^3 \times \dfrac{100}{100-80}) = 25m^3$

문제 04 함수율 95% 분뇨의 유기탄소량이 TS의 35%, 총질소량은 TS의 10%이다. 이와 혼합할 함수율 20%인 볏짚의 유기탄소량이 TS의 80%이고 총질소량이 TS의 4%라면 분뇨와 볏짚을 무게비 2:1로 혼합했을 때 C/N비는?

해설 C/N비 $\dfrac{C}{N} = \dfrac{분뇨}{} \dfrac{0.05 \times 0.35 \times 2/3 \times 8.8 \times 0.8 \times 1/3}{0.05 \times 0.1 \times 2/3 \times 0.8 \times 0.04 \times 1/3} = 16.07$

문제 05 ┃ 쓰레기발생량 예측방법 3가지를 쓰시오.

해설 경향예측모델법, 다중회귀모델, 동적모사모델

문제 06 ┃ 도랑식(trench)으로 밀도가 $0.55\,t/m^3$인 폐기물을 매립하려고 한다. 도랑의 깊이가 3m이고, 다짐에 의해 폐기물을 2/3로 압축시킨다면 도랑 $1\,m^2$당 매립할 수 있는 폐기물의 양(ton)은 얼마인가? (단, 기타 조건은 고려하지 않는다.)

해설 폐기물 발생량 = 매립량

$$\frac{0.55t}{m^3}\bigg|\frac{3m\,(\fallingdotseq m^2당\,3배에\,해당)}{} = \frac{2}{3}\bigg|\frac{x}{m^2} \quad \therefore x = 2.47\,t$$

문제 07 ┃ 프로판 $1Sm^3$를 과잉공기계수 1.1로 완전연소 시킬 경우에 발생하는 건연소가스량(Sm^3)은? (단, 프로판 분자량 44, 표준상태 기준)

해설 건연소가스량(Sm^3)

$C_3H_8 + 5O_2 \rightarrow 3CO_2 + 4H_2O$

$A_o = \dfrac{O_o}{0.21} = \dfrac{5Sm^3}{0.21} = 23.8Sm^3$

$Gd = (1.1 - 0.21)23.8 + \sum 3 = 24.1 Sm^3$

문제 08 ┃ 전처리로서 파쇄에 의하여 얻어질 수 있는 효과 3가지와 작용원리를 설명하라?

해설 파쇄효과와 원리

㉮ 파쇄효과
- 입자의 비표면적이 증가하여 미생물의 분해속도가 증가한다.
- 입경분포의 균일화로 저장, 압축, 소각이 용이하다.
- 조대 폐기물에 의한 소각로 손상을 방지한다.
- 겉보기 비중의 증가로 수송이 용이하고 매립지 수명이 연장된다.
- 매립지의 악취, 먼지의 비산을 감소시킨다.
- 매립지의 작업이 용이하고 복토가 거의 필요 없다.

㉯ 파쇄 원리
- 전단작용에 의한 파쇄
- 충격작용에 의한 파쇄
- 압축작용에 의한 파쇄

문제 09 고형폐기물을 매립 처리할 때 $C_6H_{12}O_6$ 성분 1톤(ton)의 폐기물이 혐기성 분해를 한다면 이 이론적 메탄가스 발생량(m^3)은 얼마인가? (단, 표준상태 기준이다.)

해설 메탄가스 발생량(m^3)

$$C_6H_{12}O_6 \rightarrow 3CH_4 + 3CO_2$$
$$180 kg \ : \ 3 \times 22.4 Sm^3$$
$$1000 kg \ : \ x$$
$$\therefore CH_4 = 373.33 \, Sm^3$$

문제 10 0.41ton/m^3의 밀도를 갖는 쓰레기 시료를 압축하여 밀도를 0.75ton/m^3으로 증가시켰다. 이 때의 부피 감소율은?

해설 부피 감소율

$$압축비(C_R) = \frac{압축전부피 V_1}{압축후부피 V_2} = \frac{압축 후 밀도}{압축 전 밀도} = \frac{0.75}{0.41} = 1.83$$

$$부피감소율 = (1 - \frac{1}{압축비 1.83}) \times 100 = 45\%$$

문제 11 수거대상 인구가 2000명인 어느 지역에서 4일 동안 발생한 쓰레기를 수거한 결과가 다음과 같다면 이 지역의 1일 1인당 쓰레기 발생량(kg/인.일)은?

- 트럭 수 6대
- 트럭의 용적 8.0m^3/대
- 적재 시 쓰레기 밀도 200kg/m^3

해설 발생량 = 처리량

$$2000명 \times 4일 \times x = 6대 \times 8m^3/대 \times 200kg/m^3$$
$$\therefore x = 1.2 \, kg/인.일$$

문제 12 새로운 쓰레기 수거 시스템인 관거수거방법 3가지를 설명하라?

해설 관거수거방법

㉮ 공기수송 : 공기수송은 고층 주택 밀집지역에 적합하나 소음이 심하며 폐기물의 크기가 불균일하면 수송이 곤란한 방법으로 진공수송과 가압수송이 있다.

㉯ 슬러리 수송 : 쓰레기를 분쇄하여 물과 혼합하여 수송한다.

㉰ 캡슐수송 : 쓰레기를 충전한 캡슐을 수송관내에 삽입하여 공기나 물의 흐름을 이용하여 수송한다.

문제 13 쓰레기를 각 성분별로 분석하여 함수율을 측정한 결과로부터 전체 쓰레기의 함수율(%)은?

성분	중량(kg)	함수율(%)
음식찌꺼기	30	70
종 이 류	60	6
금 속 류	10	3

해설 전체 쓰레기의 함수율(%)

$$함수율(\%) = \frac{30 \times 70 + 60 \times 6 + 10 \times 3}{100} = 24.9\%$$

문제 14 매립지의 침출수의 농도가 반으로 감소하는데 약 3년이 걸렸다면 이 침출수의 농도가 99% 감소하는데 걸리는 시간(년)은 얼마인가? (단, 1차 반응 기준이다.)

해설 감소하는데 걸리는 시간(년)

$$\frac{dC}{dt} = -K \cdot C^1 \xrightarrow{적분하면} \ln\frac{C_t}{C_0} = -K \cdot t \quad \therefore \ln\frac{0.5 C_0}{C_0} = -K \cdot t$$

$\ln 0.5 = -K \times 3년 \quad \therefore K = 0.2311$

$\ln\frac{0.01}{1} = -0.231 \times t \quad \therefore t = 19.93년$

문제 15 주성분이 $C_{30}H_{50}O_{20}N_2S$인 슬러지 폐기물을 소각처리하고자 한다. 고위발열량(kcal/kg)을 구하시오($C_{30}H_{50}O_{20}N_2S$의 분자량 790).

해설 고위발열량(kcal/kg)

㉮ 슬러지 1kg의 각 성분조성

$$C = \frac{12 \times 30}{790} = 0.4557$$

$$H = \frac{1 \times 50}{790} = 0.0633$$

$$O = \frac{16 \times 20}{790} = 0.4051$$

$$S = \frac{32 \times 1}{790} = 0.0405$$

㉯ 고위발열량

$$\text{Dulong식} \quad H_h(\text{kcal/kg}) = 8100C + 34000\left(H - \frac{O}{8}\right) + 2500S$$

*여기서, 원소의 단위는 퍼센트농도(%/100)이다.

$$H_h = 8100 \times 0.4557 + 34000\left(0.0633 - \frac{0.4051}{8}\right) + 2500 \times 0.0405 = 4222.95 \, kcal/kg$$

문제 16 폐기물을 성상에 따라 분류하시오.

해설 폐기물의 성상에 따른 분류
㉮ "액상폐기물"이라 함은 고형물의 함량이 5 % 미만인 것을 말한다.
㉯ "반고상폐기물"이라 함은 고형물의 함량이 5 % 이상 15 % 미만인 것을 말한다.
㉰ "고상폐기물"이라 함은 고형물의 함량이 15 % 이상인 것을 말한다.

문제 17 청소상태의 평가법 중 CEI & USI에 대하여 간략히 설명하라?

해설 청소상태의 평가법
㉮ CEI
가로의 청소상태를 기준으로 한다. 설정인자에는 가로의 총수, 청결상태, 청소상태의 문제점 여부를 평가한다.
㉯ USI
사람의 만족도를 설문조사하여 청소상태를 평가한다.

2013시행 폐기물처리기사 [제4회]

문제 01 Dulong식을 이용하여 폐기물 1kg당 습량기준 고위발열량, 건량기준 고위발열량, 가연분 기준 고위발열량 $kcal/kg$을 구하시오.(폐기물의 조성이 다음과 같다.)

> 수분 65%, 가연분 23%, 회분 12%
> C 11%, H 2%, O 9%, S 0.5%, N 0.4%, Cl 0.1%

해설 고위발열량

㉮ 습량기준 고위발열량

$$H_h = 8100 \times 0.11 + 34000\left(0.02 - \frac{0.09}{8}\right) + 2500 \times 0.005 = 1201 kcal/kg$$

㉯ 건량기준 고위발열량

고형물량 0.35kg : 발열량 1201 kcal/kg
폐기물   1kg   : x ∴ $x = 3431 kcal/kg$

㉰ 가연분 기준 고위발열량

가연물량 0.23kg : 발열량 1201 kcal/kg
폐기물   1kg   : x ∴ $x = 5221 kcal/kg$

문제 02 30 ton의 음식물쓰레기를 톱밥과 혼합하여 C/N비 30으로 조정하여 퇴비화하고자 한다. 이때 톱밥의 필요량(톤)은? (단, 음식물쓰레기와 톱밥의 C/N비는 각각 20과 100이고, 다른 조건은 고려하지 않음)

해설 톱밥의 필요량

$$C/N\ 30 = \frac{(30t \times 20) + 100x}{30t + x}$$

$600 + 100x = 900 + 30x$ ∴ $x(톱밥) = 4.28t$

문제 03 글리신($C_2H_5O_2N$) 2M이 혐기성소화에 의해 완전분해 될 때 생성 가능한 이론적인 메탄 가스량(L)은?(단, 표준상태 기준, 분해 최종산물은 CH_4, CO_2, NH_3)

해설 메탄 가스량

$C_2H_5O_2N + 0.5H_2O \rightarrow 0.75CH_4 + 1.25CO_2 + NH_3$
  1M   : $0.75 \times 22.4 L$
  2M   : x

∴ $x = 33.6 L$

문제 04 분뇨의 슬러지 건량은 $5\,m^3$이며 함수율이 90%이다. 함수율을 80%까지 농축하면 농축조에서의 분리액(m^3)은 얼마인가? (단, 비중은 1.0 기준)

해설 농축조에서의 분리액(m^3)

$$V(100-P) = sludge \text{ 건량} \quad \therefore V = \frac{sludge \text{ 건량}}{100-P} \times 100$$

분리액 $V = (5m^3 \times \frac{100}{100-90}) - (5m^3 \times \frac{100}{100-80}) = 25m^3$

문제 05 어떤 폐기물의 원소조성이 다음과 같고, 실제공기량이 $6\,Sm^3$일 때 이론산소량과, 이론공기량, 공기비는?(단, 가연분 60%(C 45%, H 10%, O 40%, S 5%), 수분: 30%, 회분: 10%)

해설 이론산소량과, 이론공기량, 공기비

$O_o = 1.867C + 5.6H + 0.7S - 0.7O$
　　*여기서, 원소는 %/100 이다.

$O_o = (1.867 \times 0.6 \times 0.45) + (5.6 \times 0.6 \times 0.1 + 0.7) \times (0.6 \times 0.05) - (0.7 \times 0.6 \times 0.4) = 0.693\,Sm^3/kg$

$A_o = 0.693\,Sm^3/kg \times \frac{1}{0.21} = 3.3\,Sm^3$

$\therefore m = \frac{A(\text{실제공기량})}{A_o(\text{이론공기량})} = \frac{6\,Sm^3}{3.3\,Sm^3} = 1.81$

문제 06 폐기물 조성이 $C_{60}H_{95}ON$인 유기물질 1톤이 호기성 부해할 때 필요한 이론산소량(Sm^3)은?

해설 호기성분해 반응식

$$C_aH_bO_cN_d + [\frac{4a+b-2c-3d}{4}]O_2 \rightarrow aCO_2 + [\frac{b-3d}{2}]H_2O + dNH_3$$

$C_{60}H_{95}ON + 82.5\,O_2 \rightarrow 60\,CO_2 + 46\,H_2O + NH_3$
　　$845\,kg$: $82.5 \times 22.4\,Sm^3$
　　$1000\,kg$: x 　　$\therefore x = 2186.98\,Sm^3$

문제 07 다이옥신을 제어기위한 방법을 4단계로 구분하면?

해설 다이옥신 제어방법
㉮ 제1차적(사전방지) 방법
㉯ 제2차적(로내) 방법
㉰ 제3차적(후처리) 방법
㉱ 제4차적(배가스처리) 활성탄과 백필터집진 방식

문제 08 차단형 매립지 차수시설의 재료 3가지를 쓰시오.

해설 점토, 합성차수막, 시멘트, 아스팔트, 벤토나이트 등

문제 09 폐기물의 저위발열량 측정방법 3가지를 설명하시오.

해설 저위발열량 측정방법
㉮ Dulong의 원소분석법
$$H_h(\text{kcal/kg}) = 81C + 340(H - \frac{O}{8}) + 25S$$
*여기서, 원소의 단위는 퍼센트농도(%)이다.

$$H_l(kcal/kg) = H_h - 6(9H + W)$$
*여기서, 원소의 단위는 퍼센트농도(%)이다.

㉯ 3성분 분석법
$$H_h(kcal/kg) = 4500kcal/kg \times 가연성분 함량비$$
$$H_l(kcal/kg) = [4500kcal/kg \times 가연성분 함량비] - [600kcal/kg \times W]$$
*여기서, 가연성분과 수분함량은 %/100 이다.

㉰ 단열열량계측정법
$$H_h = 계측 발열량 \times (1-W)$$
$$H_l(kcal/kg) = H_h - 6(9H + W)$$
*여기서, 원소의 단위는 퍼센트농도(%)이다.

문제 10 밀도가 400kg/m^3인 폐기물을 압축하여 밀도가 900kg/m^3가 되도록 하였다면 압축된 폐기물 부피(%)는?

해설 압축된 폐기물 부피
$$V_R = (\frac{\frac{1}{900kg/m^3}}{\frac{1}{400kg/m^3}}) \times 100 = 44\%$$

문제 11 전과정평가(LCA)의 정의 및 평가의 절차를 쓰시오.

해설 전과정평가(LCA)의 정의 및 평가의 절차
㉮ 정의
전과정평가(LCA, life cycle assessment)는 원료의 구매에서 제품의 생산, 유통, 사용, 처분까지 전 과정에 걸쳐 환경에 미치는 영향을 평가하는 데 있다.
㉯ 평가의 절차
목적 및 범위 설정 → 목록분석 → 영향평가 → 개선평가 및 해석

문제 12 매립장에서 침출된 침출수가 다음과 같은 점토로 이루어진 90cm의 차수층을 통과하는 데 걸리는 시간(년)은 얼마인가?

- 유효 공극률 : 0.5
- 점토층 하부의 수두는 점토층 아랫면과 일치
- 점토층 투수계수 : 10^{-7} cm/sec
- 점토층 위의 침출수 수두 : 40cm

해설 차수층을 통과하는 데 걸리는 시간(년)

$$t = \frac{nd^2}{k(d+h)}$$

$$k\left(\frac{m}{y}\right) = \frac{10^{-7}cm}{\sec} \bigg| \frac{m}{100cm} \bigg| \frac{3600\sec}{hr} \bigg| \frac{24hr}{day} \bigg| \frac{365day}{y} = 0.0315 m/y$$

$$\therefore t = \frac{0.5 \times (0.9m)^2}{0.0315m/y(0.9+0.4)m} = 9.89\,y$$

문제 13 어떤 소각로에 배출되는 가스량은 $8000 kg/hr$이고 온도는 $1000℃$ 이다. 배기가스는 소각로 내에서 1초 체류한다면 소각로 용적(m^3)은?(단, 표준상태에서 배기가스 밀도는 $0.2 kg/Sm^3$)

해설 소각로 용적(m^3)

밀도에 온도보정 $0.2 kg/Sm^3 \times \frac{273}{273+1000} = 0.043 kg/m^3$

$t = V/Q$ 에서

$$V = \frac{8000kg}{hr} \bigg| \frac{1\sec}{} \bigg| \frac{hr}{3600\sec} \bigg| \frac{m^3}{0.043kg} = 51.7 m^3$$

문제 14 평균입경이 10cm인 플라스틱을 재활용하기 위하여 2cm로 파쇄 하는데 20kWh/ton이 소요된다면, 입경이 20cm인 플라스틱을 2cm로 파쇄하는데 소요되는 에너지(kWh/ton)는 얼마인가? (단, Kick의 법칙에 의하여 에너지량 $E = C\log(L_1/L_2)$이다.)

해설 소요되는 에너지(kWh/ton)

$$20 kWh/ton = C \times \log\left(\frac{10\,cm}{2\,cm}\right)$$

$$\therefore C = 28.6135\,kWh/ton$$

$$E = 28.6 \times \log\left(\frac{20cm}{2cm}\right) = 28.6 kWh/ton$$

문제 15 | 다음 조건인 경우 Worrell식 및 Rietema식에 의한 선별효율(%)은?

- 총 투입 폐기물량 200톤
- 회수량 160톤
- 회수량 중 회수대상물질 140톤
- 제거량 중 제거대상물질 30톤

해설 선별효율(%)

총 투입 폐기물량: 200톤	
회수량 중	제거량 중
회수량 160톤	제거량 40톤
회수대상물질(X_1) 140톤	회수대상물질(X_2) 10톤
제거대상물질(Y_1) 20톤	제거대상물질(Y_2) 30톤
총 회수대상물질(X_t) 150톤	
총 제거대상물질(Y_t) 50톤	

① Worrell식 선별효율(E_W)

$$E_W = \left(\frac{X_1}{X_t} \times \frac{Y_2}{Y_t}\right) \times 100$$

$$\therefore E_W = \left(\frac{140}{150} \times \frac{30}{50}\right) \times 100 = 56\%$$

② Rietema식 선별효율(E_R)

$$E_R = \left(\frac{X_1}{X_t} - \frac{Y_1}{Y_t}\right) \times 100$$

$$\therefore E_R = \left(\frac{140}{150} - \frac{20}{50}\right) \times 100 = 53.33\%$$

문제 16 | 연소조절에 의하여 NO_x 발생을 억제하는 방법 3가지를 쓰시오.

해설 NO_x 발생 억제방법
㉮ 연소시 과잉공기를 삭감하여 저산소 연소시킨다.
㉯ 연소용 공기온도를 조절하여 저온에서 연소한다.
㉰ 버너 및 연소실 구조를 개량하여 연소실내의 온도분포를 균일하게 한다.
㉱ 화로 내에 물이나 수증기를 분무시켜서 연소시킨다.
㉲ 2단 연소한다.
㉳ 배출가스를 재순환한다.

2013시행 폐기물처리산업기사 [제4회]

문제 01 적환장(transfer station)을 설치하는 일반적인 필요성에 대하여 5가지를 쓰시오.

해설 적환장의 필요성
㉮ 처분지가 수집 장소로부터 16km 이상 멀리 떨어져 있을 때
㉯ 수집차량이 소형($15m^3$ 이하)일 때
㉰ 저밀도 주거지역 있을 때
㉱ 슬러리 수송이나 공기수송 방식을 사용할 때
㉲ 불법투기와 다량의 폐기물이 발생할 때
㉳ 압축장비 등이 갖추어져 있지 않은 차량으로 수거할 때
㉴ 상업지역에서 폐기물 수집에 소형 수거용기를 많이 사용 할 때

문제 02 매립지에서 침출수 발생의 영향인자 3가지를 쓰시오.

해설 침출수 발생의 영향인자
㉮ 강우량
㉯ 폐기물의 함수량
㉰ 지하수의 수위
㉱ 외부에서 유입수량
㉲ 차수재의 차수능력
㉳ 복토재, 덮게시설의 차수능력

문제 03 어떤 폐기물의 원소조성이 다음과 같고, 실제공기량이 $6Sm^3$일 때 이론산소량과, 이론공기량, 공기비는?(단, 가연분 60%(C 45%, H 10%, O 40%, S 5%), 수분: 30%, 회분: 10%)

해설 이론산소량과, 이론공기량, 공기비

$O_o = 1.867C + 5.6H + 0.7S - 0.7O$
　*여기서, 원소는 %/100 이다.

$O_o = (1.867 \times 0.6 \times 0.45) + (5.6 \times 0.6 \times 0.1 + 0.7) \times (0.6 \times 0.05)$
　　　$- (0.7 \times 0.6 \times 0.4) = 0.693 Sm^3/kg$

$A_o = 0.693 Sm^3/kg \times \dfrac{1}{0.21} = 3.3 Sm^3$

$\therefore m = \dfrac{A(실제공기량)}{A_o(이론공기량)} = \dfrac{6Sm^3}{3.3Sm^3} = 1.81$

문제 04 프로판 $1Sm^3$를 과잉공기계수 1.1로 완전연소 시킬 경우에 발생하는 건연소가스량(Sm^3)은? (단, 프로판 분자량 44, 표준상태 기준)

해설 건연소가스량(Sm^3)

$$C_3H_8 + 5O_2 \rightarrow 3CO_2 + 4H_2O$$

$$A_o = \frac{O_o}{0.21} = \frac{5Sm^3}{0.21} = 23.8 Sm^3$$

$$Gd = (1.1 - 0.21)23.8 + \sum 3 = 24.1 Sm^3$$

문제 05 밀도가 $400 kg/m^3$인 폐기물을 압축하여 밀도가 $900 kg/m^3$가 되도록 하였다면 압축된 폐기물 부피(%)는?

해설 압축된 폐기물 부피

$$V_R = \left(\frac{\frac{1}{900 kg/m^3}}{\frac{1}{400 kg/m^3}}\right) \times 100 = 44\%$$

문제 06 글리신($C_2H_5O_2N$) 2M이 혐기성소화에 의해 완전분해 될 때 생성 가능한 이론적인 메탄 가스량(L)은?(단, 표준상태 기준, 분해 최종산물은 CH_4, CO_2, NH_3)

해설 메탄 가스량

$$C_2H_5O_2N + 0.5H_2O \rightarrow 0.75CH_4 + 1.25CO_2 + NH_3$$

$1M$: $0.75 \times 22.4L$
$2M$: x

$\therefore x = 33.6L$

문제 07 최소 크기가 10cm인 폐기물을 2cm로 파쇄하고자 할 때 kick's 법칙에 의한 소요동력은 동일 폐기물을 4cm로 파쇄할 때 소요되는 동력의 몇 배인가?(단, n=1로 가정한다.)

해설 파쇄할 때 소요되는 동력

$$E = \text{상수 } C \ln\left(\frac{\text{파쇄 전 입자크기}(L_1)10cm}{\text{파쇄 후 입자크기}(L_2)2cm}\right) = 1.61 kw$$

$$E = \text{상수 } C \ln\left(\frac{\text{파쇄 전 입자크기}(L_1)10cm}{\text{파쇄 후 입자크기}(L_2)4cm}\right) = 0.91 kw$$

$$\therefore \frac{1.61 kw}{0.91 kw} = 1.77 \text{배}$$

문제 08 전처리로서 파쇄에 의한 효과와 문제점 3가지를 쓰라?

해설 파쇄효과와 문제점

㉮ 파쇄효과
- 입자의 비표면적이 증가하여 미생물의 분해속도가 증가한다.
- 입경분포의 균일화로 저장, 압축, 소각이 용이하다.
- 조대 폐기물에 의한 소각로 손상을 방지한다.
- 겉보기 비중의 증가로 수송이 용이하고 매립지 수명이 연장된다.
- 매립지의 악취, 먼지의 비산을 감소시킨다.
- 매립지의 작업이 용이하고 복토가 거의 필요 없다.

㉯ 문제점
- 소음이 심하다.
- 진동이 발생한다.
- 비산먼지, 분진이 발생한다.

문제 09 퇴비화 하기 위해 함수율 97%인 분뇨와 함수율 30%인 쓰레기를 무게비 1:3으로 혼합했을 때의 함수율(%)은?

해설 혼합 후 함수율

$$함수율 = \frac{(97 \times 1) + (30 \times 3)}{1+3} = 46.75\%$$

문제 10 5000 m³/day 하수를 처리하는 처리장의 1차 침전지에서 침전된 슬러지 내 고형물이 0.2톤/일, 2차 침전지에서 0.1톤/일 제거되며, 각 슬러지의 함수율은 98%, 99.5%이다. 침전지에서 발생한 슬러지를 정체시간 5일로 하여 농축시키려면 농축조의 크기 m^3은? (단, 슬러지의 비중은 1.0으로 가정함)

해설 농축조의 크기

$$V = [(0.2 t/d \times \frac{100}{100-98}) + (0.1 t/d \times \frac{100}{100-99.5})] \times 5 = 150 m^3$$

문제 11 혐기성 소화조에서 유기물질 80%, 무기물질 20%의 슬러지를 소화 처리한 결과 소화슬러지는 유기물질 60%, 무기물질 40%로 되었다. 이 때 소화율(%)은?

해설 소화율

$$소화율(\%) = (1 - \frac{소화후 VS_{(유기물)}/FS_{(무기물)}}{소화전 VS/FS}) \times 100$$

$$\therefore \eta = (1 - \frac{0.6/0.4}{0.8/0.2}) \times 100 = 63\%$$

문제 12 ▎메탄의 고위발열량이 $11000\,\mathrm{kcal/Sm^3}$이면, 저위발열량($\mathrm{kcal/Sm^3}$)은 얼마인가?(단, 물의 기화열은 $480\,kcal/kg$이다.)

해설 저위발열량($\mathrm{kcal/Sm^3}$)

$H_l(kcal/Sm^3) = H_h - 480\sum H_2O$

메탄 $CH_4 + 2O_2 \rightarrow CO_2 + 2H_2O \quad \therefore H_2O = 2M$

$\therefore H_l = 11000 - 480\sum 2 = 10040\,kcal/Sm^3$

문제 13 ▎슬러지처리를 하기 위해 위생처리장 활성슬러지(1% 농도) $40\,m^3$를 농축조에 넣어 농축한 결과 슬러지의 농도가 $35000\,mg/L$가 되었다. 농축된 슬러지의 량(m^3)은? (단, 슬러지비중은 1.0으로 가정함)

해설 농축된 슬러지의 량(m^3)

$40m^3 \times 10000ppm = V_2\, 35000mg/L \quad \therefore V_2 = 11.43m^3$

문제 14 ▎인구 100만 명인 어느 도시의 쓰레기 발생율은 2.0kg/인일 이다. 아래의 조건들에 따라 쓰레기를 매립하고자 할 때 연간 매립지의 소요면적 m^2은?(단, 매립쓰레기 압축밀도 $500\,\mathrm{kg/m^3}$, 매립지 Cell 1층의 높이 5m 이며, 총 8개의 층으로 매립하며, 기타 조건은 고려하지 않음)

해설 매립지의 소요면적

소요면적 $= \dfrac{1000000명 \times 2.0kg/인 \cdot 일}{500kg/m^3 \times 5m \times 8층} \times 365day/y = 36500m^2$

문제 15 ▎저발열량이 $10000\,\mathrm{kcal/Sm^3}$이고, 이론 습연소가스량이 $15\,\mathrm{Sm^3/Sm^3}$인 가스 연료의 이론 연소온도(℃)는 얼마인가? (단, 연소가스의 비열은 $0.5\,\mathrm{kcal/Sm^3 \cdot ℃}$이며 공급공기 및 연료 온도는 25℃로 가정한다.)

해설 이론연소온도(℃)

$t_2 = \dfrac{H_l}{G_o C_p} + t_1$

$\therefore t_2 = \dfrac{10000\mathrm{kcal}}{\mathrm{Sm^3}} \Big| \dfrac{\mathrm{Sm^3}}{15\mathrm{Sm^3}} \Big| \dfrac{\mathrm{Sm^3 \cdot ℃}}{0.5\mathrm{kcal}} + 25 = 1358.33℃$

문제 16 ▎분뇨의 슬러지 건량은 $5\,\mathrm{m^3}$이며 함수율이 90%이다. 함수율을 80%까지 농축하면 농축조에서의 분리액($\mathrm{m^3}$)은 얼마인가? (단, 비중은 1.0 기준)

해설 농축조에서의 분리액($\mathrm{m^3}$)

$V_1(100 - P_1) = sludge$ 건량 $\quad \therefore V = \dfrac{sludge\ 건량}{100 - P} \times 100$

분리액 $V = (5m^3 \times \dfrac{100}{100-90}) - (5m^3 \times \dfrac{100}{100-80}) = 25m^3$

2014시행 기사 폐기물처리기사 [제1회]

문제 01 전과정평가(LCA)의 정의, 평가절차, 목적을 쓰시오.

해설 정의, 평가절차, 목적
㉮ 정의
전과정평가(LCA, life cycle assessment)는 원료의 구매에서 제품의 생산, 유통, 사용, 처분까지 전 과정에 걸쳐 환경에 미치는 영향을 평가하는 데 있다.
㉯ 전 과정평가의 절차
① 목적 및 범위설정(goal & scope definition)
② 단위공정별 목록분석(inventory analysis)
③ 환경부하에 대한 영향평가(impact assessment)
분류화 → 특성화 → 정규화 → 가중치 부여
④ 개선평가 및 해석(life cycle interpretation)
㉰ 전 과정평가의 목적
- 제품 및 제조방법의 변경, 개량에 따른 환경부하 평가
- 환경부하의 저감 측면에서 제품의 제조방법 도출
- 환경목표치에 대한 달성도 평가
- 제품간의 환경부하 비교평가

문제 02 다음 물질회수율 중 어느 물질이 더 선별효율(%)이 높은가?(단, Worrell식 적용)

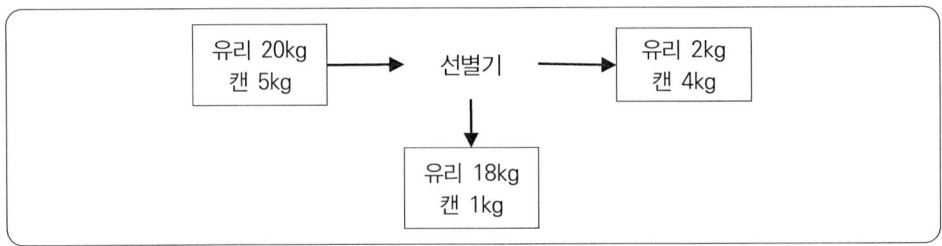

해설 캔보다 유리의 선별효율이 70% 높다.
㉮ 유리 선별효율$(E) = (\frac{18}{20} \times \frac{4}{5}) \times 100 = 72\%$
㉯ 캔 선별효율$(E) = (\frac{1}{5} \times \frac{2}{20}) \times 100 = 2\%$
∴ $72 - 2 = 70\%$

문제 03 ■ 고형폐기물을 매립 처리할 때 $C_6H_{12}O_6$ 성분 1톤(ton)의 폐기물이 혐기성 분해를 한다면 이론적 메탄가스 발생량 부피(m^3)와 무게(kg)은 얼마인가? (단, 표준상태 기준이다.)

해설 메탄가스 발생량

㉮ 발생량 부피(m^3)

$C_6H_{12}O_6 \rightarrow 3CH_4 + 3CO_2$
180kg : $3 \times 22.4 Sm^3$
1000kg : x ∴ $CH_4 = 373.33 Sm^3$

㉯ 발생량 무게(kg)

$C_6H_{12}O_6 \rightarrow 3CH_4 + 3CO_2$
180kg : $3 \times 16 kg$
1000kg : x ∴ $CH_4 = 266.67 kg$

문제 04 ■ 유해폐기물 고화처리방법 중 자가시멘트법의 장단점을 각각 3가지를 쓰시오.

해설 자가시멘트법의 장단점

㉮ 장점
- 혼합률(MR)이 낮다.
- 중금속의 처리에 효과적이다.
- 탈수 등의 전처리가 필요 없다.

㉯ 단점
- 장치의 규모가 크고 숙련된 기술이 요구된다.
- 보조 에너지가 필요하다.
- 높은 황화물을 함유한 폐기물에 적합하다.

문제 05 ■ 밀도가 $1.5\,g/cm^3$인 폐기물 10kg에 고형물재료를 5kg 첨가하여 고형화 시킨 결과 밀도가 $6.0\,g/cm^3$으로 증가하였다면 폐기물의 부피변화율(VCF)은 얼마인가?

해설 부피변화율

$VCF = (1 + MR) \times \dfrac{\rho_1}{\rho_2}$

∴ $VCF = (1 + \dfrac{5kg}{10kg}) \times \dfrac{1.5 g/cm^3}{6.0 g/cm^3} = 0.38$

문제 06 ■ 진공여과기 1대를 사용하여 슬러지를 탈수하고 있다. 다음과 같은 조건에서 운전할 때 건조 고형물 기준의 여과속도 27kg/m². hr인 진공여과기의 1일 운전시간은?

- 폐수유입량: 20000m³/일
- SS제거율: 85%
- 여과면적: 20m²
- 비중: 1.0 기준
- 유입 SS농도: 300mg/L
- 약품첨가량: 제거 SS량의 20%
- 건조 고형물 여과회수율: 100%

해설 진공여과기의 1일 운전시간

$$여과율(kg/m^2.hr) = \frac{고형물량(kg/hr)}{여과면적(m^2)}$$

$$27kg/m^2.hr = \frac{20000m^3 \times 0.3kg/m^3 \times 0.85 \times 1.2}{20m^2 \times x} \quad \therefore x = 11.3hr$$

문제 07 ■ 인구 500000인 어느 도시의 쓰레기 발생량 중 가연성이 20%라고 한다. 쓰레기 발생량이 0.6kg/인·일이고, 밀도는 0.8ton/m³, 쓰레기차의 적재용량이 15m³일 때, 가연성 쓰레기를 운반 하는데 필요한 차량은?(단, 차량은 1일 1회 운행 기준)

해설 발생량 = 처리량

$500000인 \times 0.2\% \times 0.6kg/인.일 = 800kg/m^3 \times 15m^3 \times x대/일$

$\therefore x = 5대/일$

문제 08 ■ 프로판 $1Sm^3$를 과잉공기계수 1.1로 완전연소 시킬 경우에 발생하는 건연소가스량(Sm^3)은? (단, 프로판 분자량 44, 표준상태 기준)

해설 건연소가스량(Sm^3)

$C_3H_8 + 5O_2 \rightarrow 3CO_2 + 4H_2O$

$A_o = \frac{O_o}{0.21} = \frac{5Sm^3}{0.21} = 23.8Sm^3$

$Gd = (1.1 - 0.21)23.8 + \sum 3 = 24.1 Sm^3$

문제 09 ■ 친산소성 퇴비화 공정의 설계운영 시 C/N비가 너무 낮을 경우와 너무 높을 경우 나타나는 현 상을 기술하시오.

해설 C/N비의 고저에 따라 나타나는 현상

㉮ C/N비가 너무 낮으면 혐기성 분해로 탈질 미생물에 의하여 질소가 손실되고 pH는 증가하며 NH_3가 발생한다.

㉯ C/N비가 너무 크면 퇴비화에 소요되는 기간이 길어지며 과잉의 탄소로 유기산이 생성되어 pH는 감소한다.

문제 10 미생물이 분해 불가능한 유기물을 제거하기 위하여 흡착제인 활성탄을 사용하였다. COD가 56 mg/L인 원수에 활성탄 $20mg/L$를 주입시켰더니 COD가 $16mg/L$으로, 활성탄 52 mg/L를 주입시켰더니 COD가 $4mg/L$로 되었다. COD $9mg/L$로 만들기 위해 주입되어야 할 활성탄의 양 mg/L은(Freundlich식 적용)?

해설 활성탄의 양

㉮ $\dfrac{56-16}{20} = K \times 16^{1/n} \to 2 = K \times 16^{1/n}$

㉯ $\dfrac{56-4}{52} = K \times 4^{1/n} \to 1 = K \times 4^{1/n}$

㉮÷㉯ $\dfrac{2}{1} = \dfrac{K \times 16^{1/n}}{K \times 4^{1/n}} \to 2 = 4^{\frac{1}{n}}$

양변에 ln을 취하면 n = ln4/ln2 = 2
$n = 2$를 식 ㉯에 대입하면 $K = 1/2 = 0.5$

∴ $\dfrac{56-9}{M} = 0.5 \times 9^{1/2}$ ∴ M = 31.33mg/L

문제 11 매립장에서 침출된 침출수가 다음과 같은 점토로 이루어진 90cm의 차수층을 통과하는 데 걸리는 시간(년)은 얼마인가?

- 유효 공극률 : 0.5
- 점토층 투수계수 : 10^{-7} cm/sec
- 점토층 하부의 수두는 점토층 아랫면과 일치
- 점토층 위의 침출수 수두 : 40cm

해설 차수층을 통과하는 데 걸리는 시간(년)

$t = \dfrac{nd^2}{k(d+h)}$

$k(\dfrac{m}{y}) = \dfrac{10^{-7}cm}{sec} | \dfrac{m}{100cm} | \dfrac{3600\sec}{hr} | \dfrac{24hr}{day} | \dfrac{365day}{y} = 0.0315 m/y$

∴ $t = \dfrac{0.5 \times (0.9m)^2}{0.0315 m/y(0.9+0.4)m} = 9.89 y$

문제 12 C 및 H의 중량조성이 각각 86%, 14%인 액체연료를 매시간 100kg 연소시켜 배기가스의 조성을 분석한 결과 CO_2 12.5%, O_2 3.5%, N_2 84%이였다. 이 경우 시간당 필요한 공기량(Sm^3)은?

해설 시간당 필요한 공기량(Sm^3)

$m = \dfrac{A}{A_o} = \dfrac{21}{21-O_2} = \dfrac{N_2(\%)}{N_2(\%) - 3.76(O_2 - 0.5CO\%)}$

$m = \dfrac{84(\%)}{84(\%) - 3.76 \times 3.5(\%)} = 1.186$

$O_o = 1.867C + 5.6H + 0.7S - 0.7O$
  *여기서, 원소는 %/100 이다.

$O_o = 1.867 \times 0.86 + 5.6 \times 0.14 = 2.39 Sm^3/kg$

$A_o = 2.39 Sm^3/kg \times \dfrac{1}{0.21} = 11.37 Sm^3/kg$

∴ Air량 = $11.37 Sm^3/kg \times 100kg \times 1.186(m) = 1350 Sm^3$

문제 13 ▎ C_8H_{18}을 완전연소 시킬 때 부피 및 무게에 대한 이론 AFR은?

해설 이론 AFR

$C_8H_{18} + 12.5O_2 + \rightarrow 8CO_2 + 9H_2O$
$1M$: 12.5 ⇒ $mole$ 부피기준
$114kg$: 12.5×32 ⇒ kg 무게기준

$$AFR = \frac{공기(mole)}{연료(mole)} = \frac{\frac{12.5}{0.21}}{1} = 59.5 Sm^3$$

$$AFR = \frac{공기(kg)}{연료(kg)} = \frac{\frac{12.5 \times 32}{0.23}}{114} = 15.2 kg$$

문제 14 ▎ 매립지 표면차수막과 연직차수막 공법을 각각 2가지 쓰시오.

해설 표면차수막과 연직차수막 공법
㉮ 표면차수막(공)에는 합성수지시트, 인공섬유, 점토, 시멘트, 아스콘포장 등이 있다.
㉯ 연직차수막(공)에는 강널말뚝 공법, 그라우트 공법, 슬러리월 공법, 어스 댐코어 공법 등이 있다.

문제 15 ▎ 어떤 폐기물의 원소조성이 다음과 같고, 실제공기량이 $6Sm^3$일 때 이론산소량과, 이론공기량, 공기비는?(단, 가연분 60%(C 45%, H 10%, O 40%, S 5%), 수분: 30%, 회분: 10%)

해설 이론산소량과, 이론공기량, 공기비

$O_o = 1.867C + 5.6H + 0.7S - 0.7O$
　　*여기서, 원소는 %/100 이다.

$O_o = (1.867 \times 0.6 \times 0.45) + (5.6 \times 0.6 \times 0.1 + 0.7) \times (0.6 \times 0.05)$
　　　$- (0.7 \times 0.6 \times 0.4) = 0.693 Sm^3/kg$

$A_o = 0.693 Sm^3/kg \times \frac{1}{0.21} = 3.3 Sm^3$

$\therefore m = \frac{A(실제공기량)}{A_o(이론공기량)} = \frac{6Sm^3}{3.3Sm^3} = 1.81$

문제 16 ▎ 유해폐기물의 고형화 방법 5가지를 쓰시오.

해설 고형화 방법
㉮ 시멘트 기초법
㉯ 자가시멘트법
㉰ 석회기초법
㉱ 열가소성 플라스틱법
㉲ 피막 형성법
㉳ 유리화법

문제 17 폐기물 처리방법 중 소각처리와 열분해처리를 비교할 때, 열분해처리의 장점 5가지를 기술하시오.

해설 열분해처리의 장점
㉮ 배기가스량이 적다.
㉯ 황과 중금속이 재속에 고정되는 비율이 크다.
㉰ Cr^{3+}이 Cr^{6+}으로 산화되는 경우가 없다.
㉱ 다이옥신 발생량이 적다.
㉲ NO_x, SO_x의 발생량이 적다.

문제 18 인구가 400000명인 어느 도시의 쓰레기배출 원단위가 1.2kg/인·일 이고, 밀도는 $0.45\,t/m^3$으로 측정되었다. 이러한 쓰레기를 분쇄하여 그 용적이 2/3로 되었으며, 이 분쇄된 쓰레기를 다시 압축하면서 용적의 1/3이 축소되었다. 분쇄만 하여 매립할 때와 분쇄, 압축한 후에 매립할 때에 양자간의 년간 매립소요면적(m^2/y)의 차이는 얼마인가?(단, Trench 깊이는 4m이며 기타 조건은 고려하지 않는다.)

해설 매립소요면적의 차이
㉮ 용적이 2/3로 된 경우 매립면적(m²/년)

$$\frac{400000\text{인}}{}\Big|\frac{1.2}{\text{인}\cdot\text{일}}\Big|\frac{m^3}{450kg}\Big|\frac{2}{3}\frac{}{4m}\Big|\frac{365\text{일}}{\text{년}}=64889\,m^2/\text{년}$$

㉯ 다시 용적의 1/3이 축소된 경우 매립면적(m²/년)

매립면적 = $64889\,m^2/y \times \frac{2}{3} = 43259\,m^2/y$

㉰ 소요면적의 차 = $64889 - 43259 = 21629\,m^2/y$

2014시행 폐기물처리산업기사 [제1회]

문제 01 적환장(transfer station)을 설치하는 일반적인 필요성에 대하여 5가지를 쓰시오.

해설 적환장의 필요성
㉮ 처분지가 수집 장소로부터 16km 이상 멀리 떨어져 있을 때
㉯ 수집차량이 소형($15m^3$ 이하)일 때
㉰ 저밀도 주거지역 있을 때
㉱ 슬러리 수송이나 공기수송 방식을 사용할 때
㉲ 불법투기와 다량의 폐기물이 발생할 때
㉳ 압축장비 등이 갖추어져 있지 않은 차량으로 수거할 때
㉴ 상업지역에서 폐기물 수집에 소형 수거용기를 많이 사용 할 때

문제 02 평균입경이 10cm인 플라스틱을 재활용하기 위하여 2cm로 파쇄 하는데 20kWh/ton이 소요된다면, 입경이 20cm인 플라스틱을 2cm로 파쇄하는데 소요되는 에너지(kWh/ton)는 얼마인가? (단, Kick의 법칙에 의하여 에너지량 $E = C\log(L_1/L_2)$이다.)

해설 소요되는 에너지(kWh/ton)

$20\text{kWh/ton} = C \times \log\left(\dfrac{10\,\text{cm}}{2\,\text{cm}}\right)$

$\therefore C = 28.6135\,\text{kWh/ton}$

$E = 28.6 \times \log\left(\dfrac{20\text{cm}}{2\text{cm}}\right) = 28.6\,\text{kWh/ton}$

문제 03 에탄가스 1Sm^3의 완전연소에 필요한 이론공기량 Sm^3은?

해설 이론공기량

$C_2H_6 + \dfrac{7}{2}O_2 \rightarrow 2CO_2 + 3H_2O$

1 : 3.5
1 : x $\therefore 3.5 Sm^3$

$\therefore A_o = \dfrac{3.5\text{Sm}^3}{0.21} = 16.7\text{Sm}^3$

문제 04 | 다음 조건인 경우 Worrell식 및 Rietema식에 의한 선별효율(%)은?

- 총 투입 폐기물량 200톤
- 회수량 160톤
- 회수량 중 회수대상물질 140톤
- 제거량 중 제거대상물질 30톤

해설 선별효율(%)

총 투입 폐기물량: 200톤	
회수량 중	제거량 중
회수량 160톤 회수대상물질(X_1) 140톤 제거대상물질(Y_1) 20톤	제거량 40톤 회수대상물질(X_2) 10톤 제거대상물질(Y_2) 30톤
총 회수대상물질(X_t) 150톤 총 제거대상물질(Y_t) 50톤	

① Worrell식 선별효율(E_W)

$$E_W = \left(\frac{X_1}{X_t} \times \frac{Y_2}{Y_t}\right) \times 100$$

$$\therefore E_W = \left(\frac{140}{150} \times \frac{30}{50}\right) \times 100 = 56\%$$

② Rietema식 선별효율(E_R)

$$E_R = \left(\frac{X_1}{X_t} - \frac{Y_1}{Y_t}\right) \times 100$$

$$\therefore E_R = \left(\frac{140}{150} - \frac{20}{50}\right) \times 100 = 53.33\%$$

문제 05 | 쓰레기를 파쇄할 때 90% 이상을 3.8cm보다 작게 파쇄하려고 하는 경우, Rosin-Rammler Model에 의한 특성입자의 크기 cm는? (단, n=1)

해설 특성입자의 크기

$$Y = 1 - \exp\left[-\left(\frac{X}{X_o}\right)^n\right]$$

$$0.90 = 1 - \exp\left[-\left(\frac{3.8\text{cm}}{X_o}\right)^1\right]$$

$$\exp\left(-\frac{3.8cm}{X_o}\right) = 1 - 0.9$$

$$\therefore 특성입자\ 크기\ X_o = \frac{-3.8cm}{\ln(1-0.90)} = 1.65\text{cm}$$

문제 06 ┃ 슬러지처리를 하기 위해 위생처리장 활성슬러지(1% 농도) 40m³를 농축조에 넣어 농축한 결과 슬러지의 농도가 35000mg/L가 되었다. 농축된 슬러지의 량(m³)은? (단, 슬러지비중은 1.0으로 가정함)

> **해설** 농축된 슬러지의 량(m³)
> $40m^3 \times 10000 ppm = V_2 \times 35000 mg/L \quad \therefore V_2 = 11.43 m^3$

문제 07 ┃ 전과정평가(LCA)의 정의 및 평가절차를 쓰시오.

> **해설** 정의 및 평가절차
> ㉮ 정의 : 전과정평가(LCA, life cycle assessment)는 원료의 구매에서 제품의 생산, 유통, 사용, 처분까지 전 과정에 걸쳐 환경에 미치는 영향을 평가하는 데 있다.
> ㉯ 전 과정평가의 절차
> ① 목적 및 범위설정(goal & scope definition)
> ② 단위공정별 목록분석(inventory analysis)
> ③ 환경부하에 대한 영향평가(impact assessment)
>   분류화 → 특성화 → 정규화 → 가중치 부여
> ④ 개선평가 및 해석(life cycle interpretation)

문제 08 ┃ 쓰레기를 압축시켜 부피감소율이 60%인 경우 압축비는?

> **해설** 압축비
> 부피감소율 $60\% = (1 - \dfrac{1}{\text{압축비 } C_R}) \times 100$
> $\dfrac{100}{C_R} = 100 - 60 \quad \therefore C_R = 2.5$

문제 09 ┃ 어느 매립지에서 침출된 침출수 농도가 반으로 감소하는데 약 3.5년이 걸렸다면 이 침출수 농도가 90% 분해되는데 소요되는 시간(년)은?(단, 침출수 분해 반응은 1차 반응)

> **해설** 소요시간(1차 반응)
> $\dfrac{dC}{dt} = -K \cdot C^1 \xrightarrow{\text{적분하면}} \ln\dfrac{C_t}{C_0} = -K \cdot t \quad \therefore \ln\dfrac{0.5 C_0}{C_0} = -K \cdot t$
> $\ln 0.5 = -K \times 3.5\text{년} \quad \therefore K = 0.198$
> $\ln\dfrac{0.1}{1} = -0.198 \times t \quad \therefore t = 11.6\text{년}$

문제 10 ▮ 인구 100만 명인 어느 도시의 쓰레기 발생율은 2.0kg/인일 이다. 아래의 조건들에 따라 쓰레기를 매립하고자 할 때 연간 매립지의 소요면적 m^2은?(단, 매립쓰레기 압축밀도 $500\,kg/m^3$, 매립지 Cell 1층의 높이 5m 이며, 총 8개의 층으로 매립하며, 기타 조건은 고려하지 않음)

해설 매립지의 소요면적

$$\text{소요면적} = \frac{1000000\text{명} \times 2.0 kg/\text{인} \cdot \text{일}}{500 kg/m^3 \times 5m \times 8\text{층}} \times 365 day/y = 36500 m^2$$

문제 11 ▮ 매립장에서 침출된 침출수가 다음과 같은 점토로 이루어진 90cm의 차수층을 통과하는 데 걸리는 시간(년)은 얼마인가?

- 유효 공극률 : 0.5
- 점토층 투수계수 : 10^{-7}cm/sec
- 점토층 하부의 수두는 점토층 아랫면과 일치
- 점토층 위의 침출수 수두 : 40cm

해설 차수층을 통과하는 데 걸리는 시간(년)

$$t = \frac{nd^2}{k(d+h)}$$

$$k(\frac{m}{y}) = \frac{10^{-7}cm}{\sec}|\frac{m}{100cm}|\frac{3600\sec}{hr}|\frac{24hr}{day}|\frac{365day}{y} = 0.0315 m/y$$

$$\therefore t = \frac{0.5 \times (0.9m)^2}{0.0315 m/y (0.9+0.4)m} = 9.89 y$$

문제 12 ▮ 비자성이고 전기전도성이 좋은물질(동, 알루미늄, 아연)을 다른 물질로부터 분리하는데 가장 적절한 선별방식은?

해설 와전류식(과전류 선별, eddy current separation) 선별은 전자석유도에 관한 패러데이법칙을 기초로 한다.

문제 13 ▮ 탄소 70%, 수소 30%로 구성된 액상폐기물을 완전연소할 때, $(CO_2)_{max}$%은 얼마인가? 단, 표준상태, 이론건조가스 기준이다.

해설 $(CO_2)_{max}$%

$O_o = 1.867C + 5.6H + 0.7S - 0.7O$
    *여기서, 원소는 %/100 이다.

$O_o = 1.867 \times 0.7 + 5.6 \times 0.3 = 2.98 Sm^3/kg$

$A_o = \frac{O_o}{0.21} = \frac{2.98 Sm^3}{0.21} = 14.2 Sm^3$

$God(\frac{Sm^3}{kg}) = A_o - 5.6H + 0.7O + 0.8N$

$God = 14.22 - 5.6 \times 0.3 = 12.54 Sm^3/kg$

$C + O_2 \rightarrow CO_2$
12   : 22.4
1×0.7 : x $\therefore x = 1.3 Sm^3$

$\therefore (CO_2)_{max}\% = \frac{CO_2}{God} \times 100 = \frac{1.3 Sm^3}{12.54 Sm^3} \times 100 = 10.4\%$

문제 14 해안매립공법 3가지를 기술하시오.

해설 해안매립공법
㉮ 순차투입공법 : 호안 측으로부터 순차적으로 쓰레기를 투입하여 육지화 하는 방법이다.
㉯ 박층뿌림공법 : 밑면이 뚫린 바지선에서 쓰레기를 박층으로 떨어뜨려 뿌리는 방법이다.
㉰ 내수배제공법 : 고립된 매립지대에 매립 전에 내수를 일부 배제한 후 쓰레기를 투기하는 방식이다.

문제 15 함수율이 96%이고 고형물질 중 휘발분이 50%인 생슬러지 $500m^3$를 혐기성 소화하여 함수율 90%의 소화슬러지가 얻어졌다면 이때 소화슬러지의 발생량 m^3은?(단, 소화전후 슬러지의 비중은 1.0이고 소화과정에서 생슬러지 휘발분의 50%가 분해됨)

해설 처음 고형물+소화 안 된 휘발물 = 처리량
$[500 \times 0.5(1-0.96)] + [500 \times 0.5(1-0.96) \times 0.5] = x(1-0.9)$
$10 + 5 = 0.1x$ $\therefore x = 150m^3$

문제 16 다음과 같은 중량조성의 고체연료의 고위발열량($kcal/kg$)은 얼마인가?(조건 : C 70%, H 5%, O 15%, S 5%, 기타, Dulong식 이용)

해설 고위발열량(H_h)
Dulong식 $H_h(kcal/kg) = 81C + 340(H - \frac{O}{8}) + 25S$
*여기서, 원소의 단위는 퍼센트농도(%)이다.
$\therefore H_h = 81 \times 70 + 340\left(5 - \frac{15}{8}\right) + 25 \times 5 = 6857.5 kcal/kg$

문제 17 일반식이 C_mH_n인 탄화수소 기체 $1Sm^3$를 연소하는데 필요한 이론공기량(Sm^3)은 얼마인가?

해설 이론공기량(Sm^3)
$C_mH_n + (m + \frac{n}{4})O_2 \rightarrow mCO_2 + (\frac{n}{2})H_2O$
　　　　　이론산소량
$\therefore 이론공기량 = = \frac{1}{0.21}(m + \frac{n}{4}) = 4.76m + 1.19n$

문제 18 이상기체 방정식을 이용하여 질소기체의 온도(℃)를 구하시오.

질소무게 100kg, 질소부피 $5m^3$, 압력 30atm, 기체상수 $0.082 atm.m^3/kmol.K$

해설 질소기체의 온도(℃)
$PV = \frac{W}{M}RT$
$30atm \times 5m^3 = \frac{100kg}{28kg/kmol} \times 0.083 \times T$
$\therefore T = 512.2K ≒ 239.2℃$

2014시행 폐기물처리기사 [제4회]

문제 01 다이옥신을 제어기위한 방법을 4단계로 구분하면?

해설 다이옥신 제어방법
㉮ 제1차적(사전방지) 방법
㉯ 제2차적(로내) 방법
㉰ 제3차적(후처리) 방법
㉱ 제4차적(배가스처리) 활성탄과 백필터집진 방식

문제 02 퇴비화에서 통기개량제의 조건 5가지를 쓰시오.

해설 통기개량제의 조건
㉮ 산소의 통기가 어려우면 혐기성 반응이 일어나므로 볏짚, 왕겨, 톱밥, 나무껍질 등을 혼합하여 통기를 개량한다.
㉯ 통기개량제는 수분 흡수능이 좋아야 한다.
㉰ 쉽게 조달이 가능한 폐기물이어야 한다.
㉱ 입자 간의 구조적 안정성이 있어야 한다.
㉲ 폐기물의 함수율 및 C/N비를 조절할 수 있어야 한다.

문제 03 다음 물질회수율 중 어느 물질이 더 선별효율(%)이 높은가?(단, Worrell식 적용)

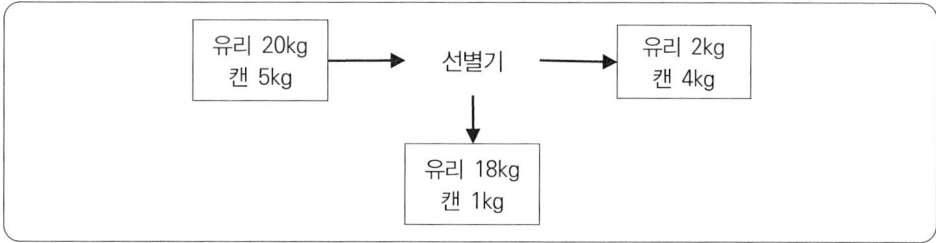

해설 캔보다 유리의 선별효율이 70% 높다.
㉮ 유리 선별효율$(E) = (\frac{18}{20} \times \frac{4}{5}) \times 100 = 72\%$
㉯ 캔 선별효율$(E) = (\frac{1}{5} \times \frac{2}{20}) \times 100 = 2\%$
$\therefore 72 - 2 = 70\%$

문제 04 ▎ 지정폐기물 중 위해의료폐기물의 종류를 5가지 쓰시오.

해설 위해의료폐기물
㉮ 조직물류폐기물 : 인체 또는 동물의 조직·장기·기관·신체의 일부, 동물의 사체, 혈액·고름 및 혈액생성물(혈청, 혈장, 혈액제제)
㉯ 병리계폐기물 : 시험·검사 등에 사용된 배양액, 배양용기, 보관균주, 폐시험관, 슬라이드, 커버글라스, 폐배지, 폐장갑
㉰ 손상성폐기물 : 주사바늘, 봉합바늘, 수술용 칼날, 한방침, 치과용침, 파손된 유리재질의 시험기구
㉱ 생물·화학폐기물 : 폐백신, 폐항암제, 폐화학치료제
㉲ 혈액오염폐기물 : 폐혈액백, 혈액투석 시 사용된 폐기물, 그 밖에 혈액이 유출될 정도로 포함되어 있어 특별한 관리가 필요한 폐기물

문제 05 ▎ 폐기물 처리방법 중 소각처리와 열분해처리를 비교할 때, 열분해처리의 장점 5가지를 기술하시오.

해설 열분해처리의 장점
㉮ 배기가스량이 적다.
㉯ 황과 중금속이 재속에 고정되는 비율이 크다.
㉰ Cr^{3+}이 Cr^{6+}으로 산화되는 경우가 없다.
㉱ 다이옥신 발생량이 적다.
㉲ NO_x, SO_x의 발생량이 적다.

문제 06 ▎ 1일 처리량이 100kL인 분뇨처리장에서 중온소화방식을 택하고자 한다. 소화 후 슬러지 량 m^3/day은? (단, 함수율이 98%, 고형물질 중 유기물 70%, 그 유기물 중 60%가 액화 및 가스화 되고 소화슬러지의 함수율은 96%이다. 슬러지의 비중은 1.0으로 가정)

해설 처음 고형물+소화 안된유기물 = 처리량
$[100 \times 0.3(1-0.98)] + [100 \times (1-0.98) \times 0.7 \times 0.4] = x(1-0.96)$
$0.6 + 0.56 = 0.04x$ ∴ $x = 29 m^3/d$

문제 07 ▎ 가로 1.5m, 세로 2.0m, 높이 15.0m의 연소실에서 저위발열량 $10000 kcal/kg$의 중유를 1시간에 200kg 연소한다. 연소실 열발생률($kcal/m^3 \cdot hr$)은 얼마인가?

해설 연소실 열발생률($kcal/m^3 \cdot hr$)
$VHRR = \dfrac{10000 kcal/kg \times 200 kg/hr}{1.5m \times 2.0m \times 15.0m} = 4.4 \times 10^4 kcal/m^3 \cdot hr$

문제 08 ▮ 탄소 85%, 수소 15%, 황 1%인 폐기물을 공기비 1.2로 완전 연소하였다. 건조 연소가스 중의 SO_2 함량(%)은? (단, 표준 상태 기준, 황은 모두 SO_2로 변환)

해설 건조 연소가스 중의 SO_2 함량

$O_o = 1.867C + 5.6H + 0.7S - 0.7O$
*여기서, 원소는 %/100 이다.

$O_o = 1.867 \times 0.85 + 5.6 \times 0.15 + 0.7 \times 0.01 = 2.43 Sm^3/kg$

$A_o = \dfrac{O_o}{0.21} = \dfrac{2.43 Sm^3}{0.21} = 11.59 Sm^3$

$Gd = 1.2 \times 11.59 - 5.6 \times 0.15 = 13 Sm^3$

$S + O_2 \rightarrow SO_2$
32 : 22.4
1 : x ∴ $x = 0.7$

$SO_2 = \dfrac{0.7 \times 0.01}{13 Sm^3} \times 100 = 0.054\%$

문제 09 ▮ 고형폐기물을 매립 처리할 때 $C_6H_{12}O_6$ 성분 1톤(ton)의 폐기물이 혐기성 분해를 한다면 이론적 메탄가스 발생량(m^3)은 얼마인가? (단, 표준상태 기준이다.)

해설 메탄가스 발생량(m^3)

$C_6H_{12}O_6 \rightarrow 3CH_4 + 3CO_2$
$180 kg$: $3 \times 22.4 Sm^3$
$1000 kg$: x

∴ $CH_4 = 373.33 Sm^3$

문제 10 ▮ 다음은 동전기 정화기술에 관한 용어이다. 용어의 정의를 설명하시오.

전기이동, 전기삼투, 전기경사, 농도경사, 전기영동

해설 용어 정의
㉮ 전기이동 : 전기장을 인가하면 이온물질인 음이온은 양극으로 양이온은 음극으로 이동한다.
㉯ 전기삼투 : 전기장을 인가하면 간극수(물)는 양극에서 음극으로 이류하게 된다.
㉰ 전기경사 : 전기장을 인가하면 전압이 높은 극에서 낮은 극으로 이온이 이동한다.
㉱ 농도경사 : 농도가 높은 물질에서 낮은 물질로 이동한다.
㉲ 전기영동 : 콜로이드 물질은 음전하를 띤 입자는 양극으로 양전하를 띤 입자는 음극으로 이동한다.

문제 11 ▮ 함수율이 96%인 슬러지 10L에 응집제를 가하여 침전 농축시킨 결과 상층액과 침전 슬러지의 용적비가 2 : 1 이었다면 침전 슬러지의 함수율(%)은? (단, 비중은 1.0 기준으로 하며 상층액 SS, 응집제량 등 기타사항은 고려하지 않음)

해설 침전 슬러지의 함수율

$10L \times (100 - 96\%) = 10L \times \dfrac{1}{3}(100 - P_2)$ ∴ $P_2 = 88\%$

문제 12 수소와 탄소를 각각 $1kg$ 완전연소 시키는데 필요한 이론적 산소량(Sm^3)의 H/C 비는 얼마인가?

해설 이론적 산소량(Sm^3)의 H/C 비

$$C + O_2 \rightarrow CO_2 \quad \therefore O_o = \frac{22.4 Sm^3}{12 kg} = 1.866 Sm^3$$

$$H_2 + \frac{1}{2}O_2 \rightarrow H_2O \quad \therefore O_o = \frac{11.2 Sm^3}{2 kg} = 5.6 Sm^3$$

$$\therefore \frac{H}{C} = \frac{5.6}{1.866} = 3$$

문제 13 함수율이 96%이고 고형물질 중 휘발분이 50%인 생슬러지 $500 m^3$를 혐기성 소화하여 함수율 90%의 소화슬러지가 얻어졌다면 이때 소화슬러지의 발생량 m^3은?(단, 소화전후 슬러지의 비중은 1.0이고 소화과정에서 생슬러지 휘발분의 50%가 분해됨)

해설 소화슬러지의 발생량

처음 고형물+소화 안된휘발물 = 처리량

$[500 \times 0.5(1-0.96)] + [500 \times 0.5(1-0.96) \times 0.5] = x(1-0.9)$

$10 + 5 = 0.1x \quad \therefore x = 150 m^3$

문제 14 어느 매립지에서 침출된 침출수 농도가 반으로 감소하는데 약 3.5년이 걸렸다면 이 침출수 농도가 90% 분해되는데 소요되는 시간(년)은?(단, 침출수 분해 반응은 1차 반응)

해설 소요시간(1차 반응)

$$\frac{dC}{dt} = -K \cdot C^1 \xrightarrow{\text{적분하면}} \ln\frac{C_t}{C_0} = -K \cdot t \quad \therefore \ln\frac{0.5 C_0}{C_0} = -K \cdot t$$

$\ln 0.5 = -K \times 3.5 년 \quad \therefore K = 0.198$

$\ln\frac{0.1}{1} = -0.198 \times t \quad \therefore t = 11.6 년$

문제 15 고위발열량이 $16820 \; kcal/Sm^3$인 에탄(C_2H_6)을 연소시킬 때 이론 연소온도(℃)는?(단, 이론습연소가스량 $21 \; Sm^3/Sm^3$, 연소가스 정압비열 $0.63 \; kcal/Sm^3 \cdot ℃$, 연소용 공기와 연료 온도는 15℃, 공기는 예열하지 않으며, 연소가스는 해리되지 않음)

해설 연소온도(℃)

에탄의 저위발열량 $H_l(kcal/Sm^3) = H_h - 480\sum H_2O$

$C_2H_6 + 3.5 O_2 \rightarrow 2CO_2 + 3H_2O$

$\therefore H_l = 16820 - 480 \sum 3 = 15380 kcal/Sm^3$

$$t_2 = \frac{H_l}{G_o C_p} + t_1$$

$$\therefore t_2 = \frac{15380 kcal}{Sm^3} \Big| \frac{Sm^3}{21 Sm^3} \Big| \frac{Sm^3 \cdot ℃}{0.63 kcal} + 15 = 1177.5 ℃$$

문제 16 폐기물 연소 후 배출되는 배기가스 중 염화수소 농도가 361ppm이고, 배기가스 부피가 2900 Sm^3/hr일 때, 배기가스 내 염화수소를 $Ca(OH)_2$로 처리시 필요한 $Ca(OH)_2$량(kg/hr)은 얼마인가?(단, 표준상태를 기준으로 하고, Ca 원자량 40, 처리 반응율은 100%로 한다.)

해설 필요한 $Ca(OH)_2$량(kg/hr)

$2HCl \quad + \quad Ca(OH)_2 \rightarrow CaCl_2 + 2H_2O$

$2 \times 22.4 Sm^3 \; : \; 74kg$

$2900 Sm^3/hr \times 361ppm \times 10^{-6} : x \; kg/hr \quad \therefore x = 1.73 kg/hr$

문제 17 어떤 소각로에 배출되는 가스량은 $8000 kg/hr$이고 온도는 1000℃ 이다. 배기가스는 소각로 내에서 1초 체류한다면 소각로 용적(m^3)은?(단, 표준상태에서 배기가스 밀도는 $0.2 kg/Sm^3$)

해설 소각로 용적(m^3)

밀도에 온도보정 $0.2 kg/Sm^3 \times \dfrac{273}{273+1000} = 0.043 kg/m^3$

$t = V/Q$ 에서

$V = \dfrac{8000kg}{hr} \Big| \dfrac{1\sec}{3600\sec} \Big| \dfrac{hr}{} \Big| \dfrac{m^3}{0.043kg} = 51.7 m^3$

2014시행 폐기물처리산업기사 [제4회]

문제 01 적환장(transfer station)을 설치하는 일반적인 필요성에 대하여 5가지를 쓰시오.

해설 적환장의 필요성
㉮ 처분지가 수집 장소로부터 16km 이상 멀리 떨어져 있을 때
㉯ 수집차량이 소형($15m^3$ 이하)일 때
㉰ 저밀도 주거지역 있을 때
㉱ 슬러리 수송이나 공기수송 방식을 사용할 때
㉲ 불법투기와 다량의 폐기물이 발생할 때
㉳ 압축장비 등이 갖추어져 있지 않은 차량으로 수거할 때
㉴ 상업지역에서 폐기물 수집에 소형 수거용기를 많이 사용할 때

문제 02 3000000ton/year의 쓰레기 수거에 4500명의 인부가 종사한다면 MHT값은?(단, 수거인부의 1일 작업시간은 8시간이고 1년 작업일수는 300일 이다.)

해설 MHT값

$$MHT = \frac{1일\,평균\,수거\,인부수(man) \times 1일\,작업시간(hr)}{1일\,평균\,폐기물\,발생량(ton)}$$

$$\therefore MHT = \frac{4500man \times 8hr}{3000000/300ton} = 3.6$$

문제 03 1일 폐기물 발생량이 2000톤인 도시에서 5톤 덤프트럭으로 쓰레기를 투기장까지 운반하고자 한다. 이들의 하루 운전시간은 8시간, 운반거리는 2km, 왕복운반시간 25분, 적재시간 25분, 적하시간 10분이며 3대의 대기차량을 고려하면 모두 몇 대의 트럭이 필요한가? (단, 기타 사항은 고려하지 않음)

해설 발생량 = 처리량

$$2000t = 5t \times (\frac{8\,hr/day}{25분+25분+10분}) 회/대 \times x\,대$$

$$\therefore x = 50대 + 대차량\,3대 = 53대$$

문제 04 폐기물을 성상에 따라 분류하시오.

해설 폐기물의 성상에 따른 분류
㉮ "액상폐기물"이라 함은 고형물의 함량이 5 % 미만인 것을 말한다.
㉯ "반고상폐기물"이라 함은 고형물의 함량이 5% 이상 15% 미만인 것을 말한다.
㉰ "고상폐기물"이라 함은 고형물의 함량이 15% 이상인 것을 말한다.

문제 05 쓰레기를 압축시켜 부피감소율이 60%인 경우 압축비는?

해설 압축비

부피감소율 $60\% = (1 - \dfrac{1}{\text{압축비 } C_R}) \times 100$

$\dfrac{100}{C_R} = 100 - 60 \quad \therefore C_R = 2.5$

문제 06 $X_{90} = 4.6$cm로 도시폐기물을 파쇄 하고자 할 때 Rosin-Rammler 모델에 의한 특성입자 크기 X_o(cm)는 얼마인가? (단, n = 1로 가정)

해설 특성입자 크기 X_o(cm)

$Y = 1 - \exp\left[-\left(\dfrac{X}{X_o}\right)^n\right]$

$0.90 = 1 - \exp\left[-\left(\dfrac{4.6\text{cm}}{X_o}\right)^1\right]$

$\exp(-\dfrac{4.6cm}{X_o}) = 1 - 0.9$

$\therefore$ 특성입자 크기 $X_o = \dfrac{-4.6cm}{\ln(1-0.90)} = 2.0$cm

문제 07 1일 처리량이 100kL인 분뇨처리장에서 중온소화방식을 택하고자 한다. 소화 후 슬러지 량 m^3/day은? (단, 함수율이 98%, 고형물질 중 유기물 70%, 그 유기물 중 60%가 액화 및 가스화 되고 소화슬러지의 함수율은 96%이다. 슬러지의 비중은 1.0으로 가정)

해설 처음 고형물 + 소화 안된유기물 = 처리량

$[100 \times 0.3(1-0.98)] + [100 \times (1-0.98) \times 0.7 \times 0.4] = x(1-0.96)$

$0.6 + 0.56 = 0.04x \quad \therefore x = 29 m^3/d$

문제 08 쓰레기 발생량 조사방법에 대하여 3가지 설명하시오.

해설 쓰레기 발생량 조사방법
- ㉮ 직접계근법 : 적재차량 계수분석에 비하여 작업량이 많고 번거롭다는 단점이 있다.
- ㉯ 물질수지법 : 주로 산업폐기물 발생량 추산에 이용한다.
- ㉰ 물질수지법 : 비용이 많이 들어 특수한 경우에 사용한다.
- ㉱ 적재차량 계수분석 : 특정 지역에서 일정기간동안 중간적환장이나 중계처리장에서 수거, 운반되는 차량의 대수를 조사하여 중량으로 산정한다.

문제 09 다음 조건인 경우 Worrell식 및 Rietema식에 의한 선별효율(%)은?

- 총 투입 폐기물량 200톤
- 회수량 중 회수대상물질 140톤
- 회수량 160톤
- 제거량 중 제거대상물질 30톤

해설 선별효율(%)

총 투입 폐기물량: 200톤	
회수량 중	제거량 중
회수량 160톤	제거량 40톤
회수대상물질(X_1) 140톤	회수대상물질(X_2) 10톤
제거대상물질(Y_1) 20톤	제거대상물질(Y_2) 30톤
총 회수대상물질(X_t) 150톤	
총 제거대상물질(Y_t) 50톤	

① Worrell식 선별효율(E_W)

$$E_W = \left(\frac{X_1}{X_t} \times \frac{Y_2}{Y_t}\right) \times 100$$

$$\therefore E_W = \left(\frac{140}{150} \times \frac{30}{50}\right) \times 100 = 56\%$$

② Rietema식 선별효율(E_R)

$$E_R = \left(\frac{X_1}{X_t} - \frac{Y_1}{Y_t}\right) \times 100$$

$$\therefore E_R = \left(\frac{140}{150} - \frac{20}{50}\right) \times 100 = 53.33\%$$

문제 10 전처리로서 파쇄에 의하여 얻어질 수 있는 효과 3가지와 작용원리를 설명하라?

해설 파쇄효과와 원리

㉮ 파쇄효과
- 입자의 비표면적이 증가하여 미생물의 분해속도가 증가한다.
- 입경분포의 균일화로 저장, 압축, 소각이 용이하다.
- 조대 폐기물에 의한 소각로 손상을 방지한다.
- 겉보기 비중의 증가로 수송이 용이하고 매립지 수명이 연장된다.
- 매립지의 악취, 먼지의 비산을 감소시킨다.
- 매립지의 작업이 용이하고 복토가 거의 필요 없다.

㉯ 파쇄 원리
- 전단작용에 의한 파쇄
- 충격작용에 의한 파쇄
- 압축작용에 의한 파쇄

문제 11 ▮ 탄소를 $1kg$ 완전연소 시키는데 필요한 이론적 산소량(Sm^3)은?

해설 이론적 산소량(Sm^3)
$$C + O_2 \rightarrow CO_2 \quad \therefore O_o = \frac{22.4 Sm^3}{12kg} = 1.866 Sm^3$$

문제 12 ▮ RDF(Refuse Derived Fuel)가 갖추어야 하는 조건 5가지를 쓰시오.

해설 RDF의 구비조건
㉮ 폐기물의 함수율이 낮아야 한다.
㉯ 가연성 물질의 발열량이 높아야 한다.
㉰ 연소 시 대기오염이 적어야 한다.
㉱ 균일한 성분배합률로 구성되어야 한다.
㉲ 연소 후 재의 양이 적어야 한다.
㉳ 저장 및 수송이 편리하도록 개질되어야 한다.
㉴ 고분자 물질인 PVC 함량은 낮아야 한다.

문제 13 ▮ 미생물이 분해 불가능한 유기물을 제거하기 위하여 흡착제인 활성탄을 사용하였다. COD가 56 mg/L인 원수에 활성탄 $20mg/L$를 주입시켰더니 COD가 $16mg/L$으로, 활성탄 52 mg/L를 주입시켰더니 COD가 $4mg/L$로 되었다. COD $9mg/L$로 만들기 위해 주입되어야 할 활성탄의 양 mg/L은(Freundlich식 적용)?

해설 활성탄의 양
㉮ $\frac{56-16}{20} = K \times 16^{1/n} \rightarrow 2 = K \times 16^{1/n}$
㉯ $\frac{56-4}{52} = K \times 4^{1/n} \rightarrow 1 = K \times 4^{1/n}$
㉮÷㉯ $\frac{2}{1} = \frac{K \times 16^{1/n}}{K \times 4^{1/n}} \rightarrow 2 = 4^{\frac{1}{n}}$
양변에 ln을 취하면 $n = \ln 4 / \ln 2 = 2$
$n=2$를 식 ㉯에 대입하면 $K = 1/2 = 0.5$
$\therefore \frac{56-9}{M} = 0.5 \times 9^{1/2}$ $\therefore M = 31.33 mg/L$

문제 14 ▮ 총 고형물 합이 $36500 mg/L$ 휘발성 고형물이 총 고형물 중 64.5%인 폐기물 60kL/day를 혐기성소화조에서 소화시켰을 때 1일 가스발생량 m^3/day은?(단, 폐기물 비중 1.0, 가스발생량은 $0.35 m^3/kg \cdot VS$이다.)

해설 가스발생량(Q)
$Q = 36.5 kg/m^3 \times 0.645 \times 60 kL/d \times 0.35 m^3/kg = 494.4 m^3/d$

문제 15 30 ton의 음식물쓰레기를 톱밥과 혼합하여 C/N비 30으로 조정하여 퇴비화하고자 한다. 이때 톱밥의 필요량(ton)은? (단, 음식물쓰레기와 톱밥의 C/N비는 각각 20과 100이고, 다른 조건은 고려하지 않음)

해설 톱밥의 필요량

$$C/N\ 30 = \frac{(30t \times 20) + 100x}{30t + x}$$

$600 + 100x = 900 + 30x \quad \therefore x(톱밥) = 4.28t$

문제 16 슬러지 개량(conditioning)의 목적과 개량방법 3가지를 기술하시오.

해설 슬러지의 개량
㉮ 슬러지 개량의 목적은 탈수성을 좋게 하기 위해 실시한다.
㉯ 개량방법에는 수세, 열처리, 약품처리와 열처리 방법이 많이 사용된다.

문제 17 매립지에 쓰이는 합성차수막을 재료별로 3가지를 쓰고 특징을 간략히 설명하시오.

해설 합성차수막을 재료별 특징
㉮ PVC : 가격은 저렴하나 자외선, 오존, 기후에 약하다.
㉯ HDPE : 온도에 대한 저항성이 높다.
㉰ CSPE : 산과 알카리에 특히 강하다.
㉱ CPE : 접합상태가 나쁘다.

문제 18 에탄(C_2H_6) 1Sm^{3}를 완전연소시킬 때, 건조배출가스 중의 $(CO_2)_{max}$%는?

해설 건조배출가스 중의 $(CO_2)_{max}$%

$C_2H_6 + \frac{7}{2}O_2 \rightarrow 2CO_2 + 3H_2O$
1 : 3.5 : 2
1Sm^3 : x : x

$A_o = \frac{3.5 Sm^3}{0.21} = 16.667 Sm^3/Sm^3$

$\therefore God = (1-0.21) \times 16.667 + \sum 2 = 15.1669\ Sm^3/Sm^3$

$(CO_2)_{max}\% = \frac{CO_2 발생량}{God} \times 100$

$\therefore (CO_2)_{max}\% = \frac{2Sm^3}{15.1669Sm^3} \times 100 = 13.18\%$

2015시행 폐기물처리기사 [제1회]

문제 01 매립장 침출수 차단방법인 표면차수막과 비교 연직차수막이 유리한 점 3가지를 설명하고 차수막의 그림을 그리시오.

해설 연직차수막의 유리한 점
㉮ 연직차수막은 지중에 수평방향의 차수층이 존재할 때 사용한다.
㉯ 연직차수막은 지하수 집배수 시설이 필요 없다.
㉰ 연직차수막은 차수막 보강시공이 가능하다.
㉱ 연직차수막은 차수막 단위면적당 공사비는 비싸지만 총 공사비는 싸다.

문제 02 수분함량이 90%인 폐기물의 용출시험결과 카드뮴의 농도가 0.25 mg/L 이었다. 함수율을 보정한 카드뮴의 농도(mg/L)는 얼마인가?

해설 카드뮴의 농도(mg/L)

보정값 $= \dfrac{15}{100-90} = 1.5$ ∴ Cd $0.25 mg/L \times 1.5 = 0.375 mg/L$

문제 03 쓰레기 선별에 사용되는 직경이 3.2m 인 트롬멜 스크린의 최적속도(rpm)는?

해설 스크린의 최적속도
최적속도(rpm) = 임계속도 × 0.45

임계속도(rpm) $Nc = \sqrt{\dfrac{g}{4\pi^2 r}} \times 60 = \dfrac{1}{2\pi}\sqrt{\dfrac{g}{r}} \times 60$

$Nc = \dfrac{1}{2\pi}\sqrt{\dfrac{9.8}{1.6}} \times 60 = 23.63\, rpm \times 0.45 = 11 rpm$

문제 04 쓰레기를 파쇄할 때 90% 이상을 3.8cm보다 작게 파쇄하려고 하는 경우, Rosin-Rammler Model에 의한 특성입자의 크기 cm는? (단, n=1)

해설 특성입자의 크기

$Y = 1 - \exp\left[-\left(\dfrac{X}{X_o}\right)^n\right]$

$0.90 = 1 - \exp\left[-\left(\dfrac{3.8 cm}{X_o}\right)^1\right]$

$\exp(-\dfrac{3.8 cm}{X_o}) = 1 - 0.9$

∴ 특성입자 크기 $X_o = \dfrac{-3.8 cm}{\ln(1-0.90)} = 1.65 cm$

문제 05 폐기물 조성이 $C_{60}H_{95}ON$인 유기물질 1톤이 호기성 분해할 때 필요한 이론산소량(Sm^3)은?

해설 호기성분해 반응식

$$C_aH_bO_cN_d + [\frac{4a+b-2c-3d}{4}]O_2 \rightarrow aCO_2 + [\frac{b-3d}{2}]H_2O + dNH_3$$

$C_{60}H_{95}ON + 82.5O_2 \rightarrow 60CO_2 + 46H_2O + NH_3$
$\quad 845kg \quad : \quad 82.5 \times 22.4 Sm^3$
$\quad 1000kg \quad : \quad x \quad\quad\quad \therefore x = 2186.98 Sm^3$

문제 06 소각로 1차, 2차 연소실의 과잉공기계수가 각각 1.3, 1.5일 때 소각로의 과잉공기율(%)을 구하시오.

해설 과잉공기율(%)

$$과잉공기율(\%) = \frac{과잉공기량\,(1.3 \times 1.5 - 1)}{이론공기량\,(1)} \times 100 = 95\%$$

문제 07 매립장에서 발생하는 침출수의 BOD농도가 1000mg/L, 1차 혐기성분해 처리효율 50%, 2차 호기성분해 처리효율 80%, 최종방류수 BOD 20mg/L 이다. 3차 시설의 처리효율(%)은 얼마인가?

해설 3차 시설의 처리효율(%)

$\eta_t = C_0(1-\eta_1)(1-\eta_2)(1-\eta_3)$
$20mg/L = 1000(1-0.5)(1-0.8)(1-\eta_3)$
$20mg/L = 100 - 100\eta_3 \quad \therefore \eta_3 = 0.8 ≒ 80\%(3차 처리효율)$

문제 08 폐기물 처리방법 중 소각처리와 열분해처리를 비교할 때, 열분해처리의 장점 3가지를 기술하시오.

해설 열분해처리의 장점
㉮ 배기가스량이 적다.
㉯ 황과 중금속이 재속에 고정되는 비율이 크다.
㉰ Cr^{3+}이 Cr^{6+}으로 산화되는 경우가 없다.
㉱ 다이옥신 발생량이 적다.
㉲ NO_x, SO_x의 발생량이 적다.

문제 09 다음에서 설명하고 있는 연소의 종류는?

목재, 석탄, 타르 등은 연소초기에 열분해에 의하여 가연성가스가 생성되고 이것이 긴 화염을 발생시키면서 연소한다.

해설 분해연소는 물질의 열분해로 발생하는 가연성 가스가 연소한다.

문제 10 ▌ 전기집진장치의 장점 5가지를 기술하시오.

해설 전기집진장치의 장점
㉮ 대량의 가스 처리가 가능하다.
㉯ 전압변동과 같은 조건변동에 적응하기 어렵다.
㉰ 초기 설비비가 고가이다.
㉱ 압력손실이 적어 소요동력이 적다.
㉲ 미세입자의 포집효율이 높다.
㉳ 압력손실이 낮다.

문제 11 ▌ 유기적 고형화에 사용되는 고화제 3가지를 쓰시오.

해설 유기적 고화제
㉮ 아크릴아미드젤
㉯ 폴리에스테르
㉰ 에폭시
㉱ 요소-폼알데하이드

문제 12 ▌ 폐기물 고형화의 정의와 목적 3가지를 설명하시오.

해설 고형화의 정의와 목적
㉮ 정의
  폐기물에 고형화재를 첨가하여 폐기물의 물리적 성질을 변화시키는 데 있다.
㉯ 목적
  • 슬러지를 다루기 용이하게(Handling) 한다.
  • 슬러지 내 오염물질의 용해도가 감소(Solubility)한다.
  • 유해한 슬러지인 경우 독성이 감소(Toxicity)한다.
  • 슬러지 표면적 감소에 따른 폐기물 성분의 손실을 줄인다.
  • 최종처분을 용이하게 한다.

문제 13 ▌ 매립지 선정에 있어서 고려하여야 하는 항목 3가지를 쓰시오.

해설 고려사항
㉮ 운반도로의 확보 및 지형지질
㉯ 재해 등에 대한 안정성
㉰ 주변 환경 조건
㉱ 사후 매립지 이용계획 등을 고려한다.

문제 14 도랑식(trench)으로 밀도가 0.55 t/m³인 폐기물을 매립하려고 한다. 도랑의 깊이가 3m이고, 다짐에 의해 폐기물을 2/3로 압축시킨다면 도랑 1m²당 매립할 수 있는 폐기물의 양(ton)은 얼마인가? (단, 기타 조건은 고려하지 않는다.)

해설 폐기물 발생량 = 매립량

$$\frac{0.55t}{m^3} \Big| \frac{3m\,(≒ m^2 \text{당 3배에 해당})}{} = \frac{2}{3} \Big| \frac{x}{m^2} \quad \therefore x = 2.47\,t$$

문제 15 소각로에서 배출되는 연소가스의 냉각방식 3가지를 쓰시오.

해설 연소가스 냉각방식
㉮ 물 분사식은 연소가스에 물을 분사하여 냉각하는 방식이다.
㉯ 공기혼입식은 저온의 공기를 유입시켜 고온의 연소가스와 접촉으로 냉각하는 방식이다.
㉰ 보일러식은 연소실에서 발생되는 열을 보일러관 안의 냉각수로 전달하여 연소가스를 냉각하는 방식이다.

문제 16 매립지 표면차수막의 장단점 3가지를 각각 쓰시오.

해설 표면차수막의 장단점
㉮ 장점
- 시멘트 혼합과 처리기술이 잘 발달되어 있다.
- 다양한 폐기물을 처리할 수 있다.
- 폐기물의 건조나 탈수가 필요하지 않다.

㉯ 단점
- 매립 전에는 보수가 용이하나 매립 후에는 어렵다.
- 낮은 pH에서 폐기물성분 용출 가능성이 있다.
- 지하수 집배수시설이 필요하다.
- 단위면적당 공사비는 싸지나 총공사비는 비싸다.

2015시행 폐기물처리산업기사 [제1회]

문제 01 적환장(transfer station)을 설치하는 일반적인 필요성에 대하여 5가지를 쓰시오.

해설 **적환장의 필요성**
㉮ 처분지가 수집 장소로부터 16km 이상 멀리 떨어져 있을 때
㉯ 수집차량이 소형($15m^3$ 이하)일 때
㉰ 저밀도 주거지역 있을 때
㉱ 슬러리 수송이나 공기수송 방식을 사용할 때
㉲ 불법투기와 다량의 폐기물이 발생할 때
㉳ 압축장비 등이 갖추어져 있지 않은 차량으로 수거할 때
㉴ 상업지역에서 폐기물 수집에 소형 수거용기를 많이 사용 할 때

문제 02 미생물이 분해 불가능한 유기물을 제거하기 위하여 흡착제인 활성탄을 사용하였다. COD가 56 mg/L인 원수에 활성탄 $20mg/L$를 주입시켰더니 COD가 $16mg/L$으로, 활성탄 52 mg/L를 주입시켰더니 COD가 $4mg/L$로 되었다. COD $9mg/L$로 만들기 위해 주입되어야 할 활성탄의 양 mg/L은(Freundlich식 적용)?

해설 **활성탄의 양**
㉮ $\dfrac{56-16}{20} = K \times 16^{1/n} \rightarrow 2 = K \times 16^{1/n}$

㉯ $\dfrac{56-4}{52} = K \times 4^{1/n} \rightarrow 1 = K \times 4^{1/n}$

㉮÷㉯ $\dfrac{2}{1} = \dfrac{K \times 16^{1/n}}{K \times 4^{1/n}} \rightarrow 2 = 4^{\frac{1}{n}}$

양변에 ln을 취하면 n = ln4/ln2 = 2
$n = 2$를 식 ㉯에 대입하면 $K = 1/2 = 0.5$

∴ $\dfrac{56-9}{M} = 0.5 \times 9^{1/2}$ ∴ M = 31.33mg/L

문제 03 쓰레기 선별에 사용되는 직경이 3.2m 인 트롬멜 스크린의 최적속도(rpm)는?

해설 **트롬멜 스크린의 최적속도**
최적속도(rpm) = 임계속도 × 0.45
임계속도(rpm) $Nc = \sqrt{\dfrac{g}{4\pi^2 r}} \times 60 = \dfrac{1}{2\pi}\sqrt{\dfrac{g}{r}} \times 60$

$Nc = \dfrac{1}{2\pi}\sqrt{\dfrac{9.8}{1.6}} \times 60 = 23.63\ rpm \times 0.45 = 11rpm$

문제 04 ▎비자성이고 전기전도성이 좋은물질(동, 알루미늄, 아연)을 다른 물질로부터 분리하는데 가장 적절한 선별방식은?

> 해설 ▎와전류식(과전류 선별, eddy current separation) 선별은 전자석유도에 관한 패러데이법칙을 기초로 한다.

문제 05 ▎미생물의 탄소원과 에너지원에 따라 4가지로 분류하시오.

> 해설 ▎탄소원과 에너지원에 따른 분류
>
> | 분 류 | 탄소원 | 에너지원 |
> | --- | --- | --- |
> | 광독립영양균 | CO_2 | 빛 에너지 |
> | 광종속영양균 | 유기물 | 빛 에너지 |
> | 화학독립영양균 | CO_2 | 화학에너지 |
> | 화학종속영양균 | 유기물 | 화학에너지 |

문제 06 ▎석회기초법에 사용되는 포졸란(Pozzolan)의 특성 2가지를 설명하시오.

> 해설 ▎포졸란 특성
> ㉮ 포졸란은 자체만으로는 시멘트성 반응이 없으나 수산화칼슘과 물과 결합하여 불용성, 수용성의 화합물을 형성한다.
> ㉯ 포졸란의 주성분은 활성실리카(SiO_2) 이다.
> ㉰ 포졸란의 종류에는 화산재, 응회암, 규조토, 비산재(fly ash), 제철 슬래그(slag), 시멘트 킬른 분진(cement kiln dust) 등이 있다.

문제 07 ▎슬러지 내 수분의 형태 4가지를 쓰고 설명하시오.

> 해설 ▎슬러지 내 수분의 형태
> ㉮ 부착수 : 슬러지 입자표면에 부착되어 있는 수분으로 제거가 어렵다.
> ㉯ 모관결합수 : 미세한 슬러지 고형물의 입자 사이에 존재하는 수분이다.
> ㉰ 모관결합수 : 모세관 현상을 일으켜서 모세관압으로 결합되어 있는 수분이다.
> ㉱ 간극수 : 큰 고형물입자 간극에 존재하는 수분으로 많은 양을 차지한다.

문제 08 ▎고형물 4.2%를 함유한 슬러지 120000kg을 농축조로 이송한다. 농축조에서 손실을 무시하고 소화조로 이송할 경우 슬러지의 무게가 60000kg일 때 농축된 슬러지의 고형물 함유율(%)은?(단, 완전농축, 슬러지 비중은 1.0으로 가정함)

> 해설 ▎슬러지의 고형물 함유율
> $120000 kg \times 4.2\% = 60000 kg(x)$ ∴ $x = 8.4\%$

문제 09 ▎일반적인 슬러지처리 공정의 계통도를 순서대로 나열하시오?

> 해설 슬러지처리 공정 : 농축 → 안정화(소화) → 개량 → 탈수 → 건조 → 연소 → 최종처분
> ㉮ 감량화: 무게와 부피를 감소시킨다.
> ㉯ 안정화: 유기물의 안정화로 2차 오염을 방지한다.
> ㉰ 안전화: 병원균의 사멸, 통제로 환경위생을 향상시킨다.
> ㉱ 자원화: 연료화, 메탄가스, 비료로 이용한다.

문제 10 ▎1일 폐기물 배출량이 700t인 도시에서 도랑(Trench)법으로 매립지를 선정하려 한다. 쓰레기의 압축이 30%가 가능하다면 1일 필요한 면적(m^2)은 얼마인가? (단, 발생된 쓰레기의 밀도는 $250 \, kg/m^3$, 매립지의 깊이는 2.5m이다.)

> 해설 1일 필요한 매립면적(m^2)
> 매립면적 $= \dfrac{700t \times 10^3 kg/일 \times (1-0.3)}{250 kg/m^3 \times 2.5 m} = 784 m^2/일$

문제 11 ▎Trench method를 적용하여 쓰레기를 매립하려 한다. Trench 용량은 $2000 \, m^3$이며 인구 2000명, 1인 1일 쓰레기 배출량 1.5kg인 도시에서 발생되는 쓰레기를 매립 한다면 Trench의 사용일수(day)는?(단, 압축전 쓰레기 밀도는 $500 \, kg/m^3$이며 매립시 압축에 의해 부피가 40% 감소한다.)

> 해설 발생량 = 처리량
> $\dfrac{1.5 kg}{인 \cdot 일} \Big| \dfrac{2000인}{} \Big| \dfrac{60}{100} x = \dfrac{2000 m^3}{} \Big| \dfrac{500 kg}{m^3}$ ∴ $x = 555.55$일

문제 12 ▎매립지에 쓰이는 합성차수막을 재료별로 3가지를 쓰고 특징을 간략히 설명하시오.

> 해설 합성차수막을 재료별 특징
> ㉮ PVC : 가격은 저렴하나 자외선, 오존, 기후에 약하다.
> ㉯ HDPE : 온도에 대한 저항성이 높다.
> ㉰ CSPE : 산과 알카리에 특히 강하다.
> ㉱ CPE : 접합상태가 나쁘다.

문제 13 ▎소각대상물인 열가소성 플라스틱의 저위발열량은 $5400 \, kcal/kg$이며, 이 플라스틱을 소각 시 발생되는 연소재 중의 미연손실은 저위발열량의 10%이고 불완전연소에 의한 손실은 $600 \, kcal/kg$일 때 소각 대상물의 연소효율은?

> 해설 연소효율 $\eta = \dfrac{H_l - (L_c + L_l)}{H_l} \times 100(\%)$
> 연소효율 $\eta = \dfrac{5400 kcal/kg - (540+600) kcal/kg}{5400 kcal/kg} \times 100 = 78.8\%$

문제 14 | 다음 중 위생매립의 장점 3가지를 기술하시오.

해설 위생매립의 장점
㉮ 부지확보가 가능할 경우 가장 경제적인 방법이다.
㉯ 거의 모든 종류의 폐기물 처분이 가능하다.
㉰ 처분대상 폐기물의 증가에 따른 추가 인원 및 장비가 크지 않다.
㉱ 특별한 전처리가 필요하지 않다.

문제 15 | 저위발열량 13500 $kcal/Sm^3$인 기체연료를 연소 시, 이론습연소가스량이 25 Sm^3/Sm^3이고 이론연소온도는 2500℃라고 한다. 적용된 연소가스의 평균 정압비열 $kcal/Sm^3$은?(단, 연소용 공기 및 연료 온도는 15℃)

해설 평균 정압비열

$$t_2 = \frac{H_l}{G_o C_p} + t_1$$

$$2500℃ = \frac{13500 kcal}{Sm^3} \left| \frac{Sm^3}{25 Sm^3} \right| \left| \frac{1}{x} \right| + 15 \quad \therefore x = 0.217 kcal/Sm^3 \cdot ℃$$

문제 16 | 폐기물의 평균 저위발열량 $kcal/kg$은?(단, 도표내의 백분율은 중량백분율이며, 수분의 응축잠열은 공히 500 $kcal/kg$으로 가정한다.)

해설 저위발열량
*참고(폐기물) $H_l(kcal/kg) = [4500 kcal/kg \times 가연성분 함량비] - [600 kcal/kg \times W]$
 *여기서, 가연성분과 수분함량은 %/100 이다.

$H_l = (0.3 \times 9000) + (0.3 \times 10000) + (0.2 \times 8500) + (0.2 \times 15000) - 500 = 9900 kcal/kg$

문제 17 | BOD_5 15000 mg/L, Cl^- 800 ppm인 분뇨를 희석하여 활성슬러지법으로 처리한 결과 BOD_5 45 mg/L, Cl^- 40 ppm 이었다면 활성슬러지법의 처리효율(%)은? (단, 희석수 중에 BOD_5, Cl^-은 없음)

해설 처리효율
- 희석배수(P) = $\frac{800 ppm}{40 ppm}$ = 20배
- 처리효율(%) = $\left(1 - \frac{45 mg/L}{15000/20배}\right) \times 100 = 94\%$

문제 18 | 소각로 설계시 연소계산에 의하여 연소실의 입열과 출열이 같도록 균형을 유지하여야 한다. 입열과 출열을 각각 2가지 쓰시오.

해설 입열과 출열
㉮ 입열
- 폐기물의 연소열량
- 연소용 예열공기의 유입열량

㉯ 출열
- 배기가스로 유출되는 열량
- 불완전연소(미연분)에 의한 손실열
- 회분(재)으로 유출되는 열량

2015시행 폐기물처리기사 [제2회]

문제 01 쓰레기와 하수처리장에서 얻어진 슬러지를 함께 매립하려고 한다. 쓰레기와 슬러지의 고형물 함량이 각각 50%, 20%라고 하면 쓰레기와 슬러지를 8:2로 섞을 때의 이 혼합폐기물의 함수율은?(단, 무게 기준이며 비중은 1.0으로 가정함)

해설 혼합폐기물의 함수율(%)
$$함수율 = \frac{50 \times 8 + 80 \times 2}{8+2} = 56\%$$

문제 02 발생 쓰레기 밀도 450kg/m^3, 차량적재용량 20m^3, 압축비 1.8, 적재함이용률 85%, 차량대수 5대, 쓰레기 발생량 1.2kg/인·일, 수거대상지역 인구 80000인, 수거인부 15인 이며, 차량은 동시운행 될 때, 쓰레기 수거는 1주일에 최소 몇 회 이상하여야 하는가?

해설 발생량 = 처리량
발생량 = $1.2 kg/$인·일$ \times 80000$인 $\times 7$일 $= 672000 kg/$주
처리량 = $450 kg/m^3 \times 20 m^3/$대 $\times 1.8 \times 0.85\% \times 5$대 $\times x$회/주 $= 68850 kg \times x$회/주
∴ $x = 9.76$ 회/주

문제 03 다음과 같은 특성을 갖는 액상 폐기물을 완전연소 시킬 때 이론적인 연소온도는 몇 ℃ 인가?

[폐기물 특성]
- 쓰레기 저위발열량   2500 $kcal/Sm^3$
- 연료의 이론연소가스량(G_0)   8 Sm^3/Sm^3
- 연소가스의 평균 정압비열(C_P)   0.25 $kcal/Sm^3·℃$

해설 연소온도
$$t_2 = \frac{H_l}{G_o C_p} + t_1$$
$$\therefore t_2 = \frac{2500 kcal}{Sm^3} \bigg| \frac{Sm^3}{8 Sm^3} \bigg| \frac{Sm^3·℃}{0.25 kcal} = 1250℃$$

문제 04 다이옥신의 독성등가환산계수(TEF)란?

해설 다이옥신 2,3,7,8-TCDD를 기준 1로 하여 다른 이성질체의 독성을 상대적으로 평가하는 계수이다.

문제 05 쓰레기 선별에 사용되는 직경이 3.2m 인 트롬멜 스크린의 최적속도(rpm)는?

해설 트롬멜 스크린의 최적속도

최적속도(rpm) = 임계속도 × 0.45

임계속도(rpm) $Nc = \sqrt{\dfrac{g}{4\pi^2 r}} \times 60 = \dfrac{1}{2\pi}\sqrt{\dfrac{g}{r}} \times 60$

$Nc = \dfrac{1}{2\pi}\sqrt{\dfrac{9.8}{1.6}} \times 60 = 23.63\, rpm \times 0.45 = 11 rpm$

문제 06 밀도가 $400\,kg/m^3$인 쓰레기 10ton을 압축시켰더니 처음 부피보다 50%가 줄었다. 이 경우 Compaction ratio는 얼마인가?

해설 Compaction ratio

부피감소율 $50\% = (1 - \dfrac{1}{\text{압축비 } C_R}) \times 100$

$\dfrac{100}{C_R} = 100 - 50 \quad \therefore C_R = 2.0$

문제 07 다음과 같은 조성의 폐기물의 저위발열량($kcal/kg$)을 Dulong 식을 이용하여 계산 하시오.(단, 탄소, 수소, 황의 연소발열량은 각각 $8100 kcal/kg$, $34000 kcal/kg$, $2500 kcal/kg$으로 한다.)

- 휘발성고형물 50%, 회분 50%
- 휘발성고형물의 원소분석결과 C 50%, H 30%, O 10%, N 10%

해설 저위발열량($kcal/kg$)

Dulong식 $H_h (kcal/kg) = 8100C + 34000(H - \dfrac{O}{8}) + 2500S$

*여기서, 원소의 단위는 퍼센트농도(%/100)이다.

$H_h = 8100 \times 0.5 \times 0.5 + 34000\left(0.5 \times 0.3 - \dfrac{0.5 \times 0.1}{8}\right) = 6912.5 kcal/kg$

$H_l (kcal/kg) = H_h - 6(9H + W)$

*여기서, 원소의 단위는 퍼센트농도(%)이다.

$\therefore H_l = 6912.5 - 6(9 \times 0.5 \times 30) = 6102.5 kcal/kg$

문제 08 프로판(C_3H_8)의 이론적 연소시 부피기준 AFR은?

해설 $C_3H_8 + 5O_2 \rightarrow 3CO_2 + 4H_2O$

$AFR = \dfrac{\text{공기}(mole)}{\text{연료}(mole)} = \dfrac{\dfrac{5}{0.21}}{1} = 23.8 Sm^3$

문제 09 고체 및 액체 연료의 연소 이론산소량을 중량(kg/kg)으로 구하는 경우, 산출식은?

해설 이론산소량(중량) 식

$$O_o(kg/kg) = \frac{32kg}{12kg}C + \frac{16kg}{2kg}H + \frac{32kg}{32kg}S - \frac{32kg}{32kg}O$$

$$\therefore O_o = 2.667C + 8H + S - O$$

*여기서, 원소는 %/100 이다.

문제 10 폐기물의 소각을 위해 원소분석을 한 결과, 가연성 폐기물 1kg당 C 50%, H 10%, O 16%, S 3%, 수분 10%, 나머지는 재로 구성된 것으로 나타났다. 이 폐기물을 공기비 1.1로 연소시킬 경우 발생하는 실제 습연소가스량(Sm^3/kg)은 얼마인가?

해설 실제 습연소가스량(Sm^3/kg)

$O_o = 1.867C + 5.6H + 0.7S - 0.7O$
　　　*여기서, 원소는 %/100 이다.

$O_o = 1.867 \times 0.5 + 5.6 \times 0.1 + 0.7 \times 0.03 - 0.7 \times 0.16 = 1.4 Sm^3/kg$

$A_o = \dfrac{O_o}{0.21} = \dfrac{1.4 Sm^3}{0.21} = 6.67 Sm^3$

$Gw\left(\dfrac{Sm^3}{kg}\right) = mA_o + 5.6H + 0.7O + 0.8N + 1.244W$

$Gw = 1.1 \times 6.67 + 5.6 \times 0.1 + 0.7 \times 0.16 + 1.244 \times 0.1 = 8.13 Sm^3/kg$

문제 11 프로판(C_3H_8) 1kg을 완전 연소시 발생하는 CO_2량(kg)과 아세틸렌(C_2H_2) 1kg을 완전 연소시 발생한 CO_2량(kg)의 비는? (단, 아세틸렌 연소시 CO_2량/프로판 연소시 CO_2량)

해설 아세틸렌 연소시 CO_2량/프로판 연소시 CO_2량 비

$C_3H_8 + 5O_2 \rightarrow 3CO_2 + 4H_2O$
　44kg　:　$3 \times 44kg$
　1kg　:　x　　$\therefore x = 3kg$

$C_2H_2 + 5/2 O_2 \rightarrow 2CO_2 + H_2O$
　26kg　:　$2 \times 44kg$
　1kg　:　x　　$\therefore x = 3.38kg$

$\therefore \dfrac{C_2H_2}{C_3H_8} = \dfrac{3.38}{3.0} = 1.126$

문제 12 비중이 0.9이고 황 함유량이 3%(무게기준)인 폐유를 $4kL/h$의 속도로 연소할 때 생성되는 SO_2의 부피(Sm^3)와 무게(kg)는 각각 얼마인가? (단, 황성분은 전량 SO_2로 전환됨)

해설 SO_2의 부피(Sm^3)와 무게(kg)

$S + O_2 \rightarrow SO_2$
32kg　:　$22.4 Sm^3$
$4000 L/hr \times 0.9 kg/L \times 0.03$: x　　$\therefore x = 75.6 Sm/hr$

$S + O_2 \rightarrow SO_2$
32kg　:　64kg
$4000 L/hr \times 0.9 kg/L \times 0.03$: x　　$\therefore x = 216 kg/hr$

문제 13 ▎폐기물 소각능력이 $600\,kg/m^2 \cdot hr$인 소각로를 1일 8시간동안 운전시, 로스톨의 면적(m^2)은 얼마인가? (단, 소각량은 1일 40톤이다.)

해설 로스톨의 면적(m^2)

$$G(kg/m^2 \cdot day) = \frac{소각할\ 쓰레기\ 양\ W(kg/day)}{화격자의\ 면적\ A(m^2)}$$

$$\therefore A = \frac{40 \times 10^3\,kg/day}{600\,kg/m^2 \cdot hr \times 8hr} = 8.3\,m^2$$

문제 14 ▎유동층소각로의 장점 3가지를 열거하시오.

해설 유동층소각로의 장점
㉮ 가스의 온도와 과잉공기량이 낮아서 질소산화물도 적게 배출된다.
㉯ 구조가 간단하고 유지관리가 용이하다.
㉰ 로내 고온영역에서 기계적 가동부분이 적어 고장율이 낮다.
㉱ 반응시간이 빨라 소각시간이 짧다.
㉲ 폐유, 폐윤활유 등의 소각에 탁월한 성능이 있다.

문제 15 ▎해안매립공법 3가지를 기술하시오.

해설 해안매립공법
㉮ 순차투입공법 : 호안 측으로부터 순차적으로 쓰레기를 투입하여 육지화 하는 방법이다.
㉯ 박층뿌림공법 : 밑면이 뚫린 바지선에서 쓰레기를 박층으로 떨어뜨려 뿌리는 방법이다.
㉰ 내수배제공법 : 고립된 매립지대에 매립 전에 내수를 일부 배제한 후 쓰레기를 투기하는 방식이다.

문제 16 ▎다음의 내용을 간략히 설명하시오.

EPR,   eddy current separation,   RPF,   MBT

해설 용어 설명
㉮ EPR(Extended Producer Responsibility)은 생산자 책임 재활용제도로 생산자 또는 수이업자에게 재활용 의무목표량을 부과하여 미이행시 부과금을 부과하는 제도이다.
㉯ Eddy current separation 선별은 연속적으로 변화하는 자장 속에 비자성이며 전기전도성이 좋은 금속인 구리, 알루미늄, 아연 등을 넣으면 금속 내에 소용돌이 전류가 발생하여 반발력이 생기는데 이 반발력 차를 이용하여 분리시킨다.
㉰ RPF는 플라스틱 원료가 60% 이상 함유된 고형연료이다.
㉱ MBT(Mechanical Biological Treatment)는 기계적 선별, 생물학적 처리를 통해 재활용 물질을 회수하는 시설이다.

문제 17. 고형폐기물을 매립 처리할 때 $C_6H_{12}O_6$ 성분 1톤(ton)의 폐기물이 혐기성 분해를 한다면 이론적 메탄가스 발생량 부피(m^3)와 무게(kg)은 얼마인가? (단, 표준상태 기준이다.)

해설 메탄가스 발생량

㉮ 발생량 부피(m^3)

$C_6H_{12}O_6 \rightarrow 3CH_4 + 3CO_2$
180kg : $3 \times 22.4 Sm^3$
1000kg : x ∴ $CH_4 = 373.33 Sm^3$

㉯ 발생량 무게(kg)

$C_6H_{12}O_6 \rightarrow 3CH_4 + 3CO_2$
180kg : $3 \times 16 kg$
1000kg : x ∴ $CH_4 = 266.67 kg$

문제 18. 인구 100만 명인 어느 도시의 쓰레기 발생율은 2.0kg/인·일 이다. 아래의 조건들에 따라 쓰레기를 매립하고자 할 때 연간 매립지의 소요면적 m^2은?(단, 매립쓰레기 압축밀도 500 kg/m^3, 매립지 Cell 1층의 높이 5m 이며, 총 8개의 층으로 매립하며, 기타 조건은 고려하지 않음)

해설 연간 매립지의 소요면적

$$소요면적 = \frac{1000000명 \times 2.0 kg/인·일}{500 kg/m^3 \times 5m \times 8층} \times 365 day/y = 36500 m^2$$

2015시행 폐기물처리산업기사 [제2회]

문제 01 유동층소각로의 장점 5가지를 열거하시오.

해설 유동층소각로의 장점
㉮ 가스의 온도와 과잉공기량이 낮아서 질소산화물도 적게 배출된다.
㉯ 구조가 간단하고 유지관리가 용이하다.
㉰ 로내 고온영역에서 기계적 가동부분이 적어 고장율이 낮다.
㉱ 반응시간이 빨라 소각시간이 짧다.
㉲ 폐유, 폐윤활유 등의 소각에 탁월한 성능이 있다.
㉳ 유동매체의 열용량이 커서 액상, 기상, 고형폐기물의 완전연소가 가능하며 2차 연소실이 불필요 하다.

문제 02 쓰레기를 압축시켜 부피감소율이 60%인 경우 압축비는?

해설 압축비

부피감소율 $60\% = (1 - \dfrac{1}{\text{압축비}\ C_R}) \times 100$

$\dfrac{100}{C_R} = 100 - 60 \quad \therefore C_R = 2.5$

문제 03 쓰레기 선별에 사용되는 직경이 3.2m 인 트롬멜 스크린의 최적속도(rpm)는?

해설 트롬멜 스크린의 최적속도
최적속도(rpm) = 임계속도 × 0.45

임계속도(rpm) $Nc = \sqrt{\dfrac{g}{4\pi^2 r}} \times 60 = \dfrac{1}{2\pi}\sqrt{\dfrac{g}{r}} \times 60$

$Nc = \dfrac{1}{2\pi}\sqrt{\dfrac{9.8}{1.6}} \times 60 = 23.63\ rpm \times 0.45 = 11 rpm$

문제 04 프로판 $1Sm^3$을 완전연소하는 데 필요한 이론공기량(Sm^3)은?

해설 이론공기량(Sm^3)

$C_3H_8 + 5O_2 \rightarrow 3CO_2 + 4H_2O$
1 : 5
1 : x

$A_o = \dfrac{O_o}{0.21} = \dfrac{5Sm^3}{0.21} = 23.8 Sm^3$

문제 05 밀도가 $1.5\,g/cm^3$인 폐기물 10kg에 고형물재료를 5kg 첨가하여 고형화 시킨 결과 밀도가 $6.0\,g/cm^3$으로 증가하였다면 폐기물의 부피변화율(VCF)은 얼마인가?

해설 부피변화율

$$VCF = (1+MR) \times \frac{\rho_1}{\rho_2}$$

$$\therefore VCF = \left(1 + \frac{5kg}{10kg}\right) \times \frac{1.5g/cm^3}{6.0g/cm^3} = 0.38$$

문제 06 다음과 같은 중량조성의 고체연료의 고위발열량($kcal/kg$)은 얼마인가?
(조건 : C 70%, H 5%, O 15%, S 5%, 기타, Dulong식 이용)

해설 고위발열량(H_h)

Dulong식 $H_h(kcal/kg) = 81C + 340(H - \frac{O}{8}) + 25S$

*여기서, 원소의 단위는 퍼센트농도(%)이다.

$$\therefore H_h = 81 \times 70 + 340\left(5 - \frac{15}{8}\right) + 25 \times 5 = 6857.5\,kcal/kg$$

문제 07 메탄의 고위발열량이 $11000\,kcal/Sm^3$이면, 저위발열량($kcal/Sm^3$)은 얼마인가?(단, 물의 기화열은 $480\,kcal/kg$이다.)

해설 저위발열량($kcal/Sm^3$)

$H_l(kcal/Sm^3) = H_h - 480\sum H_2O$

메탄 $CH_4 + 2O_2 \rightarrow CO_2 + 2H_2O$ $\therefore H_2O = 2M$

$\therefore H_l = 11000 - 480\sum 2 = 10040\,kcal/Sm^3$

문제 08 프로판 $1Sm^3$를 과잉공기계수 1.1로 완전연소 시킬 경우에 발생하는 건연소가스량(Sm^3)은?
(단, 프로판 분자량 44, 표준상태 기준)

해설 건연소가스량(Sm^3)

$C_3H_8 + 5O_2 \rightarrow 3CO_2 + 4H_2O$

$A_o = \frac{O_o}{0.21} = \frac{5Sm^3}{0.21} = 23.8Sm^3$

$Gd = (1.1 - 0.21)23.8 + \sum 3 = 24.1Sm^3$

문제 09 유해폐기물 고화처리방법 중 자가시멘트법의 장점과 단점을 각각 3가지를 쓰시오.

해설 자가시멘트법의 장단점
㉮ 장점
- 혼합률(MR)이 낮다.
- 중금속의 처리에 효과적이다.
- 탈수 등의 전처리가 필요 없다.

㉯ 단점
- 장치의 규모가 크고 숙련된 기술이 요구된다.
- 보조 에너지가 필요하다.
- 높은 황화물을 함유한 폐기물에 적합하다.

문제 10 폐지 250kg을 소각하고자 1500 m^3의 공기를 공급하였다. 이론공기량(Sm^3), 공기비, 연소상태를 판단하시오.(단, 폐지의 성분은 모두 셀룰로오스($C_6H_{10}O_5$)로 가정한다.)

해설 이론공기량(Sm^3), 공기비, 연소상태 판단

$$C_6H_{10}O_5 + 6O_2 \rightarrow 6CO_2 + 5H_2O$$
$162kg \quad : \quad 6 \times 22.4 Sm^3$
$250kg \quad : \quad x \qquad \therefore x = 207.4 Sm^3$

㉮ 이론공기량
$$A_o = \frac{O_o(Sm^3)}{0.21} = \frac{207.4 Sm^3}{0.21} = 987.6 Sm^3$$

㉯ 공기비
$$m = \frac{A}{A_o} = \frac{1500}{987.6} = 1.518$$

㉰ 연소상태 판단
$$등가비(\Phi) = \frac{1}{m} = \frac{1}{1.518} = 0.658 \, (\Phi < 1 \, : \, 공기과잉 \, 상태)$$

문제 11 슬러지 내 수분의 형태 4가지를 쓰고 설명하시오.

해설 슬러지 내 수분의 형태
㉮ 부착수 : 슬러지 입자표면에 부착되어 있는 수분으로 제거가 어렵다.
㉯ 모관결합수 : 미세한 슬러지 고형물의 입자 사이에 존재하는 수분이다.
㉰ 모관결합수 : 모세관 현상을 일으켜서 모세관압으로 결합되어 있는 수분이다.
㉱ 간극수 : 큰 고형물입자 간극에 존재하는 수분으로 많은 양을 차지한다.

문제 12 ▎ 인구 500000인 어느 도시의 쓰레기 발생량 중 가연성이 20%라고 한다. 쓰레기 발생량이 0.6kg/인·일이고, 밀도는 0.8ton/m^3, 쓰레기차의 적재용량이 15m^3일 때, 가연성 쓰레기를 운반 하는데 필요한 차량은?(단, 차량은 1일 1회 운행 기준)

해설 발생량 = 처리량
$$500000인 \times 0.2\% \times 0.6 kg/인·일 = 800 kg/m^3 \times 15 m^3 \times x 대/일$$
$$\therefore x = 5 대/일$$

문제 13 ▎ 분뇨의 슬러지 건량은 5 m^3이며 함수율이 90%이다. 함수율을 80%까지 농축하면 농축조에서의 분리액(m^3)은 얼마인가? (단, 비중은 1.0 기준)

해설 농축조에서의 분리액(m^3)
$$V_1(100-P_1) = sludge \ 건량 \quad \therefore V = \frac{sludge \ 건량}{100-P} \times 100$$
분리액 $V = (5m^3 \times \frac{100}{100-90}) - (5m^3 \times \frac{100}{100-80}) = 25m^3$

문제 14 ▎ 1일 폐기물 배출량이 700t인 도시에서 도랑(Trench)법으로 매립지를 선정하려 한다. 쓰레기의 압축이 30%가 가능하다면 1일 필요한 면적(m^2)은 얼마인가? (단, 발생된 쓰레기의 밀도는 250 kg/m^3, 매립지의 깊이는 2.5m이다.)

해설 1일 필요한 매립면적(m^2)
$$A = \frac{700000 kg}{day} \Big| \frac{m^3}{250 kg} \Big| \frac{}{2.5 m} \Big| \frac{1-0.3}{} = 784 m^2/day$$

문제 15 ▎ 평균입경이 10cm인 플라스틱을 재활용하기 위하여 2cm로 파쇄 하는데 20kWh/ton이 소요된다면, 입경이 20cm인 플라스틱을 2cm로 파쇄하는데 소요되는 에너지(kWh/ton)는 얼마인가? (단, Kick의 법칙에 의하여 에너지량 $E = C\log(L_1/L_2)$이다.)

해설 소요되는 에너지(kWh/ton)
$$20 kWh/ton = C \times \log\left(\frac{10 cm}{2 cm}\right)$$
$$\therefore C = 28.6135 \, kWh/ton$$
$$E = 28.6 \times \log\left(\frac{20cm}{2cm}\right) = 28.6 \, kWh/ton$$

문제 16 폐기물 조성이 $C_{60}H_{95}ON$인 유기물질 1톤이 호기성 분해할 때 필요한 이론산소량(Sm^3)은?

해설 호기성분해 시 이론산소량(Sm^3)

$$C_aH_bO_cN_d + [\frac{4a+b-2c-3d}{4}]O_2 \rightarrow aCO_2 + [\frac{b-3d}{2}]H_2O + dNH_3$$

$$C_{60}H_{95}ON + 82.5O_2 \rightarrow 60CO_2 + 46H_2O + NH_3$$

$845kg\ :\ 82.5 \times 22.4 Sm^3$

$1000kg\ :\ x \qquad \therefore x = 2186.98 Sm^3$

문제 17 pH 1.5인 폐산용액 $15m^3$과 pH 4.5인 폐산용액 $20m^3$을 혼합하였을 경우 혼합용액의 pH를 구하시오?

해설 혼합용액의 pH

$pH\ 1.5 \rightarrow 10^{-1.5}M \rightarrow 10^{-1.5}N$

$pH\ 4.5 \rightarrow 10^{-4.5}M \rightarrow 10^{-4.5}N$

$N = \dfrac{N_1V_1 + N_2V_2}{V_1 + V_2} = \dfrac{10^{-1.5} \times 15 + 10^{-4.5} \times 20}{15 + 20} = 0.0135$

$\therefore pH = -\log[0.0135] = 1.87$

2015시행 폐기물처리기사 [제4회]

문제 01 매립시설의 사후관리 항목 3가지를 쓰시오.

> 빗물 배제방법, 침출수 관리방법, 지하수 수질 조사방법, 해수 수질 조사방법, 발생가스 관리방법, 구조물과 지반의 안정도 유지방법, 지표수 수질 조사방법, 토양 조사방법

문제 02 $0.41ton/m^3$의 밀도를 갖는 쓰레기 시료를 압축하여 밀도를 $0.75ton/m^3$으로 증가시켰다. 이 때의 부피 감소율(%)은?

> 부피 감소율
>
> 압축비$(C_R) = \dfrac{\text{압축 전 부피}\,V_1}{\text{압축 후 부피}\,V_2} = \dfrac{\text{압축 후 밀도}}{\text{압축 전 밀도}} = \dfrac{0.75}{0.41} = 1.83$
>
> 부피감소율 $= (1 - \dfrac{1}{\text{압축비}\,1.83}) \times 100 = 45\%$

문제 03 1일 폐기물 배출량이 700t인 도시에서 도랑(Trench)법으로 매립지를 선정하려 한다. 쓰레기의 압축이 30%가 가능하다면 1일 필요한 면적(m^2)은 얼마인가? (단, 발생된 쓰레기의 밀도는 $250\,kg/m^3$, 매립지의 깊이는 2.5m이다.)

> 1일 필요한 면적(m^2)
>
> 매립면적 $= \dfrac{700\,t \times 10^3 kg/\text{일} \times (1-0.3)}{250 kg/m^3 \times 2.5m} = 784 m^2/\text{일}$

문제 04 다이옥신을 제어기위한 방법을 4단계로 구분하면?

> 다이옥신 제어방법
> ㉮ 제1차적(사전방지) 방법
> ㉯ 제2차적(로내) 방법
> ㉰ 제3차적(후처리) 방법
> ㉱ 제4차적(배가스처리) 활성탄과 백필터집진 방식

문제 05 3000000ton/year의 쓰레기 수거에 4500명의 인부가 종사한다면 MHT값은?(단, 수거인부의 1일 작업시간은 8시간이고 1년 작업일수는 300일 이다.)

해설 MHT값

$$MHT = \frac{1일 평균 수거 인부수(man) \times 1일 작업시간(hr)}{1일 평균 폐기물 발생량(ton)}$$

$$\therefore MHT = \frac{4500 man \times 8hr}{3000000/300 ton} = 3.6$$

문제 06 밀도가 $1.5\,g/cm^3$인 폐기물 10kg에 고형물재료를 5kg 첨가하여 고형화 시킨 결과 밀도가 $6.0\,g/cm^3$으로 증가하였다면 폐기물의 부피변화율(VCF)은 얼마인가?

해설 부피변화율

$$VCF = (1 + MR) \times \frac{\rho_1}{\rho_2}$$

$$\therefore VCF = (1 + \frac{5kg}{10kg}) \times \frac{1.5g/cm^3}{6.0g/cm^3} = 0.38$$

문제 07 합성차수막의 경질도가 증가할수록 나타나는 성질을 5가지 쓰시오?

해설 경질도가 증가할수록 나타나는 성질
- ㉮ 강도가 강해진다.
- ㉯ 인장강도가 커진다.
- ㉰ 열에 대한 저항성이 강해진다.
- ㉱ 산과 알칼리에 저항성이 높다.
- ㉲ 충격에 약하다.
- ㉳ 투수계수가 감소한다.
- ㉴ 미생물에 강하다.

문제 08 전처리로서 파쇄에 의하여 얻어질 수 있는 효과 3가지와 작용원리를 설명하라?

해설 파쇄효과와 원리
- ㉮ 파쇄효과
  - 입자의 비표면적이 증가하여 미생물의 분해속도가 증가한다.
  - 입경분포의 균일화로 저장, 압축, 소각이 용이하다.
  - 조대 폐기물에 의한 소각로 손상을 방지한다.
  - 겉보기 비중의 증가로 수송이 용이하고 매립지 수명이 연장된다.
  - 매립지의 악취, 먼지의 비산을 감소시킨다.
  - 매립지의 작업이 용이하고 복토가 거의 필요 없다.
- ㉯ 파쇄 원리
  - 전단작용에 의한 파쇄
  - 충격작용에 의한 파쇄
  - 압축작용에 의한 파쇄

문제 09 매립지 저류구조물의 기능 3가지를 기술하시오?

해설 저류구조물의 기능
㉮ 계획 매립량의 폐기물 저류
㉯ 매립지로부터 침출수의 유출이나 누출방지
㉰ 매립지 침수지 안전분류
㉱ 매립완료 후 폐기물의 안전저류

문제 10 C 및 H의 중량조성이 각각 86%, 14%인 액체연료를 매시간 100kg 연소시켜 배기가스의 조성을 분석한 결과 CO_2 12.5%, O_2 3.5%, N_2 84%이였다. 이 경우 시간당 필요한 공기량(Sm^3)은?

해설 시간당 필요한 공기량(Sm^3)

$$m = \frac{A}{A_o} = \frac{21}{21-O_2} = \frac{N_2(\%)}{N_2(\%) - 3.76(O_2 - 0.5CO\%)}$$

$$m = \frac{84(\%)}{84(\%) - 3.76 \times 3.5(\%)} = 1.186$$

$O_o = 1.867C + 5.6H + 0.7S - 0.7O$
　*여기서, 원소는 %/100 이다.

$O_o = 1.867 \times 0.86 + 5.6 \times 0.14 = 2.39 Sm^3/kg$

$A_o = 2.39 Sm^3/kg \times \frac{1}{0.21} = 11.37 Sm^3/kg$

∴ Air량 $= 11.37 Sm^3/kg \times 100kg \times 1.186(m) = 1350 Sm^3$

문제 11 유해폐기물의 고형화 방법 5가지를 쓰시오.

해설 고형화 방법
㉮ 시멘트 기초법
㉯ 자가시멘트법
㉰ 석회기초법
㉱ 열가소성 플라스틱법
㉲ 피막 형성법, 유리화법 등

문제 12 매립지에서 침출수 발생의 영향인자 3가지를 쓰시오.

해설 침출수 발생의 영향인자
㉮ 강우량
㉯ 폐기물의 함수량
㉰ 지하수의 수위
㉱ 외부에서 유입수량
㉲ 차수재의 차수능력
㉳ 복토재, 덮게시설의 차수능력

문제 13 다음 물질회수율 중 어느 물질이 더 선별효율(%)이 높은가?(단, Worrell식 적용)

```
유리 20kg          유리 2kg
캔 5kg   → 선별기 → 캔 4kg
              ↓
          유리 18kg
          캔 1kg
```

해설 캔보다 유리의 선별효율이 70% 높다.
㉮ 유리 선별효율 $(E) = (\frac{18}{20} \times \frac{4}{5}) \times 100 = 72\%$
㉯ 캔 선별효율 $(E) = (\frac{1}{5} \times \frac{2}{20}) \times 100 = 2\%$
∴ $72 - 2 = 70\%$

문제 14 난분해성 물질을 처리하기 위하여 Fenton 산화를 하고자 한다. 펜톤산화의 원리에 대하여 설명하시오.

해설 펜톤산화의 원리
㉮ 산화제로 과산화수소를 촉매제로 철을 사용한다.
㉯ $pH 3.0 \sim 4.0$에서 철 금속이 과산화수소를 분해시켜 HO·라디칼을 생성한다.
㉰ 유기물질은 생성된 HO·라디칼에 의해 분해된다.
$Fe^{2+} + H_2O_2 \rightarrow Fe^{3+} + OH^- + HO\cdot$

문제 15 호기성소화와 혐기성소화의 장점과 단점을 비교하시오.

해설 호기성소화와 혐기성소화의 장점과 단점

구 분	호기성 소화	혐기성 소화
토지소요면적	작다	크다
설계 시공비용	작다	크다
유지관리 비용	작다	크다
유입량	연속주입	단계주입
유입농도	저농도	고농도
소화기간	짧다	길다
처리수질	양호	2차 처리필요
탈수성	나쁘다	좋다
비료가치	양호	불양
에너지화	불가능	가능
유지관리 용이성	용이	경험요구
2차 처리	불필요	필요
악취	없다	있다

문제 16 매립지에 쓰이는 합성차수막을 재료별로 3가지를 쓰고 특징을 간략히 설명하시오.

해설 합성차수막을 재료별 특징
㉮ PVC : 가격은 저렴하나 자외선, 오존, 기후에 약하다.
㉯ HDPE : 온도에 대한 저항성이 높다.
㉰ CSPE : 산과 알카리에 특히 강하다.
㉱ CPE : 접합상태가 나쁘다.

2015 시행 폐기물처리산업기사 [제4회]

문제 01 쓰레기발생량 예측방법 3가지를 설명하시오.

해설 발생량 예측방법
- ㉮ 경향예측모델(Trend Method) : 최저 5년 이상의 과거 폐기물처리 실적을 수식화된 모델에 대입하여 폐기물의 발생량을 예측하는 방법으로 시간에 따른 폐기물의 발생량만 고려한다.
- ㉯ 다중회귀모델(Mutiple Regression) : 하나의 수식으로 여러 인자 즉, 자원 회수량, 사회적, 경제적 특성 등을 총괄적으로 고려하여 복잡한 시스템을 분석하는 방법이다.
- ㉰ 동적모사모델(Dynamic Simulation) : 모든 인자를 시간에 대한 함수로 나타내어 각 영향 인자들 간의 상관관계를 수식화하는 방법이다.

문제 02 전처리로서 파쇄에 의하여 얻어질 수 있는 효과 3가지와 작용원리를 설명하라?

해설 파쇄효과와 원리
- ㉮ 파쇄효과
  - 입자의 비표면적이 증가하여 미생물의 분해속도가 증가한다.
  - 입경분포의 균일화로 저장, 압축, 소각이 용이하다.
  - 조대 폐기물에 의한 소각로 손상을 방지한다.
  - 겉보기 비중의 증가로 수송이 용이하고 매립지 수명이 연장된다.
  - 매립지의 악취, 먼지의 비산을 감소시킨다.
  - 매립지의 작업이 용이하고 복토가 거의 필요 없다.
- ㉯ 파쇄 원리
  - 전단작용에 의한 파쇄
  - 충격작용에 의한 파쇄
  - 압축작용에 의한 파쇄

문제 03 소각대상물인 열가소성 플라스틱의 저위발열량은 $5400\,kcal/kg$이며, 이 플라스틱을 소각 시 발생되는 연소재 중의 미연손실은 저위발열량의 10%이고 불완전연소에 의한 손실은 $600\,kcal/kg$일 때 소각 대상물의 연소효율(%)은?

해설 연소효율

$$\eta = \frac{H_l - (L_c + L_l)}{H_l} \times 100(\%)$$

연소효율 $\eta = \dfrac{5400\,kcal/kg - (540+600)\,kcal/kg}{5400\,kcal/kg} \times 100 = 78.8\%$

문제 04 발열량 1000 $kcal/kg$ 인 쓰레기의 발생량이 20ton/day인 경우, 소각로내 열부하가 50000 $kcal/m^3 \cdot hr$ 인 소각로의 용적(m^3)은 얼마인가? (단, 1일 가동시간은 8hr 이다.)

해설 소각로의 용적(m^3)

$$VHRR(kcal/m^3.hr) = \frac{소각량\, W(kg/h) \times 저위발열량\, H_l(kcal/kg)}{소각로\, 부피\, V(m^3)}$$

$$V m^3 = \frac{m^3 \cdot hr}{50000 kcal} \Big| \frac{day}{8hr} \Big| \frac{1000 kcal}{kg} \Big| \frac{20000 kg}{day} = 25 m^3$$

문제 05 소각로의 소각능률이 170 $kg/m^2.hr$ 이며 쓰레기의 양이 20000kg/일 이다. 1일 8시간 소각하면 화격자 면적(m^2)은?

해설 화격자의 면적(m^2)

$$G(kg/m^2.day) = \frac{소각할\, 쓰레기\, 양\, W(kg/day)}{화격자의\, 면적\, A(m^2)}$$

$$\therefore A = \frac{20000 kg/day}{170 kg/m^2 \cdot hr \times 8hr} = 14.7 m^2$$

문제 06 글리신($C_2H_5O_2N$) 2M이 혐기성소화에 의해 완전분해 될 때 생성 가능한 이론적인 메탄 가스량(L)은?(단, 표준상태 기준, 분해 최종산물은 CH_4, CO_2, NH_3)

해설 이론적인 메탄 가스량

$$C_2H_5O_2N + 0.5 H_2O \rightarrow 0.75 CH_4 + 1.25 CO_2 + NH_3$$

$\quad 1M \quad\quad\quad\quad : \quad 0.75 \times 22.4 L$
$\quad 2M \quad\quad\quad\quad : \quad\quad\quad x$

$\therefore x = 33.6 L$

문제 07 용적 1000 m^3 인 슬러지 혐기성 소화조가 함수율 95%의 슬러지를 하루에 20 m^3 를 소화시킨다면 이소화조의 유기물 부하율($kg \cdot VS/m^3.day$)은?(단, 슬러지 고형물중 무기물 비율은 40%이고, 슬러지의 비중을 1.0 이라고 가정한다.)

해설 소화조의 유기물 부하율($kg \cdot VS/m^3.day$)

$$유기물\, 부하율 = \frac{(1-0.95)(1-0.4) 20000 kg}{1000 m^3} = 0.6\, kg \cdot VS/m^3.day$$

문제 08 1일 폐기물 배출량이 700t인 도시에서 도랑(Trench)법으로 매립지를 선정하려 한다. 쓰레기의 압축이 30%가 가능하다면 1일 필요한 면적(m^2)은 얼마인가? (단, 발생된 쓰레기의 밀도는 250 kg/m^3, 매립지의 깊이는 2.5m이다.)

해설 1일 필요한 면적(m^2)

$$A = \frac{700000 kg}{day} \Big| \frac{m^3}{250 kg} \Big| \frac{1}{2.5 m} \Big| 1-0.3 = 784 m^2/day$$

문제 09 ▎적환장은 비교적 적은 수집차량에서 큰 차량으로 옮겨 싣고 장거리 수송을 할 경우 필요한 시설이다. 적환장의 위치선정 시 고려할 점 5가지를 쓰시오.

해설 적환장의 위치선정
㉮ 수거지역의 무게중심에 가까운 곳
㉯ 주요 간선도로 접근이 용이한 곳
㉰ 폐기물 발생지역의 무게중심에서 가까운 곳
㉱ 공중위생, 환경피해가 최소인 곳
㉲ 폐기물을 선별할 수 있는 공간이 충분한 곳
㉳ 작업이 용이하고 재생가능 물질의 선별이 용이한 곳

문제 10 ▎처리용량이 25kL/day인 혐기성 소화식 분뇨처리장에 가스저장탱크를 설치하고자 한다. 가스 저류시간을 6시간으로 하고 생성가스량을 투입분뇨량의 8배로 가정한다면, 가스탱크의 용량 m^3은?

해설 가스탱크의 용량

가스탱크의 용량 $= \dfrac{25kL/d}{24hr} \times 6hr \times 8$배 $= 50m^3$

문제 11 ▎폐기물 매립 시 사용되는 복토재의 구비조건 5가지를 쓰시오.

해설 복토재의 구비조건
㉮ 투수계수가 작고 살포가 용이하여야 한다.
㉯ 공급이 용이하고 원료가 저렴하여야 한다.
㉰ 위생상 안전하고 쥐, 파리 등 해충의 서식을 방지할 수 있어야 한다.
㉱ 연소가 잘 되지 않고 생분해가 가능해야 한다.
㉲ 악취발산 및 가스배출을 억제할 수 있어야 한다.
㉳ 차수성이 좋은 점토와 실트의 함량이 높은 토양이 적합하다.
㉴ 침식에 저항력이 크고 식생에 적합한 양질토양을 사용한다.

문제 12 ▎혐기성 소화조에서 유기물질 80%, 무기물질 20%의 슬러지를 소화 처리한 결과 소화슬러지는 유기물질 60%, 무기물질 40%로 되었다. 이 때 소화율(%)은?

해설 소화율(η)

소화율(%) $= (1 - \dfrac{\text{소화후 } VS_{(유기물)}/FS_{(무기물)}}{\text{소화전 } VS/FS}) \times 100$

$\therefore \eta = (1 - \dfrac{0.6/0.4}{0.8/0.2}) \times 100 = 63\%$

문제 13. 평균농도가 20℃인 수거분뇨 20kL/일을 처리하는 혐기성 소화조의 소화온도를 외부가온에 의해 35℃로 유지하고자 한다. 이때 소요되는 열량(kcal/day)은? (단, 소화조의 열손실은 없는 것으로 간주, 분뇨의 비열 $1.1\,kcal/kg\cdot℃$, 비중 1.02)

해설 소요되는 열량
$20000 L/day \times 1.02 kg/L \times 1.1 kcal/kg\cdot℃ \times (35-20℃) = 336600 kcal/day$

문제 14. 폐기물 자원화의 목적 3가지를 쓰시오.

해설 자원화의 목적
㉮ 에너지 회수
㉯ 물질회수
㉰ 물질전환

문제 15. 유동층소각로의 장점 5가지를 열거하시오.

해설 유동층소각로의 장점
㉮ 반응시간이 빨라 소각시간이 짧다.
㉯ 폐유, 폐윤활유 등의 소각에 탁월한 성능이 있다.
㉰ 유동매체의 열용량이 커서 액상, 기상, 고형폐기물의 완전연소가 가능하며 2차 연소실이 불필요 하다.
㉱ 유동매체의 축열량이 높은 관계로 단기간 정지 후 가동 시 보조연료 사용 없이 정상가동이 가능하다.
㉲ 가스의 온도와 과잉공기량이 낮아서 질소산화물도 적게 배출된다.
㉳ 구조가 간단하고 유지관리가 용이하다.
㉴ 로내 고온영역에서 기계적 가동부분이 적어 고장율이 낮다.
㉵ 연소율이 높아 미연소분 배출이 적다.

문제 16. 폐기물 매립지에서 우수 집배수시설의 기능 4가지를 쓰시오.

해설 우수 집배수시설의 기능
㉮ 침출수의 유출이나 누수 및 지하수의 침입 방지는 차수기능
㉯ 미 매립구역의 우수 등이 매립구역 내로 유입되는 것을 방지
㉰ 기 매립구역의 우수 등이 매립구역 내로 유입되는 것을 방지
㉱ 매립지 주변의 강우 등이 매립지에 유입되는 것을 방지

문제 17 매립시설의 사후관리 기간 및 사후관리항목, 주변환경영향 종합보고서 작성, 사후관리대행자를 쓰시오.

> **해설** 매립시설의 사후관리
> ㉮ 사후관리 기간
>   • 사용종료 또는 폐쇄신고를 한 날부터 30년 이내로 한다.
> ㉯ 사후관리 항목
>   • 빗물 배제방법
>   • 침출수 관리방법
>   • 지하수 수질 조사방법
>   • 해수 수질 조사방법
>   • 발생가스 관리방법
>   • 구조물과 지반의 안정도 유지방법
>   • 지표수 수질 조사방법
>   • 토양 조사방법
>   • 방역방법(차단형매립시설은 제외한다)
> ㉰ 주변환경영향 종합보고서 작성
>   사후관리 항목 및 방법에 따라 조사한 결과를 토대로 매립시설이 주변환경에 미치는 영향에 대한 종합보고서를 매립시설의 사용종료신고 후 5년마다 작성하여야 한다.
> ㉱ 사후관리대행자
>   • 한국환경공단
>   • 그 밖의 환경부장관이 사후관리를 대행할 능력이 있다고 인정하여 고시하는 자

문제 18 전기집진장치에서 유량 $10 m^3/\sec$, 입자의 유속 $0.15 m/\sec$, 집진효율 90%일 경우 집진판의 면적 m^2은?

> **해설** 집진판의 면적
> 집진효율 $n = 1 - \exp(-\dfrac{A \cdot v}{Q})$ (Deutsch-Anderson식)
> $\therefore A = -\dfrac{Q}{v} ln(1-\eta)$
> $\therefore A = -\dfrac{10}{0.15} ln(1-0.9) = 153.51 m^2$

2016시행 폐기물처리기사 [제1회]

문제 01 ▎악취원인물질 5가지를 분자식과 함께 쓰시오.

해설 악취원인물질
㉮ 암모니아(NH_3)
㉯ 메틸머캅탄(CH_3SH)
㉰ 황화수소(H_2S)
㉱ 다이메틸설파이드($(CH_3)_2S$)
㉲ 다이메틸다이설파이드($(CH_3)_2S$)
㉳ 트라이메틸아민($(CH_3)_3N$)
㉴ 아세트알데하이드(CH_3CHO)
㉵ 스타이렌($C_6H_5CH=CH_2$)
㉶ 트라이메틸아민(C_2H_5CHO)
㉷ 뷰티르알데하이드($CH_3CH_2CH_2CHO$)

문제 02 ▎퇴비화 하기 위해 함수율 97%인 분뇨와 함수율 30%인 쓰레기를 무게비 1:3으로 혼합했을 때의 함수율(%)은?

해설 혼합 후 함수율 $= \dfrac{(97\times 1)+(30\times 3)}{1+3} = 46.75\%$

문제 03 ▎도시폐기물의 에너지 회수방법 5가지를 쓰시오.

해설 에너지 회수방법
㉮ 저온열분해(500~900℃)로 타르, Char, 아세트산, 아세톤, 메탄올 등의 유기액체연료를 회수한다.
㉯ 고온열분해(1100~1500℃)로 가스 상태의 H_2, CH_3, CO 등을 회수한다.
㉰ 습식산화(210~270℃)로 기름과 타르와 같은 액체연료를 회수한다.
㉱ 소각에 의한 열을 회수한다.
㉲ 혐기성소화에 의한 메탄을 회수한다.
㉳ 고체연료인 RDF를 생산한다.

문제 04 유동층소각로의 장점 3가지를 열거하시오.

> **해설** 유동층소각로의 장점
> ㉮ 가스의 온도와 과잉공기량이 낮아서 질소산화물도 적게 배출된다.
> ㉯ 구조가 간단하고 유지관리가 용이하다.
> ㉰ 로내 고온영역에서 기계적 가동부분이 적어 고장율이 낮다.

문제 05 악취제거방법 5가지를 쓰시오.

> **해설** 악취제거방법
> ㉮ 수세법(水洗法)
> ㉯ 활성탄(活性炭) 흡착법
> ㉰ 화학적 산화법
> ㉱ 흡수법(산알칼리 세정법)
> ㉲ 생물학적 제거법 (토양탈취, Bio-Filter법)
> ㉳ 연소법(직접 연소법, 촉매 연소법)

문제 06 폐기물 매립 시 사용되는 복토재의 구비조건 5가지를 쓰시오.

> **해설** 복토재의 구비조건
> ㉮ 투수계수가 작고 살포가 용이하여야 한다.
> ㉯ 공급이 용이하고 원료가 저렴하여야 한다.
> ㉰ 위생상 안전하고 쥐, 파리 등 해충의 서식을 방지할 수 있어야 한다.
> ㉱ 연소가 잘 되지 않고 생분해가 가능해야 한다.
> ㉲ 악취발산 및 가스배출을 억제할 수 있어야 한다.
> ㉳ 차수성이 좋은 점토와 실트의 함량이 높은 토양이 적합하다.
> ㉴ 침식에 저항력이 크고 식생에 적합한 양질토양을 사용한다.

문제 07 어떤 도시의 수거 인구가 6488250명이며, 이 도시의 쓰레기 배출량은 1.15kg/인·일이다. 수거인부는 3087명이며 이들이 1일에 8시간을 작업한다면 MHT는?

> **해설** MHT
> $$MHT = \frac{1일\ 평균\ 수거\ 인부수(3087man) \times 1일\ 작업시간(8hr)}{1일\ 평균\ 폐기물\ 발생량(6488250명 \times 0.00115t/인·일)} = 3.3$$

문제 08 폐기물 처리방법 중 소각처리와 열분해처리를 비교할 때, 열분해처리의 장점 3가지를 기술하시오.

> **해설** 열분해처리의 장점
> ㉮ 배기가스량이 적다.
> ㉯ 황과 중금속이 재속에 고정되는 비율이 크다.
> ㉰ Cr^{3+}이 Cr^{6+}으로 산화되는 경우가 없다.
> ㉱ 다이옥신 발생량이 적다.
> ㉲ NO_x, SO_x의 발생량이 적다.

문제 09 ┃ 쓰레기발생량 예측방법 3가지를 쓰시오.

해설 발생량 예측방법
㉮ 경향예측모델법
㉯ 다중회귀모델
㉰ 동적모사모델

문제 10 ┃ 인구 500000인 어느 도시의 쓰레기 발생량 중 가연성이 20%라고 한다. 쓰레기 발생량이 0.6kg/인·일이고, 밀도는 0.8ton/m^3, 쓰레기차의 적재용량이 15m^3일 때, 가연성 쓰레기를 운반 하는데 필요한 차량(대수/일)은?(단, 차량은 1일 1회 운행 기준)

해설 발생량 = 처리량
500000인$\times 0.2\% \times 0.6 kg/$인.일$ = 800 kg/m^3 \times 15 m^3 \times x$대/일
∴ $x = 5$대/일

문제 11 ┃ 금속은 알칼리성에서 OH^- 와 반응하여 수산화물의 불용성 물질로 응집 침전한다. 응집제와 응집보조제를 각각 2가지 쓰시오.

해설 응집제와 응집보조제
㉮ 응집제에는 $Fe(SO_4)$, $FeCl_3$, $Al(SO_4)_3$ 등이 있다.
㉯ 응집보조제에는 Polymer, 활성규산, 벤토나이트 등이 있다.

문제 12 ┃ 연소의 종류를 3가지를 쓰고 설명하시오.

해설 연소의 종류
㉮ 증발연소
  연료 자체가 증발하여 연소한다(휘발유, 등유, 알코올 등).
㉯ 분해연소
  물질의 열분해로 발생하는 가연성 가스가 연소한다(목재, 석탄 등).
㉰ 표면연소
  고체표면이 공기 중 산소와 반응하여 빨간 빛을 내며 연소한다(목탄, 석탄, 코크스 등).
㉱ 확산연소
  공기의 확산에 의한 불꽃이동 연소이다.
㉲ 자기연소(내부연소)
  물질자체의 결합산소와 반응하여 연소한다(니트로글리세린 등).

문제 13 ┃ 일반적으로 매립장 침출수 생성에 가장 큰 영향을 미치는 인자는?

해설 침출수의 주된 발생원은 강우에 의한 영향이 가장 크다.

문제 14 ▌ 분뇨의 슬러지 건량은 $3m^3$이며 함수율이 95%이다. 함수율을 80%까지 농축하면 농축조에서의 분리액 m^3은? (단, 비중은 1.0 기준)

해설 분리액 $V = (3m^3 \times \dfrac{100}{100-95}) - (3m^3 \times \dfrac{100}{100-80}) = 45m^3$

문제 15 ▌ 폐기물의 퇴비화기술에서 퇴비화의 운전인자는 매우 중요한 역할을 한다. 퇴비화의 운전인자 중 Bulking Agent의 특성 3가지를 쓰시오.

해설 Bulking Agent의 특성
㉮ 수분 흡수능이 좋아야 한다.
㉯ 쉽게 조달이 가능한 폐기물이어야 한다.
㉰ 입자 간의 구조적 안정성이 있어야 한다.
㉱ 폐기물의 함수율 및 C/N비를 조절할 수 있어야 한다.
㉲ 통기개량제에는 볏짚, 톱밥, 왕겨, 나뭇잎 등이 있다.

문제 16 ▌ 내륙매립공법 중 쓰레기를 매립하기 전에 이의 감량화를 목적으로 먼저 쓰레기를 일정한 더미 형태로 압축하여 부피를 감소시킨 후 포장을 실시하여 매립하는 방법은 무엇인지 기술하시오.

해설 압축매립공법(Baling System)

문제 17 ▌ 다음 중 위생매립의 장점 3가지를 기술하시오?

해설 위생매립의 장점
㉮ 부지확보가 가능할 경우 가장 경제적인 방법이다.
㉯ 거의 모든 종류의 폐기물 처분이 가능하다.
㉰ 처분대상 폐기물의 증가에 따른 추가 인원 및 장비가 크지 않다.
㉱ 특별한 전처리가 필요하지 않다.

문제 18 ▌ 폐유기용제를 정제하려고 한다. 정제방법 3가지를 쓰시오.

해설 용매추출법, 스팀 탈리법, 증류법

문제 19 ▌ 프로판(C_3H_8)의 고위발열량이 $24300\,kcal/Sm^3$이라면 저위발열량($kcal/Sm^3$)은 얼마인가?

해설 $H_l(kcal/Sm^3) = H_h - 480\sum H_2O$
프로판 $C_3H_8 + 5O_2 \rightarrow 3CO_2 + 4H_2O$ ∴ $H_2O = 4M$
∴ $H_l = 24300 - 480\sum 4 = 22380\,kcal/Sm^3$

문제 20 C 및 H의 중량조성이 각각 86%, 14%인 액체연료를 매시간 100kg 연소시켜 배기가스의 조성을 분석한 결과 CO_2 12.5%, O_2 3.5%, N_2 84%이였다. 이 경우 시간당 필요한 공기량 (Sm^3)은?

해설 $m = \dfrac{A}{A_o} = \dfrac{21}{21-O_2} = \dfrac{N_2(\%)}{N_2(\%) - 3.76(O_2 - 0.5CO\%)}$

$m = \dfrac{84(\%)}{84(\%) - 3.76 \times 3.5(\%)} = 1.186$

$O_o = 1.867C + 5.6H + 0.7S - 0.7O$
　　*여기서, 원소는 %/100 이다.

$O_o = 1.867 \times 0.86 + 5.6 \times 0.14 = 2.39 Sm^3/kg$

$A_o = 2.39 Sm^3/kg \times \dfrac{1}{0.21} = 11.37 Sm^3/kg$

∴ Air량 $= 11.37 Sm^3/kg \times 100kg \times 1.186(m) = 1350 Sm^3$

2016시행 폐기물처리산업기사 [제1회]

문제 01 플라스틱 폐기물 소각 시 발생하는 문제점 3가지를 쓰시오.

해설 소각 시 문제점
㉮ 발연량이 높다.
㉯ 용융연소가 일어난다.
㉰ 염소 및 다이옥신 등의 유해물질이 다량 발생한다.
㉱ 통기공을 폐쇄할 우려가 있다.

문제 02 매립지에서 폐기물 분해 시 발생하는 가스 4가지를 쓰시오.

해설 이산화탄소(CO_2), 메탄(CH_4), 질소(N_2), 수소(H_2)

문제 03 쓰레기발생량 예측방법 3가지를 설명하시오.

해설 발생량 예측방법
㉮ 경향예측모델(Trend Method) : 최저 5년 이상의 과거 폐기물처리 실적을 수식화된 모델에 대입하여 폐기물의 발생량을 예측하는 방법으로 시간에 따른 폐기물의 발생량만 고려한다.
㉯ 다중회귀모델(Mutiple Regression) : 하나의 수식으로 여러 인자 즉, 자원 회수량, 사회적, 경제적 특성 등을 총괄적으로 고려하여 복잡한 시스템을 분석하는 방법이다.
㉰ 동적모사모델(Dynamic Simulation) : 모든 인자를 시간에 대한 함수로 나타내어 각 영향 인자들 간의 상관관계를 수식화하는 방법이다.

문제 04 쓰레기 100ton을 소각하였을 경우 재의 중량은 쓰레기의 20wt%, 재의 용적이 20 m^3일 때 재의 밀도(kg/m^3)를 구하시오.

해설 재의 밀도

$$재의\ 밀도(kg/m^3) = \frac{재의\ 중량(kg)}{재의\ 용적(m^3)}$$

$$재의\ 밀도 = \frac{100 \times 10^3 kg \times 0.20}{20 m^3} = 1000\ kg/m^3$$

문제 05 평균농도가 20℃인 수거분뇨 20kL/일을 처리하는 혐기성 소화조의 소화온도를 외부가온에 의해 35℃로 유지하고자 한다. 이때 소요되는 열량(kcal/day)은? (단, 소화조의 열손실은 없는 것으로 간주, 분뇨의 비열 $1.1\,kcal/kg\cdot℃$, 비중 1.02)

해설 소요되는 열량

$$20000\,L/day \times 1.02\,kg/L \times 1.1\,kcal/kg\cdot℃ \times (35-20℃) = 336600\,kcal/day$$

문제 06 1일 폐기물 배출량이 700t인 도시에서 도랑(Trench)법으로 매립지를 선정하려 한다. 쓰레기의 압축이 30%가 가능하다면 1일 필요한 면적(m^2)은 얼마인가? (단, 발생된 쓰레기의 밀도는 $250\,kg/m^3$, 매립지의 깊이는 2.5m이다.)

해설 1일 필요한 매립면적(m^2)

$$A = \frac{700000\,kg}{day} \Big| \frac{m^3}{250\,kg} \Big| \frac{}{2.5\,m} \Big| \frac{1-0.3}{} = 784\,m^2/day$$

문제 07 총 고형물(TS)이 $37,000\,mg/L$이고, 그 중 휘발성 고형물(VS)이 65%이며 CH_4의 발생량은 VS $1\,kg$당 $0.5\,m^3$인 분뇨 $1\,m^3$당의 CH_4 가스발생량(m^3)을 구하시오.

해설 CH_4 가스 발생량(m^3)

$$CH_4 = 1\,m^3 \times 37\,kg/m^3\,TS \times \frac{65\%\,VS}{100\%\,TS} \times \frac{0.5\,m^3\,CH_4}{1\,kg\,VS} = 12.03\,m^3$$

문제 08 폐기물 처리과정에서 발생하는 NH_3를 산화하여 안정화시키려고 한다. NH_3 발생량이 20 kg/d라면 필요한 이론산소량(kg/d)는 얼마인가?

해설 이론산소량(kg/d)

$$2NH_3 \;+\; 1.5O_2 \;\to\; N_2 + 3H_2O$$
$2 \times 17\,kg \;:\; 1.5 \times 32\,kg$
$20\,kg/d \;:\; x \qquad \therefore x = 28.24\,kg/day$

문제 09 일반폐기물의 위생매립방법 3가지를 설명하시오.

해설 위생매립방법
㉮ 샌드위치 공법
쓰레기를 수평으로 고르게 깔아서 압축한 다음 그 위에 쓰레기와 복토를 번갈아 가면서 쌓는 방법이다.
㉯ 셀공법
쓰레기 비탈면의 경사를 15~25%로 하여 쓰레기를 셀모양으로 쌓고 각각의 셀에 복토하는 방법이다.
㉰ 압축매립공법
쓰레기를 매립하기 전에 압축하여 부피를 감소시킨 후 포장하여 매립하는 방법이다.

문제 10 ▎ 포틀랜드 시멘트의 주성분 4가지를 쓰시오.

해설 CaO, SiO_2, Al_2O_3, Fe_2O_3

문제 11 ▎ 저위발열량 13500 $kcal/Sm^3$인 기체연료를 연소 시, 이론습연소가스량이 25 Sm^3/Sm^3이고 이론연소온도는 2500℃ 라고 한다, 적용된 연소가스의 평균 정압비열 $kcal/Sm^3$은?(단, 연소용 공기 및 연료 온도는 15℃)

해설 정압비열
$$t_2 = \frac{H_l}{G_o C_p} + t_1$$
$$2500℃ = \frac{13500 kcal}{Sm^3} | \frac{Sm^3}{25 Sm^3} | \frac{1}{x} | + 15 \quad \therefore x = 0.217 kcal/Sm^3 \cdot ℃$$

문제 12 ▎ 상온에서 파쇄가 곤란한 폐기물을 파쇄하기 위한 저온파쇄의 정의를 간략하게 서술하시오.

해설 플라스틱이나 타이어 등 상온에서 파쇄가 어려운 폐기물을 -120℃정도까지 냉각시켜 폐기물을 파쇄하는 방법이다.

문제 13 ▎ 최근에 다이옥신 대책 등으로 사용되는 건식 질소산화물 환원제어방식 2가지를 쓰시오.

해설 건식 질소산화물 환원제어방식
㉮ 선택적 촉매 환원법(SCR)
㉯ 선택적 무촉매 환원법(SNCR)

문제 14 ▎ 가로 청소상태 평가법 2가지를 설명하시오.

해설 청소상태 평가법
㉮ CEI : 가로의 청소상태를 기준으로 가로의 총수, 청결상태, 청소상태의 문제점 여부를 평가한다.
㉯ USI : 서비스를 받는 사람들의 만족도를 설문조사하여 청소상태를 평가하는 방법이다.

문제 15 ▎ 이코노마이저에 관하여 간략하게 설명하시오.

해설 이코노마이저는 연도에 설치되며 보일러 전열면을 통하여 여열로 보일러 급수를 예열하여 보일러의 효율을 높이는 장치이다.

문제 16 ▎ 집진시설인 백필터의 집진원리 5가지를 쓰시오.

해설 관성충돌, 차단부착, 확산작용, 정전기와 반발력, 중력작용

문제 17 ▎ 매립지 사후관리항목 5가지를 쓰시오.

해설 **사후관리 항목**
㉮ 빗물 배제방법
㉯ 침출수 관리방법
㉰ 지하수 수질 조사방법
㉱ 해수 수질 조사방법
㉲ 발생가스 관리방법
㉳ 구조물과 지반의 안정도 유지방법
㉴ 지표수 수질 조사방법
㉵ 토양 조사방법
㉶ 방역방법(차단형매립시설은 제외한다)

문제 18 ▎ 친산소성 퇴비화 공정의 설계운영 시 고려인자에 관한 내용을 3가지 쓰시오.

해설 **퇴비화의 고려인자**
㉮ 수분이 많으면 공극 개량제를 이용하여 50~60%로 조절한다.
㉯ 온도는 60~70℃로 이내로 유지시켜야 병원균을 죽일 수 있으나 80℃ 이상은 좋지 않다.
㉰ 보통 미생물 세포의 탄질비는 30 : 1 이다.
㉱ pH는 미생물의 활발한 활동을 위하여 6.0~8.0 범위가 적당하나 8.5 이상은 좋지 않다.
㉲ 입도의 크기는 1~6cm 정도가 적정하다.

2016시행 폐기물처리산업기사 [제2회]

문제 01 인구 50만명인 도시의 쓰레기발생량이 연간 160000톤인 경우 MHT는?(단, 수거인 부수는 300명, 1일 작업시간 8시간, 연간 휴가일수는 90일로 한다.)

MHT

$$MHT = \frac{1일 평균 수거 인부수(300man) \times 1일 작업시간(8hr)}{1일 평균 폐기물 발생량(160000t)/(365-90일)} = 4.1$$

문제 02 소각로 화격자에서 고온부식은 국부적으로 연소가 심한 장소에서 화격자의 온도가 상승함에 따라 발생한다. 방식대책은(3가지)?

방식대책
㉮ 화격자의 냉각률을 올린다.
㉯ 교반력을 증대하여 화격자의 과열을 막는다.
㉰ 부식되는 부분에 고온공기를 주입하지 않는다.
㉱ 화격자의 재질을 고 크롬, 저 니켈강으로 한다.

문제 03 평균입경이 10cm인 플라스틱을 재활용하기 위하여 2cm로 파쇄 하는데 20kWh/ton이 소요된다면, 입경이 20cm인 플라스틱을 2cm로 파쇄하는데 소요되는 에너지(kWh/ton)는 얼마인가? (단, Kick의 법칙에 의하여 에너지량 $E = C\log(L_1/L_2)$이다.)

$$20kWh/ton = C \times \log\left(\frac{10cm}{2cm}\right)$$

$$\therefore C = 28.6135 \, kWh/ton$$

$$E = 28.6 \times \log\left(\frac{20cm}{2cm}\right) = 28.6 \, kWh/ton$$

문제 04 유동층소각로에 있어서 유동매체의 구비조건은(단, 3가지)?

유동상 매질의 조건은 불활성, 내마모성, 균일한 입도, 높은 융점, 비중이 작아야 한다.

문제 05 어떤 쓰레기의 가연분의 조성비가 60%이며 수분의 함유율이 20%라면 이 쓰레기의 저위발열량 $kcal/kg$은? (단, 쓰레기 3성분의 조성비 기준의 추정식, $kcal/kg$)

$H_l(kcal/kg) = [4500kcal/kg \times 가연성분 함량비] - [600kcal/kg \times W]$
*여기서, 가연성분과 수분함량은 %/100 이다.

$\therefore H_l = [4500kcal/kg \times 0.6] - [600kcal/kg \times 0.2] = 2580 kcal/kg$

문제 06 다단로와 비교하여 슬러지를 유동층 소각로로서 소각시키는 경우의 차이점에 대하여 간략하게 3가지를 설명하시오.

해설 유동층 소각로의 차이점
㉮ 유동층 소각로에서는 주입 슬러지가 고온에 의하여 급속히 건조되어 큰 덩어리를 이루면 문제가 일어나게 된다.
㉯ 유동층 소각로에서는 유출모래에 의하여 시스템의 보조기기들이 마모되어 문제점을 일으키기도 한다.
㉰ 유동층 소각로는 고온영역에서 작동되는 기기가 없기 때문에 다단로보다 유지관리가 용이하게 된다.
㉱ 유동층 소각로는 700~800℃, 다단로는 900~1100℃에서 운전한다.

문제 07 쓰레기를 파쇄할 때 90% 이상을 3.8cm보다 작게 파쇄하려고 하는 경우, Rosin-Rammler Model에 의한 특성입자의 크기 cm는? (단, n=1)

해설
$$Y = 1 - \exp\left[-\left(\frac{X}{X_o}\right)^n\right] \qquad 0.90 = 1 - \exp\left[-\left(\frac{3.8cm}{X_o}\right)^1\right]$$

$$\exp\left(-\frac{3.8cm}{X_o}\right) = 1 - 0.9$$

$$\therefore 특성입자\ 크기\ X_o = \frac{-3.8cm}{\ln(1-0.90)} = 1.65cm$$

문제 08 다음 내용의 선별방법은?

> 정확도가 높고 파쇄공정 유입 전 폭발가능 위험물질을 분류할 수 있는 장점이 있다.

해설 사람이 직접 손으로 선별하는 방법이다.

문제 09 전과정평가(LCA)의 절차와 목적을 쓰시오.

해설 LCA의 절차와 목적
㉮ 전 과정평가의 절차
① 목적 및 범위설정(goal & scope definition)
② 단위공정별 목록분석(inventory analysis)
③ 환경부하에 대한 영향평가(impact assessment)
   분류화 → 특성화 → 정규화 → 가중치 부여
④ 개선평가 및 해석(life cycle interpretation)
㉯ 전 과정평가의 목적
• 제품 및 제조방법의 변경, 개량에 따른 환경부하 평가
• 환경부하의 저감 측면에서 제품의 제조방법 도출
• 환경목표치에 대한 달성도 평가
• 제품간의 환경부하 비교평가

문제 10 ┃ 다음 조건인 경우 Worrell식 및 Rietema식에 의한 선별효율(%)은?

- 총 투입 폐기물량 200톤
- 회수량 160톤
- 회수량 중 회수대상물질 140톤
- 제거량 중 제거대상물질 30톤

해설 선별효율(%)

총 투입 폐기물량: 200톤	
회수량 중	제거량 중
회수량 160톤	제거량 40톤
회수대상물질(X_1) 140톤	회수대상물질(X_2) 10톤
제거대상물질(Y_1) 20톤	제거대상물질(Y_2) 30톤
총 회수대상물질(X_t) 150톤	
총 제거대상물질(Y_t) 50톤	

① Worrell식 선별효율(E_W)

$$E_W = \left(\frac{X_1}{X_t} \times \frac{Y_2}{Y_t}\right) \times 100$$

$$\therefore E_W = \left(\frac{140}{150} \times \frac{30}{50}\right) \times 100 = 56\%$$

② Rietema식 선별효율(E_R)

$$E_R = \left(\frac{X_1}{X_t} - \frac{Y_1}{Y_t}\right) \times 100$$

$$\therefore E_R = \left(\frac{140}{150} - \frac{20}{50}\right) \times 100 = 53.33\%$$

문제 11 ┃ 폐기물의 퇴비화기술에서 퇴비화의 운전인자는 매우 중요한 역할을 한다. 퇴비화의 운전인자 중 Bulking Agent의 특성 3가지를 쓰시오.

해설 Bulking Agent의 특성
㉮ 수분 흡수능이 좋아야 한다.
㉯ 쉽게 조달이 가능한 폐기물이어야 한다.
㉰ 입자 간의 구조적 안정성이 있어야 한다.
㉱ 폐기물의 함수율 및 C/N비를 조절할 수 있어야 한다.
㉲ 통기개량제에는 볏짚, 톱밥, 왕겨, 나뭇잎 등이 있다.

문제 12 ┃ 다음 중 위생매립의 장점 3가지를 기술하시오.

해설 위생매립의 장점
㉮ 부지확보가 가능할 경우 가장 경제적인 방법이다.
㉯ 거의 모든 종류의 폐기물 처분이 가능하다.
㉰ 처분대상 폐기물의 증가에 따른 추가 인원 및 장비가 크지 않다.
㉱ 특별한 전처리가 필요하지 않다.

문제 13. 함수율이 94%인 수거분뇨 200kL/d를 70% 함수율의 건조 슬러지로 만들면 하루의 건조슬러지 생성량 kL/d은?(단, 수거분뇨의 비중은 1.0기준)

해설 $200\text{kL} \times (100-94\%) = V_2 \times (100-70\%)$ ∴ $V_2 = 40\text{kL/d}$

문제 14. 매립지 내 단계별 가스발생 4단계를 설명하시오.

해설 가스발생 4단계
㉮ 제1단계에서는 친산소성 단계로서 폐기물 내에 수분이 많은 경우에는 반응이 가속화 되어 O_2가 쉽게 고갈된다(호기성 단계).
㉯ 제2단계에서는 유기물이 효소에 의해 발효되는 혐기성 비메탄 단계로써, CO_2 가스가 많이 발생하며, H_2는 증가하고 N_2는 감소한다((호기-혐기성 전환단계).
㉰ 제3단계에서는 매립지 내부의 온도가 상승하여 약 55℃ 정도까지 올라가, CO_2 가스로 pH는 저하 하며 CH_4 가스가 발생한다(비정상 혐기성단계).
㉱ 4단계에서는 매립가스 내 CH_4과 CO_2의 함량이 거의 일정하게 유지된다(정상 혐기성 메탄단계).

문제 15. 매립지의 침출수의 농도가 반으로 감소하는데 약 3년이 걸렸다면 이 침출수의 농도가 99% 감소하는데 걸리는 시간(년)은 얼마인가? (단, 1차 반응 기준이다.)

해설 $\dfrac{dC}{dt} = -K \cdot C^1$ $\xrightarrow{\text{적분하면}}$ $\ln\dfrac{C_t}{C_0} = -K \cdot t$ ∴ $\ln\dfrac{0.5C_0}{C_0} = -K \cdot t$

$\ln 0.5 = -K \times 3$년 ∴ $K = 0.2311$

$\ln\dfrac{0.01}{1} = -0.231 \times t$ ∴ $t = 19.93$년

문제 16. 고형물 함량이 60%, 강열감량이 80%이 폐기물의 유기물함량(%)은?

해설 휘발성 고형물(%)=강열감량(%)-수분(%)
∴ 휘발성 고형물 $= 80\% - (100-60\%) = 40\%$

유기물 함량(%) $= \dfrac{\text{휘발성 고형물(\%)}}{\text{고형물(\%)}} \times 100$

∴ 유기물 함량 $= \dfrac{40\%}{60\%} \times 100 = 66.67\%$

문제 17. 분뇨의 슬러지 건량은 $3m^3$이며 함수율이 95%이다. 함수율을 80%까지 농축하면 농축조에서의 분리액 m^3은? (단, 비중은 1.0 기준)

해설 분리액 $V = (3m^3 \times \dfrac{100}{100-95}) - (3m^3 \times \dfrac{100}{100-80}) = 45m^3$

문제 18 ┃ 다음과 같은 중량조성의 고체연료의 고위발열량($kcal/kg$)은 얼마인가?(조건 : C 70%, H 5%, O 15%, S 5%, 기타, Dulong식 이용)

해설 Dulong식 $H_h\,(kcal/kg) = 81C + 340(H - \dfrac{O}{8}) + 25S$
　　　　*여기서, 원소의 단위는 퍼센트농도(%)이다.

$$\therefore H_h = 81 \times 70 + 340\left(5 - \dfrac{15}{8}\right) + 25 \times 5 = 6857.5\,kcal/kg$$

문제 19 ┃ 매일 평균 200t의 쓰레기를 배출하는 도시가 있다. 매립지의 평균 매립 두께를 5m, 매립 밀도를 $0.8\,t/m^3$로 가정할 때 향후 1년간(360일/년)의 쓰레기 매립을 위한 최소 매립지 면적 (m^2)은 얼마인가?(단, 기타 조건은 고려하지 않는다.)

해설 매립지 면적 $A = \dfrac{200t}{day} \Big| \dfrac{360day}{y} \Big| \dfrac{m^3}{0.8t} \Big| \dfrac{1}{5m} = 18000\,m^2/y$

문제 20 ┃ 폐기물 매립지의 매립구조를 분류하면 여러 방법이 있다. 다음 설명에 해당하는 매립구조방법은?

> 혐기성 위생매립 바닥저부에 침출수 배제 집수관을 설치하여 오수 대책을 세운 구조이다. 일반적으로 매립지 장외에 저류조를 설치하고 침출수를 배제하는 집수장치를 설치한 구조로 되어 있으며, 현재 시행되고 있는 위생매립의 대부분이 이에 속한다.

해설 개량형 혐기성 위생매립

2016시행 폐기물처리기사 [제4회]

문제 01 퇴비의 숙성도를 판단하는 방법 3가지 설명하시오.

해설 숙성도 판단방법
㉮ 퇴비화의 숙성이 완료되면 C/N비는 10~20으로 낮아진다.
㉯ 생분해도는 폐기물 내 함유된 리그닌의 양으로 평가한다.
$BF = 0.83 - (0.028 \times LC)$
㉰ 숙성이 완료되면 온도는 고온에서 저온으로 내려간다.
초기(중온)단계 → 고온단계 → 냉각단계 → 숙성단계
㉱ 미생물은 전반기에는 Bacillus, 후반기에는 Thermoactinomyces가 출현한다.

문제 02 소각로에서 배출되는 연소가스의 냉각방식 3가지를 쓰시오.

해설 연소가스 냉각방식
㉮ 물 분사식은 연소가스에 물을 분사하여 냉각하는 방식이다.
㉯ 공기혼입식은 저온의 공기를 유입시켜 고온의 연소가스와 접촉으로 냉각하는 방식이다.
㉰ 보일러식은 연소실에서 발생되는 열을 보일러관 안의 냉각수로 전달하여 연소가스를 냉각하는 방식이다.

문제 03 입도분포의 분석에 사용되는 평균입경, 유효입경, 특성입경, 균등계수, 곡률계수의 정의를 설명하시오.

해설 입도분포의 정의
㉮ 평균입경(d_{50}): 입도 누적곡선에서 입자 50%를 통과시킨 체눈의 크기
㉯ 유효입경(d_{10}): 입도 누적곡선에서 입자 10%를 통과시킨 체눈의 크기
㉰ 특성입경($d_{63.2}$): 입도 누적곡선에서 입자 63.2%를 통과시킨 체눈의 크기
㉱ 균등계수(U): $U = \dfrac{d_{60}}{d_{10}}$
㉲ 곡률계수(C): $C = \dfrac{d_{30}^2}{d_{10} \times d_{60}}$

문제 04 총 고형물 합이 $36500\,mg/L$ 휘발성 고형물이 총 고형물 중 64.5%인 폐기물 60kL/day를 혐기성소화조에서 소화시켰을 때 1일 가스발생량 m^3/day은?(단, 폐기물 비중 1.0, 가스발생량은 $0.35\,\mathrm{m^3/kg \cdot VS}$이다.)

해설 가스발생량(Q) $Q = 36.5\,kg/m^3 \times 0.645 \times 60\,kL/d \times 0.35\,m^3/kg = 494.4\,m^3/d$

문제 05 다음 조건인 경우 Worrell식 및 Rietema식에 의한 선별효율(%)은?

> - 총 투입 폐기물량 200톤
> - 회수량 중 회수대상물질 140톤
> - 회수량 160톤
> - 제거량 중 제거대상물질 30톤

해설 선별효율(%)

총 투입 폐기물량: 200톤	
회수량 중	제거량 중
회수량 160톤	제거량 40톤
회수대상물질(X_1) 140톤	회수대상물질(X_2) 10톤
제거대상물질(Y_1) 20톤	제거대상물질(Y_2) 30톤
총 회수대상물질(X_t) 150톤	
총 제거대상물질(Y_t) 50톤	

① Worrell식 선별효율(E_W)

$$E_W = \left(\frac{X_1}{X_t} \times \frac{Y_2}{Y_t}\right) \times 100$$

$$\therefore E_W = \left(\frac{140}{150} \times \frac{30}{50}\right) \times 100 = 56\%$$

② Rietema식 선별효율(E_R)

$$E_R = \left(\frac{X_1}{X_t} - \frac{Y_1}{Y_t}\right) \times 100$$

$$\therefore E_R = \left(\frac{140}{150} - \frac{20}{50}\right) \times 100 = 53.33\%$$

문제 06 어느 매립지에서 침출된 침출수 농도가 반으로 감소하는데 약 3.5년이 걸렸다면 이 침출수 농도가 90% 분해되는데 소요되는 시간(년)은?(단, 침출수 분해 반응은 1차 반응)

해설 소요되는 시간(1차 반응)

$$\frac{dC}{dt} = -K \cdot C^1 \xrightarrow{적분하면} \ln\frac{C_t}{C_0} = -K \cdot t \quad \therefore \ln\frac{0.5 C_0}{C_0} = -K \cdot t$$

$\ln 0.5 = -K \times 3.5년 \quad \therefore K = 0.198$

$\ln\frac{0.1}{1} = -0.198 \times t \quad \therefore t = 11.6년$

문제 07 매립장에 설치하는 차수막의 투수계수(cm/s) 기준은?

해설 $10^{-7} cm/\sec$

문제 08 열교환기 중 이코노마저에 관하여 간략히 설명하시오.

> **해설** 절탄기는 연도로 배출되는 배기가스 중의 폐열을 이용하여 보일러 급수를 예열하는 시설이다.

문제 09 어떤 소각로에 배출되는 가스량은 $8000 kg/hr$이고 온도는 $1000℃$ 이다. 배기가스는 소각로 내에서 1초 체류한다면 소각로 용적(m^3)은?(단, 표준상태에서 배기가스 밀도는 $0.2 kg/Sm^3$)

> **해설** 소각로 용적(m^3)
>
> 밀도에 온도보정 $0.2 kg/Sm^3 \times \dfrac{273}{273+1000} = 0.043 kg/m^3$
>
> $t = V/Q$ 에서
>
> $V = \dfrac{8000 kg}{hr} | \dfrac{1\sec}{3600\sec} | \dfrac{hr}{} | \dfrac{m^3}{0.043 kg} = 51.7 m^3$

문제 10 1일 폐기물 배출량이 700t인 도시에서 도랑(Trench)법으로 매립지를 선정하려 한다. 쓰레기의 압축이 30%가 가능하다면 1일 필요한 면적(m^2)은 얼마인가? (단, 발생된 쓰레기의 밀도는 $250 kg/m^3$, 매립지의 깊이는 2.5m이다.)

> **해설** 1일 필요한 매립면적(m^2)
>
> 매립면적 $A = \dfrac{700000 kg}{day} | \dfrac{m^3}{250 kg} | \dfrac{1}{2.5 m} | \dfrac{1-0.3}{} = 784 m^2/day$

문제 11 석회기초법에 사용되는 포졸란(Pozzolan)의 특성 2가지를 설명하시오.

> **해설** 포졸란 특성
> ㉮ 포졸란은 자체만으로는 시멘트성 반응이 없으나 수산화칼슘과 물과 결합하여 불용성, 수용성의 화합물을 형성한다.
> ㉯ 포졸란의 주성분은 활성실리카(SiO_2) 이다.
> ㉰ 포졸란의 종류에는 화산재, 응회암, 규조토, 비산재(fly ash), 제철 슬래그(slag), 시멘트 킬른 분진(cement kiln dust) 등이 있다.

문제 12 친산소성 퇴비화 공정의 설계운영 시 고려인자에 관한 내용을 5가지 쓰시오.

> **해설** 퇴비화의 고려인자
> ㉮ 수분이 많으면 공극 개량제를 이용하여 50~60%로 조절한다.
> ㉯ 온도는 60~70℃로 이내로 유지시켜야 병원균을 죽일 수 있으나 80℃ 이상은 좋지 않다.
> ㉰ 보통 미생물 세포의 탄질비는 30 : 1 이다.
> ㉱ pH는 미생물의 활발한 활동을 위하여 6.0~8.0 범위가 적당하나 8.5 이상은 좋지 않다.
> ㉲ 입도의 크기는 1~6cm 정도가 적정하다.

문제 13 다음과 같은 조건에서 건조고형물 100kg의 슬러지를 함수율 80%에서 20%로 건조할 때 소요열량(kcal)을 구하시오.

> 건조고형물 20℃, 건조온도 70℃, 비열 0.8kcal/kg.℃,
> 증발잠열 600kcal/kg, 열손실 50%

해설 건조할 때 소요열량(kcal)
㉮ 슬러지의 가열 열량

슬러지의 질량 = $100kg \times \dfrac{100}{100-80} = 500kg$

가열 열량 = $500kg \times 0.8kcal/kg.℃ \times (70-20℃) = 20000kcal$

㉯ 물의 증발 열량

분리액 = $(100kg \times \dfrac{100}{100-80}) - (100kg \times \dfrac{100}{100-20}) = 375kg$

증발 열량 = $375kg \times 600kcal/kg = 225000kcal$

㉰ 총 소요열량

총열량 = $(20000 + 225000) \times 2(열손실 50\%) = 490000kcal$

문제 14 매립지 표면차수막과 연직차수막 공법을 각각 2가지 쓰시오.

해설 표면차수막과 연직차수막 공법
㉮ 표면차수막(공)에는 합성수지시트, 인공섬유, 점토, 시멘트, 아스콘포장 등이 있다.
㉯ 연직차수막(공)에는 강널말뚝 공법, 그라우트 공법, 슬러리월 공법, 어스 댐코어 공법 등이 있다.

문제 15 혐기성 소화조에서 미생물에 의한 유기물의 제거는 2단계로 구분된다. 1,2단계를 간략하게 설명하시오.

해설 혐기성 소화의 1,2단계
㉮ 1단계 소화에서는 유기산이 형성되는 단계로서 pH가 낮게 유지되므로 "유기산 형성과정" 또는 "산성 소화과정"이라고 한다.
㉯ 제2단계에서는 1단계에서 생성된 유기산을 메탄균에 의해 CH_4 및 CO_2를 생성하는 단계로서 "가스화과정", "메탄발효과정", "알칼리소화과정"이라 한다.
㉰ glucose($C_6H_{12}O_6$)의 반응예로 전체반응은 다음과 같다.

$$C_6H_{12}O_6 \xrightarrow[1단계]{유기산균} \begin{vmatrix} 3CH_3COOH \\ 2CH_3CH_2OH + 2CO_2 \\ 2CH_3CH(OH)COOH \end{vmatrix} \xrightarrow[2단계]{메탄균} 3CH_4 + 3CO_2$$

문제 16 소각로에 사용하는 내화벽돌의 종류 3가지를 쓰시오.

해설 점토질 벽돌, 규석 벽돌, 마그네시아 벽돌, 크롬 벽돌, 알루미나 벽돌 등

문제 **17** 소각로 설계시 연소계산에 의하여 연소실의 입열과 출열이 같도록 균형을 유지하여야 한다. 입열과 출열을 각각 2가지 쓰시오.

해설 입열과 출열
㉮ 입열
- 폐기물의 연소열량
- 연소용 예열공기의 유입열량

㉯ 출열
- 배기가스로 유출되는 열량
- 불완전연소(미연분)에 의한 손실열
- 회분(재)으로 유출되는 열량

문제 **18** 침출수 중 6가 크롬이 1000mg/L 이었다. 반응식이 다음과 같을 때 침출수 $20m^3$을 환원시키는 데 필요한 아황산나트륨의 이론량(kg)을 구하시오.

$2H_2CrO_4 + 3Na_2SO_3 + 3H_2SO_4 \rightarrow Cr_2(SO_4)_3 + 3Na_2SO_4 + 5H_2O$
Cr의 원자량 52, 아황산나트륨의 분자량 126

해설 아황산나트륨의 이론량(kg)

침출수 내 Cr^{6+}량 $= 1000g/m^3 \times 20m^3 \times 10^{-3}kg/g = 20kg$

$2Cr^{6+}$: $3Na_2SO_3$
2×52 : 3×126
20 : x ∴ $x = 72.692\,kg.Na_2SO_3/day$

2016시행 폐기물처리산업기사 [제4회]

문제 01 어느 지역에서 매립에 의해 처리하고자 하는 폐기물 양은 1일 150ton이다. 이를 도랑식 매립법(Trench Methods)에 의해 매립하고자 할 때 발생 폐기물 밀도 $650\,kg/m^3$, 부피감소율 45%, Trench 유효깊이 1.5m, 매립면적 중 Trench 점유율 80%라면, 1년간 소요 부지면적 m^2/y은?

해설 1년간 소요 부지면적

$$도랑면적 = \frac{150t}{day}\left|\frac{m^3}{0.65t}\right|\frac{1}{1.5m}\left|\frac{365day}{y}\right|\frac{55}{100} = 30885\,m^2/y$$

도랑면적 : 부지면적
    0.8   :   1
  30885 : x ∴ $x = 38605\,m^2/y$

문제 02 매립지에 쓰이는 합성차수막을 재료별로 3가지를 쓰고 특징을 간략히 설명하시오.

해설 합성차수막을 재료별 특징
㉮ PVC : 가격은 저렴하나 자외선, 오존, 기후에 약하다.
㉯ HDPE : 온도에 대한 저항성이 높다.
㉰ CSPE : 산과 알카리에 특히 강하다.
㉱ CPE : 접합상태가 나쁘다.

문제 03 해안매립공법 3가지를 기술하시오.

해설 해안매립공법
㉮ 순차투입공법 : 호안 측으로부터 순차적으로 쓰레기를 투입하여 육지화 하는 방법이다.
㉯ 박층뿌림공법 : 밑면이 뚫린 바지선에서 쓰레기를 박층으로 떨어뜨려 뿌리는 방법이다.
㉰ 내수배제공법 : 고립된 매립지대에 매립 전에 내수를 일부 배제한 후 쓰레기를 투기하는 방식이다.

문제 04 수분함량이 90%인 폐기물의 용출시험결과 카드뮴의 농도가 0.25 mg/L 이었다. 함수율을 보정한 카드뮴의 농도(mg/L)는 얼마인가?

해설 카드뮴의 농도(mg/L)

보정 값 $= \dfrac{15}{100-90} = 1.5$ ∴ $Cd\ 0.25mg/L \times 1.5 = 0.375\,mg/L$

문제 05 │ 혐기성 위생매립지에서 발생되는 가스를 4단계로 나누어 설명하시오.

해설 매립지의 단계별 가스발생

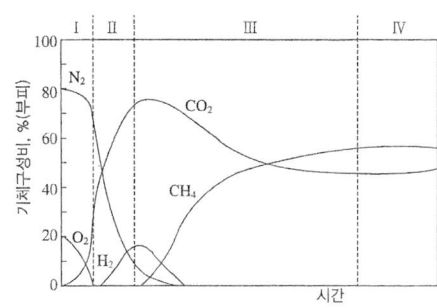

㉮ 제1단계에서는 친산소성 단계로서 폐기물 내에 수분이 많은 경우에는 반응이 가속화 되어 O_2가 쉽게 고갈된다(호기성 단계).
㉯ 제2단계에서는 유기물이 효소에 의해 발효되는 혐기성 비메탄 단계로써, CO_2가스가 많이 발생하며, H_2는 증가하고 N_2는 감소한다((호기-혐기성 전환단계).
㉰ 제3단계에서는 매립지 내부의 온도가 상승하여 약 55℃ 정도까지 올라가, CO_2 가스로 pH는 저하 하며 CH_4가스가 발생한다(비정상 혐기성단계).
㉱ 4단계에서는 매립가스 내 CH_4과 CO_2의 함량이 거의 일정하게 유지된다(정상 혐기성 메탄단계).

문제 06 │ 매립장 침출수 생성에 영향을 미치는 인자 5가지를 쓰시오.

해설 침출수 발생의 영향인자
㉮ 강우의 표면 유출량과 침투수량
㉯ 폐기물의 분해율
㉰ 폐기물의 조성
㉱ 매립 경과시간
㉲ 다짐 정도
㉳ 지하수위

문제 07 │ 폐기물 처리방법 중 소각처리와 열분해처리를 비교할 때, 열분해처리의 장점 3가지를 기술하시오.

해설 열분해처리의 장점
㉮ 배기가스량이 적다.
㉯ 황과 중금속이 재속에 고정되는 비율이 크다.
㉰ Cr^{3+}이 Cr^{6+}으로 산화되는 경우가 없다.
㉱ 다이옥신 발생량이 적다.
㉲ NO_x, SO_x의 발생량이 적다.

문제 08 ┃ 3000000ton/year의 쓰레기 수거에 4500명의 인부가 종사한다면 MHT값은?(단, 수거인부의 1일 작업시간은 8시간이고 1년 작업일수는 300일 이다.)

해설 MHT값

$$MHT = \frac{1일\ 평균\ 수거\ 인부수(man) \times 1일\ 작업시간(hr)}{1일\ 평균\ 폐기물\ 발생량(ton)}$$

$$\therefore MHT = \frac{4500man \times 8hr}{3000000/300ton} = 3.6$$

문제 09 ┃ 프로판 $1Sm^3$를 과잉공기계수 1.1로 완전연소 시킬 경우에 발생하는 건연소가스량(Sm^3)은? (단, 프로판 분자량 44, 표준상태 기준)

해설 건연소가스량(Sm^3)

$C_3H_8 + 5O_2 \rightarrow 3CO_2 + 4H_2O$

$A_o = \dfrac{O_o}{0.21} = \dfrac{5Sm^3}{0.21} = 23.8Sm^3$

$Gd = (1.1 - 0.21)23.8 + \sum 3 = 24.1Sm^3$

문제 10 ┃ 다음과 같은 저위발열량($kcal/kg$)을 Dulong 식을 이용하여 ㉮, ㉯, ㉰에 대해 쓰시오.

$$H_h(\text{kcal/kg}) = \text{㉮}\ C + \text{㉯}\ (H - \frac{O}{8}) + \text{㉰}\ S$$

해설 ㉮ 8100 ㉯ 34000 ㉰ 2500

문제 11 ┃ 함수율 50%인 쓰레기를 함수율 20%로 감소시킨다면, 전체중량은 몇 %가 감소하는가? (단, 쓰레기 비중은 1.0으로 가정함)

해설 감소율(%)

$100(1 - 0.5) = V_2(1 - 0.2)$ $\therefore V_2 = 62.5$ (나중고형물)

감소율(%) $= (1 - \dfrac{\text{나중 고형물}}{\text{처음 고형물}}) \times 100$

$\therefore 감소율 = (1 - \dfrac{62.5}{100}) \times 100 = 37.5\%$

문제 12 ┃ 발열량이 1500kcal/kg인 소각로에서 연소효율이 90%이며 불완전연소에 의한 열손실이 7%인 경우 연소재의 열손실(%)을 구하시오.

해설 연소재의 열손실(%)

연소재의 열손실 = 100% − 90% − 7% = 3%

문제 13 건조된 고형분의 비중이 1.40이며 이 슬러지케익의 건조 이전의 고형분 함량이 50%이라면 건조 이전 슬러지케익의 비중은 얼마인가?

> **해설** 슬러지케익의 비중
>
> $$\frac{1}{\rho_{sl}} = \frac{W_s}{\rho_s} + \frac{W_w}{\rho_w} \quad \leftarrow 무게 \\ \qquad\qquad\qquad\qquad \leftarrow 비중$$
>
> 슬러지 = 고형물 + 수분
>
> $$\frac{1}{\rho_{sl}} = \frac{0.5}{1.4} + \frac{0.5}{1.0} \quad \therefore \rho_{sl} = 1.167$$
>
> 슬러지 = 고형물 + 수분

문제 14 유해폐기물을 고형화처리 하였다. 고형화 폐기물의 검사항목 3가지를 쓰시오.

> **해설** 용출시험, 압축강도, 겉보기 밀도, 투수율, 내구성

문제 15 연료로 사용하는 중유의 저위발열량이 9000kcal/kg이다. 중유의 저위발열량 1000kcal당 이론공기량(Sm^3/kg)을 계산하시오. (단, Rosin식을 적용하여 계산할 것)

> **해설** 이론공기량(Sm^3/kg)
>
> Rosin식 $A_o = 0.85 \times \dfrac{H_l(저위발열량)}{1000} + 2$
>
> $\qquad\qquad = 0.85 \times \dfrac{9000\text{kcal/kg}}{1000} + 2 = 9.65 Sm^3/kg$

문제 16 퇴비화의 진행 시간에 따른 온도변화 단계와 퇴비화의 단위공정을 순서대로 나열하라?

> **해설** 온도변화 단계와 퇴비화의 단위공정
> ㉮ 온도변화 단계
>   초기(중온)단계 → 고온단계 → 냉각단계 → 숙성단계
> ㉯ 퇴비화의 단위공정
>   폐기물 → 전처리 → 발효 → 양생 → 마무리 → 저장 → 제품

문제 17 Humus의 특징 3가지를 쓰시오.

> **해설** Humus의 특징
> ㉮ 뛰어난 토양 개량제이다.
> ㉯ 짙은 갈색으로 C/N비(10~20)가 낮다.
> ㉰ 물 보유력과 양이온교환능력이 좋다.
> ㉱ 짙은 갈색이다.

2017시행 기사 폐기물처리기사 [제1회]

문제 01 열분해장치의 종류 3가지를 쓰시오.

[해설]
① **고정상 열분해장치** : 상부로부터 분쇄되었거나 또는 분쇄되지 않은 폐기물이 주입되어 건조된 후 열분해되어 슬래그나 재가 하부로 배출되는 열분해 장치이다.
② **유동상 열분해 장치** : 반응속도가 빨라 폐기물의 수분함량 변화에도 큰 문제없이 운전되지만 열손실이 크며 운전이 까다로운 단점을 가진 열분해 장치이다.
③ **산소흡입 고온열분해법** : 이동바닥 로의 밑으로부터 소량의 순산소를 주입, 노내의 폐기물 일부를 연소, 강열시켜 이 때 발생되는 열을 이용해 상부의 쓰레기를 열분해하는 장치로써, 폐기물을 선별, 파쇄 등 전처리를 하지 않거나 간단히 하여도 된다.

문제 02 호기성 소화와 혐기성 소화의 장단점 5가지를 비교하여 설명시오.

[해설] 호기성 혐기성소화의 장단점 비교설명

구 분	호기성 소화	혐기성 소화
토지소요면적	작다	크다
설계 시공비용	작다	크다
유지관리 비용	작다	크다
유입량	연속주입	단계주입
유입농도	저농도	고농도
소화기간	짧다	길다
처리수질	양호	2차 처리필요
탈수성	나쁘다	좋다
비료가치	양호	불양
에너지화	불가능	가능
유지관리 용이성	용이	경험요구
2차 처리	불필요	필요
악취	없다	있다

문제 03 와전류 선별법에 대하여 설명하시오.

[해설] 와전류 선별법(과전류 선별, eddy current separation)은 연속적으로 변화하는 자장 속에 비자성이며 전기전도성이 좋은 금속인 구리, 알루미늄, 아연 등을 넣으면 금속 내에 소용돌이 전류가 발생하여 반발력이 생기는데 이 반발력 차를 이용하여 분리시킨다.

문제 04 아래와 같은 함유성분의 폐기물을 연소처리할 때 저위발열량을 계산하면? (단, 함수율 29%, 불활성분 14%, 탄소 20%, 수소 8%, 산소 27%, 유황 2%, Dulong식 기준)

해설 Dulong식 $H_h(\text{kcal/kg}) = 81\text{C} + 340(\text{H} - \frac{\text{O}}{8}) + 25\text{S}$
*여기서, 원소의 단위는 퍼센트농도(%)이다.

$\therefore H_h(\text{kcal/kg}) = 81 \times 20 + 340(8 - \frac{27}{8}) + 25 \times 2 = 3242.5 \text{kcal/kg}$

$H_l(kcal/kg) = H_h - 6(9\text{H} + \text{W})$
*여기서, 원소의 단위는 퍼센트농도(%)이다.

$\therefore H_l(kcal/kg) = 3242.5 - 6(9 \times 8 + 29) = 2636.5 \text{kcal/kg}$

문제 05 주성분이 $C_{10}H_{17}O_6N$인 활성슬러지 폐기물을 소각처리하려고 한다. 폐기물 5kg당 필요한 이론적 공기의 무게(kg)는 얼마인가? (단, 공기 중 산소량은 중량비로 23%이다.)

해설
$C_{10}H_{17}O_6N + 11.25O_2 \rightarrow 10CO_2 + 8.5H_2O + 0.5N_2$
$247kg \quad : \quad 11.25 \times 32 kg$
$5kg \quad : \quad x \quad \therefore x = 7.28kg$

$\therefore A_o = \frac{O_o(\text{kg})}{0.23} = \frac{7.28 \text{kg}}{0.23} = 31.68 \text{kg}$

문제 06 최소 크기가 10cm인 폐기물을 2cm로 파쇄하고자 할 때 kick's 법칙에 의한 소요동력은 동일 폐기물을 4cm로 파쇄할 때 소요되는 동력의 몇 배인가?(단, n=1로 가정한다.)

해설 $E = 상수 \, C \ln(\frac{파쇄 전 입자크기 (L_1) 10cm}{파쇄 후 입자크기 (L_2) 2cm}) = 1.61 kw$

$E = 상수 \, C \ln(\frac{파쇄 전 입자크기 (L_1) 10cm}{파쇄 후 입자크기 (L_2) 4cm}) = 0.91 kw$

$\therefore \frac{1.61 kw}{0.91 kw} = 1.77$배

문제 07 다음 중 위생매립의 장점 3가지를 기술하시오.

해설 위생매립의 장점
㉮ 부지확보가 가능할 경우 가장 경제적인 방법이다.
㉯ 거의 모든 종류의 폐기물 처분이 가능하다.
㉰ 처분대상 폐기물의 증가에 따른 추가 인원 및 장비가 크지 않다.
㉱ 특별한 전처리가 필요하지 않다.

문제 08 매립시설의 사후관리 항목 5가지를 쓰시오.

해설 ① 빗물 배제방법　　　　　② 침출수 관리방법
　　 ③ 지하수 수질 조사방법　　④ 해수 수질 조사방법
　　 ⑤ 발생가스 관리방법　　　 ⑥ 구조물과 지반의 안정도 유지방법
　　 ⑦ 지표수 수질 조사방법　　⑧ 토양 조사방법
　　 ⑨ 방역방법(차단형매립시설은 제외한다)

문제 09 고형물의 함량이 $80kg/m^3$인 농축슬러지를 $18m^3/hr$ 유량으로 탈수시키려 한다. 고형물 중량에 대해 25%의 소석회를 넣으면 함수율 70%의 탈수 cake이 얻어진다고 할 때 농축 슬러지로부터 얻어지는 탈수 cake의 양(t/day)은?(단, 하루 운전시간은 24시간, cake의 비중은 1.0)

해설 슬러지 발생량 = 슬러지 탈수량
$0.08t/m^3 \times 18m^3/hr \times 1.25 = x(1-0.7)$　　∴ $x = 6t/hr$
∴ $6t/hr \times 24hr = 144t/day$

문제 10 LCA(Life Cycle Assessment) 전 과정평가의 절차 4단계를 기술하시오.

해설 ① 1단계 : 목적 및 범위설정(goal & scope definition)
　　 ② 2단계 : 단위공정별 목록분석(inventory analysis)
　　 ③ 3단계 : 환경부하에 대한 영향평가(impact assessment)
　　　　　　　 분류화 → 특성화 → 정규화 → 가중치 부여
　　 ④ 4단계 : 개선평가 및 해석(life cycle interpretation)

문제 11 어떤 소각로에 배출되는 가스량은 $8000kg/hr$이고 온도는 $1000℃$ 이다. 배기가스는 소각로 내에서 1초 체류한다면 소각로 용적(m^3)은?(단, 표준상태에서 배기가스 밀도는 $0.2kg/Sm^3$)

해설 밀도에 온도보정 $0.2kg/Sm^3 \times \dfrac{273}{273+1000} = 0.043kg/m^3$
$t = V/Q$ 에서
$V = \dfrac{8000kg}{hr} \Big| \dfrac{1\sec}{} \Big| \dfrac{hr}{3600\sec} \Big| \dfrac{m^3}{0.043kg} = 51.7m^3$

문제 12 소각로에서 다이옥신의 제어방법 5가지를 쓰시오.

해설 ① 완전연소 조건을 충족시킨다.
　　 ② 적절한 1차 공기량을 제어한다.
　　 ③ 850~950℃의 고온에서 분해한다.
　　 ④ 충분한 산소농도를 유지한다.
　　 ⑤ 2차 연소실을 확보하여 재연소한다.
　　 ⑥ 연소 시 발생하는 미연분의 양과 비산재의 양을 줄인다.
　　 ⑦ 2차 공기공급에 의한 미연분을 완전연소 한다.

문제 13 ▎ 강열감량이란 정의를 쓰시오.

> 해설 ▎강열감량이란 시료에 열을 가하면 열에 의해서 휘발성 물질, 수분, 탄산 가스 등이 방출되어 시료의 무게가 감소되는 것으로 감량되기 전의 시료에 대한 퍼센트 값으로 나타낸다.

문제 14 ▎ 매립지 침출수의 주된 발생원인 5가지를 쓰시오.

> 해설 ▎침출수의 주된 발생원은 강우에 의한 영향이 가장 크며 표면 유출량과 침투수량, 폐기물의 분해율, 폐기물의 조성, 매립 경과시간, 다짐 정도, 지하수위, 지하수 유량 등에 영향을 받는다.

문제 15 ▎ 가정에서 발생되는 쓰레기를 소각시킨 후 남은 재의 중량은 소각된 쓰레기의 1/5 이다. 쓰레기 100톤을 소각하여 소각재 부피가 20 m^3 이 되었다면 소각재의 밀도(톤/m^3)는 얼마인가?

> 해설 ▎ 밀도 $\rho = \dfrac{무게\,W}{부피\,V}$
>
> $\therefore \rho = \dfrac{100톤 \times 1/5}{20m^3} = 1.0 톤/m^3$

문제 16 ▎ 인구 100만 명인 어느 도시의 쓰레기 발생율은 2.0kg/인·일 이다. 아래의 조건들에 따라 쓰레기를 매립하고자 할 때 연간 매립지의 소요면적(m^2)은?(단, 매립쓰레기 압축밀도 500 kg/m^3, 매립지 Cell 1층의 높이 5m 이며, 총 8개의 층으로 매립하며, 기타 조건은 고려하지 않음)

> 해설 ▎ 소요면적 $= \dfrac{1000000명 \times 2.0 kg/인·일}{500 kg/m^3 \times 5m \times 8층} \times 365 day/y = 36500 m^2$

문제 17 ▎ 트롬멜스크린의 선별효율에 영향을 주는 인자 5가지를 쓰시오.

> 해설 ▎① 원통형 체의 길이방향 구멍을 다르게 하여 수평보다 5° 전후의 경사를 주고 회전시켜 선별한다.
> ② 원통의 경사가 작을수록 선별효율은 증가한다.
> ③ Trommel은 경사각이 클수록, 회전속도가 증가할수록 선별효율이 낮아진다.
> ④ 길이가 길수록 직경이 클수록 선별효율이 증가한다.
> ⑤ 수분의 함량이 높을수록 분리효율이 저하하나 슬러리 형태가 되면 분리가 용이하다.

2017시행 폐기물처리산업기사 [제1회]

문제 01 적환장은 비교적 적은 수집차량에서 큰 차량으로 옮겨 싣고 장거리 수송을 할 경우 필요한 시설이다. 적환장의 위치선정 시 고려할 점 5가지를 쓰시오.

해설 적환장의 위치선정
① 주요 간선도로 접근이 용이한 곳
② 폐기물 발생지역의 무게중심에서 가까운 곳
③ 공중위생, 환경피해가 최소인 곳
④ 폐기물을 선별할 수 있는 공간이 충분한 곳
⑤ 작업이 용이하고 재생가능 물질의 선별이 용이한 곳
⑥ 쓰레기, 먼지 등이 날리지 않는 곳
⑦ 2차적 보조 수송수단에 연결이 쉬운 곳
⑧ 건설과 운영이 경제적인 곳

문제 02 1시간에 1ton을 소각하려고 한다. 열이용효율이 20%라고 하면 생산된 전력(kW)은? (단, 1kJ=0.278Wh, 발열량은 10^4 kJ/kg)

해설 $kw = 1000 kg/hr \times 10^4 kj/kg \times 0.278 wh/kj \times 0.2 = 556000 w ≒ 556 kw$

문제 03 $C_5H_{11}O_2N$으로 화학적 조성을 나타낼 수 있는 생분해가능 유기물이 매립지에서 혐기성 완전분해되어 발생하는 메탄(b)과 이산화탄소(a)중 메탄의 부피백분율($[\frac{b}{b+a}] \times 100\%$)은?(단, N은 NH_3로 발생 된다.)

해설
$C_5H_{11}O_2N + 2H_2O \rightarrow 3CH_4 + 2CO_2 + NH_3$
$1M \quad\quad\quad\quad : 3M : 2M$

$\frac{b(CH_4)}{b(CH_4) + a(CO_2)} \times 100 = \frac{3M}{3M+2M} \times 100 = 60\%$

문제 04 다이옥신류의 독성등가환산계수(TEF)에 대하여 설명하시오.

해설 독성등가환산계수(TEF, Toxicity Equivalent Factor)란? 다이옥신은 염소의 치환위치에 따라 독성이 다르므로 이성체 중에서 가장 독성이 강한 2, 3, 7, 8 – TCDD의 독성을 기준값 1로 하여 각 이성체의 상대적인 독성 값을 나타낸 계수를 말한다. TEF 기준 값은 나라별 약간의 차이가 있다. 독성등가환산농도(TEQ)= $\sum[TEF \times 실측농도]$

문제 05　LCA(Life Cycle Assessment)의 정의 및 평가절차를 쓰시오.

해설 1. 정의
① 전과정평가(LCA, life cycle assessment)는 원료의 구매에서 제품의 생산, 유통, 사용, 처분까지 전 과정에 걸쳐 환경에 미치는 영향을 평가하는 데 있다.
② 요람에서 무덤까지 폐기물을 관리한다.
③ 자원의 고갈과 지구환경문제를 근본적으로 해결하기 위한 방안의 모색에 있다.

2. 전 과정평가의 절차
① 1단계 : 목적 및 범위설정(goal & scope definition)
② 2단계 : 단위공정별 목록분석(inventory analysis)
③ 3단계 : 환경부하에 대한 영향평가(impact assessment)
　　　　　분류화 → 특성화 → 정규화 → 가중치 부여
④ 4단계 : 개선평가 및 해석(life cycle interpretation)

3. 전 과정평가의 목적
① 제품 및 제조방법의 변경, 개량에 따른 환경부하 평가
② 환경부하의 저감 측면에서 제품의 제조방법 도출
③ 환경목표치에 대한 달성도 평가
④ 제품간의 환경부하 비교평가

문제 06　매립지 선정 시 고려사항 5가지를 쓰시오.

해설 ① 매립지 소요면적 및 수리학적 조건
② 운반도로의 확보 및 지형지질
③ 재해 등에 대한 안정성
④ 주변 환경 조건
⑤ 사후 매립지 이용계획 등을 고려한다.
⑥ 매립방법에는 도랑식, 샌드위치방식, 셀방식, 압축식 등이 있다.
⑦ 매립구조에 따라 혐기성 매립, 혐기성 위생 매립, 개량 혐기성 위생 매립, 준호기성 매립, 호기성 매립 등이 있다.

문제 07　매립지에서의 덮개설비는 침출수 발생 억제에 중요한 역할을 한다. 덮개시설의 기능 4가지를 쓰시오.

해설 ① 강우의 침투를 방지한다.
② 쓰레기의 날림을 방지한다.
③ 병원균 매개체의 서식을 방지한다.
④ 쓰레기 매립시 악취를 방지한다.
⑤ 유독가스 확산을 방지한다.

문제 08 ┃ 폐기물 중 구리, 알루미늄, 아연 등을 분리할 경우 적절한 선별방법에 대하여 설명하시오.

> **해설** 와전류 선별법(과전류 선별, eddy current separation)은 연속적으로 변화하는 자장 속에 비자성이며 전기전도성이 좋은 금속인 구리, 알루미늄, 아연 등을 넣으면 금속 내에 소용돌이 전류가 발생하여 반발력이 생기는데 이 반발력 차를 이용하여 분리시킨다.

문제 09 ┃ 어느 도시에 사용할 매립지의 총용량은 6132000m³이며 그 도시의 쓰레기 배출량은 2kg/인·일 이다. 매립지에서 압축에 의한 쓰레기부피 감소율이 30%일 경우 매립지를 사용할 수 있는 연수는?(단, 수거대상인구 800000명, 발생 쓰레기밀도 500 kg/m³으로 함)

> **해설** 발생량 = 수용량
>
> $$\frac{2kg}{인·일} \middle| \frac{0.7}{} \middle| \frac{m^3}{500kg} \middle| \frac{800000인}{} \middle| \frac{365일}{년} x = 6132000 m^3 \quad \therefore x = 7.5년$$

문제 10 ┃ 매립지의 침출수의 농도가 반으로 감소하는데 약 3년이 걸렸다면 이 침출수의 농도가 99% 감소하는데 걸리는 시간(년)은 얼마인가? (단, 1차 반응 기준이다.)

> **해설** $\frac{dC}{dt} = -K \cdot C^1 \xrightarrow{적분하면} \ln\frac{C_t}{C_0} = -K \cdot t \quad \therefore \ln\frac{0.5C_0}{C_0} = -K \cdot t$
>
> $\ln 0.5 = -K \times 3년 \quad \therefore K = 0.2311$
>
> $\ln\frac{0.01}{1} = -0.231 \times t \quad \therefore t = 19.93년$

문제 11 ┃ 매립시설의 사후관리 항목 5가지를 쓰시오.

> **해설**
> ① 빗물 배제방법 ② 침출수 관리방법
> ③ 지하수 수질 조사방법 ④ 해수 수질 조사방법
> ⑤ 발생가스 관리방법 ⑥ 구조물과 지반의 안정도 유지방법
> ⑦ 지표수 수질 조사방법 ⑧ 토양 조사방법
> ⑨ 방역방법(차단형매립시설은 제외한다)

문제 12 ┃ 어떤 연료를 분석한 결과, C 83%, H 14%, H_2O 3% 였다면 건조연료 1kg의 연소에 필요한 이론공기량(Sm^3/kg)은 얼마인가?

> **해설** $O_o = 1.867C + 5.6H + 0.7S - 0.7O$
> *여기서, 원소는 %/100 이다.
>
> $O_o = 1.867 \times 0.83 + 5.6 \times 0.14 = 2.33 Sm^3/kg$
>
> $\therefore A_o = 2.33 \times \frac{1}{0.21} = 11.11 Sm^3/kg$

문제 13 ┃ 쓰레기 발열량 측정방법 3가지를 쓰시오.

> **해설** 발열량의 산정방법에는 추정식에 의한 방법(3성분 분석법), 단열계량계에 의한 방법, Dulong의 원소분석법, 물리적 조성에 의한 방법 등이 있다.

문제 **14** 소각로 화격자에서 고온부식은 국부적으로 연소가 심한 장소에서 화격자의 온도가 상승함에 따라 발생한다. 방식대책은(3가지)?

> **해설** 방식대책
> ① 화격자의 냉각률을 올린다.
> ② 교반력을 증대하여 회격자의 과열을 막는다.
> ③ 부식되는 부분에 고온공기를 주입하지 않는다.
> ④ 회격자의 재질을 고 크롬, 저 니켈강으로 한다.

문제 **15** 전처리로서 파쇄에 의하여 얻어질 수 있는 효과 5가지를 설명하라?

> **해설** ① 입자의 비표면적이 증가하여 미생물의 분해속도가 증가한다.
> ② 입경분포의 균일화로 저장, 압축, 소각이 용이하다.
> ③ 조대 폐기물에 의한 소각로 손상을 방지한다.
> ④ 겉보기 비중의 증가로 수송이 용이하고 매립지 수명이 연장된다.
> ⑤ 매립지의 악취, 먼지의 비산을 감소시킨다.
> ⑥ 매립지의 작업이 용이하고 복토가 거의 필요 없다.
> ⑦ 매립장을 안전하고 위생적으로 관리할 수 있다.
> ⑧ 에너지 회수용으로 사용 시 연소효율이 높다.
> ⑨ 단점으로 매립 시 고농도의 침출수가 발생할 수 있다.

문제 **16** 화격자(스토커)의 종류 5가지를 쓰시오.

> **해설** 화격자 종류에는 계단식, 반건식, 역송식, 병렬요동식, 회전롤러식, 부채형식 등이 있다.

문제 **17** 어떤 도시에서 발생되는 쓰레기의 성분 중 비가연성이 약 72.7%(중량비)를 차지하는 것으로 조사되었다. 밀도 $600\,\mathrm{kg/m^3}$인 쓰레기가 $15\mathrm{m}^3$가 있을 때, 이 중 가연성 물질의 양(t)은? (단, 쓰레기는 가연성+비가연성)

> **해설** 가연성 물질의 양(t) $= (1-0.727) \times 0.6\,t/m^3 \times 15 m^3 = 2.457 t$

문제 **18** 함수율이 96%이고 고형물질 중 휘발분이 50%인 생슬러지 $500 m^3$를 혐기성 소화하여 함수율 90%의 소화슬러지가 얻어졌다면 이때 소화슬러지의 발생량(m^3)은?(단, 소화전후 슬러지의 비중은 1.0이고 소화과정에서 생슬러지 휘발분의 50%가 분해됨)

> **해설** 처음 고형물+소화 안 된 휘발물 = 처리량
> $[500 \times 0.5 \times (1-0.96)] + [500 \times 0.5(1-0.96) \times 0.5] = x \times (1-0.9)$
> $10+5 = 0.1x$ $\therefore x = 150 m^3$

2017시행 폐기물처리기사 [제2회]

문제 01 용출시험의 목적을 쓰시오.

_{해설} 고상 또는 반고상 폐기물에 대하여 폐기물관리법에서 규정하고 있는 지정폐기물의 판정 및 지정폐기물의 중간처리 방법 또는 매립 방법을 결정하기 위한 실험에 적용한다.

문제 02 친산소성 퇴비화 공정의 설계운영 시 고려인자에 관한 내용을 3가지 쓰시오.

_{해설} 퇴비화의 고려인자
① 수분이 많으면 공극 개량제를 이용하여 50~60%로 조절한다.
② 온도는 60~70℃로 이내로 유지시켜야 병원균을 죽일 수 있으나 80℃ 이상은 좋지 않다.
③ 보통 미생물 세포의 탄질비는 30 : 1 이다.
④ pH는 미생물의 활발한 활동을 위하여 6.0~8.0 범위가 적당하나 8.5 이상은 좋지 않다.
⑤ 입도의 크기는 1~6cm 정도가 적정하다.

문제 03 스위스에서 채택된 협약으로, 유해 폐기물의 국가 간 이동 및 교역을 규제하는 협약은?

_{해설} 바젤(Basell) 협약

문제 04 쓰레기를 각 성분별로 분석하여 함수율을 측정한 결과로부터 전체 쓰레기의 함수율(%)은?

성분	중량(kg)	함수율(%)
음식찌꺼기	30	70
종이류	60	6
금속류	10	3

_{해설} 전체 쓰레기의 함수율(%) = $\dfrac{30 \times 70 + 60 \times 6 + 10 \times 3}{100} = 24.9\%$

문제 05 년간 3000000ton의 쓰레기를 1000명의 인부들이 매일 8시간 수거한다. 이 때 인부의 수거 능력(MHT)은?

_{해설} $MHT = \dfrac{1일\ 평균\ 수거\ 인부수(1000man) \times 1일\ 작업시간(8hr)}{1일\ 평균\ 폐기물\ 발생량(3000000/365 ton)} = 0.97$

문제 06 다음 조건인 경우 Worrell식 및 Rietema식에 의한 선별효율(%)은?

- 총 투입 폐기물량 200톤
- 회수량 중 회수대상물질 140톤
- 회수량 160톤
- 제거량 중 제거대상물질 30톤

해설 Worrell식 및 Rietema식에 의한 선별효율(%)

총 투입 폐기물량: 200톤	
회수량 중	제거량 중
회수량 160톤	제거량 40톤
회수대상물질(X_1) 140톤	회수대상물질(X_2) 10톤
제거대상물질(Y_1) 20톤	제거대상물질(Y_2) 30톤
총 회수대상물질(X_t) 150톤	
총 제거대상물질(Y_t) 50톤	

① Worrell식 선별효율(E_W)

$$E_W = (\frac{X_1}{X_t} \times \frac{Y_2}{Y_t}) \times 100$$

$$\therefore E_W = (\frac{140}{150} \times \frac{30}{50}) \times 100 = 56\%$$

② Rietema식 선별효율(E_R)

$$E_R = (\frac{X_1}{X_t} - \frac{Y_1}{Y_t}) \times 100$$

$$\therefore E_R = (\frac{140}{150} - \frac{20}{50}) \times 100 = 53.33\%$$

문제 07 쓰레기의 밀도가 $750 kg/m^3$이며 매립된 쓰레기의 총량은 30000ton이다. 여기에서 유출되는 침출수는 약 몇 m^3/년 인가? (단, 침출수발생량은 강우량의 60%이고, 쓰레기의 매립높이는 6m이며, 연간 강우량은 1300mm이다.)

해설 침출수량 Q = 면적 A × 높이 H(연간 강우량)

$$\therefore Q = \frac{300000 t}{0.75 t/m^3 \times 6m} \times 1300 \times 10^{-3} m/y \times 0.6 = 5200 m^3/y$$

문제 08 매립지의 침출수의 농도가 반으로 감소하는데 약 3년이 걸렸다면 이 침출수의 농도가 99% 감소하는데 걸리는 시간(년)은 얼마인가? (단, 1차 반응 기준이다.)

해설 $\frac{dC}{dt} = -K \cdot C^1 \xrightarrow{적분하면} \ln\frac{C_t}{C_0} = -K \cdot t \quad \therefore \ln\frac{0.5 C_0}{C_0} = -K \cdot t$

$\ln 0.5 = -K \times 3년 \quad \therefore K = 0.2311$

$\ln\frac{0.01}{1} = -0.231 \times t \quad \therefore t = 19.93년$

문제 09 ▌ 인구가 400000명인 어느 도시의 쓰레기배출 원단위가 1.2kg/인·일 이고, 밀도는 $0.45\,t/m^3$ 으로 측정되었다. 이러한 쓰레기를 분쇄하여 그 용적이 2/3로 되었으며, 이 분쇄된 쓰레기를 다시 압축하면서 용적의 1/3이 축소되었다. 분쇄만 하여 매립할 때와 분쇄, 압축 후에 매립할 때에 양자간의 년간 매립소요면적(m^2/y)의 차이는 얼마인가?(단, Trench 깊이는 4m이며 기타 조건은 고려하지 않는다.)

해설 ① 용적이 2/3로 된 경우 매립면적(m²/년)

$$\frac{400000인}{인\cdot일}\Big|\frac{1.2}{450kg}\Big|\frac{m^3}{3}\Big|\frac{2}{4m}\Big|\frac{365일}{년} = 64889\,m^2/년$$

② 다시 용적의 1/3이 축소된 경우 매립면적(m²/년)

압축 매립면적 $= 64889\,m^2/y \times \frac{2}{3} = 43259\,m^2/y$

③ 소요면적의 차 $= 64889 - 43259 = 21629\,m^2/y$

문제 10 ▌ 매립지에서 환경오염을 최소화하기 위한 시설물 6가지를 쓰시오.

해설 ① 덮개 설비
② 발생가스 방지시설
③ 우수배제시설
④ 차수시설
⑤ 침출수 집배수시설
⑥ 저류구조물

문제 11 ▌ 플라스틱의 재활용방법 4가지를 쓰시오.

해설 ① 용융재생법
② 파쇄재생법
③ 고체연료화법
④ 열분해에 의한 체연료화법
⑤ 소각에 의한 열에너지 이용법

문제 12 ▌ 폐산, 폐알칼리, 폐수처리오니, 동물성 잔재물 등의 지정폐기물을 매립하는 방법은?

해설 관리형 매립방법

문제 13 ▌ 매립지 저류구조물의 기능 3가지를 쓰시오.

해설 ① 계획 매립량의 폐기물 저류
② 폐기물의 유출이나 누출방지
③ 매립지로부터 침출수의 유출이나 누출방지
④ 매립지 내 침출수를 안전하게 분리
⑤ 매립완료 후 폐기물의 안전저류

문제 14 ▎ 고형화 처리의 종류 3가지를 쓰시오.

① 시멘트기초법
② 석회기초법
③ 자가시멘트법
④ 열가소성 플라스틱법

문제 15 ▎ 이소프로필알콜(C_3H_7OH) 5kg이 완전연소 하는데 필요한 이론공기량(Sm^3)은 얼마인가? (단, 표준상태 기준이다.)

$C_3H_7OH + 4.5O_2 \rightarrow 3CO_2 + 4H_2O$
$60kg$: $4.5 \times 22.4 Sm^3$
$5kg$: x ∴ $x = 8.4 Sm^3$

∴ $A_o = \dfrac{O_o(Sm^3)}{0.21} = \dfrac{8.4 Sm^3}{0.21} = 40 Sm^3$

문제 16 ▎ 황의 함량이 3%인 폐기물 20000kg을 연소할 때 생성되는 SO_2가스의 총 부피는 몇 Sm^3인가? (단, 표준상태를 기준으로 하며, 황성분은 전량 SO_2로 가스화 되며, 완전연소이다.)

$S + O_2 \rightarrow SO_2$
32 : 22.4
0.03×20000 : x ∴ $x = 420 Sm^3$

문제 17 ▎ 연소조절에 의한 질소산화물의 발생 저감방법 3가지를 제시하시오.

① 저 과잉공기 연소   ② 저온연소
③ 2단 연소   ④ 배기가스 재순환 연소

문제 18 ▎ 소각로 화격자에서 고온부식은 국부적으로 연소가 심한 장소에서 화격자의 온도가 상승함에 따라 발생한다. 방식대책은(3가지)?

① 화격자의 냉각률을 올린다.
② 교반력을 증대하여 회격자의 과열을 막는다.
③ 부식되는 부분에 고온공기를 주입하지 않는다.
④ 회격자의 재질을 고 크롬, 저 니켈강으로 한다.

문제 19 ▎ 총 고형물 합이 $36500\,mg/L$ 휘발성 고형물이 총 고형물 중 64.5%인 폐기물 60kL/day를 혐기성소화조에서 소화시켰을 때 1일 가스발생량(m^3/d)은? (단, 폐기물 비중 1.0, 가스발생량은 $0.35\,m^3/kg\cdot VS$이다.)

가스발생량(Q)
$Q = 36.5 kg/m^3 \times 0.645 \times 60 kL/d \times 0.35 m^3/kg = 494.4 m^3/day$

2017 시행 폐기물처리산업기사 [제2회]

문제 01 질소산화물의 제어방법 중 선택적 무촉매환원법(SNCR)과 선택적 촉매환원법(SCR) 5가지를 비교 설명하시오.

해설 선택적 무촉매 환원법과 촉매 환원법의 비교

비교 항목	선택적 무촉매 환원법(SNCR)	선택적 촉매 환원법(SCR)
NO_x 저감한계	50ppm	20~40ppm
제거효율	30~70%	90%
운전온도	850~950℃	300~400℃
소요면적	설치공간이 작다.	촉매탑 설치로 소요면적 크다.
암모니아 슬립	10~100ppm	5~100ppm
PCDD 제거	거의 없음	가능성 있음
경제성	설치비가 저렴하다.	설치비가 많이 든다.
고려사항	• 운전온도, 혼합정도 • 암모니아 슬립 • 처리효율	• 운전온도, 촉매정도 • 암모니아 슬립 • 촉매 교체비용 • 배기가스 재 가열
장 점	• 다양한 가스에 적용가능하다. • 장치가 간단하다. • 유지관리가 용이하다.	• 탈질효율이 높다. • 암모니아 슬립이 적다.
단 점	• 950℃ 이하로 연소온도를 제어 하여야 한다.	• 촉매로 유지관리비가 많이 든다. • 압력손실이 크고 먼지, SO_x 등에 영향을 받는다. • 수명이 짧다.

문제 02 쓰레기의 소각에는 3T라는 3가지 조건이 필요하다. 3T란?

해설 ① 연소란 연료와 공기가 혼합되어 일정 온도와 일정 시간이 유지되면 열과 빛이 발생하는 현상을 말한다.
② **완전연소를 위한 3가지 조건(3T)**
시간(Time), 온도(Temperature), 혼합(Turbulence)
③ **연소의 3대 조건**
연료, 산소, 불꽃

문제 03 ▎ 폐기물 소각공정에서 발생하는 다이옥신류 저감방안 3가지를 쓰시오?

해설 ① 다이옥신의 생성은 250~300℃에서 최대 이므로 소각로 온도를 빨리 급상승시킨다.
② 소각로 배출가스의 재연소에 의한 제거기술을 도입한다.
③ 다이옥신 분해 촉매에 의한 제거기술을 도입한다.
④ 활성탄에 의한 흡착기술을 도입한다.

문제 04 ▎ 연소온도에 영향을 미치는 인자 3가지를 쓰시오.

해설 ① 연소물질의 발열량
② 함수율
③ 공기비
④ 탄화수소의 비(C/H)

문제 05 ▎ 소각로에서 하루 10시간 조업에 10000kg의 폐기물을 소각처리한다. 소각로 내의 열부하는 30000 kcal/m³·hr 이고, 로의 체적은 15 m³ 이다. 이 폐기물의 발열량($kcal/kg$)은 얼마인가?

해설 로의 열부하(kcal/m³·hr) = $\dfrac{발열량(kcal/kg) \times 폐기물량(kg/hr)}{로의\ 체적(m^3)}$

30000kcal/m³·hr = $\dfrac{발열량(kcal/kg) \times 10000kg/10hr}{15m^3}$

∴ 발열량 = 450kcal/kg

문제 06 ▎ 에탄가스 1Sm³의 완전연소에 필요한 이론공기량 Sm^3은?

해설 $C_2H_6 + \dfrac{7}{2}O_2 \rightarrow 2CO_2 + 3H_2O$
  1 : 3.5
  1 : x ∴ 3.5Sm^3
∴ $A_o = \dfrac{3.5Sm^3}{0.21} = 16.7Sm^3$

문제 07 ▎ 습식파쇄기의 원리 3가지를 쓰시오.

해설 ① 폐기물에 물을 가한 후 서서히 회전시킴으로써 폐기물이 서로 부딪치게 하여 파쇄 한다.
② 바닥의 커팅날의 회전에 의해 폐기물을 잘게 파쇄 한다.
③ 폐기물을 물과 섞어 잘게 부순 뒤 물과 분리하여 용적을 감소시킨다.
④ 종이류가 많은 폐기물의 파쇄에 용이하다.

문제 08 ▌ 폐기물을 성상에 따라 분류하시오.

해설 ① "액상폐기물"이라 함은 고형물의 함량이 5 % 미만인 것을 말한다.
② "반고상폐기물"이라 함은 고형물의 함량이 5 % 이상 15 % 미만인 것을 말한다.
③ "고상폐기물"이라 함은 고형물의 함량이 15 % 이상인 것을 말한다.

문제 09 ▌ 년간 3000000ton의 쓰레기를 1000명의 인부들이 매일 8시간 수거한다. 이 때 인부의 수거능력(MHT)은?

해설 $MHT = \dfrac{1일 평균 수거 인부수(1000 man) \times 1일 작업시간(8hr)}{1일 평균 폐기물 발생량(3000000/365 ton)} = 0.97$

문제 10 ▌ 폐기물의 성질을 조사하기 위해 시료 채취방법으로 원추 4분법을 이용하여 4회 실시한 후 시료를 얻었다. 만일 초기에 조대형 쓰레기를 선별하여 무게를 측정한 결과 60kg 이라면 이 중 몇 kg이 시료에 포함되어야 하는가? (단, 조대형쓰레기의 비중은 동일하다고 가정한다.)

해설 $60 kg \times (\dfrac{1}{2})^4 = 3.75 kg$

문제 11 ▌ 인구 500000인 어느 도시의 쓰레기 발생량 중 가연성이 20%라고 한다. 쓰레기 발생량이 0.6kg/인·일이고, 밀도는 0.8ton/m^3, 쓰레기차의 적재용량이 15m^3일 때, 가연성 쓰레기를 운반 하는데 필요한 차량은?(단, 차량은 1일 1회 운행 기준)

해설 발생량 = 처리량
$500000인 \times 0.2\% \times 0.6 kg/인·일 = 800 kg/m^3 \times 15 m^3 \times x 대/일$
∴ $x = 5 대/일$

문제 12 ▌ 밀도가 400kg/m^3인 폐기물을 압축하여 밀도가 900kg/m^3가 되도록 하였다면 압축된 폐기물 부피(%)는?

해설 부피(%)
$\% = (\dfrac{\dfrac{1}{900 kg/m^3}}{\dfrac{1}{400 kg/m^3}}) \times 100 = 44\%$

문제 13 ▌ 해안매립공법의 종류 3가지를 설명하시오.

해설 ① 순차투입공법 : 호안 측으로부터 순차적으로 쓰레기를 투입하여 육지화 하는 방법이다.
② 박층뿌림공법 : 밑면이 뚫린 바지선에서 쓰레기를 박층으로 떨어뜨려 뿌리는 방법이다.
③ 내수배제공법 : 고립된 매립지대에 매립 전에 내수를 일부 배제한 후 쓰레기를 투기하는 방식이다.

문제 **14** 매립지에 쓰이는 합성차수막을 재료별로 3가지를 쓰고 특징을 간략히 설명하시오.

① PVC : 가격은 저렴하나 자외선, 오존, 기후에 약하다.
② HDPE : 온도에 대한 저항성이 높다.
③ CSPE : 산과 알카리에 특히 강하다.
④ CPE : 접합상태가 나쁘다.

문제 **15** 매립지의 단계별 매립가스(LFG) 분해과정을 설명하시오.

매립지의 단계별 분해과정

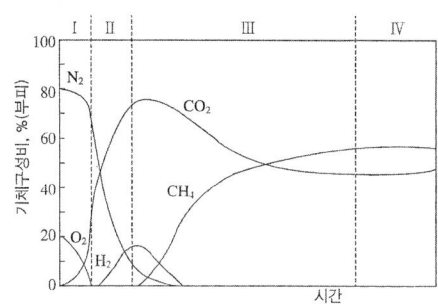

㉮ 제1단계에서는 친산소성 단계로서 폐기물 내에 수분이 많은 경우에는 반응이 가속화되어 O_2가 쉽게 고갈된다(호기성 단계).
㉯ 제2단계에서는 유기물이 효소에 의해 발효되는 혐기성 비메탄 단계로써, CO_2 가스가 많이 발생하며, H_2는 증가하고 N_2는 감소한다((호기-혐기성 전환단계).
㉰ 제3단계에서는 매립지 내부의 온도가 상승하여 약 55℃ 정도까지 올라가, CO_2 가스로 pH는 저하 하며 CH_4 가스가 발생한다(비정상 혐기성단계).
㉱ 4단계에서는 매립가스 내 CH_4과 CO_2의 함량이 거의 일정하게 유지된다(정상 혐기성 메탄단계).

문제 **16** 1일 폐기물 배출량이 700t인 도시에서 도랑(Trench)법으로 매립지를 선정하려 한다. 쓰레기의 압축이 30%가 가능하다면 1일 필요한 면적(m^2)은 얼마인가? (단, 발생된 쓰레기의 밀도는 250kg/m^3, 매립지의 깊이는 2.5m이다.)

매립면적 = $\dfrac{700\text{t} \times 10^3 \text{kg/일} \times (1-0.3)}{250\text{kg/m}^3 \times 2.5\text{m}}$ = $784\text{m}^2/$일

문제 **17** 퇴비화의 고려인자 중 C/N비가 너무 클 경우와 낮을 경우의 영향을 쓰시오.

① C/N비가 너무 크면 퇴비화에 소요되는 기간이 길어지며 과잉의 탄소로 유기산이 생성되어 pH는 감소한다.
② C/N비가 너무 낮으면 혐기성 분해로 탈질 미생물에 의하여 질소가 손실되고 pH는 증가하며 NH_3가 발생한다.

문제 18 | 폐기물의 고화처리 방법인 석회기초법의 장점 3가지를 쓰시오?

해설 ① 석회-포졸란 화학반응이 간단하다.
② 두 가지 폐기물을 동시에 처리할 수 있다.
③ 석회가격이 싸고 널리 이용된다.
④ 탈수가 필요 없다.
⑤ 소각재와 폐기물을 동시 처리한다.

2017시행 폐기물처리기사 [제4회]

문제 01 폐기물의 이송방향과 연소가스의 흐름방향에 따라 소각로를 4가지로 분류하시오.

① 역류식(향류식)
- 폐기물의 흐름방향과 연소가스의 흐름방향이 반대방향이다.
- 수분이 많은 저질 폐기물에 적합하다.

② 병류식
- 폐기물의 흐름방향과 연소가스의 흐름방향이 평행하게 같은 방향이다.
- 착화성이 좋고 발열량이 높은 양질의 폐기물에 적합하다.

③ 중간류식(교류식)
- 역류(향류)식과 병류식의 중간적인 형식이다.
- 양자의 흐름이 교차하여 폐기물의 질의 변동폭이 클 때 적합하다.

④ 2회류식
- 폐기물 흐름의 상류와 하류 측 여러 가스 출구를 가지고 있다.

문제 02 점토 차수막은 점토를 다져서 차수재료로 사용한다. 소성지수를 설명하시오.

① 액성한계와 소성한계의 차이를 소성지수라 한다.
② 점토가 소성을 나타낼 때의 최대수분량을 액성한계라 한다.
③ 점토가 소성을 나타낼 때의 최소수분량을 소성한계라 한다.

문제 03 차수막으로서 점토의 조건을 쓰시오.

① 투수계수: 10^{-7} cm/sec 미만
② 소성지수: 함수율 10% 이상 30% 미만
③ 액성한계: 함수율 30% 이상
④ 자갈(직경 2.5cm 이상)함유량: 10% 미만

문제 04 매립지의 침출수의 특성이 COD/TOC=1.0, BOD/COD=0.03이라면 효율성이 가장 양호한 처리공정은? (단, 매립연한은 15년정도이며 COD는 400mg/L이다.)

COD/TOC=2.0미만, BOD/COD=0.1미만은 활성탄공정이 양호하다.

문제 06 ▎매립장 침출수 차단방법인 표면차수막과 비교 연직차수막이 유리한점 3가지를 설명하시오.

해설 ① 연직차수막은 지중에 수평방향의 차수층이 존재할 때 사용한다.
② 연직차수막은 지하수 집배수 시설이 필요 없다.
③ 연직차수막은 차수막 보강시공이 가능하다.
④ 연직차수막은 차수막 단위면적당 공사비는 비싸지만 총 공사비는 싸다.

문제 07 ▎질소산화물의 제어방법 중 선택적 무촉매환원법(SNCR)과 선택적 촉매환원법(SCR) 5가지를 비교 설명하시오.

해설 선택적 무촉매 환원법과 촉매 환원법의 비교

비교 항목	선택적 무촉매 환원법(SNCR)	선택적 촉매 환원법(SCR)
NO_x 저감한계	50ppm	20~40ppm
제거효율	30~70%	90%
운전온도	850~950℃	300~400℃
소요면적	설치공간이 작다.	촉매탑 설치로 소요면적 크다.
암모니아 슬립	10~100ppm	5~100ppm
PCDD 제거	거의 없음	가능성 있음
경제성	설치비가 저렴하다.	설치비가 많이 든다.
고려사항	• 운전온도, 혼합정도 • 암모니아 슬립 • 처리효율	• 운전온도, 촉매정도 • 암모니아 슬립 • 촉매 교체비용 • 배기가스 재 가열
장 점	• 다양한 가스에 적용가능하다. • 장치가 간단하다. • 유지관리가 용이하다.	• 탈질효율이 높다. • 암모니아 슬립이 적다.
단 점	• 950℃ 이하로 연소온도를 제어 하여야 한다.	• 촉매로 유지관리비가 많이 든다. • 압력손실이 크고 먼지, SO_x 등에 영향을 받는다. • 수명이 짧다.

문제 08 ▎고형물의 함량이 $80 kg/m^3$인 농축슬러지를 $18 m^3/hr$ 유량으로 탈수시키려 한다. 고형물 중량에 대해 25%의 소석회를 넣으면 함수율 70%의 탈수 cake이 얻어진다고 할 때 농축 슬러지로부터 얻어지는 탈수 cake의 양(t/day)은?(단, 하루 운전시간은 24시간, cake의 비중은 1.0)

해설 슬러지 발생량 = 슬러지 탈수량
$0.08 t/m^3 \times 18 m^3/hr \times 1.25 = x(1-0.7)$ ∴ $x = 6 t/hr$
∴ $6 t/hr \times 24 hr = 144 t/day$

문제 09 ▌ 강열감량이란 정의를 쓰시오.

해설 강열감량이란 시료에 열을 가하면 열에 의해서 휘발성 물질, 수분, 탄산 가스 등이 방출되어 시료의 무게가 감소되는 것으로 감량되기 전의 시료에 대한 퍼센트 값으로 나타낸다.

문제 10 ▌ 매립지에서 단계별 발생하는 가스 종류를 쓰시오.

해설 ① 제1단계에서는 친산소성 단계로서 폐기물 내에 수분이 많은 경우에는 반응이 가속화 되어 O_2가 쉽게 고갈된다(호기성 단계).
② 제2단계에서는 유기물이 효소에 의해 발효되는 혐기성 비메탄 단계로써, CO_2 가스가 많이 발생하며, H_2는 증가하고 N_2는 감소한다((호기-혐기성 전환단계).
③ 제3단계에서는 매립지 내부의 온도가 상승하여 약 55℃ 정도까지 올라가, CO_2 가스로 pH는 저하 하며 CH_4 가스가 발생한다(비정상 혐기성단계).
④ 4단계에서는 매립가스 내 CH_4과 CO_2의 함량이 거의 일정하게 유지된다(정상 혐기성 메탄단계).

문제 11 ▌ 폐기물 연소 후 배출되는 배기가스 중 염화수소 농도가 361ppm이고, 배기가스 부피가 2900 Sm^3/hr일 때, 배기가스 내 염화수소를 $Ca(OH)_2$로 처리시 필요한 $Ca(OH)_2$량(kg/hr)은 얼마인가?(단, 표준상태를 기준으로 하고, Ca 원자량 40, 처리 반응율은 100%로 한다.)

해설 $2HCl \quad + \quad Ca(OH)_2 \rightarrow CaCl_2 + 2H_2O$
$2 \times 22.4 Sm^3 \, : \, 74 kg$
$2900 Sm^3/hr \times 361 ppm \times 10^{-6} : x \, kg/hr \quad \therefore x = 1.73 kg/hr$

문제 12 ▌ 전처리로서 파쇄에 의하여 얻어질 수 있는 효과 5가지를 쓰시오.

해설 ① 입자의 비표면적이 증가하여 미생물의 분해속도가 증가한다.
② 입경분포의 균일화로 저장, 압축, 소각이 용이하다.
③ 조대 폐기물에 의한 소각로 손상을 방지한다.
④ 겉보기 비중의 증가로 수송이 용이하고 매립지 수명이 연장된다.
⑤ 매립지의 악취, 먼지의 비산을 감소시킨다.
⑥ 매립지의 작업이 용이하고 복토가 거의 필요 없다.
⑦ 매립장을 안전하고 위생적으로 관리할 수 있다.
⑧ 에너지 회수용으로 사용 시 연소효율이 높다.
⑨ 단점으로 매립 시 고농도의 침출수가 발생할 수 있다.

문제 13 ▌ 폐기물의 고형화 처리방법 5가지를 쓰시오.

해설 ① 시멘트고형화법   ② 석회기초법
③ 자가시멘트법   ④ 열가소성 플라스틱법
⑤ 유리화체법   ⑥ 피막형성법

문제 14 │ 글리신($C_2H_5O_2N$) 2M이 혐기성소화에 의해 완전분해 될 때 생성 가능한 이론적인 메탄 가스량(L)은?(단, 표준상태 기준, 분해 최종산물은 CH_4, CO_2, NH_3)

해설 $C_2H_5O_2N + 0.5H_2O \rightarrow 0.75CH_4 + 1.25CO_2 + NH_3$
$1M$: $0.75 \times 22.4L$
$2M$: x
$\therefore x = 33.6L$

문제 15 │ 슬러지처리를 하기 위해 위생처리장 활성슬러지(1% 농도) $40m^3$를 농축조에 넣어 농축한 결과 슬러지의 농도가 $35000mg/L$가 되었다. 농축된 슬러지의 량(m^3)은? (단, 슬러지비중은 1.0으로 가정함)

해설 $40m^3 \times 10000ppm = V_2 \, 35000mg/L$ $\therefore V_2 = 11.43m^3$

문제 16 │ 함수율 99%의 슬러지를 농축하여 함수율 92%의 농축슬러지를 얻었다. 슬러지의 용적감소는?(단, 비중은 1.0 기준)

해설 $V_1 \times (100-99\%) = V_2 \times (100-92\%)$
$\dfrac{V_1(100-99\%)}{V_2(100-92\%)} = \dfrac{1}{8}$

문제 17 │ 어떤 도시에서 발생되는 쓰레기의 성분 중 비가연성이 약 72.7%(중량비)를 차지하는 것으로 조사되었다. 밀도 $600\,kg/m^3$인 쓰레기가 $15m^3$가 있을 때, 이 중 가연성 물질의 양(t)은? (단, 쓰레기는 가연성+비가연성)

해설 가연성 물질의 양(t) = $(1-0.727) \times 0.6\,t/m^3 \times 15m^3 = 2.457t$

문제 18 │ 수거대상인구가 100000명인 지역에서 60일간 쓰레기의 수거상태를 조사한 결과 다음과 같이 조사 되었다. 이 지역의 1일 1인당 쓰레기 발생량(kg/인.일)은?

- 수거에 사용된 트럭 7대
- 수거횟수 250회/대
- 트럭의 용적 $10m^3$/대
- 수거된 쓰레기의 밀도 $400kg/m^3$

해설 발생량 = 처리량
발생량 = 100000명 × 60일 × x 발생량 = $6000000x$
처리량 = 7대 × 250회/대 × $10m^3$/대 × $400kg/m^3$ = $7000000kg$
$\therefore x = 1.166kg/$인.일

문제 19 ▎ 액상폐기물로부터 유해물질을 용매로 추출하고자 한다. 적절한 추출용매의 특성 5가지를 기술하시오.

해설 추출용매의 특성
① 용매추출(solvent extraction)에 사용되는 용매는 비극성이어야 한다.
② 증류 등에 의한 방법으로 용매회수가 가능하여야 한다.
③ 선택성이 커야 한다.
④ 분배계수가 높은 폐기물에 적용한다.
⑤ 회수성이 높아야 한다.
⑥ 끓는점이 낮은 폐기물에 적용한다.
⑦ 물에 대한 용해도가 낮아야 한다.
⑧ 물과 밀도가 다른 폐기물에 이용 가능성이 높다.

2017시행 폐기물처리기사 [제4회]

문제 01 친산소성 퇴비화 공정의 설계운영 시 고려인자에 관한 내용을 3가지 쓰시오.

해설 ① 수분이 많으면 공극 개량제를 이용하여 50~60%로 조절한다.
② 온도는 60~70℃로 이내로 유지시켜야 병원균을 죽일 수 있으나 80℃ 이상은 좋지 않다.
③ 보통 미생물 세포의 탄질비는 30 : 1 이다.
④ pH는 미생물의 활발한 활동을 위하여 6.0~8.0 범위가 적당하나 8.5 이상은 좋지 않다.
⑤ 입도의 크기는 1~6cm 정도가 적정하다.

문제 02 pipe line 수송의 종류 3가지를 쓰고 간략히 설명하시오.

해설 ① 공기수송 : 공기수송은 고층 주택 밀집지역에 적합하나 소음이 심하며 폐기물의 크기가 불균일하면 수송이 곤란하다.
② 슬러리 수송 : 쓰레기를 분쇄하여 물과 혼합하여 수송한다.
③ 캡슐수송 : 쓰레기를 충전한 캡슐을 수송관내에 삽입하여 공기나 물의 흐름을 이용하여 수송한다.

문제 03 쓰레기 발생량이 5백만톤/년인 지역의 수거인부의 하루 작업시간이 10시간이고, 1년의 작업일수는 300일 이며, 수거효율(MHT)은 1.8로 운영되고 있다면 필요한 수거인부의 수(명)는?

해설 $1.8 = \dfrac{\text{수거 인부수}(man) \times \text{1일 작업시간}(10hr)}{\text{1일 평균 폐기물 발생량}(5000000/300 ton)}$

∴ 3000 man

문제 04 액체연료의 연소형태 3가지를 쓰시오.

해설 ① 증발연소 ② 분무연소 ③ 액면연소

문제 05 연소조절에 의한 질소산화물의 발생 저감방법 3가지를 제시하시오.

해설 ① 저 과잉공기 연소
② 저온연소
③ 2단 연소
④ 배기가스 재순환 연소

문제 06 ┃ 이론공기량 $6.5\text{Sm}^3/\text{kg}$, 공기비 1.2일 때 실제로 공급된 공기량 Sm^3/kg은?

해설 실제공기량 $=1.2\times 6.5 Sm^3/kg = 7.8 Sm^3/kg$

문제 07 ┃ 초산과 포도당을 각각 1몰씩 혐기성 소화 하였을 때 양론적 메탄발생량은?

해설 포도당 1몰 혐기성소화시, 초산 1몰 혐기성소화시보다 메탄발생량은 3배 많다.
$$CH_3COOH \to CH_4 + CO_2$$
$$\quad 1M \quad : \quad 1M$$
$$C_6H_{12}O_6 \to 3CH_4 + 3CO_2$$
$$\quad 1M \quad : \quad 3M$$

문제 08 ┃ 고형화처리의 목적 5가지를 기술하시오.

해설 ① 폐기물에 고형화재를 첨가하여 폐기물의 물리적 성질을 변화시키는 데 있다.
② 슬러지를 다루기 용이하게(Handling) 한다.
③ 슬러지 내 오염물질의 용해도가 감소(Solubility)한다.
④ 유해한 슬러지인 경우 독성이 감소(Toxicity)한다.
⑤ 슬러지 표면적 감소에 따른 폐기물 성분의 손실을 줄인다.
⑥ 최종처분을 용이하게 한다.

문제 09 ┃ 다음은 동전기 정화기술에 관한 용어이다. 용어의 정의를 설명하시오?

전기이동, 전기삼투, 전기경사, 농도경사, 전기영동

해설 용어 정의
㉮ 전기이동 : 전기장을 인가하면 이온물질인 음이온은 양극으로 양이온은 음극으로 이동한다.
㉯ 전기삼투 : 전기장을 인가하면 간극수(물)는 양극에서 음극으로 이류하게 된다.
㉰ 전기경사 : 전기장을 인가하면 전압이 높은 극에서 낮은 극으로 이온이 이동한다.
㉱ 농도경사 : 농도가 높은 물질에서 낮은 물질로 이동한다.
㉲ 전기영동 : 콜로이드 물질은 음전하를 띤 입자는 양극으로 양전하를 띤 입자는 음극으로 이동한다.

문제 10 ┃ 전과정평가(LCA)의 평가단계 순서를 쓰시오.

해설 목적 및 범위 설정 → 목록분석 → 영향평가 → 개선평가 및 해석 문제 11 매립지의 사후관리 항목 5가지를 쓰시오.

해설 ① 빗물 배제방법
② 침출수 관리방법
③ 지하수 수질 조사방법
④ 해수 수질 조사방법
⑤ 발생가스 관리방법
⑥ 구조물과 지반의 안정도 유지방법
⑦ 지표수 수질 조사방법
⑧ 토양 조사방법
⑨ 방역방법(차단형매립시설은 제외한다)

문제 12 매립지에 쓰이는 합성차수막을 재료별로 3가지를 쓰고 특징을 간략히 설명하시오.

해설 ① PVC : 가격은 저렴하나 자외선, 오존, 기후에 약하다.
② HDPE : 온도에 대한 저항성이 높다.
③ CSPE : 산과 알카리에 특히 강하다.
④ CPE : 접합상태가 나쁘다.

문제 13 점토 차수막은 점토를 다져서 차수재료로 사용한다. 소성지수를 설명하시오.

해설 ① 액성한계와 소성한계의 차이를 소성지수라 한다.
② 점토가 소성을 나타낼 때의 최대수분량을 액성한계라 한다.
③ 점토가 소성을 나타낼 때의 최소수분량을 소성한계라 한다.

문제 14 쓰레기를 소각한 후 남은 재의 중량은 소각 전 쓰레기 중량의 약 1/3이다. 재의 밀도가 2.5 t/m³이고, 재의 용적이 3.3 m³이 될 때의 소각 전 원래 쓰레기의 중량(ton)은?

해설 밀도 $\rho = \dfrac{무게\ W}{부피\ V}$

밀도 $\rho\ 2.5 t/m^3 = \dfrac{x \times 1/3}{3.3 m^3}$ ∴ $x = 24.75 t$

문제 15 차수막으로서 점토의 조건을 쓰시오.

해설 ① 투수계수 : 10^{-7} cm/sec 미만
② 소성지수 : 10% 이상 30% 미만
③ 액성한계 : 30% 이상
④ 자갈(직경 2.5cm 이상)함유량 : 10% 미만

문제 16 ▍ 복토의 기능 5가지를 쓰시오.

해설 ① 위생곤충의 서식방지
② 악취 및 유독가스 확산방지
③ 쓰레기의 비산방지
④ 침출수량 최소화
⑤ 화재발생 방지
⑥ 부등침하의 최소화

문제 17 ▍ 파쇄 원리 3가지를 쓰시오.

해설 ① 전단작용에 의한 파쇄
② 충격작용에 의한 파쇄
③ 압축작용에 의한 파쇄

문제 18 ▍ 1차 집진장치의 집진율 90%이고, 총 집진율이 98%일 때 2차 집진장치의 집진율(%)은?

해설 $\eta_t = 1-(1-\eta_1)(1-\eta_2)$
$0.98 = 1-(1-0.9)(1-\eta_2)$ $\therefore \eta_2 = 80\%$

2018시행 폐기물처리기사 [제1회]

문제 01 어떤 쓰레기의 가연분의 조성비가 60%이며 수분의 함유율이 20%라면 이 쓰레기의 저위발열량 $kcal/kg$은? (단, 쓰레기 3성분의 조성비 기준의 추정식, $kcal/kg$)

해설 $H_l(kcal/kg) = [4500kcal/kg \times 가연성분 함량비] - [600kcal/kg \times W]$
*여기서, 가연성분과 수분함량은 %/100 이다.
$\therefore H_l = [4500kcal/kg \times 0.6] - [600kcal/kg \times 0.2] = 2580kcal/kg$

문제 02 파이프라인 수송의 장점 5가지를 쓰시오.

해설 ① 완전 자동화가 가능하다.
② 분진, 소음, 진동, 악취 등의 문제를 방지할 수 있다.
③ 교통체증, 미관상의 불쾌감이 없다.
④ 폐기물 발생량이 많은 지역에서 연속 대량수송이 가능하다.
⑤ 차량수송과 비교할 때 에너지 절감효과가 있다.

문제 03 폐기물 자원화의 필요성 3가지를 쓰시오.

해설 ① 폐기물의 감량에 의한 처리비용의 감소
② 자원과 에너지의 절약
③ 환경오염으로 인한 생태계 파괴를 방지
④ 고용기회 및 재생업소의 창업 기회 제공
⑤ 자원의 대외수입의존도 감소

문제 04 준호기성 매립의 특징 5가지를 쓰시오.

해설 ① 배수관을 통해 침출수를 차집·처리함으로 외부의 공기가 자연 통기되어 호기성 분해가 촉진될 수 있게 만든 구조이다.
② 오수를 가능한 한 빨리 매립지 외부로 배제하여야 한다.
③ 폐기물 층과 저부의 수압을 저감시켜 토양으로 오수의 침투를 방지하여야 한다.
④ 침출수를 배제할 수 있도록 집수장치를 설치한다.
⑤ 침출수의 유출을 방지하기 위한 차수막과 정화시설을 설치한다.
⑥ 강수 및 지표수의 유입을 방지하기 위한 집배수시설을 설치한다.

문제 05 ■ 해안매립공법 3가지를 쓰시오.

해설 ① 박층뿌림공법
② 순차투입공법
③ 내수배제공법

문제 06 ■ 고형폐기물을 매립 처리할 때 $C_6H_{12}O_6$ 성분 1톤(ton)의 폐기물이 혐기성 분해를 한다면 이론적 메탄가스 발생량(m^3)은 얼마인가? (단, 표준상태 기준이다.)

해설 $C_6H_{12}O_6 \rightarrow 3CH_4 + 3CO_2$
$180 kg$: $3 \times 22.4 Sm^3$
$1000 kg$: x
$\therefore CH_4 = 373.33 \, Sm^3$

문제 07 ■ 활성탄과 백필터를 이용하여 다이옥신을 제거하고자 한다. 장점 가지를 쓰시오.

해설 ① 분무된 활성탄은 흡착력이 강하여 주위의 분자들을 끌어들이는 인력이 강하다.
② 백 필터는 활성탄을 주입하지 않아도 분진의 흡착력에 의해 다이옥신은 제거된다.
③ 분진제거설비의 후단에 별도의 활성탄 필터를 설치하는 경우, 활성탄의 수집 및 재사용이 가능하므로 경제적인 측면에서 유리하다.
④ 활성탄 고정상 방식으로 할 경우 활성탄의 소모량은 분무 방식에 비하여 매우 효율적이다.

문제 08 ■ CEI, USI를 간략히 설명하시오.

해설 [1] CEI(지역사회 효과지수)
① 가로의 청소상태를 기준으로 한다.
② 설정인자에는 가로의 총수, 청결상태, 청소상태의 문제점 여부를 평가한다.
③ Scale은 1~4이며 100, 75, 50, 25, 0점으로 한다.
④ 가로상태의 문제점이 있는 경우 각 10점씩 감점한다.
[2] USI(사용자 만족도 지수)
① 사람의 만족도를 설문조사 한다.
② 80점 이상: 양호상태
③ 60점 이상: 좋음
④ 40점 이상: 보통
⑤ 20점 이상: 불양한 상태
⑥ 20점 이하: 용납할 수 없는 상태

문제 09 다음은 선별공정의 과정이다. 빈칸에 알맞은 용어를 채우시오.

> 저장 → (Shredder) → (Trommel) → (air classifier) → (Cyclone) → 유기물질
> ↓ (미세물질)
> 무기물질 ← (magnetic separator) → 철

문제 10 일반식이 C_mH_n인 탄화수소 기체 $1Sm^3$를 연소하는데 필요한 이론공기량(Sm^3)은 얼마인가?

> $C_mH_n + (m + \frac{n}{4})O_2 \rightarrow mCO_2 + (\frac{n}{2})H_2O$
> 이론산소량
>
> ∴ 이론공기량 $= = \frac{1}{0.21}(m + \frac{n}{4}) = 4.76m + 1.19n$

문제 11 친산소성 퇴비화 공정의 설계운영 시 고려인자 5가지에 대하여 쓰시오.

> ① 호기성 미생물의 대사에 필요한 산소는 5~15%가 요구되며, 공기의 채널링현상(덩어리 지는 현상)을 방지하기 위하여 규칙적으로 교반하거나 뒤집어 주어야 한다.
> ② 수분이 많으면 공극 개량제를 이용하여 50~60%로 조절한다.
> ③ 슬러지 수분함량이 크면 bulking agent를 섞는다.
> ④ 온도는 60~70℃로 이내로 유지시켜야 병원균을 죽일 수 있으나 80℃ 이상은 좋지 않다.
> ⑤ 온도가 서서히 내려가 40℃ 이하 정도가 되면 퇴비화가 거의 완성된 상태로 간주한다.
> ⑥ pH는 미생물의 활발한 활동을 위하여 6.0~8.0 범위가 적당하나 8.5 이상은 좋지 않다.
> ⑦ 운전초기에는 pH5~6정도로 떨어졌다가 퇴비화가 진행됨에 따라 증가하여 최종적으로 pH8~`9 가량이 된다.
> ⑧ 탄질율(C/N)은 30:1이 최적조건이다.
>   C/N비 : 톱밥 510, 나뭇잎 40~80, 음식물 15, 분뇨 10, 활성오니 6
> ⑨ 퇴비화 후에는 C/N비 값이 최종적으로 10 정도가 된다.
> ⑩ C/N비가 너무 크면 퇴비화에 소요되는 기간이 길어지며 과잉의 탄소로 유기산이 생성되어 pH는 감소한다.
> ⑪ 탄소는 미생물의 탄소원으로 이용되고 세포로 합성되므로 질소농도는 증가한다.
> ⑫ C/N비가 너무 낮으면 혐기성 분해로 탈질 미생물에 의하여 질소가 손실되고 pH는 증가하며 NH_3가 발생한다.
> ⑬ 입도의 크기는 1~6cm 정도가 적정하다.
> ⑭ 퇴비화 초기에는 악취가 발생하나 숙성되면 흙냄새가 난다.
> ⑮ 퇴비화가 완성되면 부피는 50% 이하로 감소한다.

문제 12 ┃ 소각시 과잉공기비가 너무 클 경우, 연소특성 5가지를 쓰시오.

① 연소실에서 연소온도가 낮아진다.(연소실의 냉각효과를 가져온다)
② 통풍력이 강하여 배기가스에 의한 열손실이 증대된다.
③ 황산화물과 질소산화물의 함량이 증가하여 부식이 촉진된다.
④ CH_4, CO, C 등 물질의 농도가 감소한다.
⑤ 방지시설의 용량이 커지고 에너지 손실이 증가한다.
⑥ 희석효과가 높아져 연소 생성물의 농도가 감소한다.

문제 13 ┃ 소각과 비교할 때 열분해의 특성 4가지를 쓰시오.

① 배기가스량이 적다.
② 황과 중금속이 재속에 고정되는 비율이 크다.
③ Cr^{3+}이 Cr^{6+}으로 산화되는 경우가 없다.
④ 다이옥신 발생량이 적다.
⑤ NO_x, SO_x의 발생량이 적다.
⑥ 열분해 생성물을 안정적으로 확보하기 어렵다.
⑦ 소각은 고도의 발열반응임에 비해 열분해는 고도의 흡열반응이다.
⑧ 배출구 온도는 열분해 1100℃, 소각 800℃이다.

문제 14 ┃ 퇴비화의 생분해성 분율을 설명하시오.

생분해도는 폐기물 내 함유된 리그린의 양으로 평가한다.

$$BF = 0.83 - (0.028 \times LC)$$

여기서, BF : 생물분해성 분율(휘발성 고형분함량 기준)
LC : 휘발성 고형분중 리그린 함량(건조무게 %로 표시)

문제 15 ┃ 폐기물 매립 시 최종 복토층을 4가지로 구분하여 두께를 쓰시오.

① 가스배제층(30cm)
② 차단층(45cm)
③ 배수층(30cm)
④ 식생대층(60cm)

문제 16 ┃ 유동층소각로에 있어서 유동매체의 구비조건은(단. 3가지)?

유동상 매질의 조건은 불활성, 내마모성, 균일한 입도, 높은 융점, 비중이 작아야 한다.

문제 17 퇴비화의 운전인자 중 Bulking Agent의 조건 3가지를 쓰시오.

① 산소의 통기가 어려우면 혐기성 반응이 일어나므로 볏짚, 왕겨, 톱밥, 나무껍질 등을 혼합하여 통기를 개량한다.
② 통기개량제는 수분 흡수능이 좋아야 한다.
③ 쉽게 조달이 가능한 폐기물이어야 한다.
④ 입자 간의 구조적 안정성이 있어야 한다.
⑤ 폐기물의 함수율 및 C/N비를 조절할 수 있어야 한다.

2018시행 폐기물처리산업기사 [제1회]

문제 01 쓰레기를 파쇄할 때 90% 이상을 3.8cm보다 작게 파쇄하려고 하는 경우, Rosin-Rammler Model에 의한 특성입자의 크기(cm)는? (단, n=1)

해설 Rosin-Rammler Model

$$Y = 1 - \exp\left[-\left(\frac{X}{X_o}\right)^n\right]$$

$$0.90 = 1 - \exp\left[-\left(\frac{3.8cm}{X_o}\right)^1\right]$$

$$\exp(-\frac{3.8cm}{X_o}) = 1 - 0.9$$

∴ 특성입자 크기 $X_o = \dfrac{-3.8cm}{\ln(1-0.90)} = 1.65cm$

문제 02 위생매립의 장단점 2가지를 각각 쓰시오.

해설 [1] 장점
① 거의 모든 종류의 폐기물 처분이 가능하다.
② 부지확보가 가능할 경우 가장 경제적인 방법이다.
③ 처분대상 폐기물의 증가에 따른 추가 인원 및 장비가 크지 않다.
④ 특별한 전처리가 필요하지 않다.
⑤ 폐기물의 최종처리방법이 된다.

[2] 단점
① 부지확보가 어렵다.
② 침출수에 의한 지하수가 오염된다.
③ 매립지 유해가스의 발생 및 폭발 위험성이 있다.
④ 악취가 발생한다.
⑤ 매립지의 침하 우려가 있다.
⑥ 매립이 종료된 후 일정기간의 사후관리가 요구된다.

문제 03 메탄 $1Sm^3$를 공기과잉계수 1.2로 완전연소 시킬 경우 습윤연소가스량(Sm^3)은?

해설 $CH_4 + 2O_2 \rightarrow CO_2 + 2H_2O$

$A_o = \dfrac{O_o}{0.21} = \dfrac{2Sm^3}{0.21} = 9.52Sm^3$

$Gw = (1.2 - 0.21) \times 9.52 + \sum 1 + 2 = 12.4 Sm^3$

문제 04 ▎ 스토커 소각로의 화격자 형식 5가지를 쓰시오.

해설 이동식, 복동식, 흔들이식, 왕복이동식, 이상식, 요동식, 회전식

문제 05 ▎ 최소 크기가 10cm인 폐기물을 2cm로 파쇄하고자 할 때 kick's 법칙에 의한 소요동력은 동일 폐기물을 4cm로 파쇄할 때 소요되는 동력의 몇 배인가?(단, n=1로 가정한다.)

해설 $E = $ 상수 $C \ln(\dfrac{\text{파쇄 전 입자크기}(L_1) 10cm}{\text{파쇄 후 입자크기}(L_2) 2cm}) = 1.61kw$

$E = $ 상수 $C \ln(\dfrac{\text{파쇄 전 입자크기}(L_1) 10cm}{\text{파쇄 후 입자크기}(L_2) 4cm}) = 0.91kw$

$\therefore \dfrac{1.61kw}{0.91kw} = 1.77$배

문제 06 ▎ 매립지의 단계별 매립가스(LFG) 분해과정을 설명하시오.

해설 매립지의 단계별 분해과정

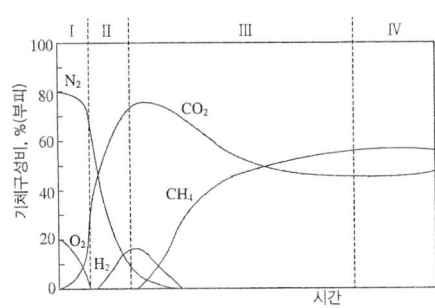

㉮ 제1단계에서는 친산소성 단계로서 폐기물 내에 수분이 많은 경우에는 반응이 가속화 되어 O_2가 쉽게 고갈된다(호기성 단계).
㉯ 제2단계에서는 유기물이 효소에 의해 발효되는 혐기성 비메탄 단계로써, CO_2가스가 많이 발생하며, H_2는 증가하고 N_2는 감소한다((호기-혐기성 전환단계).
㉰ 제3단계에서는 매립지 내부의 온도가 상승하여 약 55℃ 정도까지 올라가, CO_2 가스로 pH는 저하 하며 CH_4가스가 발생한다(비정상 혐기성단계).
㉱ 4단계에서는 매립가스 내 CH_4과 CO_2의 함량이 거의 일정하게 유지된다(정상 혐기성 메탄단계).

문제 07 ▎ 폐기물 처리 및 관리차원에서 사용되는 용어 중 3R이란?

해설 감량화(Reduction), 재사용(Reuse), 재활용(Recycling)

문제 **08** 소각할 쓰레기의 양이 $12760 kg/day$이다. 1일 10시간 소각로를 가동시키고 화격자의 면적이 $7.25 m^2$일 경우 이 쓰레기 소각로의 소각능력($kg/m^2 \cdot hr$)은 얼마인가?

해설 $G(kg/m^2 \cdot day) = \dfrac{\text{소각할 쓰레기 양 } W(kg/day)}{\text{화격자의 면적 } A(m^2)}$

$\therefore G = \dfrac{12760 kg/day}{7.25 m^2 \times 10 hr} = 176 kg/m^2 \cdot hr$

문제 **09** 초산과 포도당을 각각 1몰씩 혐기성 소화 하였을 때 양론적 메탄발생량은?

해설 포도당 1몰 혐기성소화시, 초산 1몰 혐기성소화시보다 메탄발생량은 3배 많다.

$CH_3COOH \rightarrow CH_4 + CO_2$
$\quad 1M \quad : \quad 1M$

$C_6H_{12}O_6 \rightarrow 3CH_4 + 3CO_2$
$\quad 1M \quad : \quad 3M$

문제 **10** 다음 물질회수율 중 어느 물질이 더 선별효율(%)이 높은가?(단, Worrell식 적용)

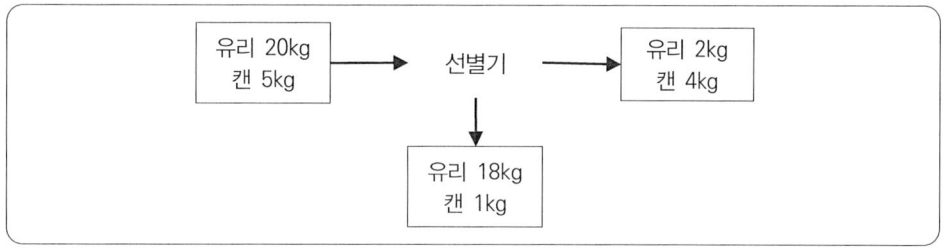

해설 캔보다 유리의 선별효율이 70% 높다.

㉮ 유리 선별효율$(E) = (\dfrac{18}{20} \times \dfrac{4}{5}) \times 100 = 72\%$

㉯ 캔 선별효율$(E) = (\dfrac{1}{5} \times \dfrac{2}{20}) \times 100 = 2\%$

$\therefore 72 - 2 = 70\%$

문제 **11** 쓰레기의 밀도가 $750 kg/m^3$이며 매립된 쓰레기의 총량은 30000ton이다. 여기에서 유출되는 침출수는 약 몇 $m^3/$년 인가? (단, 침출수발생량은 강우량의 60%이고, 쓰레기의 매립높이는 6m 이며, 연간 강우량은 1300mm이다.)

해설 침출수량 $Q = $ 면적 $A \times$ 높이 H(연간 강우량)

$\therefore Q = \dfrac{300000 t}{0.75 t/m^3 \times 6m} \times 1300 \times 10^{-3} m/y \times 0.6 = 5200 m^3/y$

문제 12 고온, 고압, 무산소 상태에서 유기물질을 열분해 시 기체, 액체, 고체 생성물을 쓰시오.

① **기체** - 수소, 메탄, 일산화탄소, 이산화탄소, 암모니아, 황화수소, HCN 등
② **액체** – 식초산, 아세톤, 메탄올, 오일, 타르, 방향성 물질 등
③ **고체** – Char(순수 탄소), 불활성 물질 등

문제 13 슬러지 개량에 영향을 주는 인자 3가지를 쓰시오.

① 슬러지의 개량효율은 개량방법, 개량제 종류 등에 영향을 받는다.
② 개량방법에 따라 수세, 열처리, 약품처리 방법 등에 영향을 받는다.
③ 수세는 주로 혐기성 소화된 슬러지 대상으로 실시하며 소화슬러지의 알카리도에 영향을 받는다.

문제 14 Trench method를 적용하여 쓰레기를 매립하려 한다. Trench 용량은 2000 m^3이며 인구 2000명, 1인 1일 쓰레기 배출량 1.5kg인 도시에서 발생되는 쓰레기를 매립 한다면 Trench 의 사용일수는?(단, 압축전 쓰레기 밀도는 500 kg/m^3이며 매립시 압축에 의해 부피가 40% 감소한다.)

발생량 = 처리량

$$\frac{1.5kg}{인 \cdot 일} | 2000인 | \frac{60}{100} x = \frac{2000m^3}{} | \frac{500kg}{m^3} \quad \therefore x = 555.55일$$

문제 15 수소 10%, 수분 0.5% 인 중유의 고위 발열량이 10500 $kcal/kg$ 일 때 저위발열량은?

$H_l(kcal/kg) = H_h - 6(9\mathrm{H} + \mathrm{W})$
*여기서, 원소의 단위는 퍼센트농도(%)이다.

$\therefore H_l = 10500 - 6(9 \times 10 + 0.5) = 9957 \mathrm{kcal/kg}$

문제 16 CO 100kg을 연소시킬 때 필요한 산소량(Sm^3)과 이 때 생성되는 CO_2 Sm^3는?

$CO + 1/2 O_2 \rightarrow CO_2$
28 : $0.5 \times 22.4 : 22.4$
100 : x_1 : x_2 $\therefore x_1 = 40 Sm^3 \cdot O_2$ $x_2 = 80 Sm^3 \cdot CO_2$

문제 17 매립의 종류(매립구조에 의한 분류) 5가지는?

혐기성, 혐기성위생, 개량혐기성위생, 준호기성, 호기성

문제 18 소각로의 구조에 따른 분류 중에서 스토커식, 유동층식, 회전로식 소각로의 장점 3가지를 각각 쓰시오.

해설 [1] 스토커식
① 도시 폐기물 소각의 대표적인 방식이다.
② 연속적 소각 및 대량 소각이 가능하다.
③ 수분이 많거나 발열량이 낮은 폐기물의 소각에 주로 적용된다.
④ 유동층식에 비하여 비산 분진량이 적다.
⑤ 유동층식에 비하여 내구 연한이 길다.
⑥ 전처리시설이 필요하지 않다.

[2] 유동층식
① 반응시간이 빨라 소각시간이 짧다.
② 폐유, 폐윤활유 등의 소각에 탁월한 성능이 있다.
③ 유동매체의 열용량이 커서 액상, 기상, 고형폐기물의 완전연소가 가능하며 2차 연소실이 불필요 하다.
④ 유동매체의 축열량이 높은 관계로 단기간 정지 후 가동 시 보조연료 사용 없이 정상 가동이 가능하다.
⑤ 가스의 온도와 과잉공기량이 낮아서 질소산화물도 적게 배출된다.
⑥ 구조가 간단하고 유지관리가 용이하다.
⑦ 로내 고온영역에서 기계적 가동부분이 적어 고장율이 낮다.
⑧ 연소율이 높아 미연소분 배출이 적다.

[3] 회전로식
① 습식가스 세정시스템과 함께 사용할 수 있다.
② 예열이나 혼합 등 전처리가 거의 필요 없다.
③ 드럼이나 대형용기를 파쇄하지 않고 그대로 투입할 수 있다.
④ 예열, 혼합, 파쇄 등 전처리 등의 전처리가 필요 없다.
⑤ 넓은 범위의 액상 및 고상 폐기물을 소각할 수 있다.
⑥ 폐기물의 성상변화에 적응성이 강하다.
⑦ 용융상태의 물질에 의하여 방해받지 않는다.
⑧ 공급장치의 설계에 있어서 유연성이 있다.

2018 시행 폐기물처리기사 [제2회]

문제 01 폐기물을 성상에 따라 분류하시오.

> **해설** 폐기물의 성상에 따른 분류
> ① "액상폐기물"이라 함은 고형물의 함량이 5 % 미만인 것을 말한다.
> ② "반고상폐기물"이라 함은 고형물의 함량이 5 % 이상 15 % 미만인 것을 말한다.
> ③ "고상폐기물"이라 함은 고형물의 함량이 15 % 이상인 것을 말한다.

문제 02 쓰레기의 소각에는 3T라는 3가지 조건이 필요하다. 3T란?

> **해설** 시간(Time), 온도(Temperature), 혼합(Turbulence)

문제 03 금속은 알칼리성에서 OH^-와 반응하여 수산화물의 불용성 물질로 응집 침전한다. 응집제와 응집보조제를 각각 2가지 쓰시오.

> **해설** 응집제와 응집보조제
> ① 응집제에는 $Fe(SO_4)$, $FeCl_3$, $Al(SO_4)_3$ 등이 있다.
> ② 응집보조제에는 Polymer, 활성규산, 벤토나이트 등이 있다.

문제 04 다음과 같은 매립공법은?

> ① 쓰레기층과 복토층을 교대로 고르게 깔면서 매립하는 방식이다.
> ② 매립면적이 좁은 산간지역, 계곡 등에 적용한다.

> **해설** 샌드위치식 공법

문제 05 유해성 폐기물이라 판단할 수 있는 성질 5가지를 쓰시오?

> **해설** 유해성의 판단은 인화성, 부식성, 반응성, 폭발성, 독성, 발암성 등으로 한다.

문제 06 ▌연소 시 발생하는 NO_x 억제법 3가지를 설명하시오.

해설 ① 연소용 공기온도를 조절하여 저온에서 연소한다.
② 연소부분을 냉각한다.
③ 과잉공기량을 감소시켜 저산소 연소한다.
④ 2단 연소, 단계적 연소를 한다.
⑤ 배가스를 재순환 한다.
⑥ 버너 및 연소실의 구조를 개선한다.
⑦ 촉매환원법 $6NO+4NH_3 \rightarrow 5N_2+6H_2O$

문제 07 ▌매립장에서 침출된 침출수가 다음과 같은 점토로 이루어진 90cm의 차수층을 통과하는 데 걸리는 시간(년)은 얼마인가?

- 유효 공극률 : 0.5
- 점토층 하부의 수두는 점토층 아랫면과 일치
- 점토층 투수계수 : 10^{-7} cm/sec
- 점토층 위의 침출수 수두 : 40cm

해설 차수층 통과 시간(년) $t = \dfrac{nd^2}{k(d+h)}$

$k(\dfrac{m}{y}) = \dfrac{10^{-7}cm}{\sec} | \dfrac{m}{100cm} | \dfrac{3600\sec}{hr} | \dfrac{24hr}{day} | \dfrac{365day}{y} = 0.0315 m/y$

$\therefore t = \dfrac{0.5 \times (0.9m)^2}{0.0315 m/y (0.9+0.4)m} = 9.89 y$

문제 08 ▌다음 설명을 읽고 맞으면[O], 틀리면[X]로 표시하시오.

해설 ① 유기물에는 탄소화합물과 이산화탄소, 일산화탄소가 있다. [X]
② 외형이 닮으면 구성성분도 같다. [X]
③ 열분해는 산화이고 연소는 환원이다. [X]
④ 소각은 발열반응이며 열분해는 흡열반응이다. [O]
⑤ 가연성 폐기물을 고열량의 연료로 만드는 것을 자원화라 한다. [O]
⑥ 휘발성 유기할로겐화합물은 잘 연소한다. [O]

문제 09 ▌폐기물의 분석절차를 쓰시오.

해설 시료 → 밀도측정 → 물리적 조성 → 건조 → 분류(가연성 및 불연성) → 전처리(절단 및 분쇄) → 화학적 조성분석, 극한분석, 발열량 분석, 용출 실험

문제 10 ▎ 다이옥신을 제어하기 위한 방법을 4단계로 구분하면?

해설 ▎ 다이옥신 제어방법
① 제1차적(사전방지) 방법
② 제2차적(로내) 방법
③ 제3차적(후처리) 방법
④ 제4차적(배가스처리) 활성탄과 백필터집진 방식

문제 11 ▎ 압축비가 5인 쓰레기의 부피 감소율은?

해설 ▎ 부피감소율 = $(1 - \dfrac{1}{압축비\,5}) \times 100 = 80\%$

문제 12 ▎ 어느 매립지에서 침출된 침출수 농도가 반으로 감소하는데 약 3.5년이 걸렸다면 이 침출수 농도가 90% 분해되는데 소요되는 시간(년)은?(단, 침출수 분해 반응은 1차 반응)

해설 ▎ $\dfrac{dC}{dt} = -K \cdot C^1 \xrightarrow{\text{적분하면}} \ln\dfrac{C_t}{C_0} = -K \cdot t \quad \therefore \ln\dfrac{0.5\,C_0}{C_0} = -K \cdot t$

$\ln 0.5 = -K \times 3.5\text{년} \quad \therefore K = 0.198$

$\ln\dfrac{0.1}{1} = -0.198 \times t \quad \therefore t = 11.6\text{년}$

문제 13 ▎ 슬러지의 호기성 소화 원리를 설명하고, bacteria($C_5H_7O_2N$)의 호기성 분해 시 요구되는 산소량(g)을 구하시오.

해설 ▎ ① 호기성 소화의 원리

유기물 + O_2 $\xrightarrow{\text{이화작용}}$ $CO_2 + H_2O + energy$

유기물 + O_2 $\xrightarrow[\text{energy}]{\text{동화작용}}$ $C_5H_7O_2 + CO_2 + H_2O$

② bacteria($C_5H_7O_2N$)의 호기성 분해 시 요구되는 산소량(g)

$$bacteria \quad C_5H_7O_2N \ + \ 5O_2 \ \rightarrow 5CO_2 + 2H_2O + NH_3$$
$$113g \ : \ 5 \times 32g \quad \therefore O_2 \text{요구량} = 160g$$

문제 14 ▎ 초산과 포도당을 각각 1몰씩 혐기성 소화 하였을 때 양론적 메탄발생량은?

해설 ▎ 포도당 1몰 혐기성소화시, 초산 1몰 혐기성소화시보다 메탄발생량은 3배 많다.

$CH_3COOH \rightarrow CH_4 + CO_2$
$\quad 1M \ : \ 1M$

$C_6H_{12}O_6 \rightarrow 3CH_4 + 3CO_2$
$\quad 1M \ : \ 3M$

문제 15 폐기물 고형화의 목적 3가지를 쓰시오.

해설 ① 폐기물에 고형화재를 첨가하여 폐기물의 물리적 성질을 변화시키는 데 있다.
② 슬러지를 다루기 용이하게(Handling) 한다.
③ 슬러지 내 오염물질의 용해도가 감소(Solubility)한다.
④ 유해한 슬러지인 경우 독성이 감소(Toxicity)한다.
⑤ 슬러지 표면적 감소에 따른 폐기물 성분의 손실을 줄인다.
⑥ 최종처분을 용이하게 한다.

문제 16 소각공정에서 연소가스의 유동방식에 따른 4가지 분류방식을 설명하시오.

해설 ① 역류식(향류식)
- 폐기물의 흐름방향과 연소가스의 흐름방향이 반대방향이다.
- 수분이 많은 저질 폐기물에 적합하다.
② 병류식
- 폐기물의 흐름방향과 연소가스의 흐름방향이 평행하게 같은 방향이다.
- 착화성이 좋고 발열량이 높은 양질의 폐기물에 적합하다.
③ 중간류식(교류식)
- 역류(향류)식과 병류식의 중간적인 형식이다.
- 양자의 흐름이 교차하여 폐기물의 질의 변동폭이 클 때 적합하다.
④ 2회류식
- 폐기물 흐름의 상류와 하류 측 여러 가스 출구를 가지고 있다.

문제 17 쓰레기 선별에 사용되는 직경이 3.2m 인 트롬멜 스크린의 최적속도 rpm은?

해설 최적속도(rpm) = 임계속도 × 0.45

임계속도(rpm) $Nc = \sqrt{\dfrac{g}{4\pi^2 r}} \times 60 = \dfrac{1}{2\pi}\sqrt{\dfrac{g}{r}} \times 60$

$Nc = \dfrac{1}{2\pi}\sqrt{\dfrac{9.8}{1.6}} \times 60 = 23.63\ rpm \times 0.45 = 11 rpm$

문제 18 혐기성 위생매립지에서 발생되는 가스의 조성을 검사한 결과, 일정기간 동안 CH_4, CO_2의 가스구성비(부피%)가 각각 50%, 40%로 나타나고 있다면 이때 매립지 내의 생물반응단계는?

해설 완전 혐기성상태

문제 19 매립지에서 추출된 LFG로부터 이산화탄소의 제거방법 3가지를 쓰시오.

해설 흡수, 흡착, 막 분리, 저온분리, 화학적 전화법(유기용제로 CO_2를 용해)

2018시행 폐기물처리산업기사 [제2회]

문제 01 매립지 사후관리계획서에 포함되어야 할 사항 6가지를 쓰시오.

① 폐기물매립시설 설치·사용 내용
② 사후관리 추진일정
③ 빗물배제계획
④ 침출수 관리계획(차단형 매립시설은 제외한다)
⑤ 지하수 수질조사계획
⑥ 구조물과 지반 등의 안정도유지계획
⑦ 그 외 구조물과 지반 등의 안정도유지계획 발생가스 관리계획(유기성폐기물을 매립하는 시설만 해당한다)

문제 02 포졸란 물질 3가지를 쓰고 설명하시오.

① 포졸란의 종류에는 화산재, 응회암, 규조토, 비산재(fly ash), 제철 슬래그(slag), 시멘트 킬른 분진(cement kiln dust) 등이 있다.
② 포졸란(Pozzolan)은 자체만으로는 시멘트성 반응이 없으나 수산화칼슘과 물과 결합하여 불용성, 수용성의 화합물을 형성한다.
③ 포졸란은 수화 부산물인 $Ca(OH)_2$와 반응하여 C-S-H 수화물을 만든다.

문제 03 매립지에서 발생하는 매립가스(CO_2 등)의 제어방법 2가지를 쓰시오.

① **자연배기식** - 셀 환기법, 우물형 환기법
② **강제배기식** - 매립지 내에서의 가스추출, 매립지 외각에서의 가스추출
③ **혼합식 방법** - 자연배기식+강제배기식

문제 04 소각로의 소각능률이 $170 kg/m^2 \cdot hr$이며 쓰레기의 양이 20000kg/일 이다. 1일 8시간 소각하면 화격자 면적(m^2)은?

$G(kg/m^2 \cdot day) = \dfrac{\text{소각할 쓰레기 양}\, W(kg/day)}{\text{화격자의 면적}\, A(m^2)}$

$\therefore A = \dfrac{20000 kg/\text{day}}{170 kg/m^2 \cdot \text{hr} \times 8\text{hr}} = 14.7 m^2$

문제 05 ▌ 화학적 조성이 $C_7H_{10}O_5N$으로 대표되는 폐기물의 C/N비는?

해설 $\dfrac{C}{N} = \dfrac{12 \times 7}{14 \times 1} = 6$

문제 06 ▌ 폐기물을 성상에 따라 분류하시오.

해설 ① "액상폐기물"이라 함은 고형물의 함량이 5 % 미만인 것을 말한다.
② "반고상폐기물"이라 함은 고형물의 함량이 5 % 이상 15 % 미만인 것을 말한다.
③ "고상폐기물"이라 함은 고형물의 함량이 15 % 이상인 것을 말한다.

문제 07 ▌ 합성차수막의 종류 중 HDPE 장점 4가지를 쓰시오.

해설 ① 대부분의 화학물질에 대한 저항성이 높다.
② 온도에 대한 저항성이 높다.
③ 강도가 높다.
④ 접합상태가 양호하다.
⑤ 가격이 저렴하다.

문제 08 ▌ 퇴비화 시 C/N비가 높을 때와 낮을 때에 대하여 설명하시오.

해설 ① C/N비가 너무 크면 퇴비화에 소요되는 기간이 길어지며 과잉의 탄소로 유기산이 생성되어 pH는 감소한다.
② C/N비가 너무 낮으면 혐기성 분해로 탈질 미생물에 의하여 질소가 손실되고 pH는 증가하며 NH_3가 발생한다.

문제 09 ▌ 슬러지의 수분형태 4가지를 설명하시오.

해설 ① **간극수** : 슬러지 입자 사이의 공간을 채우고 있는 수분으로 농축에 의해 분리된다.
② **모관결합수** : 미세입자 사이의 공간을 모세관압으로 채우고 있는 수분으로 압착에 의해 분리된다.
③ **부착수** : 슬러지 입자표면에 부착되어 있는 수분으로 제거가 어렵다.
④ **내부수** : 슬러지 입자 내부의 세포액으로 제거가 곤란하다.
⑤ **결합강도** : 내부수 〉 부착수 〉 모관결합수 〉 간극수 〉 중력수

문제 10 ▌ 쓰레기를 1일 30ton 소각하며 소각 후 남은 재는 전체 질량의 20%라고 한다. 남은재의 용적이 $10.3 m^3$일 때 재의 밀도 t/m^3는?

해설 밀도 $\rho = \dfrac{무게\ W}{부피\ V}$

$\rho = \dfrac{30t \times 0.2}{10.3 m^3} = 0.58\ t/m^3$

문제 11 쓰레기 선별에 사용되는 직경이 3.2m 인 트롬멜 스크린의 최적속도 rpm은?

> **해설** 최적속도(rpm) = 임계속도 × 0.45
>
> 임계속도(rpm) $Nc = \sqrt{\dfrac{g}{4\pi^2 r}} \times 60 = \dfrac{1}{2\pi}\sqrt{\dfrac{g}{r}} \times 60$
>
> $Nc = \dfrac{1}{2\pi}\sqrt{\dfrac{9.8}{1.6}} \times 60 = 23.63\,rpm \times 0.45 = 11\,rpm$

문제 12 CO_2 50kg의 표준상태에서 부피 Sm^3는? (단, CO_2는 이상기체이고, 표준상태로 간주한다.)

> **해설** CO_2 : Sm^3
> 44 : 22.4
> 50 : x ∴ $x = 25.45\,Sm^3$

문제 13 소각로 설계시 연소계산에 의하여 연소실의 입열과 출열이 같도록 균형을 유지하게 하는 열정산이 기본적으로 수행되어야 한다. 입열과 출열에 대하여 각각 2가지를 쓰시오.

> **해설** [1] 입열
> ① 폐기물의 연소열량
> ② 연소용 예열공기의 유입열량
>
> [2] 출열
> ① 배기가스로 유출되는 열량
> ② 불완전연소(미연분)에 의한 손실열
> ③ 회분(재)으로 유출되는 열량
> ④ 연소로의 방열 손실

문제 14 매립지에서 추출된 LFG로부터 이산화탄소의 제거방법 3가지를 쓰시오.

> **해설** 흡수, 흡착, 막 분리, 저온분리, 화학적 전화법(유기용제로 CO_2를 용해)

문제 15 퇴비화 하기 위해 함수율 97%인 분뇨와 함수율 30%인 쓰레기를 무게비 1:3으로 혼합했을 때의 함수율은?

> **해설** 혼합 후 함수율 $= \dfrac{(97 \times 1) + (30 \times 3)}{1 + 3} = 46.75\%$

문제 16 탄소 12kg이 완전연소 하는데 필요한 이론공기량(Sm^3)은?

> **해설** C + O_2 → CO_2
> 12 : 22.4
> 12 : x ∴ $x = 22.4\,Sm^3$
>
> ∴ $A_o = \dfrac{O_o}{0.21} = \dfrac{22.4}{0.21} = 106.7\,Sm^3$

문제 17 ■ 압축비(C_R)와 부피감소율(V_R)의 관계를 식으로 설명하고, 세로축을 압축비(C_R), 가로축을 부피감소율(V_R)로 하여 두 인자의 상관관계를 그래프로 도시 하시오.

해설 ① 압축비 $C_R = \dfrac{\text{압축 전 부피 } V_1}{\text{압축 후 부피 } V_2} = \dfrac{\text{압축 후 밀도 } \rho_2}{\text{압축 전 밀도 } \rho_1} = \dfrac{100}{100 - \text{부피감소율 } V_R}$

② 부피감소율 $V_R = (1 - \dfrac{V_2}{V_1}) \times 100 = (1 - \dfrac{1}{\text{압축비 } C_R}) \times 100$

③ C_R 및 V_R의 상관관계 그래프

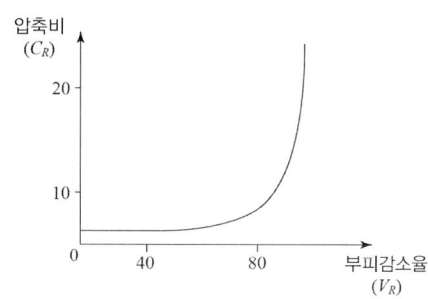

문제 18 ■ 쓰레기의 유기물질로부터 에너지회수방법 3가지를 쓰시오.

해설 소각열회수, 열분해, 혐기성소화, RDF

문제 19 ■ pipe line 수송의 종류 3가지를 쓰고 간략히 설명하시오.

해설 ① **공기수송** : 공기수송은 고층 주택 밀집지역에 적합하나 소음이 심하며 폐기물의 크기가 불균일하면 수송이 곤란하다.
② **슬러리 수송** : 쓰레기를 분쇄하여 물과 혼합하여 수송한다.
③ **캡슐수송** : 쓰레기를 충전한 캡슐을 수송관내에 삽입하여 공기나 물의 흐름을 이용하여 수송한다.

2018시행 폐기물처리기사 [제4회]

문제 01 스크러버로 HCl를 함유하는 배기가스를 20kg의 수산화나트륨으로 처리하였다. 만약 수산화나트륨 93%가 반응하였다면 제거된 염화수소의 양(kg)은?(단, Na 23, Cl 35.5)

해설 HCl : $NaOH$
  $36.5kg$: $40kg$
  x : $20kg \times 0.93$ $\therefore x = 16.97kg$

문제 02 쓰레기 선별에 사용되는 직경이 3.2m 인 트롬멜 스크린의 최적속도 rpm은?

해설 최적속도(rpm) = 임계속도 × 0.45

임계속도(rpm) $Nc = \sqrt{\dfrac{g}{4\pi^2 r}} \times 60 = \dfrac{1}{2\pi}\sqrt{\dfrac{g}{r}} \times 60$

$Nc = \dfrac{1}{2\pi}\sqrt{\dfrac{9.8}{1.6}} \times 60 = 23.63\, rpm \times 0.45 = 11 rpm$

문제 03 활성탄의 흡착능 특성 3가지를 쓰시오.

해설 ① 흡착제의 흡착능은 일반적으로 피흡착제의 분자량, 이온화 경향, pH, 극성, 입경, 온도(화학적 흡착)가 낮을수록 흡착능은 증가한다.
② 반면에 비표면적, 세공 수(多), 용질농도, 물질 확산속도가 높을수록 흡착능은 증가한다.

문제 04 1일 폐기물 발생량이 2000톤인 도시에서 5톤 덤프트럭으로 쓰레기를 투기장까지 운반하고자 한다. 이들의 하루 운전시간은 8시간, 운반거리는 2km, 왕복운반시간 25분, 적재시간 25분, 적하시간 10분이며 3대의 대기차량을 고려하면 모두 몇 대의 트럭이 필요한가? (단, 기타 사항은 고려하지 않음)

해설 발생량 = 처리량

$2000t = 5t \times \left(\dfrac{8\,hr/day}{25분 + 25분 + 10분}\right)$회/대 $\times x$ 대

$\therefore x = 50$대 + 대차량 3대 = 53대

문제 05 ┃ 탄소(C) $10kg$을 완전연소 시키는데 필요한 이론적 산소량(Sm^3)은 얼마인가?

해설　$C + O_2 \rightarrow CO_2$
　　　$12kg : 22.4Sm^3$
　　　$10kg : \quad x \qquad \therefore x = 18.67Sm^3$

문제 06 ┃ 대류열전달계수를 간략히 쓰시오.

해설　$q = h(T_w - T_\infty)$
　　　여기서, q : 유체에 전달되는 열량
　　　　　　　h : 대류열전달계수($kcal/m^2 \cdot hr \cdot ℃$)
　　　　　　　T_w : 평판표면온도
　　　　　　　T_∞ : 온도경계층을 벗어난 유체의 온도
① 열이 전달되는 방법에는 크게 전도, 대류, 복사의 세가지 유형으로 분류할 수 있다.
② 전도는 정지상태에 있는 고체, 액체 혹은 기체분자가 위치의 변화 없이 단순히 온도차에 의해서만 열이 전달되는 형태이다.
③ 대류는 액체나 기체 그 자체의 흐름에 편승하여 열에너지가 전달되는 방식이다.
④ 복사는 전자파 형식으로 열이 옮겨가는 방식이다.
⑤ 대류계수란 대류를 통해 전달되는 열에너지 량의 크기를 나타내는 계수를 의미한다.

문제 07 ┃ 쓰레기 저장소와 소각로에 카메라를 설치하여 모니터링하는 이유를 2가지를 쓰시오.

해설　① **쓰레기 저장소** : 수집운반차량, 적재량, 가연물 발생량, 화재 등을 감시
　　　② **소각로** : 로의 과부하, 완전연소, 소각상태, 화재 등을 감시

문제 08 ┃ 폐기물 처리방법 중 소각처리와 열분해처리를 비교할 때, 열분해처리의 장점 3가지를 기술하시오.

해설　① 배기가스량이 적다.
② 황과 중금속이 재속에 고정되는 비율이 크다.
③ Cr^{3+}이 Cr^{6+}으로 산화되는 경우가 없다.
④ 다이옥신 발생량이 적다.
⑤ NO_x, SO_x의 발생량이 적다.

문제 09 ┃ 퇴비화에 따른 Humus의 특징 3가지를 쓰시오.

해설　Humus의 특징
① 뛰어난 토양 개량제이다.
② 짙은 갈색으로 C/N비(10~20)가 낮다.
③ 물 보유력과 양이온교환능력이 좋다.
④ 짙은 갈색이다.

문제 10 ▮ 유동층 소각로의 장단점을 각각 3개씩 쓰시오.

해설 [1] 장점
① 반응시간이 빨라 소각시간이 짧다.
② 폐유, 폐윤활유 등의 소각에 탁월한 성능이 있다.
③ 유동매체의 열용량이 커서 액상, 기상, 고형폐기물의 완전연소가 가능하며 2차 연소실이 불필요 하다.
④ 유동매체의 축열량이 높은 관계로 단기간 정지 후 가동 시 보조연료 사용 없이 정상 가동이 가능하다.
⑤ 가스의 온도와 과잉공기량이 낮아서 질소산화물도 적게 배출된다.
⑥ 구조가 간단하고 유지관리가 용이하다.
⑦ 로내 고온영역에서 기계적 가동부분이 적어 고장율이 낮다.
⑧ 연소율이 높아 미연소분 배출이 적다.

[2] 단점
① 유동매체의 마모 소실에 따른 보충이 필요하다.
② 주입 슬러지가 고온에 의하여 급속히 건조되어 큰 덩어리를 이루면 문제가 일어나게 된다.
③ 유출모래에 의하여 시스템의 보조기기들이 마모되어 문제점을 일으키기도 한다.
④ 투입이나 유동화를 위해 파쇄가 필요하다.
⑤ 상(床)으로부터 찌꺼기의 분리가 어렵다.

문제 11 ▮ 다음 물질회수율 중 어느 물질이 더 선별효율(%)이 높은가?(단, Worrell식 적용)

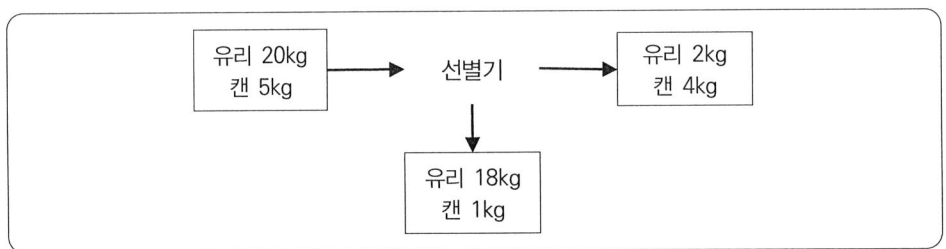

해설 캔보다 유리의 선별효율이 70% 높다.
㉮ 유리 선별효율$(E) = (\frac{18}{20} \times \frac{4}{5}) \times 100 = 72\%$
㉯ 캔 선별효율$(E) = (\frac{1}{5} \times \frac{2}{20}) \times 100 = 2\%$
∴ 72 − 2 = 70%

문제 12 ▮ 다음은 폐기물의 분석절차이다. [ ]안에 들어갈 용어를 쓰시오.

해설 시료 → [밀도측정] → 물리적 조성 → [건조] → 분류(가연성 및 불연성) → [전처리(절단 및 분쇄)] → 화학적 조성분석, 극한분석, 발열량 분석, 용출 실험

문제 13 ▎환원침전법에 의한 크롬처리의 원리를 쓰시오.

해설 1차 반응 : $Cr^{6+} \xrightarrow[ORP\,250mV]{pH\,2.0-3.0} Cr^{3+}$

2차 반응 : $Cr^{3+} + 3OH^- \xrightarrow{pH\,8.0-9.0} Cr(OH)_3 \Downarrow$

환원제의 종류: $FeSO_4,\ Na_2SO_3,\ NaHSO_3,\ S^{2-}$

문제 14 ▎매립지에 우수 집배수시설을 설치 시 설계조건 3가지를 쓰시오.

해설 ① 우수 집배수시설은 매립구역 내로 우수가 유입되는 것을 방지한다.
② 매립지 주변의 강우가 매립지 내에 유입되는 것을 방지한다.
③ 수로의 형상은 장방형 또는 원형이 좋다.
④ 조도계수는 작은 것이 좋다.
⑤ 수로의 단면은 토사의 혼입으로 인한 유량증가 및 여유고를 고려하여야 한다.
⑥ 토수로의 경우는 평균유속이 3m/sec 이하가 좋다.
⑦ 콘크리트수로의 경우는 평균유속이 8m/sec 이하가 좋다.

문제 15 ▎폐기물 선별방법 6가지를 쓰시오.

해설 ① 체선별(크기) ② 광학선별 ③ 자력선별
④ 와전류선별 ⑤ 관성선별 ⑥ 수중체
⑦ 기타 : Stoners, Scators, Table, 등

문제 16 ▎질소산화물을 억제하기 위한 선택적 촉매 환원법(SCR)의 설치위치 및 반응원리를 설명하시오.

해설 ① **설치위치** : 소각로 배기가스 → 분진제거 → 선택적 촉매 환원법(SCR) → 배기
② **반응원리** : $6NO + 4NH_3 \rightarrow 5N_2 + 6H_2O$

문제 17 ▎강우강도 공식형이 $I = \dfrac{4000}{t(\min) + 50} (mm/h)$로 표시된 경우 30분간의 강우강도는?

해설 $I = \dfrac{4000}{30\min + 50} = 50\,mm/h$

문제 18 ▎다이옥신의 제어방법 중에서 로내 제어방법 4가지를 쓰시오.

해설 ① 완전연소 조건을 충족시킨다.   ② 적절한 1차 공기량을 제어한다.
③ 850~950℃의 고온에서 분해한다.   ④ 충분한 산소농도를 유지한다.
⑤ 2차 연소실을 확보하여 재연소한다.
⑥ 연소 시 발생하는 미연분의 양과 비산재의 양을 줄인다.
⑦ 2차 공기공급에 의한 미연분을 완전연소 한다.

2018시행 폐기물처리산업기사 [제4회]

문제 01 분진을 제거하기 위한 Bag Filter의 집진원리 3가지를 쓰시오.

해설 Bag Filter의 집진원리는 차단부착, 관성충돌, 확산작용, 중력작용, 정전기와 반발력 등이다.

문제 02 분뇨의 슬러지 건량은 $3m^3$이며 함수율이 95%이다. 함수율을 80%까지 농축하면 농축조에서의 분리액(m^3)은? (단, 비중은 1.0 기준)

해설 분리액 $V = (3m^3 \times \dfrac{100}{100-95}) - (3m^3 \times \dfrac{100}{100-80}) = 45m^3$

문제 03 밀도가 $1.5\,g/cm^3$인 폐기물 10kg에 고형물재료를 5kg 첨가하여 고형화 시킨 결과 밀도가 $6.0\,g/cm^3$으로 증가하였다면 폐기물의 부피변화율(VCF)은 얼마인가?

해설 부피변화율(VCF) $= (1+MR) \times \dfrac{\rho_1}{\rho_2}$

$\therefore VCF = (1 + \dfrac{5kg}{10kg}) \times \dfrac{1.5g/cm^3}{6.0g/cm^3} = 0.38$

문제 04 관거(pipe line)를 이용하여 쓰레기를 수거할 때 장단점 3가지를 쓰라?

해설 [1] 장점
① 완전 자동화가 가능하다.
② 분진, 소음, 진동, 악취 등의 문제를 방지할 수 있다.
③ 교통체증, 미관상의 불쾌감이 없다.
④ 폐기물 발생량이 많은 지역에서 연속 대량수송이 가능하다.
⑤ 차량수송과 비교할 때 에너지 절감효과가 있다.

[2] 단점
① 분쇄, 파쇄 등의 전처리 공정이 필요하다.
② 설비투자비가 비싸다.
③ 일단 가설된 설비는 변동이 어렵다.
④ 잘못 투입된 폐기물을 회수하기 어렵다.
⑤ 장거리 수송에 한계가 있다.
⑥ 쓰레기의 막힘, 화재, 폭발 등에 대비한 예비시스템 필요하다.
⑦ 폐기물 발생량이 적은 지역에서는 비경제적이다.

문제 05 | 폐기물의 저위발열량을 폐기물 3성분 조성비를 바탕으로 추정할 때 3가지 성분은?

> 해설 폐기물의 3성분에는 가연성분, 수분, 회분이 있으며, 4성분에는 고정탄소, 휘발분, 수분, 회분이 있다.

문제 06 | 차수시설에서 저류구조물의 기능 3가지를 기술하시오.

> 해설
> ① 계획 매립량의 폐기물 저류
> ② 매립지로부터 침출수의 유출이나 누출방지
> ③ 매립지 침출수의 안전분류
> ④ 매립완료 후 폐기물의 안전저류

문제 07 | 어떤 소각로에 배출되는 가스량은 $8000 kg/hr$이고 온도는 $1000℃$ 이다. 배기가스는 소각로 내에서 1초 체류한다면 소각로 용적(m^3)은?(단, 표준상태에서 배기가스 밀도는 $0.2 kg/Sm^3$)

> 해설 밀도에 온도보정 $0.2 kg/Sm^3 \times \dfrac{273}{273+1000} = 0.043 kg/m^3$
> $t = V/Q$ 에서
> $V = \dfrac{8000 kg}{hr} \Big| \dfrac{1\sec}{} \Big| \dfrac{hr}{3600\sec} \Big| \dfrac{m^3}{0.043 kg} = 51.7 m^3$

문제 08 | 연료를 연소시킬 때 실제 공급된 공기량을 A, 이론공기량을 A_o라 할 때, 과잉공기율은?

> 해설 공기비(m) = $\dfrac{실제공기량}{이론공기량} = \dfrac{A}{A_o}$
> 과잉공기율 = $\dfrac{A - A_o}{A_o}$

문제 09 | 1일 폐기물 배출량이 700t인 도시에서 도랑(Trench)법으로 매립지를 선정하려 한다. 쓰레기의 압축이 30%가 가능하다면 1일 필요한 면적(m^2)은 얼마인가? (단, 발생된 쓰레기의 밀도는 $250 kg/m^3$, 매립지의 깊이는 2.5m이다.)

> 해설 매립면적 $A = \dfrac{700000 kg}{day} \Big| \dfrac{m^3}{250 kg} \Big| \dfrac{1}{2.5 m} \Big| \dfrac{1-0.3}{} = 784 m^2/day$

문제 10 | 매립시설의 사후관리 항목 3가지를 쓰시오?

> 해설 빗물 배제방법, 침출수 관리방법, 지하수 수질 조사방법, 해수 수질 조사방법, 발생가스 관리방법, 구조물과 지반의 안정도 유지방법, 지표수 수질 조사방법, 토양 조사방법 등

문제 11 두 가지 성분을 투입하고 분리하는 경우 Worrell식 및 Rietema식에 의한 선별효율(%) 공식을 쓰시오.

> ① Worrell식 선별효율(E_W)
> $$E_W = (\frac{X_1}{X_t} \times \frac{Y_2}{Y_t}) \times 100$$
> ② Rietema식 선별효율(E_R)
> $$E_R = (\frac{X_1}{X_t} - \frac{Y_1}{Y_t}) \times 100$$
> 여기서, X_1 : 회수량 중 회수대상물질　　Y_1 : 회수량 중 제거대상물질
> 　　　　X_2 : 제거량 중 회수대상물질　　Y_2 : 제거량 중 제거대상물질
> 　　　　X_t : 총 회수대상물질　　　　　Y_t : 총 제거대상물질

문제 12 연소의 형태 4가지를 쓰고 설명하시오.

> ① 증발연소
> 　연료 자체가 증발하여 연소한다(휘발유, 등유, 알코올 등).
> ② 분해연소
> 　물질의 열분해로 발생하는 가연성 가스가 연소한다(목재, 석탄 등).
> ③ 표면연소
> 　고체표면이 공기 중 산소와 반응하여 빨간 빛을 내며 연소한다(목탄, 석탄, 코크스 등).
> ④ 확산연소
> 　공기의 확산에 의한 불꽃이동 연소이다.
> ⑤ 자기연소(내부연소)
> 　물질자체의 결합산소와 반응하여 연소한다(니트로글리세린 등).

문제 13 전과정평가(LCA, life cycle assessment)절차 4단계를 쓰시오.

> ① 1단계 : 목적 및 범위설정(goal & scope definition)
> ② 2단계 : 단위공정별 목록분석(inventory analysis)
> ③ 3단계 : 환경부하에 대한 영향평가(impact assessment)
> 　　　　　분류화 → 특성화 → 정규화 → 가중치 부여
> ④ 4단계 : 개선평가 및 해석(life cycle interpretation)

문제 14 함수율 40%인 쓰레기를 건조시켜 함수율이 15%인 쓰레기를 만들었다면, 쓰레기 ton당 증발되는 수분량(kg)은 얼마인가? (단, 비중은 1.0 기준이다.)

> $1000 kg (100 - 40\%) = V_2 (100 - 15\%)$　　∴ $V_2 = 705.88 kg$
> ∴ $1000 kg - 705.88 kg = 294 kg$

문제 15 소각로 배기가스 중 황산화물(SO_x)을 제거하기 위한 탈황법 3가지를 쓰시오.

해설 ① 접촉수소화 탈황은 실용적이며 많이 사용되는 탈황법이다.
② 석회석 흡수법은 유지관리비가 저렴하며 소규모 보일러에 적합하나, 배가스 온도가 높고 석회분말 안으로 침투가 어려워 제거효율이 낮다.
$S + O_2 \rightarrow SO_2$
$S + O_2 \rightarrow SO_2 \rightarrow CaSO_4$
$S + O_2 \rightarrow SO_2 + 2NaOH \rightarrow Na_2SO_3 + H_2O$
③ 활성망간 등의 금속산화물에 의한 흡착탈황
④ 미생물에 의한 생화학적 탈황
⑤ 방사선 등의 전자선 조사에 의한 탈황
⑥ 활성탄으로 흡착
⑦ 산화마그네슘으로 흡수 등에 의한 방법이 있다.

문제 16 최종처분장의 위치를 선정할 때 고려사항 5가지를 쓰시오.

해설 ① 계획 매립용량의 확보가 가능한 곳
② 주변에 민가가 없고 주거지역으로부터 멀리 떨어져 있을 것
③ 경관의 훼손이 작고, 시각적으로 은폐 가능할 것
④ 지하수위가 낮고 토양의 투수성이 작을 것
⑤ 복토재 확보가 용이할 것
⑥ 기타 관련 자료를 참고한다.

문제 17 소각로의 소각능률이 $170 kg/m^2 \cdot hr$이며 쓰레기의 양이 20000kg/일 이다. 1일 8시간 소각하면 화격자 면적(m^2)은?

해설 $G(kg/m^2 \cdot day) = \dfrac{\text{소각할 쓰레기 양 } W(kg/day)}{\text{화격자의 면적 } A(m^2)}$

$\therefore A = \dfrac{20000 kg/\text{day}}{170 kg/m^2 \cdot \text{hr} \times 8 \text{hr}} = 14.7 m^2$

문제 18 폐기물 매립지 내 침출수 중에 Hg^{2+}이 포함되어있다. 황화물 침전으로 불용화 시키고자 할 때 반응식을 기술하라?

해설 $Hg^{2+} + S^{2-} \rightarrow HgS$

2019 시행 폐기물처리기사/산업기사 복원문제

문제 01 쓰레기발생량 예측방법 3가지를 쓰시오.

해설 발생량 예측방법
㉮ 경향예측모델법 ㉯ 다중회귀모델 ㉰ 동적모사모델

문제 02 쓰레기발생량 예측방법 3가지를 설명하시오.

해설 발생량 예측방법
㉮ 경향예측모델(Trend Method) : 최저 5년 이상의 과거 폐기물처리 실적을 수식화된 모델에 대입하여 폐기물의 발생량을 예측하는 방법으로 시간에 따른 폐기물의 발생량만 고려한다.
㉯ 다중회귀모델(Mutiple Regression) : 하나의 수식으로 여러 인자 즉, 자원 회수량, 사회적, 경제적 특성 등을 총괄적으로 고려하여 복잡한 시스템을 분석하는 방법이다.
㉰ 동적모사모델(Dynamic Simulation) : 모든 인자를 시간에 대한 함수로 나타내어 각 영향 인자들 간의 상관관계를 수식화하는 방법이다.

문제 03 적환장은 비교적 적은 수집차량에서 큰 차량으로 옮겨 싣고 장거리 수송을 할 경우 필요한 시설이다. 적환장의 위치선정 시 고려할 점 5가지를 쓰시오.

해설 적환장의 위치선정
① 주요 간선도로 접근이 용이한 곳
② 폐기물 발생지역의 무게중심에서 가까운 곳
③ 공중위생, 환경피해가 최소인 곳
④ 폐기물을 선별할 수 있는 공간이 충분한 곳
⑤ 작업이 용이하고 재생가능 물질의 선별이 용이한 곳
⑥ 쓰레기, 먼지 등이 날리지 않는 곳
⑦ 2차적 보조 수송수단에 연결이 쉬운 곳
⑧ 건설과 운영이 경제적인 곳

문제 04 가로 청소상태 평가법 2가지를 설명하시오.

해설 청소상태 평가법
㉮ CEI : 가로의 청소상태를 기준으로 가로의 총수, 청결상태, 청소상태의 문제점 여부를 평가한다.
㉯ USI : 서비스를 받는 사람들의 만족도를 설문조사하여 청소상태를 평가하는 방법이다.

문제 05 | 수거대상인구가 100000명인 지역에서 60일간 쓰레기의 수거상태를 조사한 결과 다음과 같이 조사 되었다. 이 지역의 1일 1인당 쓰레기 발생량(kg/인.일)은?

- 수거에 사용된 트럭 7대
- 트럭의 용적 $10m^3$/대
- 수거횟수 250회/대
- 수거된 쓰레기의 밀도 $400kg/m^3$

해설 발생량 = 처리량
발생량 $= 100000$명 $\times 60$일 $\times x$ 발생량 $= 6000000\,x$
처리량 $= 7$대 $\times 250$회/대 $\times 10m^3$/대 $\times 400kg/m^3 = 7000000kg$
$\therefore x = 1.166 kg/$인.일

문제 06 | 전과정평가(LCA)의 절차와 목적을 쓰시오.

해설 LCA의 절차와 목적
㉮ 전 과정평가의 절차
① 목적 및 범위설정(goal & scope definition)
② 단위공정별 목록분석(inventory analysis)
③ 환경부하에 대한 영향평가(impact assessment)
  분류화 → 특성화 → 정규화 → 가중치 부여
④ 개선평가 및 해석(life cycle interpretation)
㉯ 전 과정평가의 목적
• 제품 및 제조방법의 변경, 개량에 따른 환경부하 평가
• 환경부하의 저감 측면에서 제품의 제조방법 도출
• 환경목표치에 대한 달성도 평가
• 제품간의 환경부하 비교평가

문제 07 | 쓰레기를 파쇄할 때 90% 이상을 3.8cm보다 작게 파쇄하려고 하는 경우, Rosin-Rammler Model에 의한 특성입자의 크기 cm는? (단, n=1)

해설
$Y = 1 - \exp\left[-\left(\frac{X}{X_o}\right)^n\right]$

$0.90 = 1 - \exp\left[-\left(\frac{3.8cm}{X_o}\right)^1\right]$

$\exp(-\frac{3.8cm}{X_o}) = 1 - 0.9$

$\therefore$ 특성입자 크기 $X_o = \frac{-3.8cm}{\ln(1-0.90)} = 1.65cm$

문제 08 3000000ton/year의 쓰레기 수거에 4500명의 인부가 종사한다면 MHT값은?(단, 수거인부의 1일 작업시간은 8시간이고 1년 작업일수는 300일 이다.)

해설 MHT값

$$MHT = \frac{1일 평균 수거 인부수(man) \times 1일 작업시간(hr)}{1일 평균 폐기물 발생량(ton)}$$

$$\therefore MHT = \frac{4500 man \times 8hr}{3000000/300 ton} = 3.6$$

문제 09 쓰레기 선별에 사용되는 직경이 3.2m 인 트롬멜 스크린의 최적속도 rpm은?

해설 최적속도(rpm) = 임계속도 × 0.45

임계속도(rpm) $Nc = \sqrt{\frac{g}{4\pi^2 r}} \times 60 = \frac{1}{2\pi}\sqrt{\frac{g}{r}} \times 60$

$Nc = \frac{1}{2\pi}\sqrt{\frac{9.8}{1.6}} \times 60 = 23.63\ rpm \times 0.45 = 11 rpm$

문제 10 다음 조건인 경우 Worrell식 및 Rietema식에 의한 선별효율(%)은?

- 총 투입 폐기물량 200톤
- 회수량 중 회수대상물질 140톤
- 회수량 160톤
- 제거량 중 제거대상물질 30톤

해설 Worrell식 및 Rietema식에 의한 선별효율(%)

총 투입 폐기물량: 200톤	
회수량 중	제거량 중
회수량 160톤	제거량 40톤
회수대상물질(X_1) 140톤	회수대상물질(X_2) 10톤
제거대상물질(Y_1) 20톤	제거대상물질(Y_2) 30톤
총 회수대상물질(X_t) 150톤	
총 제거대상물질(Y_t) 50톤	

① Worrell식 선별효율(E_W)

$$E_W = (\frac{X_1}{X_t} \times \frac{Y_2}{Y_t}) \times 100$$

$$\therefore E_W = (\frac{140}{150} \times \frac{30}{50}) \times 100 = 56\%$$

② Rietema식 선별효율(E_R)

$$E_R = (\frac{X_1}{X_t} - \frac{Y_1}{Y_t}) \times 100$$

$$\therefore E_R = (\frac{140}{150} - \frac{20}{50}) \times 100 = 53.33\%$$

문제 11 │ 와전류 선별법에 대하여 설명하시오.

> 와전류 선별법(과전류 선별, eddy current separation)은 연속적으로 변화하는 자장 속에 비자성이며 전기전도성이 좋은 금속인 구리, 알루미늄, 아연 등을 넣으면 금속 내에 소용돌이 전류가 발생하여 반발력이 생기는데 이 반발력 차를 이용하여 분리시킨다.

문제 12 │ pipe line 수송의 종류 3가지를 쓰고 간략히 설명하시오.

> ① **공기수송** : 공기수송은 고층 주택 밀집지역에 적합하나 소음이 심하며 폐기물의 크기가 불균일하면 수송이 곤란하다.
> ② **슬러리 수송** : 쓰레기를 분쇄하여 물과 혼합하여 수송한다.
> ③ **캡슐수송** : 쓰레기를 충전한 캡슐을 수송관내에 삽입하여 공기나 물의 흐름을 이용하여 수송한다.

문제 13 │ 최소 크기가 10cm인 폐기물을 2cm로 파쇄하고자 할 때 kick's 법칙에 의한 소요동력은 동일 폐기물을 4cm로 파쇄할 때 소요되는 동력의 몇 배인가?(단, n=1로 가정한다.)

> $E = $ 상수 $C \ln(\frac{파쇄 전 입자크기 (L_1) 10cm}{파쇄 후 입자크기 (L_2) 2cm}) = 1.61 kw$
>
> $E = $ 상수 $C \ln(\frac{파쇄 전 입자크기 (L_1) 10cm}{파쇄 후 입자크기 (L_2) 4cm}) = 0.91 kw$
>
> $\therefore \frac{1.61 kw}{0.91 kw} = 1.77$ 배

문제 14 │ 압축비(C_R)와 부피감소율(V_R)의 관계를 식으로 설명하시오.

> ① 압축비 $C_R = \frac{압축 전 부피 V_1}{압축 후 부피 V_2} = \frac{압축 후 밀도 \rho_2}{압축 전 밀도 \rho_1} = \frac{100}{100 - 부피감소율 V_R}$
>
> ② 부피감소율 $V_R = (1 - \frac{V_2}{V_1}) \times 100 = (1 - \frac{1}{압축비 C_R}) \times 100$

문제 15 │ 밀도가 $1.5 \, g/cm^3$인 폐기물 10kg에 고형물재료를 5kg 첨가하여 고형화 시킨 결과 밀도가 $6.0 \, g/cm^3$으로 증가하였다면 폐기물의 부피변화율(VCF)은 얼마인가?

> 부피변화율(VCF) $= (1 + MR) \times \frac{\rho_1}{\rho_2}$
>
> $\therefore VCF = (1 + \frac{5kg}{10kg}) \times \frac{1.5 g/cm^3}{6.0 g/cm^3} = 0.38$

문제 16 ▎ 건조된 고형분의 비중이 1.40이며 이 슬러지케익의 건조 이전의 고형분 함량이 50%이라면 건조 이전 슬러지케익의 비중은 얼마인가?

해설 슬러지케익의 비중

$$\frac{1}{\rho_{sl}} = \frac{W_s}{\rho_s} + \frac{W_w}{\rho_w} \quad \leftarrow 무게 \atop \leftarrow 비중$$
슬러지 = 고형물 + 수분

$$\frac{1}{\rho_{sl}} = \frac{0.5}{1.4} + \frac{0.5}{1.0} \quad \therefore \rho_{sl} = 1.167$$
슬러지 = 고형물 + 수분

문제 17 ▎ 슬러지의 수분형태 4가지를 설명하시오.

해설 ① 간극수
슬러지 입자 사이의 공간을 채우고 있는 수분으로 농축에 의해 분리된다.
② 모관결합수
미세입자 사이의 공간을 모세관압으로 채우고 있는 수분으로 압착에 의해 분리된다.
③ 부착수
슬러지 입자표면에 부착되어 있는 수분으로 제거가 어렵다.
④ 내부수
슬러지 입자 내부의 세포액으로 제거가 곤란하다.
⑤ 결합강도
내부수 > 부착수 > 모관결합수 > 간극수 > 중력수

문제 18 ▎ 분뇨의 슬러지 건량은 $3m^3$이며 함수율이 95%이다. 함수율을 80%까지 농축하면 농축조에서의 분리액(m^3)은? (단, 비중은 1.0 기준)

해설 분리액 $V = (3m^3 \times \frac{100}{100-95}) - (3m^3 \times \frac{100}{100-80}) = 45m^3$

문제 19 ▎ 폐기물의 퇴비화기술에서 퇴비화의 운전인자는 매우 중요한 역할을 한다. 퇴비화의 운전인자 중 Bulking Agent의 특성 3가지를 쓰시오.

해설 Bulking Agent의 특성
㉮ 수분 흡수능이 좋아야 한다.
㉯ 쉽게 조달이 가능한 폐기물이어야 한다.
㉰ 입자 간의 구조적 안정성이 있어야 한다.
㉱ 폐기물의 함수율 및 C/N비를 조절할 수 있어야 한다.
㉲ 통기개량제에는 볏짚, 톱밥, 왕겨, 나뭇잎 등이 있다.

문제 20 ▎퇴비화에 따른 Humus의 특징 3가지를 쓰시오.

해설 Humus의 특징
① 뛰어난 토양 개량제이다.
② 짙은 갈색으로 C/N비(10~20)가 낮다.
③ 물 보유력과 양이온교환능력이 좋다.
④ 짙은 갈색이다.

문제 21 ▎폐기물 매립 시 사용되는 복토재의 구비조건 5가지를 쓰시오.

해설 복토재의 구비조건
㉮ 투수계수가 작고 살포가 용이하여야 한다.
㉯ 공급이 용이하고 원료가 저렴하여야 한다.
㉰ 위생상 안전하고 쥐, 파리 등 해충의 서식을 방지할 수 있어야 한다.
㉱ 연소가 잘 되지 않고 생분해가 가능해야 한다.
㉲ 악취발산 및 가스배출을 억제할 수 있어야 한다.
㉳ 차수성이 좋은 점토와 실트의 함량이 높은 토양이 적합하다.
㉴ 침식에 저항력이 크고 식생에 적합한 양질토양을 사용한다.

문제 22 ▎일반폐기물의 위생매립방법 3가지를 설명하시오.

해설 위생매립방법
㉮ 샌드위치 공법 : 쓰레기를 수평으로 고르게 깔아서 압축한 다음 그 위에 쓰레기와 복토를 번갈아 가면서 쌓는 방법이다.
㉯ 셀공법 : 쓰레기 비탈면의 경사를 15~25%로 하여 쓰레기를 셀모양으로 쌓고 각각의 셀에 복토하는 방법이다.
㉰ 압축매립공법 : 쓰레기를 매립하기 전에 압축하여 부피를 감소시킨 후 포장하여 매립하는 방법이다.

문제 23 ▎입도분포의 분석에 사용되는 평균입경, 유효입경, 특성입경, 균등계수, 곡률계수의 정의를 설명하시오.

해설 입도분포의 정의
㉮ 평균입경(d_{50}) : 입도 누적곡선에서 입자 50%를 통과시킨 체눈의 크기
㉯ 유효입경(d_{10}) : 입도 누적곡선에서 입자 10%를 통과시킨 체눈의 크기
㉰ 특성입경($d_{63.2}$) : 입도 누적곡선에서 입자 63.2%를 통과시킨 체눈의 크기
㉱ 균등계수(U) : $U = \dfrac{d_{60}}{d_{10}}$
㉲ 곡률계수(C) : $C = \dfrac{d_{30}^2}{d_{10} \times d_{60}}$

문제 24 | 어느 매립지에서 침출된 침출수 농도가 반으로 감소하는데 약 3.5년이 걸렸다면 이 침출수 농도가 90% 분해되는데 소요되는 시간(년)은?(단, 침출수 분해 반응은 1차 반응)

해설 소요되는 시간(1차 반응)

$$\frac{dC}{dt}=-K \cdot C^1 \xrightarrow{적분하면} \ln\frac{C_t}{C_0}=-K \cdot t \quad \therefore \ln\frac{0.5 C_0}{C_0}=-K \cdot t$$

$\ln 0.5 = -K \times 3.5년 \quad \therefore K=0.198$

$\ln \frac{0.1}{1} = -0.198 \times t \quad \therefore t = 11.6년$

문제 25 | 석회기초법에 사용되는 포졸란(Pozzolan)의 특성 2가지를 설명하시오.

해설 포졸란 특성
㉮ 포졸란은 자체만으로는 시멘트성 반응이 없으나 수산화칼슘과 물과 결합하여 불용성, 수용성의 화합물을 형성한다.
㉯ 포졸란의 주성분은 활성실리카(SiO_2)이다.
㉰ 포졸란의 종류에는 화산재, 응회암, 규조토, 비산재(fly ash), 제철 슬래그(slag), 시멘트 킬른 분진(cement kiln dust) 등이 있다.

문제 26 | 매립지에 쓰이는 합성차수막을 재료별로 3가지를 쓰고 특징을 간략히 설명하시오.

해설 합성차수막을 재료별 특징
㉮ PVC : 가격은 저렴하나 자외선, 오존, 기후에 약하다.
㉯ HDPE : 온도에 대한 저항성이 높다.
㉰ CSPE : 산과 알카리에 특히 강하다.
㉱ CPE : 접합상태가 나쁘다.

문제 27 | 매립지에서의 덮개설비는 침출수 발생 억제에 중요한 역할을 한다. 덮개시설의 기능 4가지를 쓰시오.

해설 ① 강우의 침투를 방지한다.
② 쓰레기의 날림을 방지한다.
③ 병원균 매개체의 서식을 방지한다.
④ 쓰레기 매립시 악취를 방지한다.
⑤ 유독가스 확산을 방지한다.

문제 28 | 매립장 침출수 차단방법인 표면차수막과 비교 연직차수막이 유리한점 3가지를 설명하시오.

해설 ① 연직차수막은 지중에 수평방향의 차수층이 존재할 때 사용한다.
② 연직차수막은 지하수 집배수 시설이 필요 없다.
③ 연직차수막은 차수막 보강시공이 가능하다.
④ 연직차수막은 차수막 단위면적당 공사비는 비싸지만 총 공사비는 싸다.

문제 29 | 1일 폐기물 배출량이 700t인 도시에서 도랑(Trench)법으로 매립지를 선정하려 한다. 쓰레기의 압축이 30%가 가능하다면 1일 필요한 면적(m^2)은 얼마인가? (단, 발생된 쓰레기의 밀도는 $250\,kg/m^3$, 매립지의 깊이는 2.5m이다.)

해설 1일 필요한 매립면적(m^2)

매립면적 $= \dfrac{700\,t \times 10^3 kg/일 \times (1-0.3)}{250 kg/m^3 \times 2.5 m} = 784 m^2/일$

문제 30 | 혐기성 위생매립지에서 LFG를 4단계로 나누어 설명하시오.

해설 매립지의 단계별 가스발생

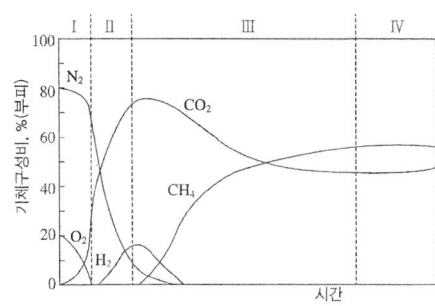

㉮ 제1단계에서는 친산소성 단계로서 폐기물 내에 수분이 많은 경우에는 반응이 가속화되어 O_2가 쉽게 고갈된다(호기성 단계).
㉯ 제2단계에서는 유기물이 효소에 의해 발효되는 혐기성 비메탄 단계로써, CO_2 가스가 많이 발생하며, H_2는 증가하고 N_2는 감소한다((호기-혐기성 전환단계).
㉰ 제3단계에서는 매립지 내부의 온도가 상승하여 약 55℃ 정도까지 올라가, CO_2 가스로 pH는 저하 하며 CH_4 가스가 발생한다(비정상 혐기성단계).
㉱ 4단계에서는 매립가스 내 CH_4과 CO_2의 함량이 거의 일정하게 유지된다(정상 혐기성 메탄단계).

문제 31 | 매립시설의 사후관리 항목 5가지를 쓰시오.

해설 ① 빗물 배제방법
② 침출수 관리방법
③ 지하수 수질 조사방법
④ 해수 수질 조사방법
⑤ 발생가스 관리방법
⑥ 구조물과 지반의 안정도 유지방법
⑦ 지표수 수질 조사방법
⑧ 토양 조사방법
⑨ 방역방법(차단형매립시설은 제외한다)

문제 32 | 매립지 저류구조물의 기능 3가지를 쓰시오.

해설 ① 계획 매립량의 폐기물 저류
② 폐기물의 유출이나 누출방지
③ 매립지로부터 침출수의 유출이나 누출방지
④ 매립지 내 침출수를 안전하게 분리
⑤ 매립완료 후 폐기물의 안전저류

문제 33 | 해안매립공법 3가지를 기술하시오.

해설 해안매립공법
㉮ 순차투입공법
    호안 측으로부터 순차적으로 쓰레기를 투입하여 육지화 하는 방법이다.
㉯ 박층뿌림공법
    밑면이 뚫린 바지선에서 쓰레기를 박층으로 떨어뜨려 뿌리는 방법이다.
㉰ 내수배제공법
    고립된 매립지대에 매립 전에 내수를 일부 배제한 후 쓰레기를 투기하는 방식이다.

문제 34 | 차수막으로서 점토의 조건을 쓰시오.

해설 ① 투수계수: 10^{-7} cm/sec 미만
② 소성지수: 함수율 10% 이상 30% 미만
③ 액성한계: 함수율 30% 이상
④ 자갈(직경 2.5cm 이상)함유량: 10% 미만

문제 35 | 매립장 침출수 생성에 영향을 미치는 인자 5가지를 쓰시오.

해설 침출수 발생의 영향인자
㉮ 강우의 표면 유출량과 침투수량
㉯ 폐기물의 분해율
㉰ 폐기물의 조성
㉱ 매립 경과시간
㉲ 다짐 정도
㉳ 지하수위

문제 36 | 평균농도가 20℃인 수거분뇨 20kL/일을 처리하는 혐기성 소화조의 소화온도를 외부가온에 의해 35℃로 유지하고자 한다. 이때 소요되는 열량(kcal/day)은? (단, 소화조의 열손실은 없는 것으로 간주, 분뇨의 비열 $1.1\,kcal/kg\cdot℃$, 비중 1.02)

해설 소요되는 열량
$20000 L/day \times 1.02 kg/L \times 1.1 kcal/kg\cdot℃ \times (35-20℃) = 336600 kcal/day$

문제 37 도시폐기물의 에너지 회수방법 5가지를 쓰시오.

해설 에너지 회수방법
㉮ 저온열분해(500~900℃)로 타르, Char, 아세트산, 아세톤, 메탄올 등의 유기액체연료를 회수한다.
㉯ 고온열분해(1100~1500℃)로 가스 상태의 H_2, CH_3, CO 등을 회수한다.
㉰ 습식산화(210~270℃)로 기름과 타르와 같은 액체연료를 회수한다.
㉱ 소각에 의한 열을 회수한다.
㉲ 혐기성소화에 의한 메탄을 회수한다.
㉳ 고체연료인 RDF를 생산한다.

문제 38 이코노마이저에 관하여 간략하게 설명하시오.

해설 이코노마이저는 연도에 설치되며 보일러 전열면을 통하여 여열로 보일러 급수를 예열하여 보일러의 효율을 높이는 장치이다.

문제 39 폐기물 매립지에서 우수 집배수시설의 기능 4가지를 쓰시오.

해설 우수 집배수시설의 기능
㉮ 침출수의 유출이나 누수 및 지하수의 침입 방지는 차수기능
㉯ 미 매립구역의 우수 등이 매립구역 내로 유입되는 것을 방지
㉰ 기 매립구역의 우수 등이 매립구역 내로 유입되는 것을 방지
㉱ 매립지 주변의 강우 등이 매립지에 유입되는 것을 방지

문제 40 매립지 침출수의 주된 발생원인 5가지를 쓰시오.

해설 침출수의 주된 발생원은 강우에 의한 영향이 가장 크며 표면 유출량과 침투수량, 폐기물의 분해율, 폐기물의 조성, 매립 경과시간, 다짐 정도, 지하수위, 지하수 유량 등에 영향을 받는다.

문제 41 플라스틱 폐기물 소각 시 발생하는 문제점 3가지를 쓰시오.

해설 소각 시 문제점
㉮ 발연량이 높다.
㉯ 용융연소가 일어난다.
㉰ 염소 및 다이옥신 등의 유해물질이 다량 발생한다.
㉱ 통기공을 폐쇄할 우려가 있다.

문제 42 ▌ 어떤 쓰레기의 가연분의 조성비가 60%이며 수분의 함유율이 20%라면 이 쓰레기의 저위발열량 $kcal/kg$은? (단, 쓰레기 3성분의 조성비 기준의 추정식, $kcal/kg$)

해설 $H_l(kcal/kg) = [4500kcal/kg \times 가연성분 함량비] - [600kcal/kg \times W]$
*여기서, 가연성분과 수분함량은 %/100 이다.

$\therefore H_l = [4500kcal/kg \times 0.6] - [600kcal/kg \times 0.2] = 2580kcal/kg$

문제 43 ▌ 쓰레기의 소각에는 3T라는 3가지 조건이 필요하다. 3T란?

해설 ① **연소**란 연료와 공기가 혼합되어 일정 온도와 일정 시간이 유지되면 열과 빛이 발생하는 현상을 말한다.
② **완전연소를 위한 3가지 조건(3T)**
　　시간(Time), 온도(Temperature), 혼합(Turbulence)
③ **연소의 3대 조건** : 연료, 산소, 불꽃

문제 44 ▌ 악취제거방법 5가지를 쓰시오.

해설 **악취제거방법**
㉮ 수세법(水洗法)
㉯ 활성탄(活性炭) 흡착법
㉰ 화학적 산화법
㉱ 흡수법(산알칼리 세정법)
㉲ 생물학적 제거법 (토양탈취, Bio-Filter법)
㉳ 연소법(직접 연소법, 촉매 연소법)

문제 45 ▌ 아래와 같은 함유성분의 폐기물을 연소처리할 때 저위발열량을 계산하면? (단, 함수율 29%, 불활성분 14%, 탄소 20%, 수소 8%, 산소 27%, 유황 2%, Dulong식 기준)

해설 Dulong식 $H_h(\text{kcal/kg}) = 81C + 340(H - \frac{O}{8}) + 25S$
*여기서, 원소의 단위는 퍼센트농도(%)이다.

$\therefore H_h(\text{kcal/kg}) = 81 \times 20 + 340(8 - \frac{27}{8}) + 25 \times 2 = 3242.5 \text{kcal/kg}$

$H_l(kcal/kg) = H_h - 6(9H + W)$
*여기서, 원소의 단위는 퍼센트농도(%)이다.

$\therefore H_l(kcal/kg) = 3242.5 - 6(9 \times 8 + 29) = 2636.5 \text{kcal/kg}$

문제 46 ▎폐기물 처리방법 중 소각처리와 열분해처리를 비교할 때, 열분해처리의 장점 3가지를 기술하시오.

해설 열분해처리의 장점
㉮ 배기가스량이 적다.
㉯ 황과 중금속이 재속에 고정되는 비율이 크다.
㉰ Cr^{3+}이 Cr^{6+}으로 산화되는 경우가 없다.
㉱ 다이옥신 발생량이 적다.
㉲ NO_x, SO_x의 발생량이 적다.

문제 47 ▎저위발열량 13500 $kcal/Sm^3$인 기체연료를 연소 시, 이론습연소가스량이 25 Sm^3/Sm^3이고 이론연소온도는 2500℃ 라고 한다, 적용된 연소가스의 평균 정압비열 $kcal/Sm^3$은?(단, 연소용 공기 및 연료 온도는 15℃)

해설 정압비열

$$t_2 = \frac{H_l}{G_o C_p} + t_1$$

$$2500℃ = \frac{13500 kcal}{Sm^3} \Big| \frac{Sm^3}{25 Sm^3} \Big| \frac{1}{x} \Big| + 15 \quad \therefore x = 0.217 kcal/Sm^3 \cdot ℃$$

문제 48 ▎수분함량이 90%인 폐기물의 용출시험결과 카드뮴의 농도가 0.25 mg/L 이었다. 함수율을 보정한 카드뮴의 농도(mg/L)는 얼마인가?

해설 카드뮴의 농도(mg/L)

보정 값 $= \frac{15}{100-90} = 1.5$ $\therefore Cd$ $0.25 mg/L \times 1.5 = 0.375 mg/L$

문제 49 ▎연소의 종류를 3가지를 쓰고 설명하시오.

해설 연소의 종류
㉮ 증발연소
연료 자체가 증발하여 연소한다(휘발유, 등유, 알코올 등).
㉯ 분해연소
물질의 열분해로 발생하는 가연성 가스가 연소한다(목재, 석탄 등).
㉰ 표면연소
고체표면이 공기 중 산소와 반응하여 빨간 빛을 내며 연소한다(목탄, 석탄, 코크스 등).
㉱ 확산연소
공기의 확산에 의한 불꽃이동 연소이다.
㉲ 자기연소(내부연소)
물질자체의 결합산소와 반응하여 연소한다(니트로글리세린 등).

문제 **50** 폐기물조성이 $C_{760}H_{1980}O_{870}N_{12}S$일 때 고위발열량(kcal/kg)은?(단, Dulong 식을 이용하여 계산한다.)

해설 $C_{760}H_{1980}O_{870}N_{12}S$ 화합물의 총질량
$= [760 \times 12] + [1980 \times 1] + [870 \times 16] + [12 \times 14] + [1 \times 32] = 25220\,g$

총질량 배분율

$C : \dfrac{760 \times 12\,g}{25220\,g} \times 100 = 36.16\%$ $\quad H : \dfrac{1980 \times 1\,g}{25220\,g} \times 100 = 7.85\%$

$O : \dfrac{870 \times 16\,g}{25220\,g} \times 100 = 55.19\%$ $\quad N : \dfrac{12 \times 14\,g}{25220\,g} \times 100 = 0.66\%$

$S : \dfrac{1 \times 32\,g}{25220\,g} \times 100 = 0.127\%$

Dulong식 $H_h(\mathrm{kcal/kg}) = 81C + 340\left(H - \dfrac{O}{8}\right) + 25S$

*여기서, 원소의 단위는 퍼센트농도(%)이다.

$H_h(\mathrm{kcal/kg}) = 81 \times 36.16 + 340\left(7.85 - \dfrac{55.19}{8}\right) + 25 \times 0.127 = 3255.6\,\mathrm{kcal/kg}$

문제 **51** SO_2 $100\mu g/m^3$을 ppm으로 환산하면?

해설 $100\mu g/m^3 \rightarrow 0.1 mg/m^3$

SO_2 : 부피
$64\,mg$: $22.4\,mL$
$0.1\,mg/m^3$: x $\quad \therefore x = 0.035\,mL/m^3 ≒ 0.035\,ppm$

문제 **52** 폐기물 처리방법 중 소각처리와 열분해처리를 비교할 때, 열분해처리의 장점 3가지를 기술하시오.

해설 열분해처리의 장점
㉮ 배기가스량이 적다.
㉯ 황과 중금속이 재속에 고정되는 비율이 크다.
㉰ Cr^{3+}이 Cr^{6+}으로 산화되는 경우가 없다.
㉱ 다이옥신 발생량이 적다.
㉲ NO_x, SO_x의 발생량이 적다.

문제 **53** 소각로에서 다이옥신의 제어방법 5가지를 쓰시오.

해설 ① 완전연소 조건을 충족시킨다.
② 적절한 1차 공기량을 제어한다.
③ 850~950℃의 고온에서 분해한다.
④ 충분한 산소농도를 유지한다.
⑤ 2차 연소실을 확보하여 재연소한다.
⑥ 연소 시 발생하는 미연분의 양과 비산재의 양을 줄인다.
⑦ 2차 공기공급에 의한 미연분을 완전연소 한다.

문제 54 이소프로필알콜(C_3H_7OH) 5kg이 완전연소 하는데 필요한 이론공기량(Sm^3)은 얼마인가? (단, 표준상태 기준이다.)

> 해설 $C_3H_7OH + 4.5O_2 \rightarrow 3CO_2 + 4H_2O$
> $60kg \quad : \quad 4.5 \times 22.4 Sm^3$
> $5kg \quad : \quad x \qquad \therefore x = 8.4 Sm^3$
> $\therefore A_o = \dfrac{O_o(Sm^3)}{0.21} = \dfrac{8.4 Sm^3}{0.21} = 40 Sm^3$

문제 55 소각로에서 하루 10시간 조업에 10000kg의 폐기물을 소각처리한다. 소각로 내의 열부하는 $30000 \, kcal/m^3 \cdot hr$ 이고, 로의 체적은 $15 \, m^3$ 이다. 이 폐기물의 발열량($kcal/kg$)은 얼마인가?

> 해설 로의 열부하($kcal/m^3 \cdot hr$) = $\dfrac{\text{발열량}(kcal/kg) \times \text{폐기물량}(kg/hr)}{\text{로의 체적}(m^3)}$
> $30000 kcal/m^3 \cdot hr = \dfrac{\text{발열량}(kcal/kg) \times 10000 kg/10hr}{15 m^3}$
> $\therefore$ 발열량 $= 450 kcal/kg$

문제 56 연소 시 발생하는 NO_x 억제법 3가지를 설명하시오.

> 해설 ① 연소용 공기온도를 조절하여 저온에서 연소한다.
> ② 연소부분을 냉각한다.
> ③ 과잉공기량을 감소시켜 저산소 연소한다.
> ④ 2단 연소, 단계적 연소를 한다.
> ⑤ 배가스를 재순환 한다.
> ⑥ 버너 및 연소실의 구조를 개선한다.
> ⑦ 촉매환원법 $6NO + 4NH_3 \rightarrow 5N_2 + 6H_2O$

문제 57 메탄 $1 Sm^3$를 공기과잉계수 1.2로 완전연소 시킬 경우 습윤연소가스량(Sm^3)은?

> 해설 $CH_4 + 2O_2 \rightarrow CO_2 + 2H_2O$
> $A_o = \dfrac{O_o}{0.21} = \dfrac{2 Sm^3}{0.21} = 9.52 Sm^3$
> $Gw = (1.2 - 0.21) \times 9.52 + \sum 1 + 2 = 12.4 Sm^3$

문제 58 어떤 폐기물 1kg의 원소조성이 다음과 같고, 실제공기량이 10Sm³일 때 과잉공기량 Sm³은?(가연분: C 30%, H 12%, O 25%, S 3%, 수분 20%, 회분 10%)

해설 과잉공기량 Sm³

$O_o = 1.867C + 5.6H + 0.7S - 0.7O$
　　*여기서, 원소는 %/100 이다.

$O_o = 1.867 \times 0.3 + 5.6 \times 0.12 + 0.7 \times 0.03 - 0.7 \times 0.25 = 1.1 Sm^3/kg$

$A_o = 1.1 Sm^3/kg \times \dfrac{1}{0.21} = 5.13 Sm^3/kg$

$\therefore A' = A - A_o = 10 - 5.13 = 4.9 Sm^3$

문제 59 30 ton의 음식물쓰레기를 톱밥과 혼합하여 C/N비 30으로 조정하여 퇴비화하고자 한다. 이때 톱밥의 필요량(톤)은? (단, 음식물쓰레기와 톱밥의 C/N비는 각각 20과 100이고, 다른 조건은 고려하지 않음)

해설 톱밥의 필요량

$C/N\ 30 = \dfrac{(30t \times 20) + 100x}{30t + x}$

$600 + 100x = 900 + 30x \quad \therefore x(톱밥) = 4.28t$

문제 60 다음은 동전기 정화기술에 관한 용어이다. 용어의 정의를 설명하시오?

전기이동, 전기삼투, 전기경사, 농도경사, 전기영동

해설 용어 정의
㉮ 전기이동 : 전기장을 인가하면 이온물질인 음이온은 양극으로 양이온은 음극으로 이동한다.
㉯ 전기삼투 : 전기장을 인가하면 간극수(물)는 양극에서 음극으로 이류하게 된다.
㉰ 전기경사 : 전기장을 인가하면 전압이 높은 극에서 낮은 극으로 이온이 이동한다.
㉱ 농도경사 : 농도가 높은 물질에서 낮은 물질로 이동한다.
㉲ 전기영동 : 콜로이드 물질은 음전하를 띤 입자는 양극으로 양전하를 띤 입자는 음극으로 이동한다.

문제 61 고형물과 회분이 각각 80%, 15%이다. 수분함량(%), 휘발성 고형물량(%), 강열감량(%), 고형물 중 유기물함량(%)을 구하시오.

해설 슬러지=물↑+고형물[유기물↑+무기물↓]
㉮ 수분함량(%) = 100 - 80 = 20%
㉯ 휘발성 고형물량(유기물, %) = 100 - (15 + 20) = 65%
㉰ 강열감량(%) = 100 - 15 = 85%
㉱ 고형물 중 유기물함량(%) = $\dfrac{유기물 65\%}{고형물 80\%} \times 100 = 81.25\%$

문제 62 다음 조성의 기체연료 $1Sm^3$을 완전연소 시키기 위해 필요한 이론공기량(Sm^3/Sm^3)은?

$$H_2\ 30\%,\ CO\ 9\%,\ CH_4\ 20\%,\ C_3H_8\ 5\%,\ CO_2\ 5\%,\ O_2\ 6\%,\ N_2\ 25\%$$

해설
30% $H_2 + 1/2 O_2 \rightarrow H_2O$
9% $CO + 1/2 O_2 \rightarrow CO_2$
20% $CH_4 + 2O_2 \rightarrow CO_2 + 2H_2O$
5% $C_3H_8 + 5O_2 \rightarrow 3CO_2 + 4H_2O$
5% $CO_2 \rightarrow CO_2$
6% $O_2 \rightarrow \nearrow$
25% $N_2 \rightarrow N_2$

$A_o = \dfrac{O_o}{0.21} = \dfrac{0.3 \times 0.5 + 0.09 \times 0.5 + 0.2 \times 2 + 0.05 \times 5 - 0.06}{0.21} = 0.74 Sm^3/Sm^3$

문제 63 pH 1.5인 폐산용액 $15m^3$과 pH 4.5인 폐산용액 $20m^3$을 혼합하였을 경우 혼합용액의 pH를 구하시오?

해설 혼합용액의 pH
$pH\ 1.5 \rightarrow 10^{-1.5}M \rightarrow 10^{-1.5}N$
$pH\ 4.5 \rightarrow 10^{-4.5}M \rightarrow 10^{-4.5}N$
$N = \dfrac{N_1 V_1 + N_2 V_2}{V_1 + V_2} = \dfrac{10^{-1.5} \times 15 + 10^{-4.5} \times 20}{15 + 20} = 0.0135$
$\therefore pH = -\log[0.0135] = 1.87$

문제 64 일반적인 슬러지처리 공정의 계통도를 순서대로 나열하시오?

해설 슬러지처리 공정
농축 → 안정화(소화) → 개량 → 탈수 → 건조 → 연소 → 최종처분
㉮ 감량화: 무게와 부피를 감소시킨다.
㉯ 안정화: 유기물의 안정화로 2차 오염을 방지한다.
㉰ 안전화: 병원균의 사멸, 통제로 환경위생을 향상시킨다.
㉱ 자원화: 연료화, 메탄가스, 비료로 이용한다.

문제 65 고형폐기물을 매립 처리할 때 $C_6H_{12}O_6$ 성분 1톤(ton)의 폐기물이 혐기성 분해를 한다면 이론적 메탄가스 발생량(m^3)은 얼마인가? (단, 표준상태 기준이다.)

해설 메탄가스 발생량(m^3)
$C_6H_{12}O_6 \rightarrow 3CH_4 + 3CO_2$
$180 kg$: $3 \times 22.4 Sm^3$
$1000 kg$: x
$\therefore CH_4 = 373.33\ Sm^3$

문제 66 ▎ 폐기물의 평균 저위발열량 $kcal/kg$은?(단, 도표내의 백분율은 중량백분율이며, 수분의 응축잠열은 공히 500$kcal/kg$으로 가정한다.)

구 성	성분비	고위발열량
종이	30%	9000kcal/kg
목재	30%	10000kcal/kg
음식류	20%	8500kcal/kg
플라스틱	20%	15000kcal/kg

해설 저위발열량

* 참고 (폐기물) $H_l(kcal/kg) = [4500 kcal/kg \times 가연성분\ 함량비] - [600 kcal/kg \times W]$
  *여기서, 가연성분과 수분함량은 %/100 이다.

$H_l = (0.3 \times 9000) + (0.3 \times 10000) + (0.2 \times 8500) + (0.2 \times 15000) - 500 = 9900 kcal/kg$

2020시행 폐기물처리기사/산업기사 복원문제

문제 01 전처리로서 파쇄에 의하여 얻어질 수 있는 효과 4가지를 쓰시오.

① 입자의 비표면적이 증가하여 미생물의 분해속도가 증가한다.
② 입경분포의 균일화로 저장, 압축, 소각이 용이하다.
③ 조대 폐기물에 의한 소각로 손상을 방지한다.
④ 겉보기 비중의 증가로 수송이 용이하고 매립지 수명이 연장된다.
⑤ 매립지의 악취, 먼지의 비산을 감소시킨다.
⑥ 매립지의 작업이 용이하고 복토가 거의 필요 없다.

문제 02 매립지에서 침출수 발생의 영향인자 3가지를 쓰시오.

① 강우량
② 폐기물의 함수량
③ 지하수의 수위
④ 외부에서 유입수량
⑤ 차수재의 차수능력
⑥ 복토재, 덮개시설의 차수능력

문제 03 평균농도가 20℃인 수거분뇨 20kL/일을 처리하는 혐기성 소화조의 소화온도를 외부가온에 의해 35℃로 유지하고자 한다. 이때 소요되는 열량(kcal/day)은? (단, 소화조의 열손실은 없는 것으로 간주, 분뇨의 비열 1.1kcal/kg·℃, 비중 1.02)

소요되는 열량
$20000 L/day \times 1.02 kg/L \times 1.1 kcal/kg \cdot ℃ \times (35-20℃) = 336600 kcal/day$

문제 04 유동층소각로에 있어서 유동매체의 구비조건은(3가지)?

유동상 매질의 조건은 불활성, 내마모성, 균일한 입도, 높은 융점, 비중이 작아야 한다.

문제 05 쓰레기 발생량에 영향을 미치는 요인에 대하여 5가지를 쓰시오?

해설 ① 기후에 따라 쓰레기 발생량과 종류가 다르게 된다.
② 수거빈도가 잦으면 쓰레기 발생량이 증가하는 경향이 있다.
③ 쓰레기통의 크기가 클수록 쓰레기 발생량이 증가하는 경향이 있다.
④ 재활용품의 회수 재이용률이 높을수록 쓰레기 발생량은 감소한다.
⑤ 대도시는 중소도시보다 많이 발생한다.
⑥ 생활수준이 높을수록 발생량이 증가한다.
⑦ 관련법규의 강화로 발생량은 감소한다.
⑧ 분쇄기의 사용으로 음식물 쓰레기는 제한적으로 감소한다.
⑨ 발생지역에 따라 성상이 달라진다.
⑩ 식생활 문화(찌개, 국물문화 등) 등에 따라 발생량에 영향을 미친다.

문제 06 황 함유량이 3.2%인 중유 10t을 완전연소할 때, 생성되는 SO_2의 부피 Sm^3는?(단, 표준상태를 기준으로 하며, 중유 중의 황은 전량 SO_2로 배출된다고 가정한다)

해설
$S \quad + \quad O_2 \quad \rightarrow \quad SO_2$
$32 \qquad\qquad\qquad\quad : 22.4$
$10000 kg \times 0.032 \quad : x \qquad \therefore x = 224 \, Sm^3$

문제 07 소각 시 탈취방법 중 직접연소법을 적용할 때의 주의할 사항 2가지를 쓰시오.

해설 직접연소법의 주의사항
① 유독성가스 또는 반응속도가 낮은 경우의 제거법으로 사용한다.
② 오염물의 폭발한계점 또는 인화점을 잘 알아야 한다.
③ 고온에서 질소산화물이 생성될 염려가 있다.

문제 08 쓰레기 발생량 조사방법 4가지를 쓰시오?

해설 ① 적재차량계수분석법(Load Count)
② 직접계근법(Direct Weighing)
③ 물질수지법(Material Balance)
④ 원자재 사용량으로 추정하는 방법
⑤ 통계조사법

문제 09 연료에는 고체, 액체, 기체연료가 있다. 액체연료의 장점 4가지를 쓰시오.

해설 ① 발열량이 높고 품질이 균일하다.
② 완전연소가 가능하다.
③ 연소효율과 열효율이 좋다.
④ 점화, 소화, 연소조절이 쉽다.
⑤ 저장, 취급이 용이하다.

문제 10 ▎ 쓰레기와 하수처리장에서 얻어진 슬러지를 함께 매립하려고 한다. 쓰레기와 슬러지의 고형물 함량이 각각 50%, 20%라고 하면 쓰레기와 슬러지를 8:2로 섞을 때의 이 혼합폐기물의 함수율은?(단, 무게 기준이며 비중은 1.0으로 가정함)

해설 혼합폐기물의 함수율(%) = $\dfrac{50 \times 8 + 80 \times 2}{8+2} = 56\%$

문제 11 ▎ 함수율 85%인 시료인 경우, 용출시험결과에 시료중의 수분함량 보정을 위하여 곱하여야 하는 값은?

해설 용출실험의 결과는 시료 중의 수분함량 보정을 위해 함수율 85% 이상인 시료에 한하여 "15/[100-시료의 함수율(%)]"을 곱하여 계산한 값으로 한다.

보정 값 = $\dfrac{15}{100-85} = 1.0$

문제 12 ▎ 메탄의 고위발열량이 11000kcal/Sm³이면, 저위발열량(kcal/Sm³)은 얼마인가?(단, 물의 기화열은 600kcal/kg이다.)

해설 $H_l(kcal/Sm^3) = H_h - 600 \sum H_2O$

메탄 $CH_4 + 2O_2 \rightarrow CO_2 + 2H_2O$ ∴ $H_2O = 2M$

∴ $H_l = 11000 - 600 \sum 2 = 9800 kcal/Sm^3$

문제 13 ▎ RDF(Refuse Derived Fuel)가 갖추어야 하는 조건 5가지를 쓰시오.

해설 ① 폐기물의 함수율이 낮아야 한다.
② 가연성 물질의 발열량이 높아야 한다.
③ 연소 시 대기오염이 적어야 한다.
④ 균일한 성분배합률로 구성되어야 한다.
⑤ 연소 후 재의 양이 적어야 한다.
⑥ 저장 및 수송이 편리하도록 개질되어야 한다.
⑦ 고분자 물질인 PVC 함량은 낮아야 한다.

문제 14 아래와 같은 함유성분의 폐기물을 연소처리할 때 저위발열량(kcal/kg)을 계산하면? (단, 함수율 : 29%, 불활성분 : 14%, 탄소 : 20%, 수소 : 8%, 산소 : 27%, 유황 : 2%, Dulong식 기준)

해설 $H_h(\text{kcal/kg}) = 81 \times 20 + 340(8 - \frac{27}{8}) + 25 \times 2 = 3242.5 \text{kcal/kg}$
*여기서, 원소의 단위는 퍼센트농도(%)이다.

$H_l(kcal/kg) = 3242.5 - 6(9 \times 8 + 29) = 2636.5 \text{kcal/kg}$
*여기서, 원소의 단위는 퍼센트농도(%)이다.

문제 15 도시 쓰레기의 수거 및 운반에 따른 수거노선 설정 시 유의사항 3가지를 쓰시오.

해설 ① 출발점은 차고지와 가까운 지점에서 시작한다.
② 가능한 한 간선도로 부근에서 시작하고 끝나도록 한다.
③ 언덕길은 내려가면서 수거한다.
④ 발생량이 많은 곳은 가장 먼저 수거한다.
⑤ 가능한 한 시계방향으로 수거노선을 정한다.
⑥ 반복운행, U자형 운행은 피하여 수거한다.

문제 16 폐기물의 발생량 예측방법 3가지를 쓰고 간략히 설명하시오.

해설 ① 경향예측모델(Trend Method)
최저 5년 이상의 과거 폐기물처리 실적을 수식화된 모델에 대입하여 폐기물의 발생량을 예측하는 방법으로 시간에 따른 폐기물의 발생량만 고려한다.
② 다중회귀모델(Mutiple Regression)
하나의 수식으로 여러 인자 즉, 자원 회수량, 사회적, 경제적 특성 등을 총괄적으로 고려하여 복잡한 시스템을 분석하는 방법이다.
③ 동적모사모델(Dynamic Simulation)
모든 인자를 시간에 대한 함수로 나타내어 각 영향 인자들 간의 상관관계를 수식화하는 방법이다.

문제 17 쓰레기를 파쇄할 때 90% 이상을 3.8cm보다 작게 파쇄하려고 하는 경우, Rosin-Rammler Model에 의한 특성입자의 크기(cm)는? (단, n=1)

해설 $Y = 1 - \exp\left[-\left(\frac{X}{X_o}\right)^n\right]$

$0.90 = 1 - \exp\left[-\left(\frac{3.8\text{cm}}{X_o}\right)^1\right]$

$\exp(-\frac{3.8cm}{X_o}) = 1 - 0.9$

∴ 특성입자 크기 $X_o = \frac{-3.8cm}{\ln(1-0.90)} = 1.65\text{cm}$

문제 18 ▌ 쓰레기 배출량에 영향을 주는 모든 인자를 시간에 대한 함수로 나타낸 후, 시간에 대한 함수로 표현된 각 영향인자들 간의 상관관계를 수식화하는 쓰레기 발생량 예측방법은?

해설 동적모사모델(Dynamic Simulation)

문제 19 ▌ 쓰레기 발생량이 5백만톤/년인 지역의 수거인부의 하루 작업시간이 10시간이고, 1년의 작업일수는 300일 이며, 수거효율(MHT)은 1.8로 운영되고 있다면 필요한 수거인부의 수(명)는?

해설 $1.8 = \dfrac{\text{수거 인부수}(man) \times \text{1일 작업시간}(10hr)}{\text{1일 평균 폐기물 발생량}(5000000/300 ton)}$ ∴ $3000\,man$

문제 20 ▌ 압축은 폐기물을 기계적으로 압축하여 부피를 감소시키는 데 있다. 압축효과 3가지를 쓰시오.

해설 압축효과
① 매립지의 작업이 용이하고 복토가 거의 필요 없다.
② 폐기물의 수송이 용이하고 운송비가 절감된다.
③ 매립지의 수명을 연장한다.
④ 매립지의 악취, 먼지의 비산을 감소시킨다.

문제 21 ▌ 쓰레기를 파쇄하여 매립할 때의 이점 4가지를 쓰시오.

해설 ① 곱게 파쇄하면 매립시 복토가 필요없거나 복토요구량이 절감된다.
② 매립시 안정적인 호기성 조건을 유지하여 냄새가 방지된다.
③ 매립작업이 용이하고 압축장비가 없어도 고밀도의 매립이 가능하다.
④ 폐기물 입자의 표면적이 증가되어 미생물작용이 촉진된다.

문제 22 ▌ 어느 폐기물의 성분을 조사한 결과 플라스틱의 함량이 10%(중량비)로 나타났다. 이 폐기물의 밀도가 300kg/m³이라면 폐기물 10m³ 중에 함유된 플라스틱의 양(kg)은 얼마인가?

해설 플라스틱의 양(kg) = $10m^3 \times 300\,kg/m^3 \times 0.10 = 300kg$

문제 23 ▌ 쓰레기 선별에 사용되는 직경이 3.2m 인 트롬멜 스크린의 최적속도 rpm은?

해설 최적속도(rpm) = 임계속도 × 0.45

임계속도(rpm) $Nc = \sqrt{\dfrac{g}{4\pi^2 r}} \times 60 = \dfrac{1}{2\pi}\sqrt{\dfrac{g}{r}} \times 60$

$Nc = \dfrac{1}{2\pi}\sqrt{\dfrac{9.8}{1.6}} \times 60 = 23.63\,rpm \times 0.45 = 11\,rpm$

문제 24 ▎소각과 비교할 때 열분해의 특징 5가지를 쓰시오.

해설 ① 배기가스량이 적다.
② 황과 중금속이 재속에 고정되는 비율이 크다.
③ 3가 크롬이 6가 크롬으로 산화되는 경우가 없다.
④ 다이옥신 발생량이 적다.
⑤ NO_x, SO_x의 발생량이 적다.
⑥ 열분해 생성물을 안정적으로 확보하기 어렵다.
⑦ 소각은 고도의 발열반응임에 비해 열분해는 고도의 흡열반응이다.

문제 25 ▎저온열분해 시 생성되는 액체연료의 종류 2가지를 쓰시오.

해설 저온열분해는 500~900℃에서 타르, Char, 아세트산, 아세톤, 메탄올 등의 액체연료가 생성된다.

문제 26 ▎친산소성 퇴비화 공정의 설계운영 시 고려인자 3가지를 쓰시오.

해설 퇴비화의 고려인자
① 수분이 많으면 공극 개량제를 이용하여 50~60%로 조절한다.
② 적정온도는 60~70℃가 이상적이나 80℃ 이상은 좋지 않다.
③ 보통 미생물 세포의 탄질비는 30:1 이다.
④ pH는 미생물의 활발한 활동을 위하여 6.0~8.0 범위가 적당하나 8.5 이상은 좋지 않다.
⑤ 입도의 크기는 1~6cm 정도가 적정하다.

문제 27 ▎복합퇴비화 시 함수율 85%인 슬러지와 함수율 40%인 톱밥을 1:2로 혼합한 후의 함수율과 퇴비화의 적절성 여부에 관하여 판단하라?

해설 혼합 후 함수율 = $\dfrac{(85 \times 1) + (40 \times 2)}{1+2} = 55\%$

혼합 후 함수율은 55%로 퇴비화에 적절한 함수율(50~60%)이라 판단된다.

문제 28 ▎차수막으로서 점토의 조건 3가지를 쓰시오.

해설 ① 투수계수 : 10^{-7}cm/sec 미만
② 소성지수(소성한계) : 수분함량 10% 이상 30% 미만
③ 액성한계 : 수분함량 30% 이상
④ 자갈(직경 2.5cm 이상)함유량 : 10% 미만

문제 29 ┃ BOD₅ 15000 mg/L, Cl⁻ 800 ppm인 분뇨를 희석하여 활성슬러지법으로 처리한 결과 BOD₅ 45 mg/L, Cl⁻ 40 ppm 이었다면 활성슬러지법의 처리효율(%)은? (단, 희석수 중에 BOD₅, Cl⁻은 없음)

해설 희석배수치(P) = $\dfrac{800ppm}{40ppm}$ = 20배

처리효율(%) = $\left(1 - \dfrac{45mg/L}{15000/20배}\right) \times 100 = 94\%$

문제 30 ┃ 고형폐기물을 매립 처리할 때 $C_6H_{12}O_6$성분 1톤(ton)의 폐기물이 혐기성 분해를 한다면 이론적 메탄가스 발생량(m³)은 얼마인가? (단, 표준상태 기준이다.)

해설 $C_6H_{12}O_6 \rightarrow 3CH_4 + 3CO_2$
180 kg : 3 × 22.4 Sm³
1000 kg : x
∴ CH_4 = 373.33 Sm³

문제 31 ┃ pipe line 수송의 종류 3가지를 쓰고 간략히 설명하시오.

해설 ① 공기수송 : 공기수송은 고층 주택 밀집지역에 적합하나 소음이 심하며 폐기물의 크기가 불균일하면 수송이 곤란하다.
② 슬러리 수송 : 쓰레기를 분쇄하여 물과 혼합하여 수송한다.
③ 캡슐수송 : 쓰레기를 충전한 캡슐을 수송관내에 삽입하여 공기나 물의 흐름을 이용하여 수송한다.

문제 32 ┃ 적환을 시행하는 주된 이유는 폐기물의 운반거리가 연장되었기 때문이다. 적환장의 형식 3가지를 쓰시오.

해설 ① 직접적환
② 저장적환
③ 병용적환

문제 33 ┃ 수거분뇨 1kL를 전처리(SS제거율 30%)하여 발생한 슬러지를 수분함량 80%로 탈수한 슬러지량(kg)은 얼마인가? (단, 수거분뇨의 SS농도는 4%, 비중은 1.0 기준이다.)

해설 슬러지 발생량 = 슬러지 탈수량
1000 kg/kL × 0.3 × 0.04 = $x(1-0.8)$ ∴ x = 60 kg

문제 34 ▌ 전처리에서 SS제거율 60%, 1차 처리에서 SS제거율 90%일 때 방류수 수질기준 이내로 처리하기 위한 2차 처리효율은?(단, 분뇨 SS는 20000mg/L, 방류수 SS 수질기준은 60mg/L이다.)

해설 공정상 농도 = 방류수 농도
$C_i(1-\eta_1)(1-\eta_2) = C_e$
$20000(1-0.6)(1-0.9)(1-\eta_2) = 60$
$800(1-\eta_2) = 60$ ∴ $\eta_2 = 0.925\%$

문제 35 ▌ 가장 흔히 사용되는 고화처리방법 중의 하나이며 무기성 고화재를 사용하여 고농도의 중금속 폐기에 적합한 화학적 처리방법은?(2 가지)

해설 무기성 고형화 방법에는 시멘트기초법, 석회기초법 등이 있다.

문제 36 ▌ 10g의 RDF를 열용량이 8600cal/℃인 열량계에서 연소하였다. 감지된 온도상승은 4.72℃이다. 이 시료의 발열량(cal/g)은 얼마인가?

해설 시료의 발열량 $= \dfrac{8600cal}{℃} \Big| \dfrac{4.72℃}{10g} = 4059.2 cal/g$

문제 37 ▌ 매립지 선정에 있어서 지형 등 고려사항 3가지를 쓰시오.

해설 ① 매립지 소요면적 및 수리학적 조건
② 운반도로의 확보 및 지형지질
③ 재해 등에 대한 안정성
④ 주변 환경 조건
⑤ 사후 매립지 이용계획 등을 고려한다.

문제 38 ▌ 폐기물 매립 시 사용되는 인공복토재의 조건 3가지를 쓰시오.

해설 ① 연소가 잘 되지 않아야 한다.
② 살포가 용이하여야 한다.
③ 투수계수가 작고 살포가 용이하여야 한다.
④ 미관상 좋아야 한다.

문제 39 ▌ 슬러지 내 비중 0.96인 휘발성 고형물이 7%, 비중 1.85인 나머지 잔류 고형물의 함량이 14%일 때 슬러지의 비중은? (단, 총고형물 함량은 21%)

해설 $\dfrac{1}{\rho_s} = \dfrac{0.07}{0.96} + \dfrac{0.14}{1.85} + \dfrac{0.79}{1.0}$ ∴ $\rho_s = 1.065$

문제 40 | 표면차수막의 파손원인 및 대책에 대하여 3가지를 쓰시오.

① 지반침하 : 연약지반을 개량 또는 지반다짐 한다.
② 지지력 부족 : 국부하중에 의한 침하지반을 개량 또는 지반다짐 한다.
③ 지각변동 : 지질이 급변한 장소에 비틀림 흡수시설을 설치한다.
④ 양압력 : 배면 수압방지를 위해 집배수시설을 한다.

문제 41 | 배기가스의 탈황법(FGD, Flue Gas Desulfurization) 종류 3가지를 쓰시오.

① 흡수법 : 건식 석회석 주입, 석회 세정, 알칼리 세정, 활성망간에 흡착, 산화마그네슘에 흡수 등의 방법이 있다.
② 흡착법 : 활성탄으로 흡착
③ 산화법 : 촉매(접촉)산화

문제 42 | 폐기물 소각공정에서 발생하는 다이옥신류 저감방안 3가지를 쓰시오.

① 다이옥신의 생성은 250~300℃에서 최대 이므로 소각로 온도를 빨리 급상승시킨다.
② 소각로 배출가스의 재연소에 의한 제거기술을 도입한다.
③ 다이옥신 분해 촉매에 의한 제거기술을 도입한다.
④ 활성탄에 의한 흡착기술을 도입한다.

문제 43 | 폐기물 매립지에서 우수 집배수시설의 기능 2가지를 쓰시오.

① 침출수의 유출이나 누수 및 지하수의 침입 방지는 차수기능
② 미 매립구역의 우수 등이 매립구역 내로 유입되는 것을 방지
③ 기 매립구역의 우수 등이 매립구역 내로 유입되는 것을 방지
④ 매립지 주변의 강우 등이 매립지에 유입되는 것을 방지

문제 44 | 폐기물 매립지의 매립 후 시간 경과에 따른 LFG의 조성변화 4단계를 쓰시오.

① 제1단계에서는 친산소성 단계로서 폐기물 내에 수분이 많은 경우에는 반응이 가속화 되어 용존산소가 쉽게 고갈된다(호기성 단계).
② 제2단계에서는 유기물이 효소에 의해 발효되는 혐기성 비메탄 단계로써, 이산화탄소 가스가 많이 발생한다(호기-혐기성 전환단계).
③ 제3단계에서는 매립지 내부의 온도가 상승하여 약 55℃ 정도까지 올라가, 이산화탄소 가스가 발생하며 pH는 저하한다(비정상 혐기성단계).
④ 4단계에서는 매립가스 내 메탄과 이산화탄소의 함량이 거의 일정하게 유지된다(정상 혐기성 메탄단계).

문제 45 어떤 주유소에서 오염된 토양을 복원하기 위해 오염 정도 조사를 실시한 결과, 토양오염 부피는 4000m³, BTEX는 평균 150mg/kg으로 나타났다. 이 때 오염토양에 존재하는 BTEX의 총 함량은 몇 kg 인가?(단, 토양의 bulk density=1.9g/cm³)

해설 $kg = \dfrac{4000m^3}{}\Big|\dfrac{1.9g}{cm^3}\Big|\dfrac{10^6 cm^3}{m^3}\Big|\dfrac{10^{-3}kg}{g}\Big|\dfrac{150mg}{kg}\Big|\dfrac{kg}{10^6 mg} = 1140 kg$

문제 46 전기영동이란? 용어의 정의를 간략히 쓰시오.

해설 콜로이드 물질은 음전하를 띤 입자는 양극으로 양전하를 띤 입자는 음극으로 이동한다.

문제 47 연소의 종류 4가지를 간략히 설명하시오.

해설
① 증발연소
   연료 자체가 증발하여 연소한다(휘발유, 등유, 알코올 등).
② 분해연소
   물질의 열분해로 발생하는 가연성 가스가 연소한다(목재, 석탄 등).
③ 표면연소
   고체표면이 공기 중 산소와 반응하여 빨간 빛을 내며 연소한다(목탄, 석탄, 코크스 등).
④ 확산연소
   공기의 확산에 의한 불꽃이동 연소이다.
⑤ 자기연소(내부연소)
   물질자체의 결합산소와 반응하여 연소한다(니트로글리세린 등).

문제 48 다음 조건인 경우 Worrell식 및 Rietema식에 의한 선별효율(%)은?

- 총 투입 폐기물량: 200톤	- 회수량 중 회수대상물질: 140톤
- 회수량: 160톤	- 제거량 중 제거대상물질: 30톤

해설

총 투입 폐기물량: 200톤	
회수량 중	제거량 중
회수량 160톤	제거량 40톤
회수대상물질(X_1) 140톤	회수대상물질(X_2) 10톤
제거대상물질(Y_1) 20톤	제거대상물질(Y_2) 30톤
총 회수대상물질(X_t) 150톤	
총 제거대상물질(Y_t) 50톤	

① Worrell식 선별효율(E_W)

$$E_W = \left(\dfrac{X_1}{X_t} \times \dfrac{Y_2}{Y_t}\right) \times 100$$

$$\therefore E_W = \left(\dfrac{140}{150} \times \dfrac{30}{50}\right) \times 100 = 56\%$$

② Rietema식 선별효율(E_R)

$$E_R = \left(\frac{X_1}{X_t} - \frac{Y_1}{Y_t}\right) \times 100$$

$$\therefore E_R = \left(\frac{140}{150} - \frac{20}{50}\right) \times 100 = 53.33\%$$

문제 49 | 탄소(C) 10kg을 완전연소 시키는데 필요한 이론적 산소량(Sm³)은?

해설 $C + O_2 \rightarrow CO_2$
$12kg : 1 \times 22.4 Sm^3$
$10kg : x$

$$\frac{10kg}{} \bigg| \frac{1 \times 22.4 Sm^3}{} \bigg| \frac{}{12kg} = 18.67\, Sm^3$$

문제 50 | 연소조절에 의한 질소산화물(NO_x)의 발생 저감방안 3가지를 쓰시오.

해설 ① 저 과잉공기 연소
② 저온연소
③ 2단 연소
④ 배기가스 재순환 연소

문제 51 | 열교환기 중 이코노마저에 관하여 간략히 설명하시오.

해설 절탄기는 연도로 배출되는 배기가스 중의 폐열을 이용하여 보일러 급수를 예열하는 시설이다.

문제 52 | 염화수소를 함유하는 배기가스를 20kg의 수산화나트륨으로 처리하였다. 만약 수산화나트륨 93%가 반응하였다면 제거된 염화수소의 양(kg)은?(단, Na 23, Cl 35.5)

해설 $HCl \;\; : \;\; NaOH$
$36.5kg : 40kg$
$x \;\;\;\;\; : 20kg \times 0.93 \quad \therefore x = 16.97kg$

문제 53 | 블로다운(Blow Down) 효과에 대하여 간략히 쓰시오.

해설 원심력집진장치의 집진율을 높이기 위한 방법으로 원심력집진장치의 더스트 박스에서 처리배기량의 5~10%를 흡입함에 따라 사이클론 내 난기류 현상을 억제시킴으로서, 집진된 분진이 비산되어 분리된 분진이 빠져나가는 것을 방지하는 방법이다.

문제 54 ▎ 처리가스유량이 1000m³/hr이고 여과포의 유효면적이 5m²일 때 여과집진장치의 겉보기여과 속도(cm/s)를 구하면?

해설 $V = \dfrac{Q}{A_f} = \dfrac{1000m^3}{hr} \Big| \dfrac{hr}{3600\sec} \Big| \dfrac{1}{5m^2} = 0.055 m/\sec$

문제 55 ▎ 연직차수막공법 중에서 많이 사용되는 방법 3가지를 쓰시오.

해설 연직차수막의 공법에는 강널말뚝 공법, 그라우트 공법, 슬러리월 공법, 어스 댐코어 공법 등이 있다.

문제 56 ▎ 어느 폐기물의 성분을 조사한 결과 플라스틱의 함량이 10%(중량비)로 나타났다. 이 폐기물의 밀도가 300kg/m³이라면 폐기물 10m³ 중에 함유된 플라스틱의 양(kg)은 얼마인가?

해설 플라스틱의 양(kg) = $10m^3 \times 300\ kg/m^3 \times 0.10 = 300\ kg$

문제 57 ▎ RDF(Refuse Derived Fuel)가 갖추어야 하는 조건 5가지를 쓰시오.

해설 ① 폐기물의 함수율이 낮아야 한다.
② 가연성 물질의 발열량이 높아야 한다.
③ 연소 시 대기오염이 적어야 한다.
④ 균일한 성분배합률로 구성되어야 한다.
⑤ 연소 후 재의 양이 적어야 한다.
⑥ 저장 및 수송이 편리하도록 개질되어야 한다.
⑦ 고분자 물질인 PVC 함량은 낮아야 한다.

문제 58 ▎ 해안매립공법 3가지를 쓰고 간략히 설명하시오.

해설 ① 순차투입공법
호안 측으로부터 순차적으로 쓰레기를 투입하여 육지화 하는 방법이다.
② 박층뿌림공법
밑면이 뚫린 바지선에서 쓰레기를 박층으로 떨어뜨려 뿌리는 방법이다.
③ 내수배제공법
고립된 매립지대에 매립 전에 내수를 일부 배제한 후 쓰레기를 투기하는 방식이다.

문제 **59** 유해폐기물의 고형화 방법 5가지를 쓰시오.

해설 ① 시멘트 기초법
② 자가시멘트법
③ 석회기초법
④ 열가소성 플라스틱법
⑤ 피막 형성법
⑥ 유리화법

문제 **60** 매립장 침출수 차단방법인 표면차수막과 비교 연직차수막이 유리한점 2가지를 쓰시오.

해설 ① 연직차수막은 지중에 수평방향의 차수층이 존재할 때 사용한다.
② 연직차수막은 지하수 집배수 시설이 필요 없다.
③ 연직차수막은 차수막 보강시공이 가능하다.
④ 연직차수막은 차수막 단위면적당 공사비는 비싸지만 총 공사비는 싸다.

문제 **61** 쓰레기를 압축시켜 부피감소율이 60%인 경우 압축비는?

해설 부피감소율 $60\% = (1 - \dfrac{1}{\text{압축비 } C_R}) \times 100$

$\dfrac{100}{C_R} = 100 - 60$ ∴ $C_R = 2.5$

문제 **62** ton의 음식물쓰레기를 톱밥과 혼합하여 C/N비 30으로 조정하여 퇴비화하고자 한다. 이때 톱밥의 필요량(톤)은? (단, 음식물쓰레기와 톱밥의 C/N비는 각각 20과 100이고, 다른 조건은 고려하지 않음)

해설 $C/N \ 30 = \dfrac{(30t \times 20) + 100x}{30t + x}$

$600 + 100x = 900 + 30x$ ∴ $x(\text{톱밥}) = 4.28t$

문제 **63** 다음의 용어를 간략히 설명하시오.

EPR, eddy current separation, RPF, MBT

해설 ① EPR(Extended Producer Responsibility)은 생산자 책임 재활용제도로 생산자 또는 수입업자에게 재활용 의무목표량을 부과하여 미이행시 부과금을 부과하는 제도이다.
② Eddy current separation 선별은 연속적으로 변화하는 자장 속에 비자성이며 전기전도성이 좋은 금속인 구리, 알루미늄, 아연 등을 넣으면 금속 내에 소용돌이 전류가 발생하여 반발력이 생기는데 이 반발력 차를 이용하여 분리시킨다.
③ RPF는 플라스틱 원료가 60% 이상 함유된 고형연료이다.
④ MBT(Mechanical Biological Treatment)는 기계적 선별, 생물학적 처리를 통해 재활용 물질을 회수하는 시설이다.

문제 64 폐기물 소각능력이 600kg/m²·hr인 소각로를 1일 8시간동안 운전시, 로스톨의 면적(m²)은 얼마인가? (단, 소각량은 1일 40톤이다.)

> **해설** 화상부하율 $G(kg/m^2 \cdot hr) \times t(hr/day) = \dfrac{\text{소각할 쓰레기 양 } W}{\text{화격자의 면적 } A}$
>
> $\therefore A = \dfrac{40 \times 10^3 kg}{day} \Big| \dfrac{m^2 \cdot hr}{600 kg} \Big| \dfrac{day}{8hr} = 8.3 m^2$

문제 65 전과정평가(LCA)의 정의 및 평가의 절차를 쓰시오.

> **해설** ① 정의
> 전과정평가(LCA, life cycle assessment)는 원료의 구매에서 제품의 생산, 유통, 사용, 처분까지 전 과정에 걸쳐 환경에 미치는 영향을 평가하는 데 있다.
> ② 평가의 절차
> 목적 및 범위 설정 → 목록분석 → 영향평가 → 개선평가 및 해석

문제 66 폐플라스틱의 재생 이용법 3가지를 쓰시오.

> **해설** 용융재생, 용해재생, 파쇄재생, 고체연료화, 열분해, 소각에 의한 열량회수 등이 있다.

문제 67 폐지 250kg을 소각하고자 한다. 이론공기량(Sm³)은 얼마인가? (단, 폐지의 성분은 모두 셀룰로오스($C_6H_{10}O_5$)로 가정한다.)

> **해설** $C_6H_{10}O_5 + 6O_2 \rightarrow 6CO_2 + 5H_2O$
> $162kg$: $6 \times 22.4 Sm^3$
> $250kg$: x $\therefore x = 207.4 Sm^3$
>
> $A_o = \dfrac{O_o(Sm^3)}{0.21} = \dfrac{207.4 Sm^3}{0.21} = 987.6 Sm^3$

문제 68 슬러지의 탈수는 수분과 고형물의 고액분리에 있다. 기계적 탈수방법 3가지를 쓰시오.

> **해설** ① 압력여과
> ② 압착여과
> ③ 원심분리
> ④ 진공여과 등

문제 69 폐기물의 고화처리방법인 석회기초법의 장점 4가지를 쓰시오.

> **해설** ① 석회-포졸란 화학반응이 간단하다.
> ② 두 가지 폐기물을 동시에 처리할 수 있다.
> ③ 석회가격이 싸고 널리 이용된다.
> ④ 탈수가 필요 없다.
> ⑤ 소각재와 폐기물을 동시 처리한다.

문제 70 ▎ CO_2 50kg의 표준상태에서 부피 Sm^3는? (단, CO_2는 이상기체이고, 표준상태로 간주한다.)

해설　CO_2 : Sm^3
　　　44 : 22.4
　　　50 : x　　∴ $x = 25.45\,Sm^3$

문제 71 ▎ 1일 폐기물 배출량이 700t인 도시에서 도랑(Trench)법으로 매립지를 선정하려 한다. 쓰레기의 압축이 30%가 가능하다면 1일 필요한 면적(m^2)은 얼마인가? (단, 발생된 쓰레기의 밀도는 250kg/m^3, 매립지의 깊이는 2.5m이다.)

해설　매립면적 $A = \dfrac{700000\,\text{kg}}{\text{day}} \Big| \dfrac{\text{m}^3}{250\,\text{kg}} \Big| \dfrac{}{2.5\,\text{m}} \Big| \dfrac{1-0.3}{} = 784\,\text{m}^2/\text{day}$

문제 72 ▎ 침출수를 단독으로 생물학적처리시 문제점 3가지를 쓰시오.

해설　① 매립 초기 침출수는 BOD 농도가 매우 높아 호기성 생물학적처리가 어렵다.
　　　② 봄과 겨울은 기온이 낮아 생물학적처리에 영향을 미친다.
　　　③ 침출수의 유량과 성상은 시간에 따라 변동이 심하여 처리에 영향을 미친다.
　　　④ 매립 경과 년수에 따라 침출수의 성상변화로 다양한 처리공정을 필요로 한다.
　　　⑤ 침출수는 경우에 따라 중금속을 포함하므로 생물학적처리가 곤란하다.
　　　⑥ 오래된 매립지의 침출수는 BOD가 낮아 생물학적처리가 곤란하다.
　　　⑦ 침출수의 COD농도가 BOD농도보다 높을수록 생물학적처리가 곤란하다.
　　　⑧ 일반적으로 매립기간 10년 이상의 경우 생물학적처리가 곤란하다. 등

문제 73 ▎ 연소시 생성되는 염소나 염화수소를 제거하는 방법 3가지를 쓰시오.

해설　① 유기염소계 화합물(PVC, 플라스틱 등) 반입을 제한한다.
　　　② 로내 온도를 850~950℃의 고온에서 분해한다.
　　　③ 로내 체류시간을 단축한다.
　　　④ 로내 충분한 산소공급으로 미연분을 완전연소한다.
　　　⑤ 저온에서 연소를 피한다.
　　　⑥ 활성탄 + 백필터 방지시설을 설치한다.
　　　⑦ 활성탄으로 흡착 제거한다.
　　　⑧ 반건식 반응탑 + 여과집진 방지시설을 설치한다.
　　　⑨ 소각로 배출가스를 재연소한다.
　　　⑩ 소석회를 사용하여 염화칼슘으로 제거한다.
　　　⑪ 세정집진시설로 충전탑, 분무탑, 제트스러버 등의 방지시설을 설치한다. 등

문제 74 | 열분해 생성물 및 영향인자 각 3가지를 쓰시오.

[1] 생성물
① 유기물질을 기체 가스(Gas), 액체 오일(Oil)의 연료를 생산한다.
② 저온열분해는 500~900℃에서 타르, Char, 아세트산, 아세톤, 메탄올 등의 액체연료가 생성된다.
③ 고온열분해는 1100~1500℃에서 가스 상태의 연료가 생성된다.
④ 습식산화는 210~270℃에서 기름과 타르와 같은 액체연료가 생성된다.
⑤ 온도가 증가할수록 수소(H_2)함량이 증가하고 이산화탄소(CO_2)는 감소한다.

[2] 영향인자
① 고온, 고압, 무산소 상태에서 운전한다.
② 반응온도에 따라 생성물이 다르다.
③ 압력의 증가로 분해시간이 빠르다.
④ 가열속도를 빠르게하면 반응속도가 단축된다.
⑤ 폐기물내 수분함량이 많을수록 열분해에 소요되는 시간이 길어진다.
⑥ 폐기물의 입경이 미세할수록 열분해가 쉽게 일어난다.
⑦ 반응물의 크기, 공기 등에 영향을 받는다.

문제 75 | 열교환기 종류 3가지를 쓰시오.

① 열교환기는 과열기, 재열기, 절탄기, 공기예열기를 통과하며 잉여 폐열을 회수한다.
② 과열기
  보일러에서 발생되는 포화증기의 수분을 제거하고 엔탈피가 높은 과열증기를 생산하기 위해 설치한다.
③ 재열기
  증기터빈을 경유한 후 포화증기로 변한 과열증기를 재가열하여 다시 터빈으로 돌려 보낸다.
④ 절탄기
  배기가스 중의 폐열을 이용하여 보일러 급수를 예열하는 시설이다.
⑤ 공기예열기
  배기가스 중의 폐열을 이용하여 보일러의 연소용 공기를 예열하여 공급한다.

2021시행 폐기물처리기사/산업기사 복원문제

문제 01 매립지의 총면적은 35km²이고 연간 평균 강수량이 1100mm가 될 때 그 매립지에서 침출수로의 유출률이 0.5이었다고 한다. 이때 침출수의 일평균 처리 계획수량 m³/day은?(단, 강우강도 대신에 평균 강수량으로 계산)

해설 침출수량 Q = 면적 A × 높이 H(연간강우량)

$$\therefore Q = \frac{35km^2}{} \left| \frac{10^6 m^2}{km^2} \right| \frac{1100mm}{y} \left| \frac{m}{1000mm} \right| \frac{y}{365day} \left| \frac{0.5}{} \right| = 52740 m^3/d$$

문제 02 다음 조건인 경우 Worrell식 및 Rietema식에 의한 선별효율(%)은?

- 총 투입 폐기물량 200톤
- 회수량 160톤
- 회수량 중 회수대상물질 140톤
- 제거량 중 제거대상물질 30톤

해설 Worrell식 및 Rietema식에 의한 선별효율(%)

총 투입 폐기물량: 200톤	
회수량 중	제거량 중
회수량 160톤	제거량 40톤
회수대상물질(X_1) 140톤	회수대상물질(X_2) 10톤
제거대상물질(Y_1) 20톤	제거대상물질(Y_2) 30톤
총 회수대상물질(X_t) 150톤	
총 제거대상물질(Y_t) 50톤	

① Worrell식 선별효율(E_W)

$$E_W = \left(\frac{X_1}{X_t} \times \frac{Y_2}{Y_t} \right) \times 100$$

$$\therefore E_W = \left(\frac{140}{150} \times \frac{30}{50} \right) \times 100 = 56\%$$

② Rietema식 선별효율(E_R)

$$E_R = \left(\frac{X_1}{X_t} - \frac{Y_1}{Y_t} \right) \times 100$$

$$\therefore E_R = \left(\frac{140}{150} - \frac{20}{50} \right) \times 100 = 53.33\%$$

문제 03 혐기성 위생매립지에서 발생되는 가스의 조성을 검사한 결과, 일정기간 동안 CH_4, CO_2의 가스 구성비(부피%)가 각각 50%, 40%로 나타나고 있다면 이때 매립지 내의 생물반응단계는?

해설 완전 혐기성상태로 메탄균에 의해 CH_4 및 CO_2를 생성하는 단계

문제 04 매립시설의 사후관리 항목 3가지를 쓰시오.

해설 빗물 배제방법, 침출수 관리방법, 지하수 수질 조사방법, 해수 수질 조사방법, 발생가스 관리방법, 구조물과 지반의 안정도 유지방법, 지표수 수질 조사방법, 토양 조사방법

문제 05 폐지 250kg을 소각하고자 한다. 이론산소량(Sm^3)은 얼마인가? (단, 폐지의 성분은 모두 셀룰로 오스($C_6H_{10}O_5$)로 가정한다.)

해설 $C_6H_{10}O_5 + 6O_2 \rightarrow 6CO_2 + 5H_2O$
$162kg \quad : \quad 6 \times 22.4 Sm^3$
$250kg \quad : \quad x \qquad \therefore x = 207.4 Sm^3$

문제 06 30 ton의 음식물쓰레기를 볏짚과 혼합하여 C/N비 30으로 조정하여 퇴비화하고자 한다. 이때 볏짚의 필요량(ton)은? (단, 음식물쓰레기와 볏짚의 C/N비는 각각 20과 100이고, 다른 조건은 고려하지 않음)

해설 볏짚의 필요량
$$C/N\ 30 = \frac{(30t \times 20) + 100x}{30t + x}$$
$600 + 100x = 900 + 30x \quad \therefore x(볏짚) = 4.28t$

문제 07 매립지 표면차수막과 연직차수막 공법을 각각 2가지 쓰시오.

해설 표면차수막과 연직차수막 공법
① 표면차수막(공)에는 합성수지시트, 인공섬유, 점토, 시멘트, 아스콘포장 등이 있다.
② 연직차수막(공)에는 강널말뚝 공법, 그라우트 공법, 슬러리월 공법, 어스 댐코어 공법 등이 있다.

문제 08 | 어떤 쓰레기의 가연분의 조성비가 60%이며 수분의 함유율이 20%라면 이 쓰레기의 저위발열량 kcal/kg은? (단, 쓰레기 3성분의 조성비 기준의 추정식, kcal/kg)

해설 $H_l(kcal/kg) = [4500 kcal/kg \times 가연성분 함량비] - [600 kcal/kg \times W]$
*여기서, 가연성분과 수분함량은 %/100 이다.

∴ $H_l = [4500 kcal/kg \times 0.6] - [600 kcal/kg \times 0.2] = 2580 kcal/kg$

문제 09 | 고형화처리의 목적 3가지를 기술하시오.

해설 ① 폐기물에 고형화재를 첨가하여 폐기물의 물리적 성질을 변화시키는 데 있다.
② 슬러지를 다루기 용이하게(Handling) 한다.
③ 슬러지 내 오염물질의 용해도가 감소(Solubility)한다.
④ 유해한 슬러지인 경우 독성이 감소(Toxicity)한다.
⑤ 슬러지 표면적 감소에 따른 폐기물 성분의 손실을 줄인다.
⑥ 최종처분을 용이하게 한다.

문제 10 | 가정에서 발생되는 쓰레기를 소각시킨 후 남은 재의 중량은 소각된 쓰레기의 1/5 이다. 쓰레기 100톤을 소각하여 소각재 부피가 20m³이 되었다면 소각재의 밀도(톤/m³)는 얼마인가?

해설 밀도 $\rho = \dfrac{무게\ W}{부피\ V}$

∴ $\rho = \dfrac{100톤 \times 1/5}{20 m^3} = 1.0 톤/m^3$

문제 11 | 폐지 250kg을 소각하고자 1500m³의 공기를 공급하였다. 이론공기량이 987.6Sm³일 때 공기비는?

해설 공기비
$m = \dfrac{A}{A_o} = \dfrac{1500}{987.6} = 1.518$

문제 12 | 매립지에 쓰이는 합성차수막을 재료별로 3가지를 쓰고 특징을 간략히 설명하시오.

해설 합성차수막을 재료별 특징
① PVC : 가격은 저렴하나 자외선, 오존, 기후에 약하다.
② HDPE : 온도에 대한 저항성이 높다.
③ CSPE : 산과 알카리에 특히 강하다.
④ CPE : 접합상태가 나쁘다.

문제 13 | 글리신($C_2H_5O_2N$) 2M이 혐기성소화에 의해 완전분해 될 때 생성 가능한 이론적인 메탄 가스량(L)은?(단, 표준상태 기준, 분해 최종산물은 CH_4, CO_2, NH_3)

해설 이론적인 메탄 가스량

$$C_2H_5O_2N + 0.5H_2O \rightarrow 0.75CH_4 + 1.25CO_2 + NH_3$$

$$\begin{array}{ccc} 1M & : & 0.75 \times 22.4L \\ 2M & : & x \end{array}$$

$$\therefore x = 33.6L$$

문제 14 | 1일 폐기물 배출량이 700t인 도시에서 도랑(Trench)법으로 매립지를 선정하려 한다. 쓰레기의 압축이 30%가 가능하다면 1일 필요한 면적(m^2)은 얼마인가? (단, 발생된 쓰레기의 밀도는 250kg/m^3, 매립지의 깊이는 2.5m이다.)

해설 1일 필요한 면적(m^2)

$$A = \frac{700000 \text{kg}}{\text{day}} \left| \frac{\text{m}^3}{250 \text{kg}} \right| \frac{}{2.5\text{m}} \left| \frac{1-0.3}{} \right. = 784 \text{m}^2/\text{day}$$

문제 15 | 폐기물 매립 시 사용되는 복토재의 구비조건 3가지를 쓰시오.

해설 복토재의 구비조건
① 투수계수가 작고 살포가 용이하여야 한다.
② 공급이 용이하고 원료가 저렴하여야 한다.
③ 위생상 안전하고 쥐, 파리 등 해충의 서식을 방지할 수 있어야 한다.
④ 연소가 잘 되지 않고 생분해가 가능해야 한다.
⑤ 악취발산 및 가스배출을 억제할 수 있어야 한다.
⑥ 차수성이 좋은 점토와 실트의 함량이 높은 토양이 적합하다.
⑦ 침식에 저항력이 크고 식생에 적합한 양질토양을 사용한다.

문제 16 | 유동층소각로의 장점 2가지를 열거하시오.

해설 유동층소각로의 장점
① 가스의 온도와 과잉공기량이 낮아서 질소산화물도 적게 배출된다.
② 구조가 간단하고 유지관리가 용이하다.
③ 로내 고온영역에서 기계적 가동부분이 적어 고장율이 낮다.

문제 17 악취제거방법 3가지를 쓰시오.

해설 **악취제거방법**
① 수세법(水洗法)
② 활성탄(活性炭) 흡착법
③ 화학적 산화법
④ 흡수법(산알칼리 세정법)
⑤ 생물학적 제거법 (토양탈취, Bio-Filter법)
⑥ 연소법(직접 연소법, 촉매 연소법)

문제 18 고형화 처리의 종류 3가지를 쓰시오.

해설 ① 시멘트기초법
② 석회기초법
③ 자가시멘트법
④ 열가소성 플라스틱법

문제 19 쓰레기 선별에 사용되는 직경이 3.2m 인 트롬멜 스크린의 최적속도 rpm은?

해설 최적속도(rpm) = 임계속도 × 0.45

임계속도(rpm) $Nc = \sqrt{\dfrac{g}{4\pi^2 r}} \times 60 = \dfrac{1}{2\pi}\sqrt{\dfrac{g}{r}} \times 60$

$Nc = \dfrac{1}{2\pi}\sqrt{\dfrac{9.8}{1.6}} \times 60 = 23.63\ rpm \times 0.45 = 11 rpm$

문제 20 매립지 사후관리계획서에 포함되어야 할 사항 3가지를 쓰시오.

해설 ① 폐기물매립시설 설치·사용 내용
② 사후관리 추진일정
③ 빗물배제계획
④ 침출수 관리계획(차단형 매립시설은 제외한다)
⑤ 지하수 수질조사계획
⑥ 구조물과 지반 등의 안정도유지계획

문제 21 ┃ 폐기물의 저위발열량을 폐기물 3성분 조성비를 바탕으로 추정할 때 3가지 성분은?

> 해설 ┃ 폐기물의 3성분에는 가연성분, 수분, 회분이 있으며, 4성분에는 고정탄소, 휘발분, 수분, 회분이 있다.

문제 22 ┃ 차수시설에서 저류구조물의 기능 3가지를 기술하시오.

> 해설 ┃
> ① 계획 매립량의 폐기물 저류
> ② 매립지로부터 침출수의 유출이나 누출방지
> ③ 매립지 침출수의 안전분류
> ④ 매립완료 후 폐기물의 안전저류

문제 23 ┃ 표면연소에 대하여 설명하시오.

> 해설 ┃ **표면연소**
> 고체표면이 공기 중 산소와 반응하여 빨간 빛을 내며 연소한다(목탄, 석탄, 코크스 등).

문제 24 ┃ 쓰레기를 파쇄할 때 90% 이상을 3.8cm보다 작게 파쇄하려고 하는 경우, Rosin-Rammler Model 에 의한 특성입자의 크기 cm는? (단, n=1)

> 해설 ┃
> $$Y = 1 - \exp\left[-\left(\frac{X}{X_o}\right)^n\right]$$
> $$0.90 = 1 - \exp\left[-\left(\frac{3.8cm}{X_o}\right)^1\right]$$
> $$\exp\left(-\frac{3.8cm}{X_o}\right) = 1 - 0.9$$
> ∴특성입자 크기 $X_o = \dfrac{-3.8cm}{\ln(1-0.90)} = 1.65cm$

문제 25 ┃ 3000000ton/year의 쓰레기 수거에 4500명의 인부가 종사한다면 MHT값은?(단, 수거인부의 1일 작업시간은 8시간이고 1년 작업일수는 300일 이다.)

> 해설 ┃ MHT값
> $$MHT = \frac{1일\ 평균\ 수거\ 인부수(man) \times 1일\ 작업시간(hr)}{1일\ 평균\ 폐기물\ 발생량(ton)}$$
> ∴ $MHT = \dfrac{4500man \times 8hr}{3000000/300 ton} = 3.6$

문제 26 | 매립장에서 침출된 침출수가 다음과 같은 점토로 이루어진 90cm의 차수층을 통과하는 데 걸리는 시간(년)은 얼마인가?

> · 유효 공극률 : 0.5
> · 점토층 하부의 수두는 점토층 아랫면과 일치
> · 점토층 투수계수 : 10^{-7}cm/sec
> · 점토층 위의 침출수 수두 : 40cm

해설 차수층 통과 시간(년) $t = \dfrac{nd^2}{k(d+h)}$

$$k\left(\dfrac{m}{y}\right) = \dfrac{10^{-7}cm}{\sec}\left|\dfrac{m}{100cm}\right|\dfrac{3600\sec}{hr}\left|\dfrac{24hr}{day}\right|\dfrac{365day}{y} = 0.0315 m/y$$

$$\therefore t = \dfrac{0.5 \times (0.9m)^2}{0.0315 m/y (0.9+0.4)m} = 9.89\, y$$

문제 27 | 적환장(transfer station)을 설치하는 일반적인 필요성에 대하여 5가지를 쓰시오.

해설 적환장의 필요성
① 처분지가 수집 장소로부터 16km 이상 멀리 떨어져 있을 때
② 수집차량이 소형($15m^3$ 이하)일 때
③ 저밀도 주거지역 있을 때
④ 슬러리 수송이나 공기수송 방식을 사용할 때
⑤ 불법투기와 다량의 폐기물이 발생할 때
⑥ 압축장비 등이 갖추어져 있지 않은 차량으로 수거할 때
⑦ 상업지역에서 폐기물 수집에 소형 수거용기를 많이 사용 할 때

문제 28 | 에탄가스 $1Sm^3$의 완전연소에 필요한 이론공기량 Sm^3은?

해설 $C_2H_6 + \dfrac{7}{2}O_2 \rightarrow 2CO_2 + 3H_2O$

1 : 3.5
1 : x $\therefore 3.5 Sm^3$

$$\therefore A_o = \dfrac{3.5 Sm^3}{0.21} = 16.7 Sm^3$$

문제 29 ▮ 발생 쓰레기 밀도 450kg/m³, 차량적재용량 20m³, 압축비 1.8, 적재함이용률 85%, 차량대수 5대, 쓰레기 발생량 1.2kg/인·일, 수거대상지역 인구 80000인, 수거인부 15인 이며, 차량은 동시 운행 될 때, 쓰레기 수거는 1주일에 최소 몇 회 이상하여야 하는가?

> 해설 발생량 = 처리량
> 발생량 = 1.2kg/인·일×80,000인×7일 = 672,000kg/주
> 처리량 = 450kg/m³×20m³/대×1.8×0.85%×5대×x회/주=68850kg×x회/주
> ∴ x=9.76회/주

문제 30 ▮ 가로 청소상태 평가법 2가지를 설명하시오.

> 해설 청소상태 평가법
> ① CEI ; 가로의 청소상태를 기준으로 가로의 총수, 청결상태, 청소상태의 문제점 여부를 평가한다.
> ② USI ; 서비스를 받는 사람들의 만족도를 설문조사하여 청소상태를 평가하는 방법이다.

문제 31 ▮ 집진시설인 백필터의 집진원리 5가지를 쓰시오.

> 해설 관성충돌, 차단부착, 확산작용, 정전기와 반발력, 중력작용

문제 32 ▮ 해안매립공법 3가지를 기술하시오.

> 해설 해안매립공법
> ① 순차투입공법
> 호안 측으로부터 순차적으로 쓰레기를 투입하여 육지화 하는 방법이다.
> ② 박층뿌림공법
> 밑면이 뚫린 바지선에서 쓰레기를 박층으로 떨어뜨려 뿌리는 방법이다.
> ③ 내수배제공법
> 고립된 매립지대에 매립 전에 내수를 일부 배제한 후 쓰레기를 투기하는 방식이다.

문제 33 | 매립장 침출수 생성에 영향을 미치는 인자 5가지를 쓰시오.

침출수 발생의 영향인자
① 강우의 표면 유출량과 침투수량
② 폐기물의 분해율
③ 폐기물의 조성
④ 매립 경과시간
⑤ 다짐 정도
⑥ 지하수위

문제 34 | 매립의 종류(매립구조에 의한 분류) 5가지는?

혐기성, 혐기성위생, 개량혐기성위생, 준호기성, 호기성

문제 35 | 탄소 12kg이 완전연소 하는데 필요한 이론공기량(Sm^3)은?

$C + O_2 \rightarrow CO_2$
12 : 22.4
12 : x $\therefore x = 22.4 Sm^3$

$\therefore A_o = \dfrac{O_o}{0.21} = \dfrac{22.4}{0.21} = 106.7 \text{Sm}^3$

문제 36 | pipe line 수송의 종류 3가지를 쓰고 간략히 설명하시오.

① 공기수송 : 공기수송은 고층 주택 밀집지역에 적합하나 소음이 심하며 폐기물의 크기가 불균일하면 수송이 곤란하다.
② 슬러리 수송 : 쓰레기를 분쇄하여 물과 혼합하여 수송한다.
③ 캡슐수송 : 쓰레기를 충전한 캡슐을 수송관내에 삽입하여 공기나 물의 흐름을 이용하여 수송한다.

문제 37 | 스크러버로 HCl를 함유하는 배기가스를 20kg의 수산화나트륨으로 처리하였다. 만약 수산화나트륨 93%가 반응하였다면 제거된 염화수소의 양(kg)은?(단, Na 23, Cl 35.5)

HCl : $NaOH$
36.5kg : 40kg
x : 20kg × 0.93 $\therefore x = 16.97 kg$

문제 38 폐기물 처리방법 중 소각처리와 열분해처리를 비교할 때, 열분해처리의 장점 3가지를 기술하시오.

해설 ① 배기가스량이 적다.
② 황과 중금속이 재속에 고정되는 비율이 크다.
③ Cr^{3+}이 Cr^{6+}으로 산화되는 경우가 없다.
④ 다이옥신 발생량이 적다.
⑤ NO_x, SO_x의 발생량이 적다.

문제 39 메탄의 고위발열량이 11000kcal/Sm^3이면, 저위발열량(kcal/Sm^3)은 얼마인가?(단, 물의 기화열은 600kcal/kg이다.)

해설 $H_l(kcal/Sm^3) = H_h - 600\sum H_2O$

메탄 $CH_4 + 2O_2 \rightarrow CO_2 + 2H_2O$ ∴$H_2O=2M$

∴ $H_l = 11000 - 600\sum 2 = 9800 kcal/Sm^3$

문제 40 도시 쓰레기의 수거 및 운반에 따른 수거노선 설정 시 유의사항 3가지를 쓰시오.

해설 ① 출발점은 차고지와 가까운 지점에서 시작한다.
② 가능한 한 간선도로 부근에서 시작하고 끝나도록 한다.
③ 언덕길은 내려가면서 수거한다.
④ 발생량이 많은 곳은 가장 먼저 수거한다.
⑤ 가능한 한 시계방향으로 수거노선을 정한다.
⑥ 반복운행, U자형 운행은 피하여 수거한다.

문제 41 RDF(Refuse Derived Fuel)가 갖추어야 하는 조건 3가지를 쓰시오.

해설 RDF의 구비조건
① 폐기물의 함수율이 낮아야 한다.
② 가연성 물질의 발열량이 높아야 한다.
③ 연소 시 대기오염이 적어야 한다.
④ 균일한 성분배합률로 구성되어야 한다.
⑤ 연소 후 재의 양이 적어야 한다.
⑥ 저장 및 수송이 편리하도록 개질되어야 한다.
⑦ 고분자 물질인 PVC 함량은 낮아야 한다.

문제 42 친산소성 퇴비화 공정의 설계운영 시 고려인자에 관한 내용을 3가지 쓰시오.

> **해설** 퇴비화의 고려인자
> ① 수분이 많으면 공극 개량제를 이용하여 50~60%로 조절한다.
> ② 온도는 60~70℃로 이내로 유지시켜야 병원균을 죽일 수 있으나 80℃ 이상은 좋지 않다.
> ③ 보통 미생물 세포의 탄질비는 30:1 이다.
> ④ pH는 미생물의 활발한 활동을 위하여 6.0~8.0 범위가 적당하나 8.5 이상은 좋지 않다.
> ⑤ 입도의 크기는 1~6cm 정도가 적정하다.

문제 43 유동층소각로에 있어서 유동매체의 구비조건은(단. 3가지)?

> **해설** 유동상 매질의 조건은 불활성, 내마모성, 균일한 입도, 높은 융점, 비중이 작아야 한다.

문제 44 압축비가 5인 쓰레기의 부피 감소율은?

> **해설** 부피감소율 $= (1 - \dfrac{1}{압축비\ 5}) \times 100 = 80\%$

문제 45 소각로의 소각능률이 170kg/m²·hr이며 쓰레기의 양이 20000kg/일 이다. 1일 8시간 소각하면 화격자 면적(m^2)은?

> **해설** $G(kg/m^2 \cdot day) = \dfrac{소각할\ 쓰레기\ 양\ W(kg/day)}{화격자의\ 면적\ A(m^2)}$
>
> $\therefore A = \dfrac{20000 kg/\,day}{170 kg/\,m^2 \cdot hr \times 8hr} = 14.7 m^2$

문제 46 소각시 과잉공기비가 너무 클 경우, 연소특성 5가지를 쓰시오.

> **해설**
> ① 연소실에서 연소온도가 낮아진다.(연소실의 냉각효과를 가져온다)
> ② 통풍력이 강하여 배기가스에 의한 열손실이 증대된다.
> ③ 황산화물과 질소산화물의 함량이 증가하여 부식이 촉진된다.
> ④ CH_4, CO, C 등 물질의 농도가 감소한다.
> ⑤ 방지시설의 용량이 커지고 에너지 손실이 증가한다.
> ⑥ 희석효과가 높아져 연소 생성물의 농도가 감소한다.

문제 47 다이옥신을 제어하기 위한 방법을 4단계로 구분하면?

해설 다이옥신 제어방법
① 제1차적(사전방지) 방법
② 제2차적(로내) 방법
③ 제3차적(후처리) 방법
④ 제4차적(배가스처리) 활성탄과 백필터집진 방식

문제 48 평균농도가 20°C인 수거분뇨 20kL/일을 처리하는 혐기성 소화조의 소화온도를 외부가온에 의해 35°C로 유지하고자 한다. 이때 소요되는 열량(kcal/day)은? (단, 소화조의 열손실은 없는 것으로 간주, 분뇨의 비열 1.1kcal/kg·°C, 비중 1.02)

해설 소요되는 열량
20000L/day×1.02kg/L×1.1kcal/kg·°C×(35-20°C)=336600kcal/day

문제 49 복합퇴비화 시 함수율 85%인 슬러지와 함수율 40%인 톱밥을 1:2로 혼합한 후의 함수율과 퇴비화의 적적성 여부에 관하여 판단하라?

해설 혼합 후 함수율 $= \dfrac{(85 \times 1) + (40 \times 2)}{1+2} = 55\%$

혼합 후 함수율은 55%로 퇴비화에 적절한 함수율(50~60%)이라 판단된다.

문제 50 전처리에서 SS제거율 60%, 1차 처리에서 SS제거율 90%일 때 방류수 수질기준 이내로 처리하기 위한 2차 처리효율은?(단, 분뇨 SS는 20000mg/L, 방류수 SS 수질기준은 60mg/L이다.)

해설 공정상 농도 = 방류수 농도
$C_i(1-\eta_1)(1-\eta_2) = C_e$
$20000(1-0.6)(1-0.9)(1-\eta_2) = 60$
$800(1-\eta_2) = 60 \quad \therefore \eta_2 = 0.925\%$

문제 51 폐기물 매립 시 사용되는 인공복토재의 조건 3가지를 쓰시오.

해설 ① 연소가 잘 되지 않아야 한다.
② 살포가 용이하여야 한다.
③ 투수계수가 작고 살포가 용이하여야 한다.
④ 미관상 좋아야 한다.

문제 52 석회기초법에 사용되는 포졸란(Pozzolan)의 특성 2가지를 설명하시오.

해설 포졸란 특성
① 포졸란은 자체만으로는 시멘트성 반응이 없으나 수산화칼슘과 물과 결합하여 불용성, 수용성의 화합물을 형성한다.
② 포졸란의 주성분은 활성실리카(SiO_2) 이다.
③ 포졸란의 종류에는 화산재, 응회암, 규조토, 비산재(fly ash), 제철 슬래그(slag), 시멘트 킬른 분진(cement kiln dust) 등이 있다.

문제 53 입도분포의 분석에 사용되는 유효입경, 균등계수의 정의를 설명하시오.

해설 입도분포의 정의
① 유효입경(d_{10}): 입도 누적곡선에서 입자 10%를 통과시킨 체눈의 크기
② 균등계수(U): $U = \dfrac{d_{60}}{d_{10}}$

문제 54 폐기물 자원화의 목적 3가지를 쓰시오.

해설 자원화의 목적
① 에너지 회수
② 물질회수
③ 물질전환

문제 55 메탄 1Sm³를 공기과잉계수 1.2로 완전연소 시킬 경우 습윤연소가스량(Sm³)은?

해설 $CH_4 + 2O_2 \rightarrow CO_2 + 2H_2O$

$A_o = \dfrac{O_o}{0.21} = \dfrac{2Sm^3}{0.21} = 9.52 Sm^3$

$Gw = (1.2 - 0.21) \times 9.52 + \sum 1 + 2 = 12.4 Sm^3$

문제 56 고온, 고압, 무산소 상태에서 유기물질을 열분해 시 기체, 액체, 고체 생성물을 쓰시오.

해설 ① 기체 - 수소, 메탄, 일산화탄소, 이산화탄소, 암모니아, 황화수소, HCN 등
② 액체 - 식초산, 아세톤, 메탄올, 오일, 타르, 방향성 물질 등
③ 고체 - Char(순수 탄소), 불활성 물질 등

문제 **57** 전과정평가(LCA)의 정의, 평가절차, 목적을 쓰시오.

해설 정의, 평가절차, 목적
㉮ 정의
전과정평가(LCA, life cycle assessment)는 원료의 구매에서 제품의 생산, 유통, 사용, 처분까지 전 과정에 걸쳐 환경에 미치는 영향을 평가하는 데 있다.
㉯ 전 과정평가의 절차
① 목적 및 범위설정(goal & scope definition)
② 단위공정별 목록분석(inventory analysis)
③ 환경부하에 대한 영향평가(impact assessment)
　　분류화 → 특성화 → 정규화 → 가중치 부여
④ 개선평가 및 해석(life cycle interpretation)
㉰ 전 과정평가의 목적
• 제품 및 제조방법의 변경, 개량에 따른 환경부하 평가
• 환경부하의 저감 측면에서 제품의 제조방법 도출
• 환경목표치에 대한 달성도 평가
• 제품간의 환경부하 비교평가

문제 **58** 선택적 무촉매환원법(SNCR)의 NO_x 제거 반응식을 쓰시오.

해설 $2NO_2 + 4NH_4OH + O_2 \rightarrow 3N_2 + 10H_2O$

문제 **59** 고형폐기물을 매립 처리할 때 $C_6H_{12}O_6$ 성분 1톤(ton)의 폐기물이 혐기성 분해를 한다면 이론적 메탄가스 발생량(m^3)은 얼마인가? (단, 표준상태 기준이다.)

해설 메탄가스 발생량(m^3)
$C_6H_{12}O_6 \rightarrow 3CH_4 + 3CO_2$
$180 kg$: $3 \times 22.4 Sm^3$
$1000 kg$: x

$\therefore CH_4 = 373.33 \, Sm^3$

문제 60 | 매립지의 단계별 매립가스(LFG) 분해과정을 설명하시오.

해설 매립지의 단계별 분해과정

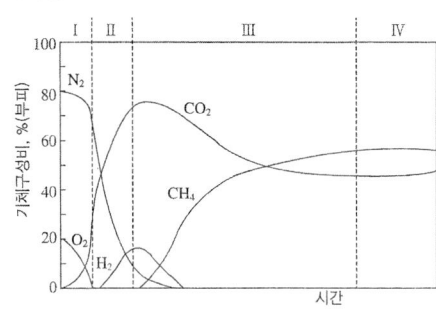

㉮ 제1단계에서는 친산소성 단계로서 폐기물 내에 수분이 많은 경우에는 반응이 가속화 되어 O_2가 쉽게 고갈된다(호기성 단계).
㉯ 제2단계에서는 유기물이 효소에 의해 발효되는 혐기성 비메탄 단계로써, CO_2가스가 많이 발생하며, H_2는 증가하고 N_2는 감소한다(호기-혐기성 전환단계).
㉰ 제3단계에서는 매립지 내부의 온도가 상승하여 약 55℃ 정도까지 올라가, CO_2가스로 pH는 저하 하며 CH_4가스가 발생한다(비정상 혐기성단계).
㉱ 4단계에서는 매립가스 내 CH_4과 CO_2의 함량이 거의 일정하게 유지된다(정상 혐기성 메탄단계).

문제 61 | 폐기물의 관리에 있어서 우선적으로 고려하여야 할 사항은?

해설 폐기물관리의 우선순위

감량화 > 재활용 > 안정화 > 위생처분

문제 62 | 쓰레기 발생량이 5백만톤/년인 지역의 수거인부의 하루 작업시간이 10시간이고, 1년의 작업일수는 300일 이며, 수거효율(MHT)은 1.8로 운영되고 있다면 필요한 수거인부의 수(명)는?

해설 $1.8 = \dfrac{\text{수거 인부수}(man) \times \text{1일 작업시간}(10hr)}{\text{1일 평균 폐기물 발생량}(5000000/300 ton)}$ $\therefore 3000\,man$

문제 63 어느 지역에서 매립에 의해 처리하고자 하는 폐기물 양은 1일 150ton이다. 이를 도랑식 매립법(Trench Methods)에 의해 매립하고자 할 때 발생 폐기물 밀도 650kg/m³, 부피감소율 45%, Trench 유효깊이 1.5m, 매립면적 중 Trench 점유율 80%라면, 1년간 소요 부지면적 m²/y은?

해설 1년간 소요 부지면적

$$도랑면적 = \frac{150t}{day} \Big| \frac{m^3}{0.65t} \Big| \frac{1}{1.5m} \Big| \frac{365day}{y} \Big| \frac{55}{100} = 30885 \, m^2/y$$

도랑면적 : 부지면적
0.8 : 1
30885 : x ∴ $x = 38605 \, m^2/y$

문제 64 친산소성 퇴비화 공정의 설계운영 시 C/N비가 너무 낮을 경우와 너무 높을 경우 나타나는 현상을 기술하시오.

해설 C/N비의 고저에 따라 나타나는 현상
㉮ C/N비가 너무 낮으면 혐기성 분해로 탈질 미생물에 의하여 질소가 손실되고 pH는 증가하며 NH_3가 발생한다.
㉯ C/N비가 너무 크면 퇴비화에 소요되는 기간이 길어지며 과잉의 탄소로 유기산이 생성되어 pH는 감소한다.

문제 65 등가비의 정의, 등가비와 연소의 관계를 설명하시오.

해설 등가비란 이론적인 연료와 공기의 비에 대한 실제 연료와 공기의 비로서 당량비라 한다.

등가비 $\Phi = \dfrac{실제\ 연료량/공기(산화제)량}{이론적\ 완전연소를\ 위한\ 연료량/공기량}$

공기비 $m = \dfrac{1}{\Phi}$

등가비와 연소의 관계
$\Phi = 1$: 완전연소, 연료와 산화제의 혼합이 이상적
$\Phi > 1$: 연료과잉, 공기부족, 불완전연소, CO 증가, NO_x 감소
$\Phi < 1$: 연료부족, 공기과잉, 불완전연소, CO 감소, NO_x 증가

문제 66 유해폐기물을 고형화처리 하였다. 고형화 폐기물의 검사항목 3가지를 쓰시오.

해설 용출시험, 압축강도, 겉보기 밀도, 투수율, 내구성

문제 67 이상기체 방정식을 이용하여 질소기체의 온도(℃)를 구하시오.

> 질소무게 80kg, 질소부피 6m³, 압력 40atm, 기체상수 0.082atm·m³/kmol·K

해설 질소기체의 온도(℃)

$$PV = \frac{W}{M}RT$$

$$40atm \times 6m^3 = \frac{80kg}{28kg/kmol} \times 0.082 \times T$$

$$\therefore T = 1024.39K ≒ 751.39℃$$

문제 68 매립지 선정 시 고려사항 5가지를 쓰시오.

해설 ① 매립지 소요면적 및 수리학적 조건
② 운반도로의 확보 및 지형지질
③ 재해 등에 대한 안정성
④ 주변 환경 조건
⑤ 사후 매립지 이용계획 등을 고려한다.
⑥ 매립방법에는 도랑식, 샌드위치방식, 셀방식, 압축식 등이 있다.
⑦ 매립구조에 따라 혐기성 매립, 혐기성 위생 매립, 개량 혐기성 위생 매립, 준호기성 매립, 호기성 매립 등이 있다.

2022시행 폐기물처리기사/산업기사 복원문제

문제 01 매립지 선정 시 고려사항 5가지를 쓰시오.

해설
① 매립지 소요면적 및 수리학적 조건
② 운반도로의 확보 및 지형지질
③ 재해 등에 대한 안정성
④ 주변 환경 조건
⑤ 사후 매립지 이용계획 등을 고려한다.
⑥ 매립방법에는 도랑식, 샌드위치방식, 셀방식, 압축식 등이 있다.
⑦ 매립구조에 따라 혐기성 매립, 혐기성 위생 매립, 개량 혐기성 위생 매립, 준호기성 매립, 호기성 매립 등이 있다.

문제 02 1일 쓰레기 발생량이 100t인 도시의 쓰레기를 깊이 3.0m의 도랑식(Trench)으로 매립하는데 발생된 쓰레기 밀도 500kg/m³, 도랑 점유율 60%, 부피감소율이 40%일 경우, 3년간 필요한 부지면적은 몇 m²인가? (단, 기타 조건은 고려하지 않음)

해설 부지면적
$$= \frac{100t \times 10^3 kg/t \times (1-0.4)}{500 kg/m^3 \times 3m \times 0.6} \times 365 day = 24333 m^2/y$$
$$\therefore 24333 m^2/y \times 3년 = 73000 m^2$$

문제 03 가로 1.2m, 세로 2.0m, 높이 11.5m의 연소실에서 저위발열량 10,000kcal/kg의 중유를 1시간에 100kg 연소한다. 연소실 열발생률(kcal/m³·hr)은?

해설
$$VHRR(kcal/m^3 \cdot hr) = \frac{소각량\,W(kg/h) \times 저위발열량\,H_l(kcal/kg)}{소각로\,부피\,V(m^3)}$$
$$VHRR = \frac{10000\,kcal/kg \times 100\,kg/hr}{1.2m \times 2.0m \times 11.5m} = 36231 kcal/m^3 \cdot hr$$

문제 04 ▎ 매립지에서의 덮개설비는 침출수 발생 억제에 중요한 역할을 한다. 덮개시설의 기능 4가지를 쓰시오.

> 해설
> ① 강우의 침투를 방지한다.
> ② 쓰레기의 날림을 방지한다.
> ③ 병원균 매개체의 서식을 방지한다.
> ④ 쓰레기 매립시 악취를 방지한다.
> ⑤ 유독가스 확산을 방지한다.

문제 05 ▎ 백필터를 통과한 가스의 분진농도가 8mg/Sm³이고 분진의 통과율이 10%라면 백필터를 통과하기 전 가스중의 분진농도는?

> 해설
> $$\frac{0.008 g/m^3}{0.1} = 0.08 g/m^3$$

문제 06 ▎ 부피 감소율이 90%로 하기 위한 압축비는?

> 해설
> $$90\% = (1 - \frac{1}{\text{압축비 } C_R}) \times 100$$
> $$\frac{100}{C_R} = 100 - 90 \quad \therefore C_R = 10$$

문제 07 ▎ 폐기물 중 구리, 알루미늄, 아연 등을 분리할 경우 적절한 선별방법에 대하여 설명하시오.

> 해설 와전류 선별법(과전류 선별, eddy current separation)은 연속적으로 변화하는 자장 속에 비자성이며 전기전도성이 좋은 금속인 구리, 알루미늄, 아연 등을 넣으면 금속 내에 소용돌이 전류가 발생하여 반발력이 생기는데 이 반발력 차를 이용하여 분리시킨다.

문제 08 매립시설의 사후관리 항목 5가지를 쓰시오.

해설 ① 빗물 배제방법
② 침출수 관리방법
③ 지하수 수질 조사방법
④ 해수 수질 조사방법
⑤ 발생가스 관리방법
⑥ 구조물과 지반의 안정도 유지방법
⑦ 지표수 수질 조사방법
⑧ 토양 조사방법
⑨ 방역방법(차단형매립시설은 제외한다)

문제 09 반경이 2.5m인 트롬멜 스크린의 임계속도는?

해설 임계속도(rpm) $Nc = \sqrt{\dfrac{g}{4\pi^2 r}} \times 60 = \dfrac{1}{2\pi}\sqrt{\dfrac{g}{r}} \times 60$

$Nc = \dfrac{1}{2\pi}\sqrt{\dfrac{9.8}{2.5}} \times 60 = 19\,rpm$

문제 10 쓰레기 발열량 측정방법 3가지를 쓰시오.

해설 발열량의 산정방법에는 추정식에 의한 방법(3성분 분석법), 단열계량계에 의한 방법, Dulong의 원소분석법, 물리적 조성에 의한 방법 등이 있다.

문제 11 화격자(스토커)의 종류 5가지를 쓰시오.

해설 화격자 종류에는 계단식, 반건식, 역송식, 병렬요동식, 회전롤러식, 부채형식 등이 있다.

문제 12 친산소성 퇴비화 공정의 설계운영 시 고려인자에 관한 내용을 3가지 쓰시오.

해설 퇴비화의 고려인자
① 수분이 많으면 공극 개량제를 이용하여 50~60%로 조절한다.
② 온도는 60~70℃로 이내로 유지시켜야 병원균을 죽일 수 있으나 80℃ 이상은 좋지 않다.
③ 보통 미생물 세포의 탄질비는 30:1 이다.
④ pH는 미생물의 활발한 활동을 위하여 6.0~8.0 범위가 적당하나 8.5 이상은 좋지 않다.
⑤ 입도의 크기는 1~6cm 정도가 적정하다.

문제 13 | 10kg의 탄소를 완전연소 시키는데 필요한 이론적 공기량은 몇 Sm^3 인가?

해설 $C + O_2 \rightarrow CO_2$
$12kg : 22.4Sm^3$
$10kg : \quad x \qquad \therefore x = 18.67 Sm^3/0.21 = 88.9 Sm^3$

문제 14 | 쓰레기의 밀도가 750kg/m³이며 매립된 쓰레기의 총량은 30000ton이다. 여기에서 유출되는 침출수는 약 몇 m³/년 인가? (단, 침출수발생량은 강우량의 60%이고, 쓰레기의 매립높이는 6m 이며, 연간 강우량은 1300mm이다.)

해설 침출수량 Q = 면적 A × 높이 H(연간 강우량)
$$\therefore Q = \frac{300000\,t}{0.75\,t/m^3 \times 6m} \times 1300 \times 10^{-3} m/y \times 0.6 = 5200 m^3/y$$

문제 15 | 전 과정평가의 절차를 쓰시오.

해설 ㉮ 목적 및 범위설정(goal & scope definition)
㉯ 단위공정별 목록분석(inventory analysis)
㉰ 환경부하에 대한 영향평가(impact assessment)
　　분류화→특성화→정규화→가중치 부여
㉱ 개선평가 및 해석(life cycle interpretation)

문제 16 | 분뇨의 총고형물(TS)이 40,000mg/L이고, 그 중 휘발성 고형물(VS)은 60% 이며, CH_4의 발생량은 VS 1kg당 0.6m³이라면 분뇨 1m³당의 CH_4 가스발생량은?

해설 $40 kg/m^3 \times 0.6 \times 0.6 = 14.4 m^3$

문제 17 | 배출가스의 분진 농도가 2000mg/Sm³인 소각로에서 분진을 처리하기 위하여 집진효율 40%인 중력집진기, 90%인 여과집진기, 그리고 세정집진기가 직렬로 연결되어 있다. 먼지 농도를 5mg/Sm³ 이하로 줄이기 위해서는 세정집진기의 집진효율은 최소한 몇 % 이상 되어야 하는가?

해설 $\eta_t = 1 - (1-\eta_1)(1-\eta_2)(1-\eta_3) = 1 - \dfrac{C_o}{C_i}$

$(1-0.4)(1-0.9)(1-\eta_3) = \dfrac{5}{2000} \qquad \therefore \eta_3 = 0.958 ≒ 95.8\%$

문제 18 ▎ 아세틸렌(C_2H_2) 100kg을 완전연소시킬 때 필요한 이론적 산소요구량(kg)은?

해설 $C_2H_2 + \frac{5}{2}O_2 \rightarrow 2CO_2 + H_2O$
26kg : 3.5×32kg
100kg : x ∴ $x(O_o) = 307.7 kg$

문제 19 ▎ 최소 크기가 10cm인 폐기물을 2cm로 파쇄하고자 할 때 kick's 법칙에 의한 소요동력은 동일폐기물을 4cm로 파쇄할 때 소요되는 동력의 몇 배인가?(단, n=1로 가정한다.)

해설 $E = $ 상수 $C \ln(\frac{\text{파쇄 전 입자크기 }(L_1) 10cm}{\text{파쇄 후 입자크기 }(L_2) 2cm}) = 1.61 kW$

$E = $ 상수 $C \ln(\frac{\text{파쇄 전 입자크기 }(L_1) 10cm}{\text{파쇄 후 입자크기 }(L_2) 4cm}) = 0.91 kW$

∴ $\frac{1.61 kW}{0.91 kW} = 1.77$ 배

문제 20 ▎ 30ton의 음식물쓰레기를 볏짚과 혼합하여 C/N비 30으로 조정하여 퇴비화하고자 한다. 이때 볏짚의 필요량(ton)은? (단, 음식물쓰레기와 볏짚의 C/N비는 각각 20과 100이고, 다른 조건은 고려하지 않음)

해설 $C/N\ 30 = \frac{(30t \times 20) + 100x}{30t + x}$

$600 + 100x = 900 + 30x$ ∴ $x(볏짚) = 4.28t$

문제 21 ▎ 용적 200m³인 혐기성소화조가 휘발성고형물(VS)을 70% 함유하는 슬러지고형물을 하루 100kg 받아들인다면 이 소화조의 휘발성고형물 부하율(kg VS/m³·d)은?

해설 휘발성고형물 부하율 $= \frac{100 kg \times 0.7}{200 m^3} = 0.35\ kg \cdot VS/m^3 \cdot day$

문제 22 ▎ 탄소(C) 10kg을 완전 연소시키는 데 필요한 이론적 산소량(Sm^3)은?

해설 $C + O_2 \rightarrow CO_2$
12kg : 22.4Sm^3
10kg : x   ∴ $x = 18.67 Sm^3$

문제 23 pH가 8과 pH가 10인 폐알카리액을 동일량으로 혼합하였을 경우 이 용액의 pH는?

해설 $pH\,8 \to pOH\,6 \to 10^{-6}M$
$pH\,10 \to pOH\,4 \to 10^{-4}M$
혼합 $pOH = \dfrac{10^{-6} \times 1 + 10^{-4} \times 1}{1+1} = 5 \times 10^{-5}M$
$pOH = -\log[OH^-] = -\log[5 \times 10^{-5}] = 4.3$
$\therefore pH = 14 - pOH = 14 - 4.3 = 9.7$

문제 24 매립지에서 환경오염을 최소화하기 위한 시설물 6가지를 쓰시오.

해설 ① 덮개 설비
② 발생가스 방지시설
③ 우수배제시설
④ 차수시설
⑤ 침출수 집배수시설
⑥ 저류구조물

문제 25 복토의 기능 5가지를 쓰시오.

해설 ① 위생곤충의 서식방지
② 악취 및 유독가스 확산방지
③ 쓰레기의 비산방지
④ 침출수량 최소화
⑤ 화재발생 방지
⑥ 부등침하의 최소화

문제 26 분뇨처리 과정에서 포기조의 상태를 검사하기 위하여 임호프콘으로 측정한 결과, 유입수의 침전물이 5mL이고 유출수의 침전물이 0.3mL일 때의 제거율(%)은?

해설 제거율 $= \dfrac{5mL - 0.3mL}{5mL} \times 100 = 94\%$

문제 27 5g의 NaCN를 정제수 4L에 녹이면 이 수용액 중 CN의 농도(mg/L)는? (단, Na원자량=23)

해설 $NaCN$: CN
$49mg$: $26mg$
$5000mg/4L$: x ∴ $x = 663mg/L$

문제 28 매립지 저류구조물의 기능 3가지를 쓰시오.

해설 ① 계획 매립량의 폐기물 저류
② 폐기물의 유출이나 누출방지
③ 매립지로부터 침출수의 유출이나 누출방지
④ 매립지 내 침출수를 안전하게 분리
⑤ 매립완료 후 폐기물의 안전저류

문제 29 함수율 99%의 잉여슬러지 30m³를 농축하여 함수율 95%로 했을 때 슬러지 부피(m³)는?(단, 비중=1.0기준)

해설 $30m^3(100-99) = x(100-95)$ ∴ $x = 6m^3$

문제 30 차수막으로서 점토의 조건을 쓰시오.

해설 ① 투수계수: 10^{-7}cm/sec 미만
② 소성지수: 10% 이상 30% 미만
③ 액성한계: 30% 이상
④ 자갈(직경 2.5cm 이상)함유량: 10% 미만

문제 31 폐기물 자원화의 필요성 3가지를 쓰시오.

해설 ① 폐기물의 감량에 의한 처리비용의 감소
② 자원과 에너지의 절약
③ 환경오염으로 인한 생태계 파괴를 방지
④ 고용기회 및 재생업소의 창업 기회 제공
⑤ 자원의 대외수입의존도 감소

문제 32 │ 플라스틱의 재활용방법 4가지를 쓰시오.

해설 ① 용융재생법
② 파쇄재생법
③ 고체연료화법
④ 열분해에 의한 체연료화법
⑤ 소각에 의한 열에너지 이용법

문제 33 │ 쓰레기의 소각에는 3T라는 3가지 조건이 필요하다. 3T란?

해설 ① 연소란 연료와 공기가 혼합되어 일정 온도와 일정 시간이 유지되면 열과 빛이 발생하는 현상을 말한다.
② 완전연소를 위한 3가지 조건(3T)
시간(Time), 온도(Temperature), 혼합(Turbulence)
③ 연소의 3대 조건
연료, 산소, 불꽃

문제 34 │ 함수율 99%의 슬러지를 농축하여 함수율 92%의 농축슬러지를 얻었다. 슬러지의 용적감소는? (단, 비중은 1.0 기준)

해설 $V_1 \times (100-99\%) = V_2 \times (100-92\%)$

$$\frac{V_1(100-99\%)}{V_2(100-92\%)} = \frac{1}{8}$$

문제 35 │ 해안매립공법의 종류 3가지를 설명하시오.

해설 ① 순차투입공법
호안 측으로부터 순차적으로 쓰레기를 투입하여 육지화 하는 방법이다.
② 박층뿌림공법
밑면이 뚫린 바지선에서 쓰레기를 박층으로 떨어뜨려 뿌리는 방법이다.
③ 내수배제공법
고립된 매립지대에 매립 전에 내수를 일부 배제한 후 쓰레기를 투기하는 방식이다.

문제 36 폐기물 매립지 내 침출수 중에 Hg^{2+}이 포함되어있다. 황화물 침전으로 불용화 시키고자 할 때 반응식을 기술하라?

해설 $Hg^{2+} + S^{2-} \rightarrow HgS$

문제 37 연소조절에 의한 질소산화물의 발생 저감방법 3가지를 제시하시오.

해설 ① 저 과잉공기 연소
② 저온연소
③ 2단 연소
④ 배기가스 재순환 연소

문제 38 쓰레기를 파쇄할 때 90% 이상을 3.8cm보다 작게 파쇄하려고 하는 경우, Rosin-Rammler Model에 의한 특성입자의 크기 cm는? (단, n=1)

해설 $Y = 1 - \exp\left[-\left(\dfrac{X}{X_o}\right)^n\right]$

$0.90 = 1 - \exp\left[-\left(\dfrac{3.8\text{cm}}{X_o}\right)^1\right]$

$\exp\left(-\dfrac{3.8cm}{X_o}\right) = 1 - 0.9$

$\therefore$ 특성입자 크기 $X_o = \dfrac{-3.8cm}{\ln(1-0.90)} = 1.65\text{cm}$

문제 39 소각시 과잉공기비가 너무 클 경우, 연소특성 5가지를 쓰시오.

해설 ① 연소실에서 연소온도가 낮아진다.(연소실의 냉각효과를 가져온다)
② 통풍력이 강하여 배기가스에 의한 열손실이 증대된다.
③ 황산화물과 질소산화물의 함량이 증가하여 부식이 촉진된다.
④ CH_4, CO, C 등 물질의 농도가 감소한다.
⑤ 방지시설의 용량이 커지고 에너지 손실이 증가한다.
⑥ 희석효과가 높아져 연소 생성물의 농도가 감소한다.

문제 40 ton의 음식물쓰레기를 볏짚과 혼합하여 C/N비 30으로 조정하여 퇴비화하고자 한다. 이때 볏집의 필요량(ton)은? (단, 음식물쓰레기와 볏짚의 C/N비는 각각 20과 100이고, 다른 조건은 고려하지 않음)

해설 볏짚의 필요량

$$C/N\ 30 = \frac{(30t \times 20) + 100x}{30t + x}$$

$600 + 100x = 900 + 30x \quad \therefore x(볏짚) = 4.28t$

문제 41 다음의 용어를 간략히 설명하시오.

> EPR, eddy current separation, RPF, MBT

해설 ① EPR(Extended Producer Responsibility)은 생산자 책임 재활용제도로 생산자 또는 수이 업자에게 재활용 의무목표량을 부과하여 미이행시 부과금을 부과하는 제도이다.
② Eddy current separation 선별은 연속적으로 변화하는 자장 속에 비자성이며 전기전도성이 좋은 금속인 구리, 알루미늄, 아연 등을 넣으면 금속 내에 소용돌이 전류가 발생하여 반발력이 생기는데 이 반발력 차를 이용하여 분리시킨다.
③ RPF는 플라스틱 원료가 60% 이상 함유된 고형연료이다.
④ MBT(Mechanical Biological Treatment)는 기계적 선별, 생물학적 처리를 통해 재활용 물질을 회수하는 시설이다.

문제 42 퇴비화의 고려인자 중 C/N비가 너무 클 경우와 낮을 경우의 영향을 쓰시오.

해설 ① C/N비가 너무 크면 퇴비화에 소요되는 기간이 길어지며 과잉의 탄소로 유기산이 생성되어 pH는 감소한다.
② C/N비가 너무 낮으면 혐기성 분해로 탈질 미생물에 의하여 질소가 손실되고 pH는 증가하며 NH_3가 발생한다.

문제 43 습식파쇄기의 원리 3가지를 쓰시오.

해설 ① 폐기물에 물을 가한 후 서서히 회전시킴으로써 폐기물이 서로 부딪치게 하여 파쇄 한다.
② 바닥의 커팅날의 회전에 의해 폐기물을 잘게 파쇄 한다.
③ 폐기물을 물과 섞어 잘게 부순 뒤 물과 분리하여 용적을 감소시킨다.
④ 종이류가 많은 폐기물의 파쇄에 용이하다.

문제 44 ▍ 초산과 포도당을 각각 1몰씩 혐기성 소화 하였을 때 양론적 메탄발생량은?

해설 포도당 1몰 혐기성소화시, 초산 1몰 혐기성수하시보다 메탄발생량은 3배 많다.
$$CH_3COOH \rightarrow CH_4 + CO_2$$
$$1M \quad : \quad 1M$$
$$C_6H_{12}O_6 \rightarrow 3CH_4 + 3CO_2$$
$$1M \quad : \quad 3M$$

문제 45 ▍ 폐기물의 성질을 조사하기 위해 시료 채취방법으로 원추 4분법을 이용하여 4회 실시한 후 시료를 얻었다. 만일 초기에 조대형 쓰레기를 선별하여 무게를 측정한 결과 60kg 이라면 이 중 몇 kg이 시료에 포함되어야 하는가? (단, 조대형쓰레기의 비중은 동일하다고 가정한다.)

해설 $60kg \times (\frac{1}{2})^4 = 3.75kg$

문제 46 ▍ 폐지 250kg을 소각하고자 한다. 이론산소량(Sm³은 얼마인가? (단, 폐지의 성분은 모두 셀룰로오스($C_6H_{10}O_5$로 가정한다.)

해설
$$C_6H_{10}O_5 + 6O_2 \rightarrow 6CO_2 + 5H_2O$$
$162kg \quad : \quad 6 \times 22.4 Sm^3$
$250kg \quad : \quad x \qquad \therefore x = 207.4 Sm^3$

문제 47 ▍ 점토 차수막은 점토를 다져서 차수재료로 사용한다. 소성지수를 설명하시오.

해설 ① 액성한계와 소성한계의 차이를 소성지수라 한다.
② 점토가 소성을 나타낼 때의 최대수분량을 액성한계라 한다.
③ 점토가 소성을 나타낼 때의 최소수분량을 소성한계라 한다.

문제 48 ▍ 강우강도 공식형이 $I = \dfrac{4000}{t(\min) + 50} (mm/h)$로 표시된 경우 30분간의 강우강도는?

해설 $I = \dfrac{4000}{30\min + 50} = 50 mm/h$

문제 **49** 연소 시 발생하는 NO_x 억제법 3가지를 설명하시오.

해설 ① 연소용 공기온도를 조절하여 저온에서 연소한다.
② 연소부분을 냉각한다.
③ 과잉공기량을 감소시켜 저산소 연소한다.
④ 2단 연소, 단계적 연소를 한다.
⑤ 배가스를 재순환 한다.
⑥ 버너 및 연소실의 구조를 개선한다.
⑦ 촉매환원법 $6NO + 4NH_3 \rightarrow 5N_2 + 6H_2O$

문제 **50** 메탄의 고위발열량이 11000kcal/Sm³이면, 저위발열량(kcal/Sm³)은 얼마인가?(단, 물의 기화열은 600kcal/kg이다.)

해설 $H_l(kcal/Sm^3) = H_h - 600\sum H_2O$

메탄 $CH_4 + 2O_2 \rightarrow CO_2 + 2H_2O$ ∴ $H_2O = 2M$

∴ $H_l = 11000 - 600\sum 2 = 9800 kcal/Sm^3$

문제 **51** CEI, USI를 간략히 설명하시오.

해설 [1] CEI(지역사회 효과지수)
① 가로의 청소상태를 기준으로 한다.
② 설정인자에는 가로의 총수, 청결상태, 청소상태의 문제점 여부를 평가한다.
③ Scale은 1~4이며 100, 75, 50, 25, 0점으로 한다.
④ 가로상태의 문제점이 있는 경우 각 10점씩 감점한다.
[2] USI(사용자 만족도 지수)
① 사람의 만족도를 설문조사 한다.
② 80점 이상: 양호상태
③ 60점 이상: 좋음
④ 40점 이상: 보통
⑤ 20점 이상: 불양한 상태
⑥ 20점 이하: 용납할 수 없는 상태

문제 52 밀도가 1.5g/cm³인 폐기물 10kg에 고형물재료를 5kg 첨가하여 고형화 시킨 결과 밀도가 6.0g/cm³으로 증가하였다면 폐기물의 부피변화율(VCF)은 얼마인가?

해설 부피변화율(VCF) $= (1 + \mathrm{MR}) \times \dfrac{\rho_1}{\rho_2}$

$$\therefore VCF = \left(1 + \dfrac{5kg}{10kg}\right) \times \dfrac{1.5g/cm^3}{6.0g/cm^3} = 0.38$$

문제 53 스토커 소각로의 화격자 형식 5가지를 쓰시오.

해설 이동식, 복동식, 흔들이식, 왕복이동식, 이상식, 요동식, 회전식

문제 54 다이옥신을 제어하기 위한 방법을 4단계로 구분하면?

해설 다이옥신 제어방법
① 제1차적(사전방지) 방법
② 제2차적(로내) 방법
③ 제3차적(후처리) 방법
④ 제4차적(배가스처리) 활성탄과 백필터집진 방식

문제 55 처리가스유량이 1000m³/hr이고 여과포의 유효면적이 5m²일 때 여과집진장치의 겉보기여과속도(cm/s)를 구하면?

해설 $V = \dfrac{Q}{A_f} = \dfrac{1000m^3}{hr} \Big| \dfrac{hr}{3600\sec} \Big| \dfrac{1}{5m^2} = 0.055 m/\sec$

문제 56 매립지에서 발생하는 매립가스(CO_2 등)의 제어방법 2가지를 쓰시오.

해설 ① 자연배기식 – 셀 환기법, 우물형 환기법
② 강제배기식 – 매립지 내에서의 가스추출, 매립지 외각에서의 가스추출
③ 혼합식 방법 – 자연배기식+강제배기식

문제 57 어떤 폐기물 1kg의 원소조성이 다음과 같고, 실제공기량이 10Sm³일 때 과잉공기량 Sm³은?(가연분 : C 30%, H 12%, O 25%, S 3%, 수분 20%, 회분 10%)

해설 과잉공기량 Sm³

$$O_o = 1.867C + 5.6H + 0.7S - 0.7O$$
*여기서, 원소는 %/100 이다.

$$O_o = 1.867 \times 0.3 + 5.6 \times 0.12 + 0.7 \times 0.03 - 0.7 \times 0.25 = 1.1 Sm^3/kg$$

$$A_o = 1.1 Sm^3/kg \times \frac{1}{0.21} = 5.13 Sm^3/kg$$

$$\therefore A' = A - A_o = 10 - 5.13 = 4.9 Sm^3$$

문제 58 연소의 종류 4가지를 간략히 설명하시오.

해설 ① 증발연소
연료 자체가 증발하여 연소한다(휘발유, 등유, 알코올 등).
② 분해연소
물질의 열분해로 발생하는 가연성 가스가 연소한다(목재, 석탄 등).
③ 표면연소
고체표면이 공기 중 산소와 반응하여 빨간 빛을 내며 연소한다(목탄, 석탄, 코크스 등).
④ 확산연소
공기의 확산에 의한 불꽃이동 연소이다.
⑤ 자기연소(내부연소)
물질자체의 결합산소와 반응하여 연소한다(니트로글리세린 등).

문제 59 활성탄의 흡착능 특성 3가지를 쓰시오.

해설 ① 흡착제의 흡착능은 일반적으로 피흡착제의 분자량, 이온화 경향, pH, 극성, 입경, 온도(화학적 흡착)가 낮을수록 흡착능은 증가한다.
② 반면에 비표면적, 세공 수(多), 용질농도, 물질 확산속도가 높을수록 흡착능은 증가한다.

문제 60 악취제거방법 5가지를 쓰시오.

해설 악취제거방법
  ㉮ 수세법(水洗法)
  ㉯ 활성탄(活性炭) 흡착법
  ㉰ 화학적 산화법
  ㉱ 흡수법(산알칼리 세정법)
  ㉲ 생물학적 제거법 (토양탈취, Bio-Filter법)
  ㉳ 연소법(직접 연소법, 촉매 연소법)

문제 61 저위발열량 13500kcal/Sm³인 기체연료를 연소 시, 이론습연소가스량이 25Sm³/Sm³이고 이론연소온도는 2500℃라고 한다. 적용된 연소가스의 평균 정압비열 kcal/Sm³은?(단, 연소용 공기 및 연료 온도는 15℃)

해설 정압비열

$$t_2 = \frac{H_l}{G_o C_p} + t_1$$

$$2500℃ = \frac{13500\,kcal}{Sm^3} \Big| \frac{Sm^3}{25\,Sm^3} \Big| \frac{1}{x} \Big| + 15 \quad \therefore x = 0.217\,kcal/Sm^3 \cdot ℃$$

문제 62 소각과 비교할 때 열분해의 특징 5가지를 쓰시오.

해설
① 배기가스량이 적다.
② 황과 중금속이 재속에 고정되는 비율이 크다.
③ 3가 크롬이 6가 크롬으로 산화되는 경우가 없다.
④ 다이옥신 발생량이 적다.
⑤ NO_x, SO_x의 발생량이 적다.
⑥ 열분해 생성물을 안정적으로 확보하기 어렵다.
⑦ 소각은 고도의 발열반응임에 비해 열분해는 고도의 흡열반응이다.

문제 63 슬러지 내 비중 0.96인 휘발성 고형물이 7%, 비중 1.85인 나머지 잔류 고형물의 함량이 14%일 때 슬러지의 비중은? (단, 총고형물 함량은 21%)

해설 $\dfrac{1}{\rho_s} = \dfrac{0.07}{0.96} + \dfrac{0.14}{1.85} + \dfrac{0.79}{1.0}$ $\therefore \rho_s = 1.065$

문제 64 ▌ 블로다운(Blow Down) 효과에 대하여 간략히 쓰시오.

> 해설 원심력집진장치의 집진율을 높이기 위한 방법으로 원심력집진장치의 더스트 박스에서 처리배기량의 5~10%를 흡입함에 따라 사이클론 내 난기류 현상을 억제시킴으로서, 집진된 분진이 비산되어 분리된 분진이 빠져나가는 것을 방지하는 방법이다.

문제 65 ▌ 스크러버로 HCl를 함유하는 배기가스를 20kg의 수산화나트륨으로 처리하였다. 만약 수산화나트륨 93%가 반응하였다면 제거된 염화수소의 양(kg)은?(단, Na 23, Cl 35.5)

> 해설
> HCl : $NaOH$
> $36.5kg$: $40kg$
> x : $20kg \times 0.93$ ∴ $x = 16.97kg$

문제 66 ▌ 압축비가 5인 쓰레기의 부피 감소율은?

> 해설 부피감소율 $= (1 - \dfrac{1}{\text{압축비}5}) \times 100 = 80\%$

문제 67 ▌ 석회기초법에 사용되는 포졸란(Pozzolan)의 특성 2가지를 설명하시오.

> 해설 포졸란 특성
> ① 포졸란은 자체만으로는 시멘트성 반응이 없으나 수산화칼슘과 물과 결합하여 불용성, 수용성의 화합물을 형성한다.
> ② 포졸란의 주성분은 활성실리카(SiO_2) 이다.
> ③ 포졸란의 종류에는 화산재, 응회암, 규조토, 비산재(fly ash), 제철 슬래그(slag), 시멘트 킬른 분진(cement kiln dust) 등이 있다.

문제 68 ▌ 백필터를 이용하여 가스유량이 100m³/min인 함진가스를 1.5cm/s의 여과속도로 처리하고자 한다. 소요되는 여과포의 유효면적(m²)은?

> 해설 $V = \dfrac{Q}{A_f} = \dfrac{100m^3}{\min} \Big| \dfrac{\sec}{1.5cm} \Big| \dfrac{\min}{60\sec} \Big| \dfrac{cm}{0.01m} = 111m^2$

문제 **69** 플라스틱 소각 시 문제점 3가지를 쓰시오.

해설 ① 발연성이 높다.
② 용융연소가 일어난다.
③ 염소 및 다이옥신 등의 유해물질이 다량 발생한다.
④ 통기공을 폐쇄할 우려가 있다.

문제 **70** 폐기물의 조성이 $C_8H_{20}O_{16}N_{10}S$이라면 고위발열량을 Dulong식을 이용하여 계산한 값(kcal/kg)은?

해설 $C_8H_{20}O_{16}N_{10}S$의 분자량 544

$$C = \frac{12 \times 8}{544} = 0.176$$

$$H = \frac{1 \times 20}{544} = 0.0368$$

$$O = \frac{16 \times 16}{544} = 0.47$$

$$S = \frac{32 \times 1}{544} = 0.0588$$

Dulong식 $H_h(\text{kcal/kg}) = 8100C + 34000(H - \frac{O}{8}) + 2500S$

*여기서, 원소의 단위는 퍼센트 농도(%/100)이다.

$$H_h(\text{kcal/kg}) = 8100 \times 0.176 + 34000(0.0368 - \frac{0.47}{8}) + 2500 \times 0.0588 = 890$$

문제 **71** 다음 슬러지의 처리공정을 합리적인 순서대로 배치하시오.

> A : 농축,   B : 탈수,   C : 건조,   D : 개량,   E : 소화,   F : 매립

해설 A - E - D - B - C - F

문제 **72** 수분 50%, 고형물 60%, 휘발성고형물 30%인 쓰레기의 유기물 함량(%)은?

해설 유기물 함량(%) = $\dfrac{\text{휘발성 고형물}(g)}{\text{고형물}(g)} \times 100$

∴ 유기물 함량 = $\dfrac{30\%}{60\%} \times 100 = 50\%$

2023시행 폐기물처리기사/산업기사 복원문제

문제 01 쓰레기와 하수처리장에서 얻어진 슬러지를 함께 매립하려고 한다. 쓰레기와 슬러지의 고형물 함량이 각각 50%, 20%라고 하면 쓰레기와 슬러지를 8:2로 섞을 때의 이 혼합폐기물의 함수율 (%)은?(단, 무게 기준이며 비중은 1.0으로 가정함)

해설 혼합폐기물의 함수율

$$함수율(\%) = \frac{50 \times 8 + 80 \times 2}{8 + 2} = 56\%$$

문제 02 폐기물의 성질을 조사하기 위해 시료 채취방법으로 원추 4분법을 이용하여 4회 실시한 후 시료를 얻었다. 만일 초기에 조대형 쓰레기를 선별하여 무게를 측정한 결과 60kg 이라면 이 중 몇 kg이 시료에 포함되어야 하는가? (단, 조대형쓰레기의 비중은 동일하다고 가정한다.)

해설 $60kg \times (\frac{1}{2})^4 = 3.75kg$

문제 03 쓰레기 선별에 사용되는 직경이 3.2m 인 트롬멜 스크린의 최적속도(rpm)는?

해설 최적속도

최적속도(rpm) = 임계속도 × 0.45

임계속도(rpm) $Nc = \sqrt{\frac{g}{4\pi^2 r}} \times 60 = \frac{1}{2\pi}\sqrt{\frac{g}{r}} \times 60$

여기서, 가속도 $g = 9.8 m/\sec^2$, 지름 = r

$Nc = \frac{1}{2\pi}\sqrt{\frac{9.8}{1.6}} \times 60 = 23.63\ rpm \times 0.45 = 11 rpm$

문제 04 친산소성 퇴비화 공정의 설계운영 시 C/N비가 너무 낮을 경우와 너무 높을 경우 나타나는 현상을 기술하시오.

> **해설** C/N비의 고저에 따라 나타나는 현상
> ㉮ C/N비가 너무 낮으면 혐기성 분해로 탈질 미생물에 의하여 질소가 손실되고 pH는 증가하며 NH_3가 발생한다.
> ㉯ C/N비가 너무 크면 퇴비화에 소요되는 기간이 길어지며 과잉의 탄소로 유기산이 생성되어 pH는 감소한다.

문제 05 어떤 폐기물의 원소조성이 다음과 같을 때 연소시 필요한 이론공기량(kg/kg)은 얼마인가? (단, 중량기준이고, 표준상태기준으로 계산 하시오.)

- 가연성분 70% (C 60%, H 10%, O 25%, S 5%)
- 회분 30%

> **해설** 이론공기량(kg/kg)
> $O_o = 2.667C + 8H + S - O$
> *여기서, 원소는 %/100 이다.
> $O_o = (2.667 \times 0.7 \times 0.6) + (8 \times 0.7 \times 0.1) + (0.7 \times 0.05) - (0.7 \times 0.25) = 1.54 kg/kg$
> $\therefore A_o = 1.54 kg/kg \times \dfrac{1}{0.23} = 6.69 kg/kg$

문제 06 폐기물 소각공정에서 다이옥신의 생성기전 3가지를 쓰시오.

> **해설** 다이옥신의 생성기전
> ㉮ PVC, 플라스틱 등 폐기물에 존재하는 다이옥신류(PCDD/PCDF)의 불완전연소로 발생한다.
> ㉯ 다이옥신의 생성은 250~300℃에서 최대이다.
> ㉰ 저온에서 분진과 결합하여 생성한다.
> ㉱ 연소실의 과부하, 저 산소에서 발생한다.
> ㉲ 연소 시 발생하는 미연분의 양과 비산재의 양이 많을 때 발생한다.

문제 07 프로판(C_3H_8) 44kg을 완전연소 시키기 위해 부피비로 10%의 과잉공기를 사용하였다. 이때 공급한 공기의 양 m^3은?

해설 공기의 양

$C_3H_8 + 5O_2 \rightarrow 3CO_2 + 4H_2O$

$44kg : 5 \times 22.4 Sm^3$
$44kg : x \quad\quad x = 112 Sm^3$

$A_o = \dfrac{\text{이론 산소량}}{0.21} = \dfrac{112 Sm^3}{0.21} = 533.33 Sm^3$

∴ $A = 1.1(10\%\ \text{과잉공기비}) \times 533.33 Sm^3 = 586.7 Sm^3$

문제 08 함수율 98%인 잉여슬러지 100m^3이 농축되어 함수율이 95%로 되었을 때 농축 잉여슬러지의 부피(m^3)는? (단, 슬러지 비중은 1.0)

해설 잉여슬러지의 부피(m^3)

$100m^3 \times (100-98\%) = V_2 \times (100-95\%) \quad ∴ V_2 = 40m^3$

문제 09 0.41ton/m^3의 밀도를 갖는 쓰레기 시료를 압축하여 밀도를 0.75ton/m^3으로 증가시켰다. 이 때의 부피 감소율은?

해설 부피 감소율

압축비(C_R) = $\dfrac{\text{압축 전 부피}\, V_1}{\text{압축 후 부피}\, V_2} = \dfrac{\text{압축 후 밀도}}{\text{압축 전 밀도}} = \dfrac{0.75}{0.41} = 1.83$

부피감소율 = $(1 - \dfrac{1}{\text{압축비}\, 1.83}) \times 100 = 45\%$

문제 10 폐기물을 성상에 따라 분류하시오.

해설 폐기물의 성상에 따른 분류
㉮ "액상폐기물"이라 함은 고형물의 함량이 5 % 미만인 것을 말한다.
㉯ "반고상폐기물"이라 함은 고형물의 함량이 5 % 이상 15 % 미만인 것을 말한다.
㉰ "고상폐기물"이라 함은 고형물의 함량이 15 % 이상인 것을 말한다.

문제 11 적환장(transfer station)을 설치하는 일반적인 필요성에 대하여 5가지를 쓰시오.

해설 적환장의 필요성
㉮ 처분지가 수집 장소로부터 16km 이상 멀리 떨어져 있을 때
㉯ 수집차량이 소형(15m³ 이하)일 때
㉰ 저밀도 주거지역 있을 때
㉱ 슬러리 수송이나 공기수송 방식을 사용할 때
㉲ 불법투기와 다량의 폐기물이 발생할 때
㉳ 압축장비 등이 갖추어져 있지 않은 차량으로 수거할 때
㉴ 상업지역에서 폐기물 수집에 소형 수거용기를 많이 사용 할 때

문제 12 다이옥신을 제어기위한 방법을 4단계로 구분하면?

해설 다이옥신 제어방법
㉮ 제1차적(사전방지) 방법
㉯ 제2차적(로내) 방법
㉰ 제3차적(후처리) 방법
㉱ 제4차적(배가스처리) 활성탄과 백필터집진 방식

문제 13 폐기물 매립지에서 혐기성 분해로 발생하는 대표적인 악취물질 3가지는?

해설 악취물질
㉮ 암모니아(NH_3)
㉯ 황화수소(H_2S)
㉰ 메르캅탄(RSH)

문제 14 밀도가 400kg/m³인 폐기물을 압축하여 밀도가 900kg/m³가 되도록 하였다면 압축된 폐기물 부피(%)는?

해설 압축된 폐기물 부피
$$V_R = \left(\frac{\frac{1}{900 kg/m^3}}{\frac{1}{400 kg/m^3}}\right) \times 100 = 44\%$$

문제 15 　연소조절에 의하여 NO_x발생을 억제하는 방법 3가지를 쓰시오.

> NO_x발생 억제방법
> ㉮ 연소시 과잉공기를 삭감하여 저산소 연소시킨다.
> ㉯ 연소용 공기온도를 조절하여 저온에서 연소한다.
> ㉰ 버너 및 연소실 구조를 개량하여 연소실내의 온도분포를 균일하게 한다.
> ㉱ 화로 내에 물이나 수증기를 분무시켜서 연소시킨다.
> ㉲ 2단 연소한다.
> ㉳ 배출가스를 재순환한다.

문제 16 　최소 크기가 10cm인 폐기물을 2cm로 파쇄하고자 할 때 kick's 법칙에 의한 소요동력은 동일폐기물을 4cm로 파쇄할 때 소요되는 동력의 몇 배인가?(단, n=1로 가정한다.)

> 파쇄할 때 소요되는 동력
> $E = 상수\ C \ln\left(\dfrac{파쇄\ 전\ 입자\ 크기\ (L_1)10cm}{파쇄\ 후\ 입자크기\ (L_2)2cm}\right) = 1.61kw$
> $E = 상수\ C \ln\left(\dfrac{파쇄\ 전\ 입자\ 크기\ (L_1)10cm}{파쇄\ 후\ 입자크기\ (L_2)4cm}\right) = 0.91kw$
>
> $\therefore \dfrac{1.61kw}{0.91kw} = 1.77배$

문제 17 　슬러지처리를 하기 위해 위생처리장 활성슬러지(1% 농도) 40m³를 농축조에 넣어 농축한 결과 슬러지의 농도가 35000mg/L가 되었다. 농축된 슬러지의 량(m³)은? (단, 슬러지비중은 1.0으로 가정함)

> 농축된 슬러지의 량(m^3)
> $40m^3 \times 10000ppm = V_2\ 35000mg/L \quad \therefore V_2 = 11.43m^3$

문제 18 　유해폐기물 고화처리방법 중 자가시멘트법의 장단점을 각각 3가지를 쓰시오.

> 자가시멘트법의 장단점
> ㉮ 장점
> ・혼합률(MR)이 낮다.
> ・중금속의 처리에 효과적이다.
> ・탈수 등의 전처리가 필요 없다.
> ㉯ 단점
> ・장치의 규모가 크고 숙련된 기술이 요구된다.
> ・보조 에너지가 필요하다.
> ・높은 황화물을 함유한 폐기물에 적합하다.

문제 19 프로판 1Sm³를 과잉공기계수 1.1로 완전연소 시킬 경우에 발생하는 건연소가스량(Sm³)은?(단, 프로판 분자량 44, 표준상태 기준)

해설 건연소가스량(Sm³)

$$C_3H_8 + 5O_2 \rightarrow 3CO_2 + 4H_2O$$

$$A_o = \frac{O_o}{0.21} = \frac{5Sm^3}{0.21} = 23.8Sm^3$$

$$Gd = (1.1-0.21)23.8 + \sum 3 = 24.1 Sm^3$$

문제 20 유해폐기물의 고형화 방법 5가지를 쓰시오.

해설 고형화 방법
㉮ 시멘트 기초법
㉯ 자가시멘트법
㉰ 석회기초법
㉱ 열가소성 플라스틱법
㉲ 피막 형성법
㉳ 유리화법

문제 21 에탄가스 1Sm³의 완전연소에 필요한 이론공기량 Sm³은?

해설 이론공기량

$$C_2H_6 + \frac{7}{2}O_2 \rightarrow 2CO_2 + 3H_2O$$

1 : 3.5
1 : x   ∴ $3.5 Sm^3$

$$\therefore A_o = \frac{3.5 Sm^3}{0.21} = 16.7 Sm^3$$

문제 22 다음과 같은 중량조성의 고체연료의 고위발열량(kcal/kg)은 얼마인가?(조건 : C 70%, H 5%, O 15%, S 5%, 기타, Dulong식 이용)

해설 고위발열량(H_h)

Dulong식 $H_h(\text{kcal/kg}) = 81C + 340(H - \frac{O}{8}) + 25S$

*여기서, 원소의 단위는 퍼센트농도(%)이다.

$$\therefore H_h = 81 \times 70 + 340\left(5 - \frac{15}{8}\right) + 25 \times 5 = 6857.5 kcal/kg$$

문제 23 | 퇴비화에서 통기개량제의 조건 5가지를 쓰시오.

> 통기개량제의 조건
> ㉮ 산소의 통기가 어려우면 혐기성 반응이 일어나므로 볏짚, 왕겨, 톱밥, 나무껍질 등을 혼합하여 통기를 개량한다.
> ㉯ 통기개량제는 수분 흡수능이 좋아야 한다.
> ㉰ 쉽게 조달이 가능한 폐기물이어야 한다.
> ㉱ 입자 간의 구조적 안정성이 있어야 한다.
> ㉲ 폐기물의 함수율 및 C/N비를 조절할 수 있어야 한다.

문제 24 | 가로 1.5m, 세로 2.0m, 높이 15.0m의 연소실에서 저위발열량 10000kcal/kg의 중유를 1시간에 200kg 연소한다. 연소실 열발생률(kcal/m³·hr)은 얼마인가?

> 연소실 열발생률(kcal/m³·hr)
> $$VHRR = \frac{10000\,\text{kcal/kg} \times 200\,\text{kg/hr}}{1.5\,\text{m} \times 2.0\,\text{m} \times 15.0\,\text{m}} = 4.4 \times 10^4\,\text{kcal/m}^3 \cdot \text{hr}$$

문제 25 | 다음은 동전기 정화기술에 관한 용어이다. 용어의 정의를 설명하시오.

> 전기이동, 전기삼투, 전기경사, 농도경사, 전기영동

> 용어정의
> ㉮ 전기이동
>   전기장을 인가하면 이온물질인 음이온은 양극으로 양이온은 음극으로 이동한다.
> ㉯ 전기삼투
>   전기장을 인가하면 간극수(물)는 양극에서 음극으로 이류하게 된다.
> ㉰ 전기경사
>   전기장을 인가하면 전압이 높은 극에서 낮은 극으로 이온이 이동한다.
> ㉱ 농도경사
>   농도가 높은 물질에서 낮은 물질으로 이동한다.

문제 26 고위발열량이 16820kcal/Sm³인 에탄(C_2H_6)을 연소시킬 때 이론 연소온도(℃)는?(단, 이론습연소가스량 21Sm³/Sm³, 연소가스 정압비열 0.63kcal/Sm³ · ℃, 연소용 공기와 연료온도는 15℃, 공기는 예열하지 않으며, 연소가스는 해리되지 않음)

해설 연소온도(℃)

에탄의 저위발열량 $H_l(kcal/Sm^3) = H_h - 480\sum H_2O$

$C_2H_6 + 3.5O_2 \rightarrow 2CO_2 + 3H_2O$

$\therefore H_l = 16820 - 480\sum 3 = 15380 kcal/Sm^3$

$t_2 = \dfrac{H_l}{G_o C_p} + t_1$

$\therefore t_2 = \dfrac{15380 kcal}{Sm^3} \Big| \dfrac{Sm^3}{21 Sm^3} \Big| \dfrac{Sm^3 \cdot ℃}{0.63 kcal} + 15 = 1177.5℃$

문제 27 탄소를 1kg 완전연소 시키는데 필요한 이론적 산소량(Sm³)은?

해설 이론적 산소량(Sm^3)

$C + O_2 \rightarrow CO_2$ $\quad \therefore O_o = \dfrac{22.4 Sm^3}{12kg} = 1.866 Sm^3$

문제 28 X_{90}=4.6cm로 도시폐기물을 파쇄 하고자 할 때 Rosin-Rammler 모델에 의한 특성입자 크기 X_0(cm)는 얼마인가? (단, n=1로 가정)

해설 특성입자 크기 X_o(cm)

$Y = 1 - \exp\left[-\left(\dfrac{X}{X_o}\right)^n\right]$

$0.90 = 1 - \exp\left[-\left(\dfrac{4.6cm}{X_o}\right)^1\right]$

$\exp(-\dfrac{4.6cm}{X_o}) = 1 - 0.9$

$\therefore$ 특성입자 크기 $X_o = \dfrac{-4.6cm}{\ln(1-0.90)} = 2.0cm$

문제 29 슬러지 개량(conditioning)의 목적과 개량방법 3가지를 기술하시오.

해설 슬러지의 개량
㉮ 슬러지 개량의 목적은 탈수성을 좋게하기 위해 실시한다.
㉯ 개량방법에는 수세, 열처리, 약품처리와 열처리 방법이 많이 사용된다.

문제 30 ▮ 매립장에서 발생하는 침출수의 BOD농도가 1000mg/L, 1차 혐기성분해 처리효율 50%, 2차 호기성분해 처리효율 80%, 최종방류수 BOD 20mg/L 이다. 3차 시설의 처리효율(%)은 얼마인가?

해설 3차 시설의 처리효율(%)

$\eta_t = C_0(1-\eta_1)(1-\eta_2)(1-\eta_3)$

$20mg/L = 1000(1-0.5)(1-0.8)(1-\eta_3)$

$20mg/L = 100 - 100\eta_3$ ∴ $\eta_3 = 0.8 ≒ 80\%$(3차 처리효율)

문제 31 ▮ 유기적 고형화에 사용되는 고화제 3가지를 쓰시오.

해설 유기적 고화제
㉮ 아크릴아미드젤
㉯ 폴리에스테르
㉰ 에폭시
㉱ 요소-폼알데하이드

문제 32 ▮ 일반적인 슬러지처리 공정의 계통도를 순서대로 나열하시오?

해설 슬러지처리 공정

농축 → 안정화(소화) → 개량 → 탈수 → 건조 → 연소 → 최종처분

㉮ 감량화 : 무게와 부피를 감소시킨다.
㉯ 안정화 : 유기물의 안정화로 2차 오염을 방지한다.
㉰ 안전화 : 병원균의 사멸, 통제로 환경위생을 향상시킨다.
㉱ 자원화 : 연료화, 메탄가스, 비료로 이용한다.

문제 33 ▮ Trench method를 적용하여 쓰레기를 매립하려 한다. Trench 용량은 2000m³이며 인구 2000명, 1인 1일 쓰레기 배출량 1.5kg인 도시에서 발생되는 쓰레기를 매립 한다면 Trench의 사용일수(day)는?(단, 압축전 쓰레기 밀도는 500kg/m³이며 매립시 압축에 의해 부피가 40% 감소한다.)

해설 발생량 = 처리량

$\dfrac{1.5kg}{인 \cdot 일} \Big| \dfrac{2000인}{} \Big| \dfrac{60}{100} x = \dfrac{2000m^3}{} \Big| \dfrac{500kg}{m^3}$ ∴ $x = 555.55$일

문제 34 유동층소각로의 장점 3가지를 열거하시오.

해설 유동층소각로의 장점
㉮ 가스의 온도와 과잉공기량이 낮아서 질소산화물도 적게 배출된다.
㉯ 구조가 간단하고 유지관리가 용이하다.
㉰ 로내 고온영역에서 기계적 가동부분이 적어 고장율이 낮다.
㉱ 반응시간이 빨라 소각시간이 짧다.
㉲ 폐유, 폐윤활유 등의 소각에 탁월한 성능이 있다.

문제 35 매립시설의 사후관리 항목 3가지를 쓰시오.

해설 빗물 배제방법, 침출수 관리방법, 지하수 수질 조사방법, 해수 수질 조사방법, 발생가스 관리방법, 구조물과 지반의 안정도 유지방법, 지표수 수질 조사방법, 토양 조사방법

문제 36 밀도가 1.5g/cm³인 폐기물 10kg에 고형물재료를 5kg 첨가하여 고형화 시킨 결과 밀도가 6.0g/cm³으로 증가하였다면 폐기물의 부피변화율(VCF)은 얼마인가?

해설 부피변화율

$$VCF = (1 + MR) \times \frac{\rho_1}{\rho_2}$$

$$\therefore VCF = (1 + \frac{5kg}{10kg}) \times \frac{1.5 g/cm^3}{6.0 g/cm^3} = 0.38$$

문제 37 전처리로서 파쇄에 의하여 얻어질 수 있는 효과 3가지와 작용원리를 설명하라?

해설 파쇄효과와 원리
㉮ 파쇄효과
  · 입자의 비표면적이 증가하여 미생물의 분해속도가 증가한다.
  · 입경분포의 균일화로 저장, 압축, 소각이 용이하다.
  · 조대 폐기물에 의한 소각로 손상을 방지한다.
  · 겉보기 비중의 증가로 수송이 용이하고 매립지 수명이 연장된다.
  · 매립지의 악취, 먼지의 비산을 감소시킨다.
  · 매립지의 작업이 용이하고 복토가 거의 필요 없다.
㉯ 파쇄 원리
  · 전단작용에 의한 파쇄
  · 충격작용에 의한 파쇄
  · 압축작용에 의한 파쇄

문제 38 │ 적환장은 비교적 적은 수집차량에서 큰 차량으로 옮겨 싣고 장거리 수송을 할 경우 필요한 시설이다. 적환장의 위치선정 시 고려할 점 5가지를 쓰시오.

해설 적환장의 위치선정
㉮ 수거지역의 무게중심에 가까운 곳
㉯ 주요 간선도로 접근이 용이한 곳
㉰ 폐기물 발생지역의 무게중심에서 가까운 곳
㉱ 공중위생, 환경피해가 최소인 곳
㉲ 폐기물을 선별할 수 있는 공간이 충분한 곳
㉳ 작업이 용이하고 재생가능 물질의 선별이 용이한 곳

문제 39 │ 이코노마이저에 관하여 간략하게 설명하시오.

해설 이코노마이저는 연도에 설치되며 보일러 전열면을 통하여 여열로 보일러 급수를 예열하여 보일러의 효율을 높이는 장치이다.

문제 40 │ 악취제거방법 5가지를 쓰시오.

해설 악취제거방법
㉮ 수세법(水洗法)
㉯ 활성탄(活性炭) 흡착법
㉰ 화학적 산화법
㉱ 흡수법(산알칼리 세정법)
㉲ 생물학적 제거법 (토양탈취, Bio-Filter법)
㉳ 연소법(직접 연소법, 촉매 연소법)

문제 44 │ 폐기물 매립 시 사용되는 복토재의 구비조건 5가지를 쓰시오.

해설 복토재의 구비조건
㉮ 투수계수가 작고 살포가 용이하여야 한다.
㉯ 공급이 용이하고 원료가 저렴하여야 한다.
㉰ 위생상 안전하고 쥐, 파리 등 해충의 서식을 방지할 수 있어야 한다.
㉱ 연소가 잘 되지 않고 생분해가 가능해야 한다.
㉲ 악취발산 및 가스배출을 억제할 수 있어야 한다.
㉳ 차수성이 좋은 점토와 실트의 함량이 높은 토양이 적합하다.
㉴ 침식에 저항력이 크고 식생에 적합한 양질토양을 사용한다.

문제 42 | 프로판(C_3H_8)의 고위발열량이 24300kcal/Sm³이라면 저위발열량(kcal/Sm³)은 얼마인가?

해설 $H_l(kcal/Sm^3) = H_h - 480\sum H_2O$

프로판 $C_3H_8 + 5O_2 \rightarrow 3CO_2 + 4H_2O$ ∴ $H_2O = 4M$

∴ $H_l = 24300 - 480\sum 4 = 22380 kcal/Sm^3$

문제 43 | 혐기성 위생매립지에서 발생되는 가스를 4단계로 나누어 설명하시오.

해설 매립지의 단계별 가스발생

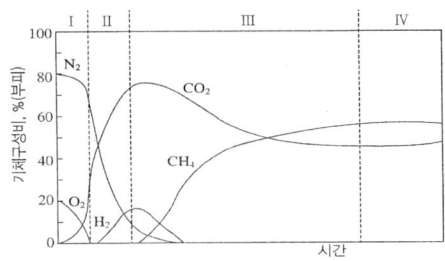

㉮ 제1단계에서는 친산소성 단계로서 폐기물 내에 수분이 많은 경우에는 반응이 가속화되어 O_2가 쉽게 고갈된다(호기성 단계).
㉯ 제2단계에서는 유기물이 효소에 의해 발효되는 혐기성 비메탄 단계로써, CO_2가스가 많이 발생하며, H_2는 증가하고 N_2는 감소한다((호기-혐기성 전환단계).
㉰ 제3단계에서는 매립지 내부의 온도가 상승하여 약 55℃ 정도까지 올라가, CO_2 가스로 pH는 저하 하며 CH_4가스가 발생한다(비정상 혐기성단계).
㉱ 4단계에서는 매립가스 내 CH_4과 CO_2의 함량이 거의 일정하게 유지된다(정상 혐기성 메탄단계).

문제 44 | 최소 크기가 10cm인 폐기물을 2cm로 파쇄하고자 할 때 kick's 법칙에 의한 소요동력은 동일폐기물을 4cm로 파쇄할 때 소요되는 동력의 몇 배인가?(단, n=1로 가정한다.)

해설 $E = 상수\ C \ln\left(\dfrac{파쇄\ 전\ 입자크기\ (L_1)10cm}{파쇄\ 후\ 입자크기\ (L_2)2cm}\right) = 1.61kw$

$E = 상수\ C \ln\left(\dfrac{파쇄\ 전\ 입자크기\ (L_1)10cm}{파쇄\ 후\ 입자크기\ (L_2)4cm}\right) = 0.91kw$

∴ $\dfrac{1.61kw}{0.91kw} = 1.77$배

문제 45 열감량이란 정의를 쓰시오.

해설 강열감량이란 시료에 열을 가하면 열에 의해서 휘발성 물질, 수분, 탄산 가스 등이 방출되어 시료의 무게가 감소되는 것으로 감량되기 전의 시료에 대한 퍼센트 값으로 나타낸

문제 46 쓰레기 발열량 측정방법 3가지를 쓰시오.

해설 발열량의 산정방법에는 추정식에 의한 방법(3성분 분석법), 단열계량계에 의한 방법, Dulong의 원소분석법, 물리적 조성에 의한 방법 등이 있다.

문제 47 년간 3000000ton의 쓰레기를 1000명의 인부들이 매일 8시간 수거한다. 이 때 인부의 수거능력 (MHT)은?

해설 $MHT = \dfrac{1일\ 평균\ 수거\ 인부수(1000man) \times 1일\ 작업시간(8hr)}{1일\ 평균\ 폐기물\ 발생량(3000000/365 ton)} = 0.97$

문제 48 어떤 도시에서 발생되는 쓰레기의 성분 중 비가연성이 약 72.7%(중량비)를 차지하는 것으로 조사되었다. 밀도 600kg/m³인 쓰레기가 15m³가 있을 때, 이 중 가연성 물질의 양(t)은?(단, 쓰레기는 가연성+비가연성)

해설 가연성 물질의 양(t) = $(1-0.727) \times 0.6\ t/m^3 \times 15m^3 = 2.457t$

문제 49 소각로의 구조에 따른 분류 중에서 스토커식, 유동층식, 회전로식 소각로의 장점 3가지를 각각 쓰시오.

해설 [1] 스토커식
① 도시 폐기물 소각의 대표적인 방식이다.
② 연속적 소각 및 대량 소각이 가능하다.
③ 수분이 많거나 발열량이 낮은 폐기물의 소각에 주로 적용된다.
④ 유동층식에 비하여 비산 분진량이 적다.
⑤ 유동층식에 비하여 내구 연한이 길다.
⑥ 전처리시설이 필요하지 않다.

[2] 유동층식
① 반응시간이 빨라 소각시간이 짧다.
② 폐유, 폐윤활유 등의 소각에 탁월한 성능이 있다.
③ 유동매체의 열용량이 커서 액상, 기상, 고형폐기물의 완전연소가 가능하며 2차 연소실이 불필요 하다.

④ 유동매체의 축열량이 높은 관계로 단기간 정지 후 가동 시 보조연료 사용 없이 정상 가동이 가능하다.
⑤ 가스의 온도와 과잉공기량이 낮아서 질소산화물도 적게 배출된다.
⑥ 구조가 간단하고 유지관리가 용이하다.
⑦ 로내 고온영역에서 기계적 가동부분이 적어 고장율이 낮다.
⑧ 연소율이 높아 미연소분 배출이 적다.

[3] 회전로식
① 습식가스 세정시스템과 함께 사용할 수 있다.
② 예열이나 혼합 등 전처리가 거의 필요 없다.
③ 드럼이나 대형용기를 파쇄하지 않고 그대로 투입할 수 있다.
④ 예열, 혼합, 파쇄 등 전처리 등의 전처리가 필요 없다.
⑤ 넓은 범위의 액상 및 고상 폐기물을 소각할 수 있다.
⑥ 폐기물의 성상변화에 적응성이 강하다.
⑦ 용융상태의 물질에 의하여 방해받지 않는다.
⑧ 공급장치의 설계에 있어서 유연성이 있다.

문제 50 일반폐기물의 위생매립방법 3가지를 설명하시오.

해설 위생매립방법

㉮ 샌드위치 공법
　쓰레기를 수평으로 고르게 깔아서 압축한 다음 그 위에 쓰레기와 복토를 번갈아 가면서 쌓는 방법이다.
㉯ 셀공법
　쓰레기 비탈면의 경사를 15 ~ 25%로 하여 쓰레기를 셀모양으로 쌓고 각각의 셀에 복토하는 방법이다.
㉰ 압축매립공법
　쓰레기를 매립하기 전에 압축하여 부피를 감소시킨 후 포장하여 매립하는 방법이다.

문제 51 어떤 폐기물 1kg의 원소조성이 다음과 같고, 실제공기량이 10Sm³일 때 과잉공기량 Sm³은? (가연분 : C 30%, H 12%, O 25%, S 3%, 수분 20%, 회분 10%)

해설 과잉공기량 Sm³

$O_o = 1.867C + 5.6H + 0.7S - 0.7O$
　*여기서, 원소는 %/100 이다.

$O_o = 1.867 \times 0.3 + 5.6 \times 0.12 + 0.7 \times 0.03 - 0.7 \times 0.25 = 1.1 Sm^3/kg$

$A_o = 1.1 Sm^3/kg \times \dfrac{1}{0.21} = 5.13 Sm^3/kg$

$\therefore A' = A - A_o = 10 - 5.13 = 4.9 Sm^3$

2024시행 폐기물처리기사/산업기사 복원문제

문제 01 청소상태와 관련된 지표로서 CEI(Community Effect Index) 산정 시 사용되는 인자 3가지를 쓰시오.

> **해설** CEI(Community Effect Index) 설정인자에는 가로의 총수, 청결상태, 청소상태의 문제점 여부를 평가한다.

문제 02 폐기물의 저위발열량을 폐기물 3성분 조성비를 바탕으로 추정할 때 3가지 성분은?

> **해설** 폐기물의 3성분에는 가연성분, 수분, 회분이 있으며, 4성분에는 고정탄소, 휘발분, 수분, 회분이 있다.

문제 03 분뇨의 슬러지 건량은 5m³이며 함수율이 90%이다. 함수율을 80%까지 농축하면 농축조에서의 분리액(m³)은 얼마인가? (단, 비중은 1.0 기준)

> **해설** 농축조에서의 분리액(m³)
>
> $V_1(100-P_1) = sludge\ 건량$ $\therefore V = \dfrac{sludge\ 건량}{100-P} \times 100$
>
> 분리액 $V = (5m^3 \times \dfrac{100}{100-90}) - (5m^3 \times \dfrac{100}{100-80}) = 25m^3$

문제 04 30 ton의 음식물쓰레기를 볏짚과 혼합하여 C/N비 30으로 조정하여 퇴비화하고자 한다. 이때 볏짚의 필요량(ton)은? (단, 음식물쓰레기와 볏짚의 C/N비는 각각 20과 100이고, 다른 조건은 고려하지 않음)

> **해설** 볏짚의 필요량
>
> $C/N\ 30 = \dfrac{(30t \times 20) + 100x}{30t + x}$
>
> $600 + 100x = 900 + 30x$ $\therefore x(볏짚) = 4.28t$

문제 05 폐기물 소각공정에서 연소실 내 다이옥신류 저감방안 5가지를 쓰시오.

> 해설 다이옥신류 저감방안
> ① 완전연소 조건을 충족시킨다.
> ② 적절한 1차 공기량을 제어한다.
> ③ 850~950°C의 고온에서 분해한다.
> ④ 충분한 산소농도를 유지한다.
> ⑤ 2차 연소실을 확보하여 재연소한다.
> ⑥ 연소 시 발생하는 미연분의 양과 비산재의 양을 줄인다.
> ⑦ 2차 공기공급에 의한 미연분을 완전연소 한다.

문제 06 어떤 소각로에 배출되는 가스량은 8000kg/hr이고 온도는 1000°C 이다. 배기가스는 소각로 내에서 1초 체류한다면 소각로 용적(m^3)은?(단, 표준상태에서 배기가스 밀도는 0.2kg/Sm^3)

> 해설 소각로 용적(m^3)
> 밀도에 온도보정 $0.2 kg/Sm^3 \times \dfrac{273}{273+1000} = 0.043 kg/m^3$
> $t = V/Q$ 에서
> $V = \dfrac{8000kg}{hr} | \dfrac{1\sec}{} | \dfrac{hr}{3600\sec} | \dfrac{m^3}{0.043kg} = 51.7 m^3$

문제 07 유해폐기물의 고형화 방법 5가지를 쓰시오.

> 해설 고형화 방법
> ① 시멘트 기초법
> ② 자가시멘트법
> ③ 석회기초법
> ④ 열가소성 플라스틱법
> ⑤ 피막 형성법
> ⑥ 유리화법

문제 08 ▋ 고위발열량이 16820kcal/Sm³인 에탄(C_2H_6)을 연소시킬 때 이론 연소온도(°C)는?(단, 이론습연소가스량 21Sm³/Sm³, 연소가스 정압비열 0.63kcal/Sm³·°C, 연소용 공기와 연료온도는 15°C, 공기는 예열하지 않으며, 연소가스는 해리되지 않음)

해설 이론 연소온도(°C)

에탄의 저위발열량 $H_l(kcal/Sm^3) = H_h - 480\sum H_2O$

$C_2H_6 + 3.5O_2 \rightarrow 2CO_2 + 3H_2O$

$\therefore H_l = 16820 - 480\sum 3 = 15380 kcal/Sm^3$

$t_2 = \dfrac{H_l}{G_o C_p} + t_1$

$\therefore t_2 = \dfrac{15380 kcal}{Sm^3} | \dfrac{Sm^3}{21 Sm^3} | \dfrac{Sm^3 \cdot °C}{0.63 kcal} + 15 = 1177.5 °C$

문제 09 ▋ 매립장 침출수 차단방법인 표면차수막과 비교 연직차수막이 유리한점 3가지를 설명시오.

해설 연직차수막의 유리한점
① 연직차수막은 지중에 수평방향의 차수층이 존재할 때 사용한다.
② 연직차수막은 지하수 집배수 시설이 필요 없다.
③ 연직차수막은 차수막 보강시공이 가능하다.
④ 연직차수막은 차수막 단위면적당 공사비는 비싸지만 총 공사비는 싸다.

문제 10 ▋ 1일 폐기물 발생량이 2000톤인 도시에서 5톤 덤프트럭으로 쓰레기를 투기장까지 운반하고자 한다. 이들의 하루 운전시간은 8시간, 운반거리는 2km, 왕복운반시간 25분, 적재시간 25분, 적하시간 10분이며 3대의 대기차량을 고려하면 모두 몇 대의 트럭이 필요한가? (단, 기타 사항은 고려하지 않음)

해설 발생량 = 처리량

$2000 t = 5t \times (\dfrac{8\,hr/day}{25분 + 25분 + 10분}) 회/대 \times x$ 대

$\therefore x = 50$대 + 대차량 3대 = 53대

문제 11 ▋ 쓰레기 선별에 사용되는 직경이 3.2m인 트롬멜 스크린의 최적속도(rpm)는?

해설 최적속도(rpm) = 임계속도 × 0.45

임계속도(rpm) $Nc = \sqrt{\dfrac{g}{4\pi^2 r}} \times 60 = \dfrac{1}{2\pi}\sqrt{\dfrac{g}{r}} \times 60$

$Nc = \dfrac{1}{2\pi}\sqrt{\dfrac{9.8}{1.6}} \times 60 = 23.63\,rpm \times 0.45 = 11\,rpm$

문제 12 ▮ 폐기물 매립지의 매립 후 시간 경과에 따른 LFG의 조성변화 4단계에 대하여 설명하시오.

해설 LFG의 조성변화 4단계
① 제1단계에서는 친산소성 단계로서 폐기물 내에 수분이 많은 경우에는 반응이 가속화되어 용존산소가 쉽게 고갈된다(호기성 단계).
② 제2단계에서는 유기물이 효소에 의해 발효되는 혐기성 비메탄 단계로써, 이산화탄소 가스가 많이 발생한다((호기-혐기성 전환단계).
③ 제3단계에서는 매립지 내부의 온도가 상승하여 약 55℃ 정도까지 올라가, 이산화탄소 가스가 발생하며 pH는 저하한다(비정상 혐기성단계).
④ 4단계에서는 매립가스 내 메탄과 이산화탄소의 함량이 거의 일정하게 유지된다(정상 혐기성 메탄단계).

문제 13 ▮ 연료로 사용하는 중유의 저위발열량이 9000kcal/kg이다. 중유의 저위발열량 1000kcal당 이론공기량(Sm^3/kg)을 계산하시오. (단, Rosin식을 적용하여 계산할 것)

해설 Rosin식 = $A_o = 0.85 \times \dfrac{H_l(저위발열량)}{1000} + 2$

$\therefore A_o = 0.85 \times \dfrac{9000 kcal/kg}{1000} + 2 = 9.65 Sm^3/kg$

문제 14 ▮ 압축비가 5인 쓰레기의 부피 감소율(%)은?

해설 부피감소율 = $(1 - \dfrac{1}{압축비 5}) \times 100 = 80\%$

문제 15 ▮ 점토가 매립지의 차수막으로 적합하기 위한 대표적 조건(기준)을 쓰시오(3가지).

해설 차수막으로서 점토의 조건
① 투수계수 : 10^{-7}cm/sec 미만
② 소성지수 : 10% 이상 30% 미만
③ 액성한계 : 30% 이상
④ 자갈 직경 2.5cm 이상인 입자 함유량 : 10% 미만

문제 16 ▎ 전과정평가(LCA)의 정의, 평가절차, 목적을 쓰시오.

해설 정의, 평가절차, 목적
1. 정의
    전과정평가(LCA, life cycle assessment)는 단위 제품의 생산, 유통, 사용, 처분까지 전 과정에 걸쳐 환경에 미치는 영향을 평가하는 데 있다.
2. 전 과정평가의 절차
    ① 목적 및 범위설정(goal & scope definition)
    ② 단위공정별 목록분석(inventory analysis)
    ③ 환경부하에 대한 영향평가(impact assessment)
        분류화→특성화→정규화→가중치 부여
    ④ 개선평가 및 해석(life cycle interpretation)
3. 전 과정평가의 목적
    · 제품 및 제조방법의 변경, 개량에 따른 환경부하 평가
    · 환경부하의 저감 측면에서 제품의 제조방법 도출
    · 환경목표치에 대한 달성도 평가
    · 제품간의 환경부하 비교평가

문제 17 ▎ 어떤 폐기물의 원소조성이 다음과 같고, 실제공기량이 6Sm³일 때 이론산소량과, 이론공기량, 공기비는?[단, 가연분 60%(C 45%, H 10%, O 40%, S 5%), 수분: 30%, 회분: 10%]

해설 이론산소량과, 이론공기량, 공기비
$$O_o = 1.867C + 5.6H + 0.7S - 0.7O$$
*여기서, 원소는 %/100 이다.

$$O_o = (1.867 \times 0.6 \times 0.45) + (5.6 \times 0.6 \times 0.1 + 0.7) \times (0.6 \times 0.05) - (0.7 \times 0.6 \times 0.4) = 0.693 Sm^3/kg$$

$$A_o = 0.693 Sm^3/kg \times \frac{1}{0.21} = 3.3 Sm^3$$

$$\therefore m = \frac{A(\text{실제공기량})}{A_o(\text{이론공기량})} = \frac{6Sm^3}{3.3Sm^3} = 1.81$$

문제 18 ▎ 전처리에서 SS제거율 60%, 1차 처리에서 SS제거율 90%일 때 방류수 수질기준 이내로 처리하기 위한 2차 처리효율은?(단, 분뇨 SS는 20000mg/L, 방류수 SS 수질기준은 60mg/L이다.)

해설 공정상 농도 = 방류수 농도
$$C_i(1-\eta_1)(1-\eta_2) = C_e$$
$$20000(1-0.6)(1-0.9)(1-\eta_2) = 60$$
$$800(1-\eta_2) = 60 \quad \therefore \eta_2 = 0.925\%$$

문제 19 ▌ 악취제거방법 3가지를 쓰시오.

해설 악취제거방법
① 수세법(水洗法)
② 활성탄(活性炭) 흡착법
③ 화학적 산화법
④ 흡수법(산알칼리 세정법)
⑤ 생물학적 제거법 (토양탈취, Bio-Filter법)
⑥ 연소법(직접 연소법, 촉매 연소법)

문제 20 ▌ 글리신($C_2H_5O_2N$) 2M이 혐기성소화에 의해 완전분해 될 때 생성 가능한 이론적인 메탄 가스량(L)은?(단, 표준상태 기준, 분해 최종산물은 CH_4, CO_2, NH_3)

해설 메탄 가스량
$$C_2H_5O_2N + 0.5H_2O \rightarrow 0.75CH_4 + 1.25CO_2 + NH_3$$
$1M$: $0.75 \times 22.4L$
$2M$: x
$\therefore x = 33.6L$

문제 21 ▌ 고온, 고압, 무산소 상태에서 유기물질을 열분해 시 기체, 액체, 고체 생성물을 쓰시오.

해설 ① 기체 - 수소, 메탄, 일산화탄소, 이산화탄소, 암모니아, 황화수소, HCN 등
② 액체 - 식초산, 아세톤, 메탄올, 오일, 타르, 방향성 물질 등
③ 고체 - Char(순수 탄소), 불활성 물질 등

문제 22 ▌ 쓰레기의 소각에는 3T라는 3가지 조건이 필요하다. 3T란?

해설 시간(Time), 온도(Temperature), 혼합(Turbulence)

문제 23 ▌ 1일 폐기물 배출량이 700t인 도시에서 도랑(Trench)법으로 매립지를 선정하려 한다. 쓰레기의 압축이 30%가 가능하다면 1일 필요한 면적(m^2)은 얼마인가? (단, 발생된 쓰레기의 밀도는 250kg/m^3, 매립지의 깊이는 2.5m이다.)

해설 매립면적 $A = \dfrac{700000kg}{day} \Big| \dfrac{m^3}{250kg} \Big| \dfrac{1}{2.5m} \Big| \dfrac{1-0.3}{1} = 784 m^2/day$

문제 24 쓰레기발생량 예측방법 3가지를 설명하시오.

해설 발생량 예측방법
  ㉮ 경향예측모델(Trend Method)
    최저 5년 이상의 과거 폐기물처리 실적을 수식화된 모델에 대입하여 폐기물의 발생량을 예측하는 방법으로 시간에 따른 폐기물의 발생량만 고려한다.
  ㉯ 다중회귀모델(Multiple Regression)
    하나의 수식으로 여러 인자 즉, 자원 회수량, 사회적, 경제적 특성 등을 총괄적으로 고려하여 복잡한 시스템을 분석하는 방법이다.
  ㉰ 동적모사모델(Dynamic Simulation)
    모든 인자를 시간에 대한 함수로 나타내어 각 영향 인자들 간의 상관관계를 수식화하는 방법이다.

문제 25 폐지 250kg을 소각하고자 한다. 이론산소량(Sm^3)은 얼마인가? (단, 폐지의 성분은 모두 셀룰로오스($C_6H_{10}O_5$)로 가정한다.)

해설
$C_6H_{10}O_5 + 6O_2 \rightarrow 6CO_2 + 5H_2O$
$162 kg \quad : \quad 6 \times 22.4 Sm^3$
$250 kg \quad : \quad x \qquad \therefore x = 207.4 Sm^3$

문제 26 쓰레기를 파쇄할 때 90% 이상을 3.8cm보다 작게 파쇄하려고 하는 경우, Rosin-Rammler Model에 의한 특성입자의 크기 cm는? (단, n=1)

해설
$$Y = 1 - \exp\left[-\left(\frac{X}{X_o}\right)^n\right]$$
$$0.90 = 1 - \exp\left[-\left(\frac{3.8 \text{cm}}{X_o}\right)^1\right]$$
$$\exp\left(-\frac{3.8 \text{cm}}{X_o}\right) = 1 - 0.9$$
$$\therefore \text{특성입자 크기} \quad X_o = \frac{-3.8 cm}{\ln(1-0.90)} = 1.65 \text{cm}$$

문제 27 폐기물 매립 시 사용되는 복토재의 구비조건 3가지를 쓰시오.

해설 복토재의 구비조건
① 투수계수가 작고 살포가 용이하여야 한다.
② 공급이 용이하고 원료가 저렴하여야 한다.
③ 위생상 안전하고 쥐, 파리 등 해충의 서식을 방지할 수 있어야 한다.
④ 연소가 잘 되지 않고 생분해가 가능해야 한다.
⑤ 악취발산 및 가스배출을 억제할 수 있어야 한다.

문제 28 ▌ 고형폐기물을 매립 처리할 때 $C_6H_{12}O_6$ 성분 1톤(ton)의 폐기물이 혐기성 분해를 한다면 이론적 메탄가스 발생량 부피(m^3)와 무게(kg)은 얼마인가? (단, 표준상태 기준이다.)

해설 메탄가스 발생량

㉮ 발생량 부피(m^3)

$C_6H_{12}O_6 \rightarrow 3CH_4 + 3CO_2$
180kg : $3 \times 22.4 Sm^3$
1000kg : x $\therefore CH_4 = 373.33 Sm^3$

㉯ 발생량 무게(kg)

$C_6H_{12}O_6 \rightarrow 3CH_4 + 3CO_2$
180kg : $3 \times 16kg$
1000kg : x $\therefore CH_4 = 266.67kg$

문제 29 ▌ 연소의 형태 4가지를 쓰고 설명하시오.

해설 ① 증발연소
   연료 자체가 증발하여 연소한다(휘발유, 등유, 알코올 등).
② 분해연소
   물질의 열분해로 발생하는 가연성 가스가 연소한다(목재, 석탄 등).
③ 표면연소
   고체표면이 공기 중 산소와 반응하여 빨간 빛을 내며 연소한다(목탄, 석탄, 코크스 등).
④ 확산연소
   공기의 확산에 의한 불꽃이동 연소이다.
⑤ 자기연소(내부연소)
   물질자체의 결합산소와 반응하여 연소한다(니트로글리세린 등).

문제 30 ▌ 차수시설에서 저류구조물의 기능 3가지를 기술하시오.

해설 ① 계획 매립량의 폐기물 저류
② 매립지로부터 침출수의 유출이나 누출방지
③ 매립지 침출수의 안전분류
④ 매립완료 후 폐기물의 안전저류

문제 31 | 메탄의 고위발열량이 11000kcal/Sm³이면, 저위발열량(kcal/Sm³)은 얼마인가?(단, 물의 기화열은 600kcal/kg이다.)

해설 $H_l(kcal/Sm^3) = H_h - 600\sum H_2O$

메탄 $CH_4 + 2O_2 \rightarrow CO_2 + 2H_2O$ ∴ $H_2O = 2M$

∴ $H_l = 11000 - 600\sum 2 = 9800 kcal/Sm^3$

문제 32 | pipe line 수송의 종류 3가지를 쓰고 간략히 설명하시오.

해설 ① 공기수송 : 공기수송은 고층 주택 밀집지역에 적합하나 소음이 심하며 폐기물의 크기가 불균일하면 수송이 곤란하다.
② 슬러리 수송 : 쓰레기를 분쇄하여 물과 혼합하여 수송한다.
③ 캡슐수송 : 쓰레기를 충전한 캡슐을 수송관내에 삽입하여 공기나 물의 흐름을 이용하여 수송한다.

문제 33 | 복합퇴비화 시 함수율 85%인 슬러지와 함수율 40%인 톱밥을 1:2로 혼합한 후의 함수율과 퇴비화의 적절성 여부에 관하여 판단하라?

해설 혼합 후 함수율 $= \dfrac{(85 \times 1) + (40 \times 2)}{1+2} = 55\%$

혼합 후 함수율은 55%로 퇴비화에 적절한 함수율이라 판단된다.

참고문헌

- 폐기물관리법, 환경부, 2025
- 폐기물공정시험기준, 환경부고시 제2016-196호
- 유해폐기물처리, 윤오섭 외6인, 동화기술, 2001
- 바이블 상하수도기술사, 조용덕, 세진사, 2024
- 바이블 수질관리기술사, 조용덕, 세진사, 2024
- 수질공학의 응용과 해설[1], 조용덕, 이상화, 한국학술정보(주), 2010
- 수질공학의 응용과 해설[2], 조용덕, 이상화, 한국학술정보(주), 2010
- 신재생에너지, 조용덕, 이상화, 한국학술정보(주), 2011
- 수질환경기사.산업기사(필기), 조용덕, 건기원, 2016
- 수질환경기사.산업기사(실기), 조용덕, 건기원, 2016

소개

저자
　조용덕

약력
　공학박사(환경공학 전공)
　수질관리기술사
　상하수도기술사
　올배움 kisa 수질관리기술사, 상하수도기술사, 환경위해관리기사, 폐기물처리기사, 환경기능사 강사
　건설산업교육원 건설기술인직무교육 강사
　가천대학교 겸임교수
　한국상하수도협회 물산업인재교육원 전임교수

저서
　바이블 수질관리/상하수도기술사 용어해설집, 조용덕, 세진사, 2024
　바이블 상하수도기술사(개정판), 조용덕, 세진사, 2024
　바이블 수질관리기술사(개정판), 조용덕, 세진사, 2024
　환경위해관리기사, 조용덕, 올배움 Kisa, 2025
　폐기물처리기사/산업기사(필기), 조용덕, 올배움 Kisa, 2025
　폐기물처리기사/산업기사(실기), 조용덕, 올배움 Kisa, 2025
　환경기능사(필기, 실기), 조용덕, 올배움 Kisa, 2025
　토목기사, 산업기사(필기, 상하수도공학), 조용덕, 올배움 Kisa, 2019
　수질환경기사.산업기사(필기), 조용덕, 건기원, 2016
　수질환경기사.산업기사(실기), 조용덕, 건기원, 2016
　수질공학의 응용과 해설[1.2], 조용덕, 이상화, 한국학술정보(주), 2010
　신재생에너지, 조용덕, 이상화, 한국학술정보(주), 2011

 **이러닝 강의 및 교재내용 문의**

올배움 홈페이지 www.kisa.co.kr 에
방문하시면 본 교재의 저자직강 강의를 통하여
자격증 단기합격을 할 수 있습니다.
또한 본 교재의 정오표는
올배움 홈페이지를 통해 확인이 가능하며
그 밖의 다른 의견 및 오탈자를 제보해주시면
더 좋은 강의와 교재로 보답하겠습니다.

www.kisa.co.kr

1544-8509 카톡 ID : kisa

올배움BOOK
홈페이지
바로가기 >

폐기물처리기사 · 산업기사 실기

1판 1쇄 발행 2018년 3월 15일	2판 1쇄 발행 2019년 1월 15일
3판 1쇄 발행 2020년 1월 20일	4판 1쇄 발행 2021년 1월 10일
5판 1쇄 발행 2022년 2월 10일	6판 1쇄 발행 2023년 1월 10일
7판 1쇄 발행 2024년 1월 10일	8판 1쇄 발행 2025년 1월 10일

지 은 이 · 조 용 덕
펴 낸 이 · 이 정 훈
펴 낸 곳 ·
주   소 · 서울시 금천구 가산디지털1로 168 B동 B105(가산동, 우림라이온스밸리)
전   화 · 1544-8509 / FAX 0505-909-0777
홈페이지 · www.kisa.co.kr

법인등록번호 · 110111-5784750
I S B N · 979-11-6517-171-1 (13530)

정가 25,000원

이 책에서 내용의 일부 또는 도해를 다음과 같은 행위자들이 사전 승인없이 인용할 경우에는
저작권법 제93조 「손해배상청구권」에 적용 받습니다.
① 단순히 공부할 목적으로 부분 또는 전체를 복제하여 사용하는 학생 또는 복사업자
② 공공기관 및 사설교육기관(학원, 인정직업학교), 단체 등에서 영리를 목적으로 복제·배포
  하는 대표, 또는 당해 교육자
③ 디스크 복사 및 기타 정보 재생 시스템을 이용하여 사용하는 자

※ 파본은 구입하신 서점에서 교환해 드립니다.